地球化学在油气系统中的应用

［美］M.Lawson　M.J.Formolo　J.M.Eiler　主编

刘春　王波　宋兵　陈希光　单祥　李娴静　等译

石油工业出版社

内 容 提 要

本书为伦敦地质学会第468期特刊，共包含8篇文章，涉及有效生烃灶的确定、关键时刻的确定、生排烃时间及聚集时间的确定、油气运移路径的确定、运聚单元边界的确定、资源潜量的确定、目标潜力与级别的确定等专题，并以Muglad盆地、Bighorn盆地为例，阐述油气地球化学手段在含油气系统研究中的具体应用方法，将油气地球化学测试技术及分析手段与含油气系统研究紧密结合，建立详细案例研究库和演化通用模型，以解决油气系统分析中的许多遗留问题。

本书可供从事油气藏研究的科研人员及大专院校相关专业师生参考阅读。

图书在版编目（CIP）数据

地球化学在油气系统中的应用/（美）M.劳森（M.Lawson），（美）M.J.福尔莫罗（M.J.Formolo），（美）J.M.艾勒（J.M.Eiler）主编；刘春等译.—北京：石油工业出版社，2021.9

书名原文：From Source to Seep：Geochemical Applications in Hydrocarbon Systems

ISBN 978-7-5183-4354-6

Ⅰ.①地… Ⅱ.①M…②M…③J…④刘… Ⅲ.①地球化学－应用－含油气系统－研究 Ⅳ.①P618.13

中国版本图书馆CIP数据核字（2021）第028071号

From Source to Seep: Geochemical Applications in Hydrocarbon Systems
Edited by M. Lawson, M. J. Formolo and J. M. Eiler
© The Geological Society of London 2018
All rights reserved.
This translation of *From Source to Seep: Geochemical Applications in Hydrocarbon Systems* first published in 2018 is published by arrangement with The Geological Society of London.
本书经英国Geological Society of London授权石油工业出版社有限公司翻译出版。版权所有，侵权必究。
北京市版权局著作权合同登记号：01-2020-4252

出版发行：石油工业出版社
　　　　　（北京安定门外安华里2区1号　100011）
　　　　　网　　址：www.petropub.com
　　　　　编辑部：（010）64523544　图书营销中心：（010）64523633
经　　销：全国新华书店
印　　刷：北京中石油彩色印刷有限责任公司

2021年9月第1版　2021年9月第1次印刷
787×1092毫米　开本：1/16　印张：15.25
字数：400千字

定价：150.00元
（如出现印装质量问题，我社图书营销中心负责调换）
版权所有，翻印必究

Foreword 前言

  本质上讲，油气系统是一个复杂的因素之间的相互作用，必须在空间和时间上耦合，从而使地下油气成藏得以产生和保存下来。为了应对日益严峻的发现油气资源的挑战，必须通过发展新的地球化学方法和提高分析能力来提升对这些系统的认识。这种发展要求通过地球科学特有的方式将学术和工业主导的研究工作集中起来。

  本书的目的是召集来自从事油气系统研究的工业界和学术界人士，搭建一个多学科的地球化学平台，用以介绍油气系统分析中的最新进展和最先进的方法。这些进展和方法将有助于解决油气系统分析中许多尚存的问题，且着重于解决以下三个关键问题：（1）烃源岩识别和油气生成的温度/时间；（2）与油气运移、圈闭、储集和改造有关的机制和时间尺度；（3）流体流动对储层性质的影响。

Contents 目录

1 地球化学在含油气系统分析中的应用：新的约束与整合 ·················· 1

2 利用甲烷的二元同位素确定天然气藏中甲烷的来源 ······················ 24

3 地质有机化合物的同位素结构 ·· 60

4 原油中钒同位素组成：来源、成熟和生物降解的影响 ··················· 94

5 石油勘探中正构烷烃的碳、氢同位素组成工具 ··························· 119

6 常规和非常规含油气系统中的稀有气体 ··································· 146

7 利用稀有气体和油气地球化学鉴别天然气的生物成因和热成因 ······· 177

8 二元同位素测温技术与流体包裹体在储层表征应用中的比较 ·········· 220

1 地球化学在含油气系统分析中的应用：新的约束与整合

M. Lawson　M. J. Formolo　L. Summa　J. M. Eiler

摘要：本文概述了地球化学在含油气系统分析中的作用，以及如何利用地球化学对形成成功含油气系统的关键因素和过程进行约束。在认真思考地球化学在含油气系统应用的下一个前沿问题之前，首先讨论了石油地球化学的历史。然后，对本书中的文章进行了评论。这些文章展示了新的地球化学技术，使我们能够更系统地了解含油气系统分析中的关键因素，包括烃源岩沉积和成熟的温度和时间，与油气运移、圈闭、储集和改造相关的机理和时间尺度，以及流体流动对储层性质的影响。最后以多产的 Bighorn 盆地古生界含油气系统为例，说明如何将这些不同的地球化学技术结合起来，用以约束含油气系统及对其产生深刻理解。

到 2035 年，随着人口持续增长，全球能源需求预计将增长 33%（Weo, 2011; Khatib, 2012）。虽然可再生能源正在迅速扩张，但预计至少到 2040 年，油气将供应全球能源需求的 80%（Khatib, 2012; ExxonMobil, 2016）。从历史上看，能源需求的增加促使油气公司将油气勘探转向日益复杂的环境。20 世纪初到 50 年代，石油和天然气勘探主要集中在陆地；60 年代油气勘探向浅海迁移；80 年代在西非和墨西哥湾等地区向超深水（>1500m）迁移（May 等，2010）。为了满足未来的能源需求，油气勘探再次进入越来越具有挑战性的地质环境，如致密/非常规资源、超深水盆地的深部目标、地下成像极其困难的盐盆地，以及像北极等环境苛刻且对环境敏感的钻探地区（Summa, 2015）。勘探公司还必须应对与深水环境中浅层气、重质油和潜在腐蚀性非烃气体（例如 CO_2 和 H_2S）相关的技术和钻井挑战。

尽管勘探条件和技术挑战不断升级，但自从 1859 年 Edwin Drake 上校在美国宾夕法尼亚州 Titusville 69ft（21m）深处开采出石油以来，含油气系统分析人员提出的关键问题基本保持不变（Link, 1952）。无论是没有勘探历史的边远盆地，还是有数千口井的成熟盆地，都是如此。勘探地质学家提出的第一个也是最重要的问题是：是否存在一个热成因或生物成因的含油气系统？换句话说，富含有机质的岩石埋藏到一定温度和压力是生成油气，还是有一个强大的生物成因气系统在起作用？

如果有证据表明生成了油气，含油气系统分析人员必须确定它们是否被捕获，如果是，则主要是石油或天然气的聚集。在已证明并发现了地下油气藏强大的含油气系统中，当钻井产生否定的结果时，会出现一个更具挑战性的问题：为什么这口井是干井？如果考虑到与热成因生烃系统不相关的纯生物成因气的可能性，这个问题就变得更具挑战性。

生物成因气藏是近年来最大的天然气发现之一（如埃及 Zohr 油田，Esestime 等，2016），它可能占全球所有天然气资源的 20%~30%（Grunau，1984；Whiticar 等，1986；Rice，1993）。Odedra 等（2005）估计，如果只有 10% 的微生物作用产生的甲烷被捕获，它将提供 $20000×10^{12} ft^3$ 的天然气资源。这些估计是保守的，因为它们主要是原生微生物气体，不包括西西伯利亚盆地潜在的大量次生微生物气体（Milkov，2010）。总的来说，由于在地质时间尺度上预测微生物气体的生成和聚集有难度，这些估计难以得到很好的约束。然而，即使在理解生物成因气系统方面具有继承复杂性，微生物气的体积仍然具有巨大的经济价值，剩下的关键问题是：导致生物成因气大量聚集的主要因素是什么？如何制定有效的勘探策略来发现它们。无论是热成因还是生物成因，含油气系统分析人员都需要一个框架和一套工具来评估存在有效含油气系统的勘探机会和风险。

Magoon 和 Dow（1994）将含油气系统分析作为综合科学来研究，为其奠定了基础，至今已有 20 多年的历史。他们将含油气系统定义为：天然的含油气系统，包括大量的活动烃源岩和所有相关的石油和天然气，以及所有的地质要素和过程，如果存在油气聚集，这些要素和过程是必不可少的。术语系统描述了形成油气聚集的功能单元相互依赖的要素和过程。其基本要素包括烃源岩、储层、盖层和上覆岩层，其形成过程是圈闭形成和油气生成—运移—聚集。这些基本要素和过程必须在时间和空间上发生，才能将烃源岩中的有机质转化为油气藏。含油气系统存在于基本要素和过程发生的地方。

地球化学技术为理解全球含油气系统作出了重大贡献。然而，为了应对发现新的油气资源日益增加的挑战，必须继续通过地球化学新方法和分析进展来提高对这些含油气系统的认识。这些进展要求学术上和工业主导的研究工作者以地球科学特有的方式集中起来。本书来源于 2015 年 Goldschmidt 会议的同名会议，包含了介绍非传统地球化学和同位素技术的论文，特别是碳酸盐岩和油气二元同位素、分子内特定位置同位素地球化学的最新进展，稀有气体地球化学、微量元素地球化学、重元素同位素化学和分子地球化学。

本书的目的不是简单地介绍新技术，而是展示工业界和学术界如何利用地球化学方面的最新进展和最先进的方法对旧问题提出新思考。本书提出的技术和方法着重于解决三个关键的含油气系统问题：（1）烃源岩识别和生烃温度/时间（Eiler 等，2017；Gao 等，2017；Pedentchouk 和 Turich，2017；Stolper 等，2017）；（2）与油气运移、圈闭、储集和蚀变有关的机制和时间尺度（Byrne 等，2017；Moore 等，2018）；（3）流体流动对储层性质的影响（MacDonald 等，2017）。

虽然本书的重点是如何在含油气系统分析中使用新的地球化学技术，但也应意识到这些技术在环境科学中可能带来的潜在风险。提高对环境的认识意味着需要新的和越来越复杂的方法，以确保资源勘探和开采等人类活动对自然环境的影响最小。在这方面最明显的两个挑战是减少温室气体排放（有助于全球气候变化）和保护饮用水资源。几乎所有涉及环境问题的研究都包含了指纹识别和重建的元素，本书中讨论的地球化学工具可能在这一不断变化的格局中发挥重要作用。例如，在 MacDonald 等（2017）的研究中应用的碳酸盐岩二元同位素技术，还可用于研究针对含水层补给管理（MAR）的含水层的胶结历史，这是一种利用含水层储存和改善未来用水质量的策略（Maliva 等，2015）。Byrne 等（2017）讨论过的稀有气体，也应用于 Moore 等（2018）的研究，这已经是研究二氧化碳和其他气体地质封存的成熟技术（Gilfillan 等，2009）。Eiler 等（2017）、Gao 等（2017）、Pedentchouk 和 Turich（2017）、Stolper 等（2017）描述的同位素方法，都能解释环境中油气的来源。

本文首先简要介绍石油地球化学的历史及其在含油气系统分析中的应用。然后，介绍了新一代地球化学技术，这些技术将在本书的不同文章中讨论。最后，以 Bighorn 盆地为例，结合传统和新的地球化学勘探技术，为多产的古生界含油气系统提出了新的含油气系统概念。

1.1 含油气系统分析中最早的一批地球化学工具

50 多年来，石油地球化学在油气勘探中发挥了重要作用（Hedberg，1964）。然而，在石油地球化学成为一个学科，油气特征得以确定之前，科学家们就开始思考油气的起源。也许，第一个提出目前公认的"油气的经济聚集具有有机成因"概念的人是托马斯·S.亨特。他认为，北美古生界岩石中的有机质可能来自海洋植物或海洋动物的遗骸（Hunt，1861），这是局部油气聚集的前兆。几十年后，汉贝尔石油公司（该公司后并入埃克森石油并最终成为埃克森美孚的一部分）前首席地质学家华莱士·普拉特（Wallace Pratt）是早期采用石油地球化学原理的学者。他推广了小烃分子是由较大的母体分子在深处经过热裂解形成的概念（Pratt，1943）。这是目前预测商业类型（石油和天然气）所依据的指导原则之一。然而，直到亨特提出油气有机成因假说近 100 年后，这一假说才被广泛接受，当时地球化学（Treibs，1936；Eglinton 和 Calvin，1967）和同位素证据（Craig，1953）为这一理论提供了令人信服的证据。这些早期的原始石油地球化学奠定了未来我们能够进行调查和分析技术进步的基础。

在 20 世纪 80 年代以前，分析和技术的局限性限制了我们理解地球化学对含油气系统分析的多种贡献。这种情况在 20 世纪 80 年代和 90 年代发生了变化，当时开发了一系列地球化学工具，提供了有关含油气系统的重要信息。关于每一项贡献的具体介绍在此不赘述。只强调一些我们认为对含油气系统分析有重大贡献的进展。更详细的石油地球化学史可在 Hunt 等（2002）和 Kvenvolden（2006，2008）的文献中找到。同样，我们请感兴趣的读者参考 Tissot 和 Welte（1984）、Hunt（1996）发表的出版物，这是描述石油地球化学的开创性出版物。

有机地球化学方面的进展，特别是高分辨率气相色谱和质谱，以及相关的生物标志物识别，可通过对烃源岩和石油的实证观察，为我们限定液态烃的起源和形成后的历史提供了证据。通过这些进展，有可能：（1）确定烃源岩的有机质类型和沉积环境（Mackenzie 等，1984；Tissot 和 Welte，1984；Moldowan 等，1985；Peters 等，1986，2005）；（2）量化烃源岩的热成熟度（Tissot 等，1987；Waples，1994）；（3）限制产油烃源岩的年龄（Moldowan 等，1994；Holba 等，1998）；（4）确定并定性评估后生蚀变作用的程度，例如生物降解作用（Wenger等，2002）和热化学硫酸盐还原作用（Zhang等，2007）；（5）将储存或渗入的油与其他油或产油烃源岩进行成因联系（Curiale，1994）。这些进展也促进了全面的实验研究，以了解与烃源岩成熟、烃类生成和排出有关的过程、时间尺度和温度（Lewan，1985，1994；Vandenbroucke等，1999）。这些研究的中心概念是生烃是一个单向的、受动力学控制的过程。在模拟油气生成、描述流体和岩石特征以限制其成因和沉积历史方面取得的这些进展极大地提高了我们对含油气系统的理解。其中一个更广泛的含义是，现在能够在远离获得样品的井的地方来校准地质模型，以预测盆地内的石油和天然气的潜在分布，限制成熟度与其他关键含油气系统元素的相对时间，如储层沉积和构造年代，并最终形成对潜在储层位置和油气性质的预测。

同时，在油气勘探中，天然气的化学和同位素特征的应用也变得很成熟。在石油工业的天然气地球化学的早期应用中，特别重要的是两个特定的功能：（1）能够将热成因天然气与微生物作用过程产生的天然气区分开（Bernard等，1976；Schoell，1980；Rice和Claypool，1981）；（2）能够从烃类气体的碳（$\delta^{13}C$）和氢（δD）同位素特征中估算烃源岩热成熟度（Whiticar，1994）。

20世纪80年代和90年代，在约束沉积盆地热史方面取得了重大进展。这些进展包括以下方面：（1）流体包裹体微温法（Goldstein和Reynolds，1994），对最大埋藏温度提供了关键的约束条件，可用于约束油气充注的时间；（2）镜质组反射率（Barker和Pawlewicz，1986），可以帮助约束任何给定地层间隔的最高温度和时间的综合成熟度；（3）热年代学技术，例如伊利石年龄分析（Pevear 1992，1998）和U-Th/He测年法（Farley等，1996；Wolf等，1996，1997），这些技术分别可用于约束盆地历史的埋藏和隆升阶段。该信息提供了以前不可用的校准参数，现在可以由高级计算工具使用这些参数来校准更真实的盆地热演化模型。在这方面，最先进的工具是四维（4D）盆地建模，该模型可以模拟三维（3D）空间中沉积盆地随时间的演变。这些模型通常是整合地球化学和地球物理技术所提供信息的主要平台。当与区域地质背景相结合时，此类模型可用于对关键含油气系统要素和过程的时空特性进行改进性的预测。这些要素包括区域烃源岩成熟度、生烃时间、油气运移路径以及储层质量的保存或变差。在此不对此类模型进行详细讨论，请感兴趣的读者阅读Hantschel和Kauerauf（2009）、Nemčok（2016）发表的文献。

1.2 地球化学在含油气系统分析中的新领域

下一个10年的重大挑战之一是要求在边远地区使用越来越小的和有限的数据集。这样，需要从可用的几个样品中产生更广大的信息深度。通常，这种进步需要对分析能力进行重大改进，并需要更复杂的方法来获取和分析数据。过去10年中高分辨率傅里叶变换（如FT-ICR-MS；Oldenburg等，2015）和多收集器质谱分析（如高分辨率同位素比质谱法；Eiler等，2013）的发展以及可挖掘越来越大的数据集的新方法已经可以应对这一挑战。现在，这些技术使地球化学家能够以更高的精确度和特异性探测样品直至原子水平，并引发了石油地球化学创新的复兴。下一节介绍在此期间发展的一些技术，以及如何将这些技术应用于含油气系统分析。

碳酸盐岩的二元同位素测温技术代表了上述传统测温技术（例如利用微热测量法测定流体包裹体、镜质组反射率和热年代学）的一个逐步变化。高分辨率同位素比质谱仪的发展首次为研究无机和有机分子中多种同位素取代对温度的依赖性提供了机会（Ghosh 等，2006；Eiler，2007；Eiler 等，2013；Stolper 等，2014a，b）。碳酸盐岩的二元同位素温度计是第一个新温度计套件，并已证明可在 50~300℃ 的温度范围内使用，因此与白云石化（Ferry 等，2011）和埋藏成岩作用有关（Huntington 等，2011；Shenton 等，2015；Lawson 等，2017）。来自该温度计的信息有助于限制沉积盆地的热历史，并有助于预测碳酸盐岩储层中孔隙度和渗透率的保存或破坏。在本书中，MacDonald 等（2017）对安哥拉近海碳酸盐岩储层进行了详细的二元同位素研究，结果表明碳酸盐岩二元同位素地球化学可以对白云石化的温度和时间提供新的见解。

除了碳酸盐岩温度计外，高分辨率多收集器质谱仪的进一步发展（Eiler 等，2013）还促使了第一台烃类二元同位素地热仪的开发（Stolper 等，2014a）。甲烷的 $^{13}CH_3D$ 二元同位素化合物记录并保留了生物成因和热成因系统中甲烷的生成温度（Ono 等，2014；Stolper 等，2014，2015；Wang 等，2015）。同样在本书中，Stolper 等（2017）回顾了甲烷测温技术的最新进展，并描述了其在油气勘探中的潜在应用。甲烷的研究工作是迄今为止碳氢二元同位素化合物和特定位置地球化学中最重要的组成部分，使我们对分子量较大的碳氢化合物历史的认识，迈出了重要的一步。例如，现在可以测量乙烷中 ^{13}C—^{13}C 的二元同位素，并且 Clog 等（2018）已经报道了初步的数据集。同样地，已开发出三种独立的技术来测量丙烷的 ^{13}C 特异性位置标记（Gao 等，2016；Gilbert 等，2016，Piasecki 等，2016）。在此书中，Eiler 等（2017）回顾了有关比甲烷分子量大的有机分子的同位素剖析的已发表和未发表的工作，并概述了由二元同位素和有机分子的特定位置分析的未来潜在约束（例如生物合成、成熟度和油气生成和储存的环境条件）。

与上述二元同位素地球化学不同，稀有气体地球化学在含油气系统分析中具有较长的历史。但是，过去 10 年来对非常规资源的利用提供了一个全新的自然实验室，可以检验一些与常规含油气系统相关的关键假设。尽管在此特别出版物中讨论的其他技术是油气来源、聚集和蚀变的敏感示踪剂，但稀有气体呈化学惰性，因此不参与任何可能扰乱其他示踪剂地球化学记录的化学或生物反应。相反，它们提供了有关地下流体的物理相互作用和混合的信息，并且可能对与油气储存相关的时间尺度提供约束条件。稀有气体地球化学的先前应用集中于地下水在油气运移中的作用（Zartman 等，1961；Bosch 和 Mazor，1988；Ballentine 等，1991；Barry 等，2016）和胶结作用（Ballentine 等，1996）。如今，多收集器质谱技术的最新进展为稀有气体提供了越来越灵敏的测量，并且精度更高。该功能在含油气系统分析中有许多潜在用途，最近已被用于对前寒武系地壳（Holland 等，2013）和德国北部油气藏（Barry 等，2017）中流体的停留时间进行精确估计。在本书中，Byrne 等（2017）重新审视了如何利用稀有气体地球化学来约束油气的运移和聚集史，特别是直到最近才开始研究的非常规油气藏（Hunt 等，2012），这些资源在过去 10 年中得到了大力开发。同样在本书中，Moore 等（2018）通过伊利诺伊盆地的案例研究，描述了稀有气体如何用于确定非常规资源中的油气史和 H_2S 等非烃类气体的来源。

分子地球化学也许是含油气系统分析中应用最广泛的技术。在其他应用中，它通常用于在勘探过程中将石油与特定的烃源岩层位联系起来，以确定石油在储层层位内是否横向连通，以指导油气的开发，并确定石油的成分，从而决定了任何将要生产的油藏的最终价值。然而，与所有其他技术一样，这种方法也有其局限性。例如，如果盆地中存在多个具有相似分子特征的烃源岩，分子地球化学可能无法将石油与特定的烃源岩层位联系起来。由于对烃源岩年龄提供了明确和高分辨率的年龄限制的生物标志物发现得相对较少，这种情况变得更加困难。在具有多个侏罗系或白垩系海相碎屑岩烃源岩层位的边远地区盆地，这是含油气系统专家面临的共同挑战，这些海相碎屑岩烃源岩层位都可能是勘探初期遇到的油气的来源层。在已有技术的最新进展方面，如化合物特定同位素分析，可能最终为限制此类系统提供了一条途径。在本书中，Pedentchouk 和 Turich（2017）回顾了油气中碳和氢同位素分析的历史，以及如何将这些数据用于勘探活动。他们提供了几个案例作为研究的例子，说明如何利用这项技术来更好地了解含油气系统中油气的来源，而仅仅依靠常规的分子地球化学可能无法提供明确的结果。

最后，铼（Re）、锇（Os）、钒（V）、镍（Ni）、钼（Mo）等重金属的同位素特征分析的最新进展（Ventura 等，2015；Georgiev 等，2016）为油气的来源和历史提供了新的约束。在本书中，Gao 等（2017）报道了石油中钒同位素（$^{51}V/^{50}V$）分析的一些初步结果。这项研究讨论了同位素系统的主要控制方法，以及如何将其应用于含油气系统研究，对石油的来源和历史提供新的约束。

1.3 Bighorn 盆地含油气系统研究：整合的力量

在前面的部分中，我们描述了含油气系统分析中的地球化学历史，以及可以从单个技术中获得哪些认识。但是，只有整合了这些信息后，才能真正对构成含油气系统的所有要素和过程有一个全面的了解。我们将在下一节中介绍一个案例示例，说明如何针对多产的含油气系统实现这一目标。以怀俄明州中北部的 Bighorn 盆地为例（图 1.1），Bighorn 盆地是美国西部落基山省几个重要的含油盆地之一。自 20 世纪初以来，Bighorn 盆地已生产了超过 20×10^8 bbl 石油和少量天然气（De Bruin，1997）。经过 100 多年的生产，Bighorn 盆地的油气产量一直在下降，且勘探活动有限。尽管如此，现有数据的丰富性使该盆地成为理想的"实验室"，可在其中测试地球化学对新的含油气系统概念的整合能力。

这个例子从盆地的基本成因分析开始（图 1.2），并着重研究了与长期存在的板块会聚有关的两个主要构造事件：（1）白垩纪塞维尔造山运动，其中会聚运动形成了薄皮逆冲和发育广阔的前陆盆地；（2）古近纪拉腊米造山运动，其会聚速度加快和俯冲带变浅引起了"厚皮"形变，并导致了与基底相关的隆升和山间盆地的形成（Sheldon，1967；Stone，1967）。这些事件在 Bighorn 盆地形成了两个含油气系统：（1）相对"简单"的中生界系统，其中局部中生界烃源岩产生的油气在古近系圈闭形成期间充满了中生界储层；（2）更为"复杂"的古生界系统，其中油气可能至少在圈闭形成之前从 Sevier 前渊发生部分运移。具有讽刺意味的是，相对简单的中生界系统仅生产了该盆地大约 10% 的油气，而复杂的古生界系统生产了盆地 90% 的油气（Stone，1967）。将传统和新颖的地球化学方法结合在一起，可以更好地理解古生界系统。

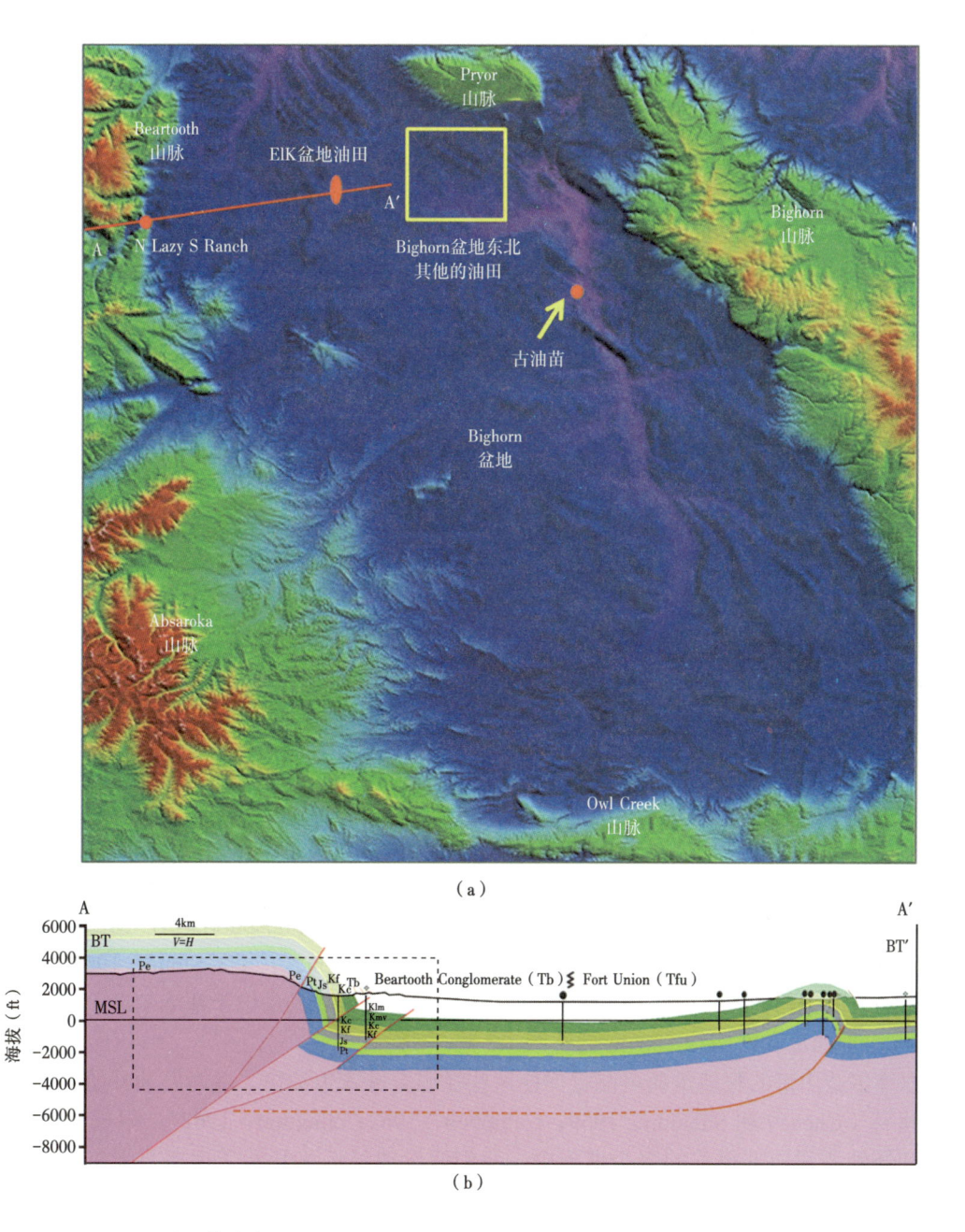

图 1.1 Bighorn 盆地数字高程图（a）和具有代表性的结构剖面图（b）显示了文中描述的样品位置

盆地四面以海拔 10000~12000ft 的前寒武系基底隆起（Beartooth 山脉、Pryor 山脉、Bighorn 山脉和 Owl Creek 山脉）和 Absaroka 山脉的古近系—新近系火山岩为界；盆地内有高达 25000ft 的古生界（蓝色）、中生界（绿色、棕色）和古近系—新近系（黄色）沉积物；大型基底逆冲断层界定盆地边缘，形成背斜构造，作为油气聚集的圈闭；

MSL—平均海平面

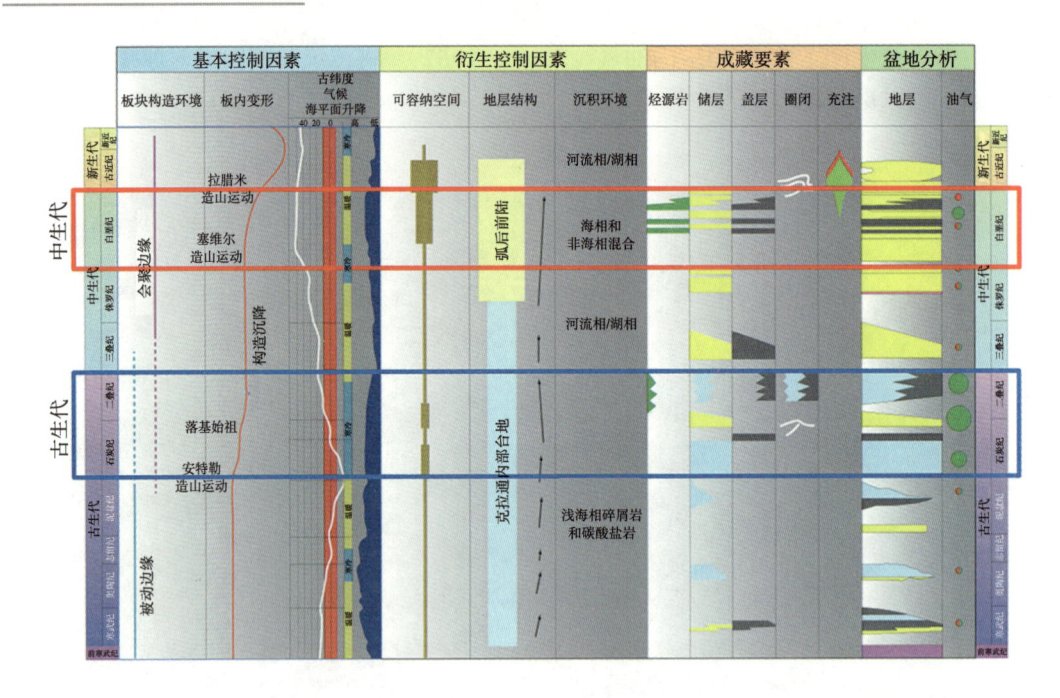

图 1.2　Bighorn 盆地的油气成藏组合简要示意图

该图用作关键含油气系统要素及其相对时间的成因分析工具。Bighorn 盆地有两个原生含油气系统：中生界含油气系统，用红色轮廓标注，在该系统中，局部烃源岩成熟的同时局部圈闭也形成；古生界含油气系统，用蓝色轮廓标注，在该系统中，没有明显的局部烃源岩，而烃源岩向西部的长距离运移可能发生在大型构造圈闭形成之前，如图 1.1 所示

我们从图 1.3 至图 1.5 中的烃源岩分布、成熟时间、侧向运移时间和路径等关键的古生界含油气系统要素中发现了支持证据。关键时间间隔的古地理图与烃源岩地球化学和埋藏史分析相结合。古生界储层中的石油来自碎屑岩贫乏的碳酸盐岩烃源岩，该烃源岩与二叠系 Phosphoria 组地层中富含有机质的岩石有关（图 1.3），该套地层在北美西部有烃源岩的详细记录，犹他州北部和爱达荷州东部的总有机碳（TOC）值大于 20%（Claypool 等，1978）。在 Bighorn 盆地中，Phosphoria 组沉积在大陆架上，由一层浅海相灰岩和没有生烃潜力的红层组成。这种地理位置和相关岩相表明，从 Phosphoria 组产出的石油到充满 Bighorn 盆地的圈闭需要经过长距离的侧向运移（Sheldon，1967；Stone，1967）。在没有碎屑输入证据的情况下，最近的富含有机质的 Phosphoria 组是位于塞维尔造山带前陆的 Bighorn 盆地西部和西南约 100km 处（图 1.3）。

塞维尔造山带的腹地负荷可能将促使这些烃源岩进入生油窗，此时石油开始通过前陆向东运移（Cheney 和 Sheldon，1959；Campbell，1962；Sheldon，1967）。根据爱达荷州东部和怀俄明州西部重建的多个埋藏史，我们假设油气运移开始于远离塞维尔造山带沉积物负荷的偏远腹地，并从约 180—80Ma 随着前陆的推进向东前进（Burtner 和 Nigrini，1994；Maughan，1984；Stone，1967）。这种长距离侧向迁移的要求与分子地球化学先前的预测一致（Claypool 等，1978）。利用埃克森美孚公司专有盆地模拟软件，建立了 Meade 逆冲断层下盘的一维盆地模型，以捕捉被认为是该区有效烃源岩的 Phosphoria 组的埋藏史（T. Becker，个人通信，2015）（图 1.4）。模型结果表明，Phosphoria 组烃源岩可能在约 170Ma 处到达生油窗（图 1.4）。Becker（2015）对从 Meade 逆冲断层取样的成岩伊利石进

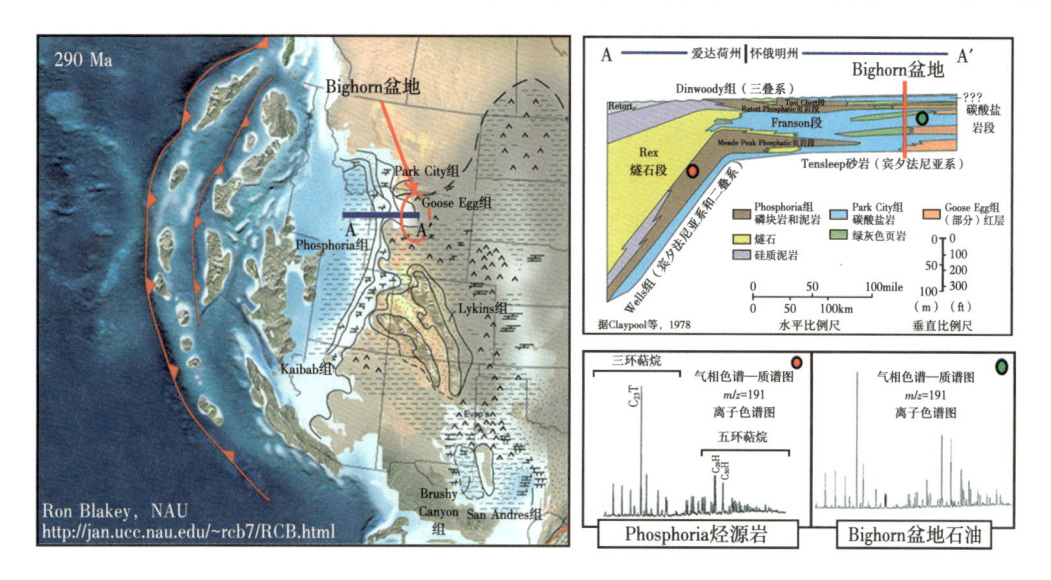

1 地球化学在含油气系统分析中的应用：新的约束与整合

图 1.3　约 290Ma 的北美西部古地理图（据 Blakey，2011）

此时是 Phosphoria 组主要烃源岩的沉积时间；Bighorn 盆地油气成藏的地球化学特征与 Phosphoria 组烃源岩的地球化学特征有很好的对应关系，如 m/z=191 的三环萜烷生物标志物色谱图所示；Phosphoria 组主要是一套贫碎屑富有机碳的烃源岩，沿着横截面 A—A′ 的西部的 TOC 含量可达 20% 以上

行伊利石年龄分析，以证实这一假设。成岩伊利石的形成温度为 90~100℃，大致相当于油气生成所需的温度（Eslinger 和 Pevear，1988）。该伊利石的 K-Ar 年龄测定结果表明，该位置的年龄为 178.6Ma±8Ma（T. Becker，个人通信）。此时有几个高渗透单元可以作为 Phosphoria 组中油气的侧向运移通道，并且前陆在当时是足够的非结构化和简单的，允许长距离迁移发生（参见图 1.4 中的地壳尺度横剖面）。

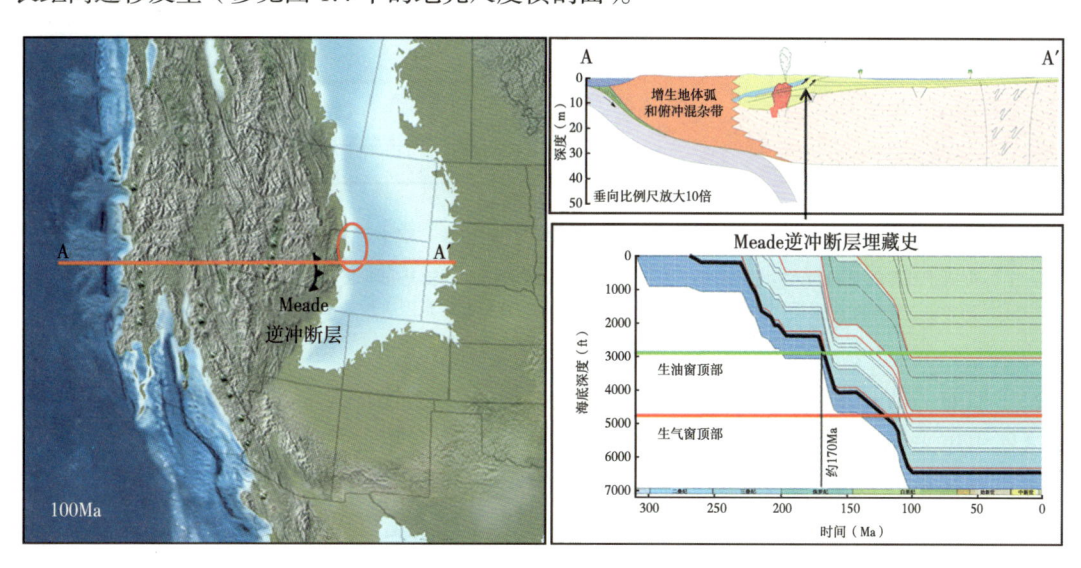

图 1.4　约 100Ma 的北美西部古地理图（据 Blakey，2011）

这是 Phosphoria 组烃源岩持续成熟和油气长距离运移的关键时期；Meade 逆冲断层下盘的一维（1D）埋藏史模型显示，在该地区 Phosphoria 组烃源岩（以黑色突出显示）可能在约 170Ma 到达了生油窗；该模型得到了 Meade 逆冲断层成岩伊利石 K-Ar 年龄（178.6Ma±8Ma）的支持

9

如上所述，现今的 Bighorn 盆地及其相关的背斜圈闭是在古近系—新近纪早期形成的，当时前陆由于板块会聚速度的增加而破裂。圈闭的形成时间尚有争议，但被认为与 85—55Ma 的拉腊米造山运动一致（Lillis 和 Selby，2013），表明从西部长距离运移的油气很大一部分发生在圈闭形成之前。塞维尔前陆系统是被与拉腊米造山运动相关的基底卷入隆起（约 55Ma）所破坏和断开（Sheldon，1967；Stone，1967）的，如地壳横截面中心所示（图 1.5）。Elk 盆地 Johnson Watson 井位置建立的一维盆地模型（T. Becker，个人通信，2015）（图 1.5）记录了这一事件的规模。该井钻孔岩屑的磷灰石裂变径迹分析证实，从约 55Ma 开始，该地区至少出现了 1km 的抬升。我们注意到，并非所有的盆地重建都能预测盆地历史上的抬升（Roberts 等，2008），因此，这些油气运移障碍的发育和分布可能不是全盆地的现象。然而，我们的模型与 Hagen 和 Surdam（1984）提出的另一个一维模型（1D）的抬升时间和近似幅度是一致的。这种情况通常会给一个成功的含油气系统带来很大的风险，即使这个系统运行良好。地球化学工具能帮助我们了解这个复杂的含油气系统吗？

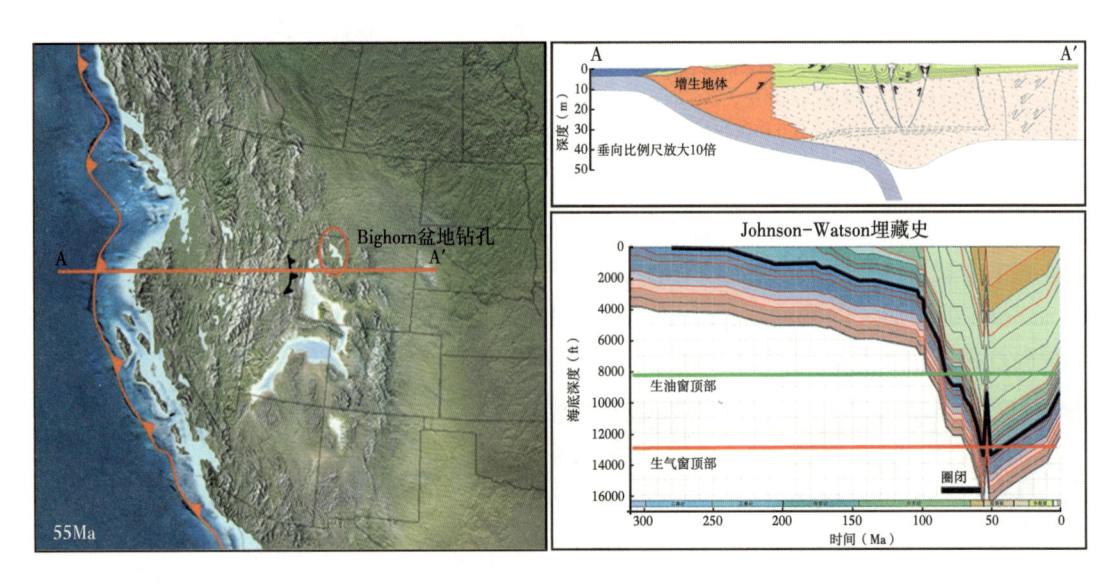

图 1.5　约 55Ma 的北美洲西部古地理图（据 Blakey，2011）
形成于现今的 Bighorn 盆地（BHB）及其构造圈闭的发育时期；被基底隆起"破坏"的塞维尔前陆系统
如地壳尺度横剖面所示；大型的与基底有关的背斜圈闭是因这种变形而形成的，局部
中生代烃源岩被埋藏并开始生烃，如 Elk 油田一口井的埋藏史所示（图 1.1）

正如前一节和本书中其他文章所指出的一样，下一个 10 年的新挑战之一是要在边远地区使用越来越小和有限的数据集。例如，含烃流体包裹体的高分辨率分析技术现在可以提供直接的指纹证据来约束石油烃源岩的生油相和成熟度，以及运移和圈闭的时间。Bighorn 盆地北部 Elk 油田古生界储层（图 1.1）含有丰富的油气和水包裹体，这些包裹体反映了一系列流体性质，并显示出复杂的充注史（图 1.6）。油和水包裹体显示出广泛的均一温度范围。其中一个储层段的成岩方解石中的蓝白色荧光包裹体，即 Tensleep 组，均一温度为 60~100℃，与均一温度为 100~120℃ 的水包裹体共存。Phosphoria 组成岩硬石膏中的棕色和暗黄色荧光包裹体的均一温度为 55~90℃，与均一温度为 105~110℃ 的

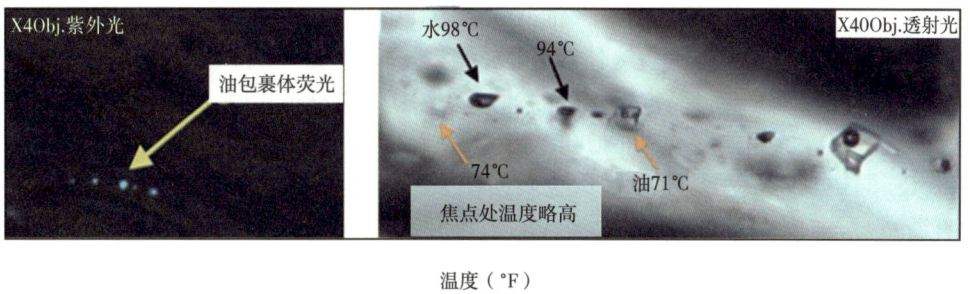

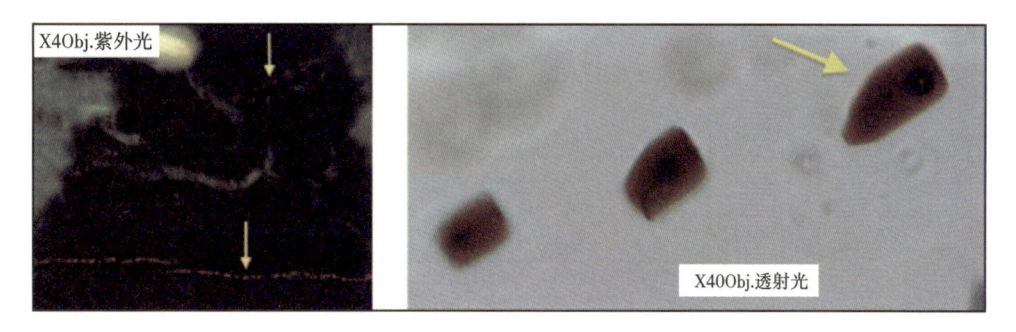

1 地球化学在含油气系统分析中的应用：新的约束与整合

图 1.6 圈闭充注时间的流体包裹体证据

文中列举了 Elk 油田流体包裹体的几种类型；利用油气包裹体和水包裹体共同存在的特点，估算了圈闭形成时的压力和温度，并通过埋藏史模型将其与时间联系起来；石油包裹体等容线是根据目前储层中石油的压力—体积—温度（PVT）分析计算得出的，并根据图 1.5 中的盆地历史模拟了静水压力和岩石静水压力梯度；结果表明，石油包裹体最早在 80Ma 开始被捕获；圈闭中的流体包裹体油气侵位后蚀变可能在圈闭发育的主要阶段继续进行，也可能在古近纪—新近纪中期剥露过程中继续进行水包裹体共存。棕色包裹体与生物降解油均具有较低的原油重度（图 1.6）。根据图 1.4 所示的该位置 Tensleep 组的热历史，油气最早在 80Ma 开始被捕获，这与圈闭发育的早期阶段相对应。在这些组合中，飞行时间二次离子质谱仪（ToFSIMS）分析单个包裹体（Siljeström 等，2010）表明，包裹体中的油与储层中的油分子相似，并与缺乏碎屑的碳酸盐岩烃源岩有很好的相关性（Siljeström 等，2016）。

Re-Os 同位素年代学是近年来重金属同位素分析的重要进展之一，在含油气系统分析中有着重要的应用。这项技术为油气的来源和历史提供了新的约束条件（Ventura 等，2015；Georgiev 等，2016）。在本书中，Gao 等（2017）讨论了钒体系的系统分类，这里我们描述了 Bighorn 盆地东北角三口井全油和沥青质中 Re-Os 的分析结果（图 1.1）。这些分析是在亚利桑那大学 Re-Os 同位素实验室进行的，使用了与 Lillis 和 Selby（2013）

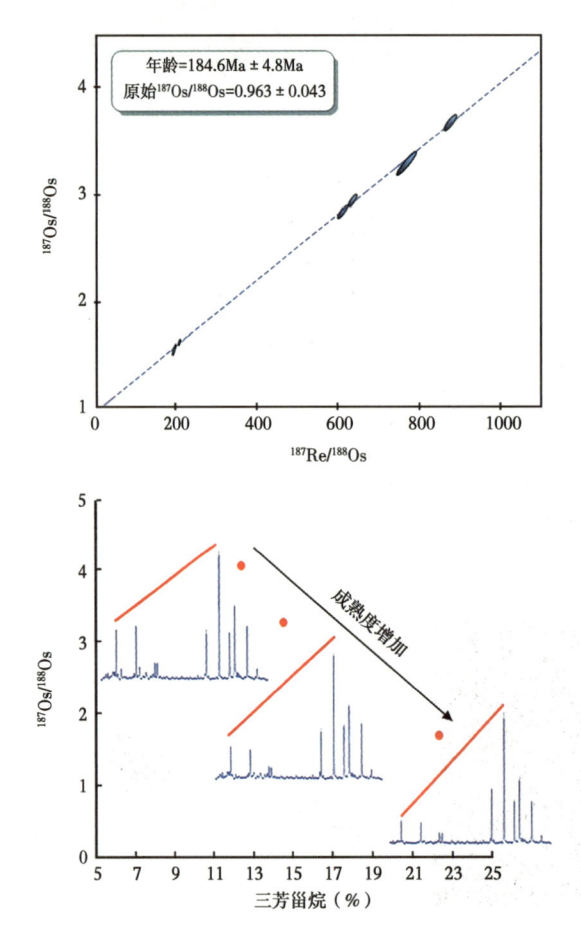

图 1.7 从 Bighorn 盆地东北部 Byron 油田、Garland 油田和 Little Polecat 油田采集的全油和沥青质的 Re-Os 同位素数据（图 1.1）

数据在 Re-Os 等时线图上呈线性相关，在主阵 184.6Ma±4.8Ma（^{187}Os/^{188}Os=0.963±0.043），MSWD=2.4 的误差范围内给出了一个很好的约束等时线年龄；然而对同一石油样品的三芳香族甾体化合物的分析表明，其成熟度有增加的趋势；具体地说，石油是从同一个烃源岩相生成的，但处于不同的烃源岩成熟阶段，因此不太可能同时捕获所有的石油；最低成熟度石油的放射性 ^{187}Os/^{188}Os 比值最大，最高成熟度石油的放射性 ^{187}Os/^{188}Os 比值最小论文中相似的技术。产生了185Ma的明显等时线年龄（图1.7），与西部Phosphoria组的最早生烃年龄（晚三叠世—早侏罗世；Sheldon 1967；Maughan，1984）以及Lillis和Selby（2013）出版的Bighorn盆地西部石油的Re-Os年龄（211±21Ma）相似。这两个年龄都比Phosphoria组的沉积年龄（约285—250Ma）要年轻得多。然而，我们对如何解释这些结果感到困惑。尽管这些油似乎都是由相同贫碎屑的Phosphoria组烃源岩生成的，但它们也似乎是在烃源岩不同的成熟阶段生成（图1.7）。假设在很长的一段时间内，油气运移发生在一个开放系统中，有几种情况可以解释这些数据。将我们的数据与Lillis和Selby（2013）的数据结合起来，一种情况是Phosphoria组来源的原油被捕获，然后再被重新运移至拉腊米运动构造带，混合了不同年龄和成熟度的原油。另外，这些原油和Re-Os年龄也可以反映随后绕过晚期上倾圈闭的早期运移，或其他一些过程。对石油的各个部分进行详细分析可能有助于获得替代方案。

最近在盆地东侧的坎潘阶砂岩中发现了我们认为是古油苗的东西（图1.1），这使得我们能够从烃源岩一直追踪到油苗的含油气系统，并对运移时间进行约束。具有碳酸盐胶结的粉砂岩基质灰泥丘，具有多种大型动物群，顶部为层状藻碳酸盐岩，填充有方解石内衬的裂缝（图1.8）。假设这些特征是古油苗，它们提供了坎潘阶（即约80Ma）油气运移的直接证据，类似于流体包裹体可能被捕获的时间。为了寻找热成因生烃及其捕获时间的证据，我们完成了基质和裂缝碳酸盐岩破碎释放气体的初步同位素分析。基质胶结物对热成因生烃有令人信服的贡献，甲烷的$\delta^{13}C$值在-57‰~-38‰之间。相比之下，矿脉胶结物似乎预示含有更多的生物成因甲烷，其甲烷的$\delta^{13}C$值在-67‰~-56‰之间。此时唯一可能的热成因天然气的来源是西部的远源区，因为当地中生代烃源岩仍然不成熟（Roberts等，2008）。虽然我们不能排除坎潘阶土丘是由生物成因甲烷充满的可能性，但这些数据为确定来自Phosphoria组的油气在坎潘阶继续运移至的Bighorn盆地渗透带提供了直接支持。

虽然每一种技术都为Bighorn盆地古生界含油气系统的特定方面提供了证据，但只有把它们都整合在一起时，人们才能更全面地了解盆地演化及其如何控制盆地中油气的分布。古生界储层中的油气与来源于二叠系Phosphoria组的油气具有一致的生物标志物特征，这就要求富含有机碳的Phosphoria组石油从西部和西南部至少运移100km。对Bighorn盆地西部这一烃源灶的盆地模拟表明，Phosphoria组在约170Ma前时进入了生油窗。这与该地区成岩伊利石K-Ar定年的绝对年龄一致。此外，这些古生代石油的Re-Os年龄似乎与生烃时间大致一致。然而，现在赋存这些Phosphoria组来源石油的圈闭是直到85Ma后才形成。一个广为接受的运移模型表明，在构造和再运移之前，石油最初赋存于Phophoria组和Tensleep组地层圈闭中（Stone，1967；Curry，2005），尽管潜在的顶部盖层特别是这些圈闭的侧向盖层的岩性不均匀（Campbell，1962；Paull和Paull，1986；Simmons和Scholle，1990）。另外，早期的"古构造"可能增强了地层圈闭机制，并增加了"捕获"早期运移油气的机会。在盆地的东北部发现了微小的古生代构造（Simmons和Scholle，1990），这些细微的局部特征可能比以前的认识更为广泛。

地球化学在油气系统中的应用

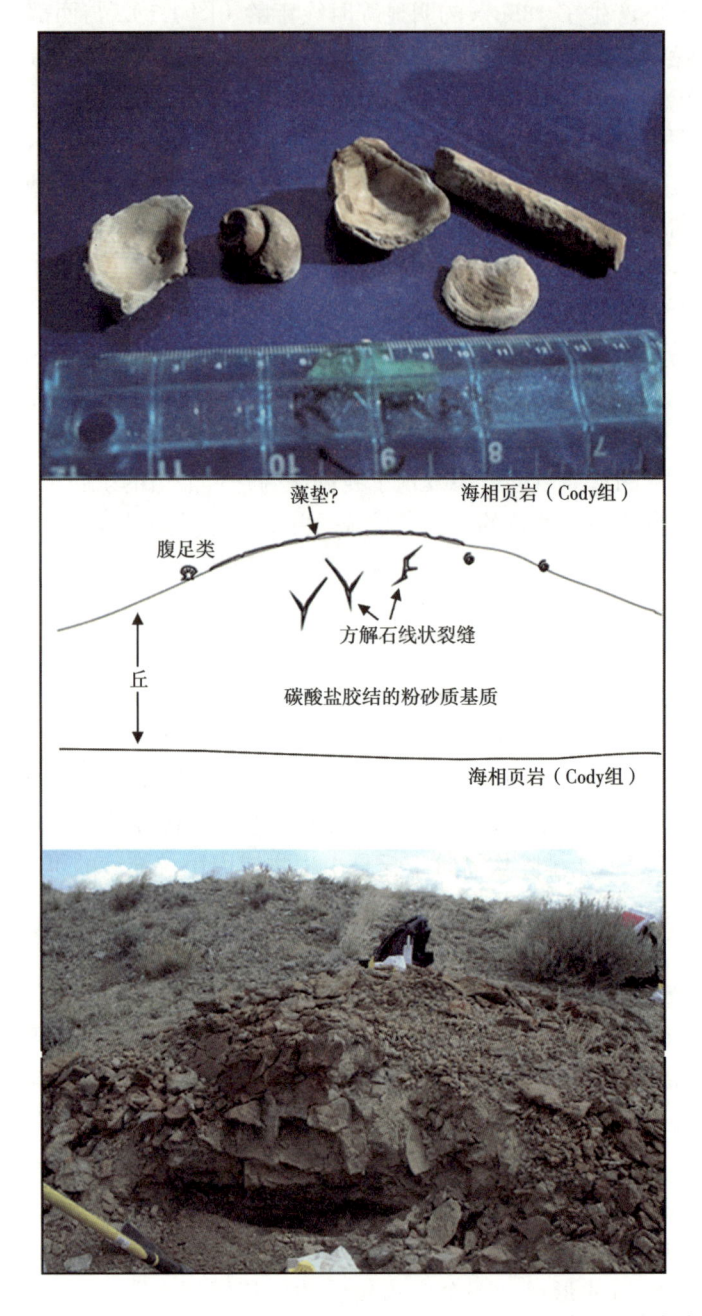

图 1.8 Bighorn 盆地东侧 Cody 组（图 1.2）的坎潘阶泥岩（80Ma）中观察到的推断古油苗丘（图 1.1）
这些大型动物群与油苗环境一致，但不限于油苗环境

为了验证"古构造"假说，我们使用了另一种地球化学工具。Frontier 组（图 1.2）是一个主要的中生界储层，沉积于约 100—90Ma 的塞维尔造山带前陆期，当时火山弧向西部活动，初始循环的锆石沉积在砂岩中。锆石的分析在亚利桑那州激光中心采用激光剥蚀电感耦合等离子体质谱（LA-ICP-MS）完成，方法如 Gehrels 等（2006）描述。Bighorn 盆地西北一个的碎屑锆石年龄分布（图 1.9），与现今 Beartooth 隆起相邻，显示初始旋回

14

1 地球化学在含油气系统分析中的应用：新的约束与整合

锆石占优势（图1.9），这表明其年龄较年轻，与Frontier组沉积的时间一致。然而，这些样品还含有一个3.4—2.8Ga的峰值，该峰值只能来自紧邻的基底（May等，2013），意味着在Frontier组沉积期间至少有轻微的局部构造起伏。同样的砂岩也分选差，岩性为长石砂岩，表明其为局部来源。我们的假设是盆地西侧中生代中期开始形成微小的地形高地，并有助于确定下伏Phosphoria组和Tensleep组中烃类从西部运移的路径。这些微小的高地会增强Phosphoria组和Tensleep组内的地层圈闭潜力，基本上形成了组合的构造—地层圈闭，这些圈闭要么演化成现今的构造圈闭，要么溢出的油气重新进入这些圈闭。

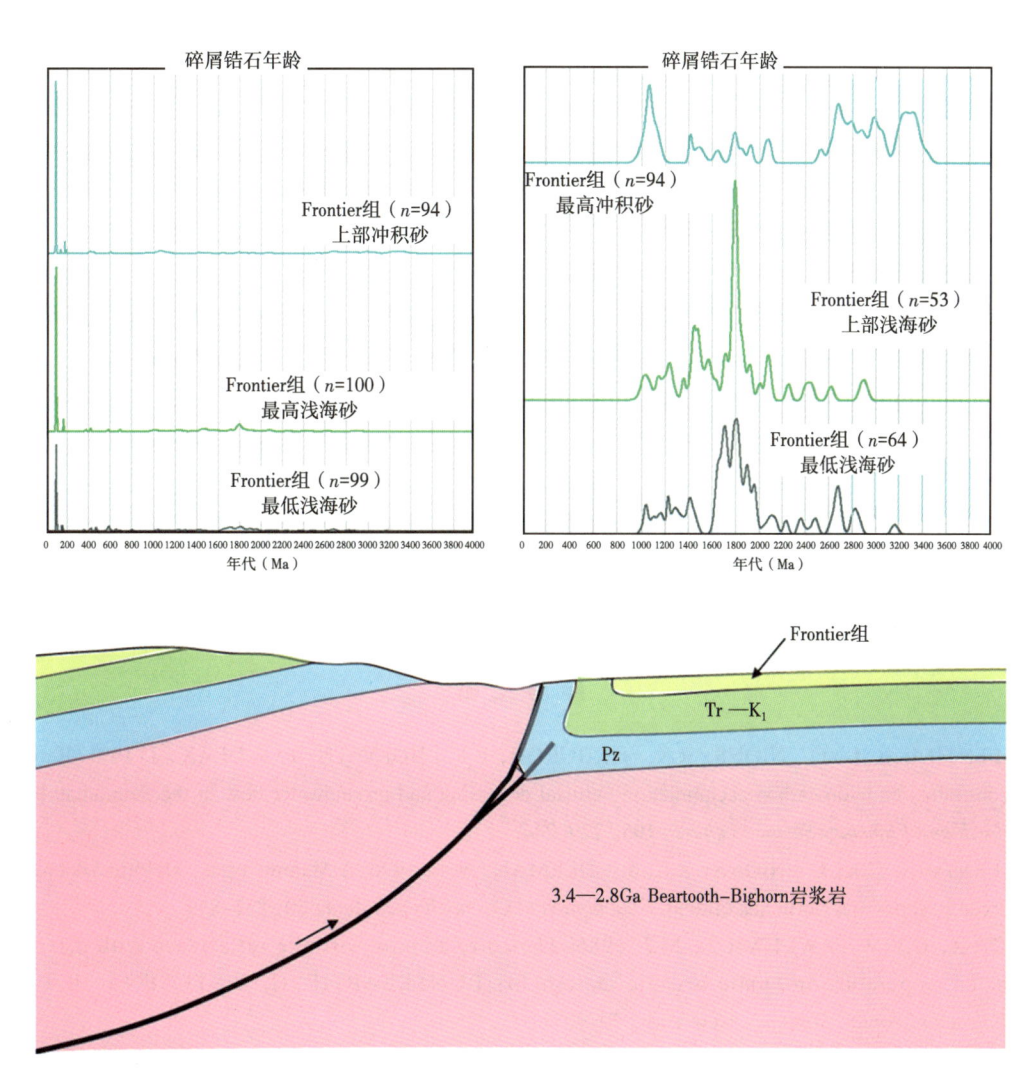

图1.9 在N Lazy S Ranch处（图1.1）白垩系Frontier组（图1.2）三个滨面/河流砂岩的碎屑锆石分析
数据来自May等（2013）；底部两个单元为细粒石英砂岩，而顶部单元为粗粒长石砂岩；三个样品的锆石年龄概率分布均以单簇年轻年龄为主，与各单元的沉积年龄一致；绘制了三个单元中前寒武纪颗粒的年龄概率分布图；下两个样品显示了广泛的元古宙和太古宙年龄，在1800 Ma出现了一个突出的峰值；地层学上最高的样品是独一无二的，因为它含有丰富的太古宙颗粒，范围为3400—2600Ma；如此多的太古宙颗粒的出现，以及砂岩表现为粗粒长石砂岩的性质，表明这些岩石是从太古宇基底直接向西演化而来的（图1.1）；Pz—古生代；T-K$_1$—三叠纪—早白垩世

15

在前面的示例中，传统和新型地球化学工具的结合使我们能够更好地约束油气运移的时间和路径，但仍有一些未解决的问题。有助于解决这些问题的地球化学方法包括以高分辨率约束为主的工具：（1）通过对运移流体的分析确定盆地内烃源岩的特定年龄；（2）油气从烃源岩运移到圈闭的距离；（3）油气成藏史，如圈闭首次充注时间、混合油中高成熟度流体贡献的识别以及从下倾构造再次运移的证据。

1.4 结束语

我们希望这本书中的文章能为那些对含油气系统分析感兴趣的人提供一个全新的视角，让他们了解和量化复杂的地质过程和信号。随着油气勘探的不断发展和逐渐转向日益复杂、恶劣的环境，从每个样品中获取信息最大化的需求继续推动着地球化学分析测试技术的发展和含油气系统分析。目前正在开发和改进的技术有望提供新一代的促进因素，这些促进因素有可能与20世纪80年代和90年代开发的技术一样重要。然而，只有将新老技术融合起来，人们才能有望对含油气系统分析的关键要素和过程建立更全面的了解。

文中作为综合实例的Bighorn盆地多年来由埃克森美孚公司（Exxon Mobil Corporation）进行开发，许多人对此做出了贡献。我们要感谢Geoffrey Ellis全面的评论以及他对提高文章初稿质量提出的宝贵建议，感谢Steve May、Robert Pottorf、Stephen Becker（埃克森美孚上游研究公司）、Sebastien Dreyfus和Thomas Becker（埃克森美孚勘探公司——埃克森美孚公司的一个部门）对本解释作出的重大贡献。还要感谢James Kirk和Joaquin Ruiz在亚利桑那大学进行的Re-Os同位素分析。

参 考 文 献

BALLENTINE, C.J., O'NIONS, R.K., OXBURGH, E.R., HORVATH, F. & DEAK, J. 1991. Rare gas constraints on hydrocarbon accumulation, crustal degassing and groundwater flow in the Pannonian Basin. *Earth and Planetary Science Letters*, 105, 229–246.

BALLENTINE, C.J., O'NIONS, R.K. & COLEMAN, M.L. 1996. A Magnus opus: Helium, neon, and argon isotopes in a North Sea oilfield. *Geochimica et Cosmochimica Acta*, 60, 831–849.

BARKER, C.E. & PAWLEWICZ, M.J. 1986. The correlation of vitrinite reflectance with maximum paleotemperature in humic organic matter. In: BUNTEBARTH, G. & STEGENA, L. (eds) *Paleogeothermics*. Springer, New York, 79–93.

BARRY, P.H., LAWSON, M., WARR, O., MABRY, J.C., BYRNE, D.J., MEURER, W.P.&BALLENTINE, C.J. 2016. Noble gas solubility models of hydrocarbon charge mechanism in the Sleipner Vest gas field. *Geochimica et Cosmochimica Acta*, 194, 291–309.

BARRY, P.H., LAWSON, M., MEURER, W.P., DANABALAN, D., BYRNE, D.J., MABRY, J.C. & BALLENTINE, C.J. 2017. Determining fluid migration and isolation times in multiphase crustal domains using noble gases. *Geology*, 45, 775–778, https://doi.org/10.1130/G38900.1

BERNARD, B.B., BROOKS, J.M. & SACKETT, W.M. 1976. Natural gas seepage in the Gulf of Mexico. *Earth and Planetary Science Letters*, 31, 48–54.

BLAKEY, R.C. 2011. *Paleogeography and Geologic Evolution of North America*, http://jan.ucc.nau.edu/rcb7/nam.html [last accessed May 2017].

BOSCH, A. & MAZOR, E. 1988. Natural gas association with water and oil as depicted by atmospheric noble gases: case studies from the southeastern Mediterranean Coastal Plain. *Earth and Planetary Science Letters*, 87, 338–346.

BURTNER, R.L. & NIGRINI, A. 1994. Thermochronology of the Idaho–Wyoming Thrust Belt during the Sevier Orogeny: a new, calibrated multiprocess thermal model. *AAPG Bulletin*, 78, 1586–1612.

BYRNE, D.J., BARRY, P.H., LAWSON, M. & BALLENTINE, C.J. 2017. Noble gases in conventional and unconventional petroleum systems. *In*: LAWSON, M., FORMOLO, M.J. & EILER, J.M. (eds) *From Source to Seep: Geochemical Applications in Hydrocarbon Systems*. Geological Society, London, Special Publications, 468. First published online December 14, 2017, https://doi.org/10.1144/SP468.5

CAMPBELL, C.V. 1962. Depositional environments of Phosphoria Formation (Permian) in southeastern Bighorn Basin, Wyoming. *AAPG Bulletin*, 46, 478–503.

CHENEY, T.M. & SHELDON, R.P. 1959. Permian stratigraphy and oil potential, Wyoming and Utah. *In*: WILLIAMS, N.C. (ed.) *Guidebook to the Geology of the Wasatch and Uinta Mountains: Transition Area, Tenth Annual Field Conference*. Utah Geological Association, Salt Lake City, UT, 90–100.

CLAYPOOL, G.E., LOVE, A.H. & MAUGHAN, E.K. 1978. Organic geochemistry, incipient metamorphism, and oil generation in black shale members of Phosphoria Formation, western interior United States. *AAPG Bulletin*, 62, 98–120.

CLOG, M., LAWSON, M., FERREIRA, A.A., SANTOS NETO, E.V. & EILER, J.M. 2018. A reconnaissance study of ^{13}C–^{13}C clumping in ethane from natural gas. *Geochimica et Cosmochimica Acta*, 223, 229–244.

CRAIG, H. 1953. The geochemistry of the stable carbon isotopes. *Geochimica et Cosmochimica Acta*, 3, 53–92.

CURIALE, J.A. 1994. Correlation of oils and source rocks: a conceptual and historical perspective. *In*: MAGOON, L. & DOW, W. (eds) *The Petroleum System – From Source to Trap*. American Association of Petroleum Geologists, Memoirs, 60, 252–260.

CURRY, W.H. 2005. Paleotopography at the top of the Tensleep Formation, Bighorn Basin, Woming. *In*: GOOLSBY, J. & MORTON, D. (eds) *Wyoming Geological Association, 36th Annual Field Conference, 1984, Guidebook*. Wyoming Geological Association, Casper, Wyoming, 199–211.

DE BRUIN, R.H. 1997. An overview of Bighorn Basin oil and gas fields, with emphasis on Badger Basin Field. *In*: CAMPEN, E.B. (ed.) *Bighorn Basin; 50 Years on the Frontier; Evolution of the Geology of the Bighorn Basin; Part II, Improved Exploration for Natural Gas; Wyoming Institute for Energy Research & Wyoming Science, Technology and Energy Authority*. Wyoming Geological Association, Casper, WY, 7–13.

EGLINTON, G. & CALVIN, M. 1967. Chemical fossils. *Scientific American*, 216, 32–43.

EILER, J.M. 2007. 'Clumped-isotope' geochemistry: the study of naturally-occurring, multiply-substituted isotopologues. *Earth and Planetary Science Letters*, 262, 309–327.

EILER, J.M., CLOG, M. ET AL. 2013. A high-resolution gas-source isotope ratio mass spectrometer. *International Journal of Mass Spectrometry*, 335, 45–56.

EILER, J.M., CLOG, M., LAWSON, M., LLOYD, M., PIASECKI, A., PONTON, C. & XIE, H. 2017. The isotopic structures of geological organic compounds. *In*: LAWSON, M., FORMOLO, M.J. & EILER, J.M. (eds) *From Source to Seep: Geochemical Applications in Hydrocarbon Systems*. Geological Society, London, Special Publications, 468. First published online December 14, 2017, https://doi.org/10.1144/SP468.4

ESESTIME, P., HEWITT, A. & HODGSON, N. 2016. Zohr – A newborn carbonate play in the Levantine

Basin, East-Mediterranean. *First Break*, 34, 87–93.

ESLINGER, E. & PEVEAR, D. 1988. *Clay Minerals for Petroleum Geologists and Engineers*. Society of Economic Paleontolgists and Mineralogists, Tulsa, OK.

EXXONMOBIL CORPORATE REPORT 2016. *The Outlook for Energy: A View to 2040*. ExxonMobil, Irving, TX.

FARLEY, K.A., WOLF, R.A. & SILVER, L.T. 1996. The effects of long alpha-stopping distances on (U–Th) / He ages. *Geochimica et Cosmochimica Acta*, 60, 4223–4229.

FERRY, J.M., PASSEY, B.H., VASCONCELOS, C. & EILER, J.M. 2011. Formation of dolomite at 40–80°C in the Latemar carbonate buildup, Dolomites, Italy, from clumped isotope thermometry. *Geology*, 39, 571–574.

GAO, L., HE, P., JIN, Y., ZHANG, Y., WANG, X., ZHANG, S. & TANG, Y. 2016. Determination of position-specific carbon isotope ratios in propane from hydrocarbon gas mixtures. *Chemical Geology*, 435, 1–9.

GAO, Y., CASEY, J.F., BERNARDO, L.M., YANG, W. & BISSADA, K.K. 2017. Vanadium isotope composition of crude oil: effects of source, maturation and biodegradation. *In*: LAWSON, M., FORMOLO, M.J. & EILER, J.M. (eds) *From Source to Seep: Geochemical Applications in Hydrocarbon Systems*. Geological Society, London, Special Publications, 468. First published online December 14, 2017, https://doi.org/10.1144/SP468.2

GEHRELS, G.E., VALENCIA, V.A. & PULLEN, A. 2006. Detrital zircon geochronology by laser-ablation multicollector ICPMS at the Arizona LaserChron Center. *In*: LOSZEWSKI, T. & HUFF, W. (eds) *Geochronology: Emerging Opportunities*. The Paleontological Society Papers, 12, 67–76.

GEORGIEV, S.V., STEIN, H.J., HANNAH, J.L., GALIMBERTI, R., NALI, M., YANG, G. & ZIMMERMAN, A. 2016. Re–Os dating of maltenes and asphaltenes within single samples of crude oil. *Geochimica et Cosmochimica Acta*, 179, 53–75.

GHOSH, P., ADKINS, J. *ET AL.* 2006. ^{13}C–^{18}O bonds in carbonate minerals: a new kind of paleothermometer. *Geochimica et Cosmochimica Acta*, 70, 1439–1456.

GILBERT, A., YAMADA, K., SUDA, K., UENO, Y. & YOSHIDA, N. 2016. Measurement of position-specific 13°C isotopic composition of propane at the nanomole level. *Geochimica et Cosmochimica Acta*, 177, 205–216.

GILFILLAN, S.M., LOLLAR, B.S. *ET AL.* 2009. Solubility trapping in formation water as dominant CO_2 sink in natural gas fields. *Nature*, 458, 614–618.

GOLDSTEIN, R.H. & REYNOLDS, T.J. 1994. *Systematics of Fluid Inclusions in Diagenetic Minerals*. Society for Sedimentary Geology (SEPM), Short Course, 31.

GRUNAU, H.R. 1984. Natural gas in major basins worldwide attributed to source type, thermal maturity and bacterial origin. *Proceedings of the 11th World Petroleum Congress*, 21, 293–302.

HAGEN, E.S. & SURDAM, R.C. 1984. Maturation history and thermal evolution of Cretaceous source rocks of the Bighorn Basin, Wyoming and Montana. *In*: WOODWARD, J., MEISSNER, F.F. & CLAYTON, J.L. (eds) *Hydrocarbon Source Rocks of the Greater Rocky Mountain Region*. Rocky Mountain Association of Geologists, Denver, CO, 321–338.

HANTSCHEL, T. & KAUERAUF, A.I. 2009. *Fundamentals of Basin and Petroleum Systems Modeling*. Springer, Berlin.

HEDBERG, H.D. 1964. Geological aspects of origin of petroleum. *AAPG Bulletin*, 48, 1755–1803.

HOLBA, A.G., TEGELAAR, E.W., HUIZINGA, B.J., MOLDOWAN, J.M., SINGLETARY, M.S.,

MCCAFFREY, M.A. & DZOU, L. I.P. 1998. 24-Norcholestanes as age-sensitive molecular fossils. *Geology*, 26, 783–786.

HOLLAND, G., LOLLAR, B.S., LI, L., LACRAMPE-COULOUME, G., SLATER, G.F. & BALLENTINE, C.J. 2013. Deep fracture fluids isolated in the crust since the Precambrian era. *Nature*, 497, 357–360.

HUNT, A.G., DARRAH, T.H. & POREDA, R.J. 2012. Determining the source and genetic fingerprint of natural gases using noble gas geochemistry: a northern Appalachian Basin case study. *AAPG Bulletin*, 96, 1785–1811.

HUNT, J.M. 1996. *Petroleum Geochemistry and Geology*. W.H. Freeman, New York.

HUNT, J.M., PHILP, R.P. & KVENVOLDEN, K.A. 2002. Early developments in petroleum geochemistry. *Organic Geochemistry*, 33, 1025–1052.

HUNT, T.S. 1861. Notes on the history of petroleum or rock oil. *Canadian Naturalist and Geologist*, 6, 241–255.

HUNTINGTON, K.W., BUDD, D.A., WERNICKE, B.P. & EILER, J.M. 2011. Use of clumped-isotope thermometry to constrain the crystallization temperature of diagenetic calcite. *Journal of Sedimentary Research*, 81, 656–669.

KHATIB, H. 2012. IEA world energy outlook 2011 – a comment. *Energy Policy*, 48, 737–743.

KVENVOLDEN, K.A. 2006. Organic geochemistry: a retrospective of its first 70 years. *Organic Geochemistry*, 37, 1–11.

KVENVOLDEN, K.A. 2008. Origins of organic geochemistry. *Organic Geochemistry*, 39, 905–909.

LAWSON, M., SHENTON, B.J. *ET AL*. 2017. Deciphering the diagenetic history of the El Abra Formation of eastern Mexico using reordered clumped isotope temperatures and U–Pb dating. *GSA Bulletin*, first published online October 19, 2017, https://doi.org/10.1130/B31656.1

LEWAN, M.D. 1985. Evaluation of petroleum generation by hydrous pyrolysis experimentation. *Philosophical Transactions of the Royal Society of London*, Series A, 315, 123–134.

LEWAN, M.D. 1994. Assessing natural oil expulsion from source rocks by laboratory pyrolysis. In: MAGOON, L. &DOW, W. (eds) *The Petroleum System – From Source to Trap*. American Association of Petroleum Geologists, Memoirs, 60, 201–210.

LILLIS, P. & SELBY, D. 2013. Evaluation of the rhenium–osmium geochronometer in the Phosphoria petroleum system, Bighorn Basin of Wyoming and Montana, USA. *Geochimica et Cosmochimica Acta*, 118, 312–330.

LINK, W.K. 1952. Significance of oil and gas seeps in world oil exploration. *AAPG Bulletin*, 36, 1505–1540.

MACDONALD, J.M., JOHN, C.M. & GIRARD, J.P. 2017. Testing clumped isotopes as a reservoir characterization tool: a comparison with fluid inclusions in a dolomotized sedimentary carbonate reservoir buried to 2–4 km. In: LAWSON, M., FORMOLO, M.J. & EILER, J.M. (eds) *From Source to Seep: Geochemical Applications in Hydrocarbon Systems*. Geological Society, London, Special Publications, 468. First published online December 14, 2017, https://doi.org/10.1144/SP468.7

MACKENZIE, A.S., MAXWELL, J.R., COLEMAN, M.L. & DEEGAN, C.E. 1984. Biological markers and isotope studies of North Sea crude oils and sediments. In: *Proceedings of the 11th World Petroleum Congress*, Volume 2. Geology Exploration Reserves. Wiley, Chichester, 45–56.

MAGOON, L.B. & DOW, W.G. 1994. The petroleum system. In: MAGOON, L.B. & DOW, W.G. (eds) *The Petroleum System – From Source to Trap*. American Association of Petroleum Geologists, Memoirs, 60, 3–24.

MALIVA, R.G., HERRMANN, R., COULIBALY, K. & GUO, W. 2015. Advanced aquifer characteristics for optimization of managed aquifer recharge. *Environmental Earth Science*, 73, 7759–7767.

MAUGHAN, E.K. 1984. Geological setting and some geochemistry of petroleum source rocks in the Permian Phosphoria Formation. *In*: WOODWARD, J., MEISNER, F.F.& CLAYTON, J.L. (eds) *Hydrocarbon Source Rocks of the Greater Rocky Mountain Region, 1984*. Rocky Mountain Association of Geologists, Denver, CO, 281–294.

MAY, S., KLEIST, R., KNELLER, E., JOHNSON, C. & CREANEY, S. 2010. Global petroleum systems in space and time. *In*: VINING, B.A. & PICKERING, S.C. (eds) *Petroleum Geology: From Mature Basins to New Frontiers – Proceedings of the 7th Petroleum Geology Conference*. Geological Society, London, 1–9, https://doi.org/10.1144/0070001

MAY, S.R., GRAY, G.G., SUMMA, L.L., STEWART, N.R., GEHRELS, G.E. & PECHA, M.E. 2013. Detrital zircon geochronology from the Bighorn Basin, Wyoming, USA: implications for tectonostratigraphic evolution and paleogeography. *GSA Bulletin*, 125, 1403–1422.

MILKOV, A.V. 2010. Methanogenic biodegradation of petroleum in the West Siberian Basin (Russia): Significance for formation of giant Cenomanian gas pools. *AAPG Bulletin*, 94, 1485–1541.

MOLDOWAN, J.M., SEIFERT, W.K. & GALLEGOS, E.J. 1985. Relationship between petroleum composition and depositional environment of petroleum source rocks. *AAPG Bulletin*, 69, 1255–1268.

MOLDOWAN, J.M., DAHL, W., HUIZINGA, B.J., FAGO, F.J., HICKLEY, L.J., PEAKMAN, T.M. & TAYLOR, D.W. 1994. The molecular fossil record of oleanane and its relation to angiosperms. *Science*, 265, 768–771.

MOORE, M.T., VINSON, D.S., WHYTE, C.J., EYMOLD, W.K., WALSH, T.B. & DARRAH, T.H. 2018. Differentiating between biogenic and thermogenic sources of natural gas in coalbed methane reservoirs from the Illinois Basin using noble gas and hydrocarbon geochemistry. *In*: LAWSON, M., FORMOLO, M.J. & EILER, J.M. (eds) *From Source to Seep: Geochemical Applications in Hydrocarbon Systems*. Geological Society, London, Special Publications, 468. First published online January 18, 2018, https://doi.org/10.1144/SP468.8

NEMČOK, M. 2016. *Rifts and Passive Margins: Structural Architecture, Thermal Regimes, and Petroleum Systems*. Cambridge University Press, New York.

ODEDRA, A., BURLEY, S.D., LEWIS, A., HARDMAN, M. & HAYNES, P. 2005. The world according to gas. *In*: DORÉ, A.G. & VINING, B.A. (eds) *Petroleum Geology: North-West Europe and Global Perspective – Proceedings of the 6th Petroleum Geology Conference*. Geological Society, London, 571–586, https://doi.org/10.1144/0060571

OLDENBURG, T.B.P., SILVA, R.C., RADOVIC, J., SNOWDON, R.W., GONZALEZ-ARISMENDI, G.P., BROWN, M. & LARTER, S.R. 2015. FTICR-MS – towards reaction systems models in petroleum geochemistry. *Goldschmidt Abstracts*, 2015, 2336.

ONO, S., WANG, D.T., GRUEN, D.S., SHERWOOD LOLLAR, B., ZAHNISER, M.S., MCMANUS, B.J. & NELSON, D.D. 2014. Measurement of a doubly substituted methane isotopologue, $^{13}CH_3D$, by tunable infrared laser direct absorption spectroscopy. *Analytical Chemistry*, 86, 6487–6494.

PAULL, R.A. & PAULL, R.K. 1986. Depositional history of lower Triassic Dinwoody Formation, Bighorn Basin, Wyoming and Montana. *In*: *Montana Geological Society and Yellowstone Bighorn Research Association Joint Field Conference and Symposium Geology of the Beartooth Uplift and Adjacent Basins*. Montana Geological Society, Billings, MT, 13–25.

PEDENTCHOUK, N. & TURICH, C. 2017. Carbon and hydrogen isotopic compositions of n-alkanes as a tool in petroleum exploration. *In*: LAWSON, M., FORMOLO, M.J. & EILER, J.M. (eds) *From Source to Seep: Geochemical Applications in Hydrocarbon Systems*. Geological Society, London, Special Publications, 468. First published online December 14, 2017, https://doi.org/10.1144/SP468.1

PETERS, K.E., MOLDOWAN, J.M., SCHOELL, M. & HEMPKINS, W.B. 1986. Petroleum isotopic and biomarker composition related to source rock organic matter and depositional environment. *In*: LEYTHAEUSER, D. & RULLKOTTER, J. (eds) *Advances in Organic Geochemistry*. Organic Geochemistry, 10, 73–84.

PETERS, K.E., WALTERS, C.C. &MOLDOWAN, J.M. 2005. *The Biomarker Guide Volume 2: Biomarkers and Isotopes in Petroleum Exploration and Earth History*. Cambridge University Press, Cambridge.

PEVEAR, D.R. 1992. Illite age analysis, a new tool for basin thermal history analysis. *In*: KHARAKA, Y.K. & MAEST, A.S. (eds) *Water–Rock Interaction*. A.A. Balkema, Rotterdam, The Netherlands, 1251–1254.

PEVEAR, D.R. 1998. Illite and hydrocarbon exploration. *Proceedings of the National Academy of Sciences of the United States of America*, 96, 3440–3446.

PIASECKI, A., SESSIONS, A., LAWSON, M., FERREIRA, A.A., NETO, E.S. & EILER, J.M. 2016. Analysis of the site-specific carbon isotope composition of propane by gas source isotope ratio mass spectrometer. *Geochimica et Cosmochimica Acta*, 188, 58–72.

PRATT, W.E. 1943. *Oil in the Earth*. University of Kansas Press, Lawrence, KS.

RICE, D.D. 1993. Biogenic gas – controls, habits and resource potential. *In*: HOWELL, D.G. (ed.) *The Future of Energy Gases*. United States Geological Survey, Professional Papers, 1570, 583–606.

RICE, D.D. & CLAYPOOL, G.E. 1981. Generation, accumulation, and resource potential of biogenic gas. *AAPG Bulletin*, 65, 5–25.

ROBERTS, L.N., FINN, T.M., LEWAN, M.D. & KIRSCHBAUM, M.A. 2008. *Burial History, Thermal Maturity, and Oil and Gas Generation History of Source Rocks in the Bighorn Basin, Wyoming and Montana*. United States Geological Survey, Scientific Investigations Report, 2008–5037.

SCHOELL, M. 1980. The hydrogen and carbon isotopic composition of methane from natural gases of various origins. *Geochimica et Cosmochimica Acta*, 44, 649–661.

SHELDON, R.P. 1967. Long distance migration of oil in Wyoming. *The Mountain Geologist*, 4, 53–65.

SHENTON, B.J., GROSSMAN, E.L. *ET AL*. 2015. Clumped isotope thermometry in deeply buried sedimentary carbonates: The effects of bond reordering and recrystallization. *GSA Bulletin*, 127, 1036–1051, https://doi.org/10.1130/B31169.1

SILJESTRÖM, S., LAUSMAA, J., SJÖVALL, P., BROMAN, C., THIEL, V. & HODE, T. 2010. Analysis of hopanes and steranes in single oil-bearing fluid inclusions using time-of-flight secondary ion mass spectrometry (ToFSIMS). *Geobiology*, 8, 37–44.

SILJESTRÖM, S., POTTORF, R., DREYFUS, S.&THIEL, V. 2016. *Determination of Single Hydrocarbon Inclusions Source Rock Facies*. International Workshop of Organic Geochemistry, Osaka, Japan.

SIMMONS, S.P. & SCHOLLE, P.A. 1990. Late Paleozoic uplift and sedimentation, Northeast Bighorn Basin, Wyoming. *In*: SPECHT, R.W. (ed.) *Wyoming Sedimentation and Tectonics*. Wyoming Geological Association, Casper, Wyoming, 41st Annual Field Conference Guidebook, 39–55.

STOLPER, D.A., LAWSON, M. *ET AL*. 2014a. The formation temperature of methane in natural environments. *Science*, 344, 1500–1503.

STOLPER, D.A., SESSIONS, A.L. *ET AL*. 2014b. Combined ^{13}C–D and D–D clumping in methane: methods and preliminary results. *Geochimica et Cosmochimica Acta*, 126, 169–191.

STOLPER, D., MARTINI, A. *ET AL*. 2015. Distinguishing and understanding thermogenic and biogenic sources of methane using multiply substituted isotopologues. *Geochimica et Cosmochimica Acta*, 161, 219–247.

STOLPER, D.A., LAWSON, M., FORMOLO, M.J., DAVIS, C.L., DOUGLAS, P.M.J. & EILER, J.M. 2017. The utility of methane clumped isotopes to constrain the origins of methane in natural gas accumulations. In: LAWSON, M., FORMOLO, M.J. & EILER, J.M. (eds) *From Source to Seep: Geochemical Applications in Hydrocarbon Systems*. Geological Society, London, Special Publications, 468. First published online December 14, 2017, https://doi.org/10.1144/SP468.3

STONE, D.S. 1967. Theory of Paleozoic oil and gas accumulation in Big Horn Basin, Wyoming. *AAPG Bulletin*, 51, 2056–2114.

SUMMA, L. 2015. From source to seep: New challenges and emerging technologies in petroleum systems analysis. *Goldschmidt Abstracts*, 2015, 3028.

TISSOT, B.P. & WELTE, D.H. 1984. *Petroleum Formation and Occurrence*. Springer, Berlin.

TISSOT, B.P., PELET, R. & UNGERER, P. 1987. Thermal history of sedimentary basins, maturation indices and kinetics of oil and gas generation. *AAPG Bulletin*, 12, 1445–1466.

TREIBS, A. 1936. Chlorophyll and hemin derivatives in organic mineral substances. *Angewandte Chemie*, 49, 682–686.

VANDENBROUCKE, M., BEHAR, F. & RUDKIEWICZ, J.L. 1999. Kinetic modelling of petroleum formation and cracking: implications from the high pressure/high temperature Elgin Field (UK, North Sea). *Organic Geochemistry*, 30, 1105–1125.

VENTURA, G.T., GALL, L., SIEBERT, C., PRYTULAK, J., SZATMARI, P., HÜRLIMANN, M. & HALLIDAY, A.N. 2015. The stable isotope composition of vanadium, nickel, and molybdenum in crude oils. *Applied Geochemistry*, 59, 104–117.

WANG, D.T., GRUEN, D.S. ET AL. 2015. Nonequilibrium clumped isotope signals in microbial methane. *Science*, 348, 428–431.

WAPLES, D.W. 1994. Maturity modeling: Thermal indicators, hydrocarbon generation and oil cracking. In: MAGOON, L. & DOW, W. (eds) *The Petroleum System – From Source to Trap*. American Association of Petroleum Geologists, Memoirs, 60, 307–322.

WENGER, L., DAVIS, C.L. & ISAKSEN, G.H. 2002. Multiple controls on petroleum biodegradation and impact on oil quality. *SPE Reservoir Evaluation and Engineering*, 5, 375–383.

WEO 2011. *The IEA World Energy Outlook 2011*. International Energy Agency, Paris.

WHITICAR, M.J. 1994. Correlation of natural gases with their sources. In: MAGOON, L. & DOW, W. (eds) *The Petroleum System – From Source to Trap*. American Association of Petroleum Geologists, Memoirs, 60, 261–283.

WHITICAR, M.J., FABER, E. & SCHOELL, M. 1986. Biogenic methane formation in marine and freshwater environments: CO_2 reduction v. acetate fermentation – isotope evidence. *Geochimica et Cosmochimica Acta*, 50, 693–709.

WOLF, R.A., FARLEY, K.A. & SILVER, L.T. 1996. Helium diffusion and low-temperature thermochronometry of apatite. *Geochimica et Cosmochimica Acta*, 60, 4231–4240.

WOLF, R.A., FARLEY, K.A. & SILVER, L.T. 1997. Assessment of (U–Th)/He thermochronometry: The low-temperature history of the San Jacinto mountains, California. *Geology*, 25, 65–68.

ZARTMAN, R.E., WASSERBURG, G.H. & REYNOLDS, J.H. 1961. Helium, argon and carbon in some natural gases. *Journal of Geophysical Research*, 66, 277–306.

ZHANG, T., ELLIS, G.S., WANG, K., WALTERS, C.C., KELEMEN, S.R., GILLAIZEUA, B. & TANG, Y. 2007. Effect of hydrocarbon type of thermochemical sulfate reduction. *Organic Geochemistry*, 38, 897–910.

2 利用甲烷的二元同位素确定天然气藏中甲烷的来源

Daniel A. Stolper　Michael Lawson　Michael J. Formolo
Cara L. Davis　Peter M. J. Douglas　John M. Eiler

摘要：甲烷的二元同位素组成为从生物成因源和热成因源两方面了解甲烷的形成条件提供了新的途径。在某些条件下，这些组分可用于重建气体的形成温度，并且这种能力可应用于生物成因和热成因系统的共同子集。此外，还有一些例子表明，二元同位素组成并不反映气体形成温度，而是反映混合效应和动力学现象；这种动力学效应也出现在生物成因和热成因气体的常见和可识别的亚型中。在这里，我们回顾了利用甲烷的二元同位素测量来了解地下甲烷的来源，以及许多生物成因和热成因天然气藏的甲烷的二元同位素测量。然后，将这些测量置于确定甲烷形成条件的共同框架中，包括甲烷 $\delta^{13}C$ 和 δD 值以及 C_1/C_{2-3} 比值的使用。最后，提出了一个如何利用甲烷的二元同位素来识别甲烷聚集来源的框架方案。

甲烷是一种重要的温室气体，是微生物代谢的反应物和产物，也是能源资源。总的来说，它是所有天然气藏中含量最丰富的烷烃（Mango 等，1994；Hunt，1996）。天然气藏中的甲烷通常为两种来源之一。首先，甲烷可以由固态（如干酪根）、液态或气态碳氢化合物中较大碳氢分子的热分解（也称为热裂解或"裂解"）产生。这种甲烷被归类为"热成因"。其次，甲烷可以由被称为产甲烷菌的微生物产生。产甲烷菌通过 CO_2 与 H_2 的净反应（氢营养型产甲烷菌）或从更大的有机分子如醋酸盐或甲醇中裂解和还原甲基来制造甲烷（Claypool 和 Kaplan，1974；Rice 和 Claypool，1981；Thauer，1998）。这些生物产生的甲烷被称为"生物成因"或微生物甲烷。此外，甲烷可以通过"非生物"方式形成，例如在没有生命的情况下，通过二氧化碳的氢化作用形成。这种非生物成因甲烷不会为具有经济意义的油气聚集贡献大量天然气（Etiope 和 Sherwood Lollar，2013）。

无论是出于经济、生物地球化学还是环境原因，确定甲烷的来源（即生物成因还是热成因）通常是研究含油气系统的第一步工作（Bernard 等，1976；Schoell，1980，1983；Whiticar 等，1986；Whiticar，1999；Vinson 等，2017）。例如，在温室气体排放的研究中，需要从给定的环境或背景中向大气中排放甲烷，以制定减排战略（Miller 等，2013）。或者，在石油勘探过程中，甲烷的来源可以提供有关潜在烃源岩位置（如果为热成因）和该地区其他聚集可能性的信息（Magoon 和 Dow，1994）。各种方法被用来识别碳氢化合物气体的起源和历史，包括分子和同位素测量。这些方法的复杂性从定性指纹分析（Bernard 等，1976；Schoell，1980，1983；Whiticar 等，1986）到复杂的、量子力学为基础的气体生成模型（Tang 等，2000；Ni 等，2011）。这些信息与盆地模拟提供的热历史、沉积环境的地层和沉积学证据以及圈闭和盖层的构造分析相结合，以了解含油气系统的历史。这种综合方法需要预测碳氢化合物在空间和时间上的潜在分布。

在这里，我们阐述了用多种重同位素（如 ^{13}C 和 D）测量甲烷同位素的实用性，这些同位素俗称为"二元"同位素（Eiler，2007），用以研究甲烷的来源，阐述了甲烷二元同位素定量地和有效精确地测量气体地层温度的条件。此外，还举例说明，二元同位素组成并不产生有意义的地层温度，而是与地层机制有关。我们特别强调了甲烷二元同位素对生物成因和热成因天然气矿床成因的制约。这篇综述将甲烷二元同位素放在更广泛的工具框架中，用于研究含油气系统，包括标准分子和同位素技术。Douglas 等（2017）为含油气系统以外的甲烷二元同位素测量提供了更详细的说明。

2.1 用于研究烃类气体成因的常规分子和同位素技术

下面给定两个常用的框架方案来确定在给定的环境中甲烷的来源。在下文中，我们将甲烷的二元同位素测量放在这些框架的背景下。所有的分类方案在此不一一介绍（Schoell，1983；Chung 等，1988；Ballentine 和 O'Nions，1994；Prinzhofer 和 Huc，1995；Lorant 等，1998）。

用于绘制天然气矿床中甲烷来源的一个组成空间是"Whiticar"图解（图 2.1a；Whiticar 等，1986；Whiticar，1999）。它本质上是经验性的，涉及用甲烷的 δD 和 $δ^{13}C$ 值将未知样品与二维同位素图进行比较，用二维同位素图解释天然气的来源（生物成因、热成因或二者的混合成因）。这张图基于对甲烷的同位素测量，甲烷的来源是独立的。Whiticar 图解定义的组成空间将生物成因甲烷与热成因甲烷区分如下：在给定的 δD 值下，生物成因甲烷的 $δ^{13}C$ 值始终低于热成因甲烷。根据 δD 值，用于定义生物成因和热成因气的 $δ^{13}C$ 截止值可以在 -60‰~-45‰ 之间变化。此外，尽管热成因甲烷和生物成因甲烷 δD 值在空间上广泛重叠（重叠范围为 -275‰~-150‰），但生物成因甲烷的 δD 值明显更低（低于 -400‰），而热成因甲烷的 δD 值可高达 -100‰。Whiticar 图解中的"混合/重叠"类别表示生物成因气和热成因气的混合物，或无法区分热成因气和生物成因气的成分。用于确定甲烷样品来源的另一个组成空间是"Bernard"图解（图 2.1b；Bernard 等，1976）。Bernard 图解利用甲烷 $δ^{13}C$ 值和 C_1/C_{2-3} 比值区分热成因气体和生物成因气体。C_1/C_{2-3} 比值量化甲烷（C_1）、乙烷（C_2）和丙烷（C_3）之和的相对丰度。C_1/C_{2-3} 比值用于区分生物成因和热成因气体，因为在生物成因系统中，甲烷通常是生成的主要碳氢化合物（通常大于 99%）。相比之下，热成因气可含有大量（高达百分之几十）大于甲烷的烷烃（C_{2+} 烷烃）。在 Bernard 图解中，生物成因气的 C_1/C_{2-3} 值大于 1000，而热成因气的 C_1/C_{2-3} 值小于 100。热成因气的较高 C_1/C_{2-3} 值可通过运移过程中诱导的成分分馏实现（Bernard 等，1977）。

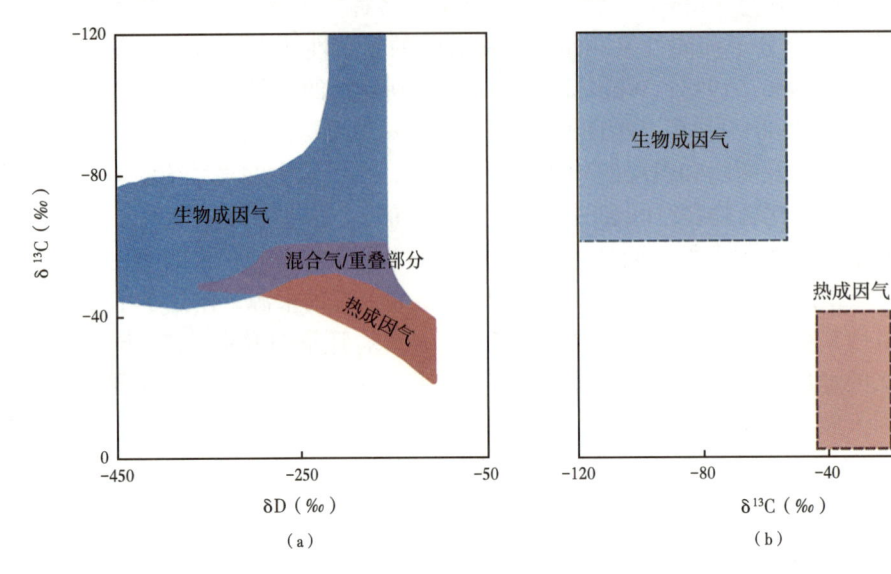

(a) Whiticar 图解（Whiticar 等，1986；Whiticar，1999）利用甲烷的 δD 和 δ¹³C 值来区分生物成因气和热成因气；
(b) Bernard 图解（Bernard 等，1976）利用 $C_1/C_{2~3}$ 比值与甲烷的 δ¹³C 值来区分热成因气和生物成因气，Bernard 许多图版具有不同的边界（Vinson 等，2017），这里给出的边界是 Martini 等（1996）给出的；此外，扩散、混合和甲烷氧化的途径有时被绘制在这些空间中（Whiticar，1999；Etiope 和 Sherwood Lollar，2013；Vinson 等，2017）

图 2.1　用于识别环境样品中甲烷来源的共同组成空间

除这些组成空间外，一般认为甲烷的 δ¹³C 和 δD 值以及 $C_1/C_{2~3}$ 比值在石油生成过程中都会增加。生烃程度通常随着烃源岩埋藏温度的升高（以及在给定温度下的时间）而增加。因此，Bernard 和 Whiticar 图解中，在名义上的热成因区域中，热成因气的位置指示了天然气生成时烃源岩的"热成熟度"（Stahl 和 Carey，1975；Schoell，1980，1983；Chung 等，1988；Rooney 等，1995；Hunt，1996；Tang 等，2000；Ni 等，2011）。

Whiticar 图解和 Bernard 图解有助于确定环境中甲烷的来源。然而，在这些图解上用于划分热成因甲烷和生物成因甲烷的标准并不总是恒定的。具体而言，在这些图解中，$C_1/C_{2~3}$ 比值大于 1000 且 δ¹³C 值小于 -60‰ 的气体将始终归类为生物成因，$C_1/C_{2~3}$ 比值小于 100 且 δ¹³C 值大于 -50‰ 的气体将始终归类为热成因。然而，一些可疑的生物成因甲烷的 δ¹³C 值高达 -45‰（Martini 等，1996）。此外，在乙烷和丙烷也是生物成因的条件下，现代海洋沉积物中的 $C_1/C_{2~3}$ 值可以低至 2（Hinrichs 等，2006）。Tang 等（2000）的模型预测，在自然界低于 180℃ 的温度下产生的热成因甲烷的 δ¹³C 值可能在 -70‰~-60‰ 之间。被困在非常规页岩气矿床（页岩气）中的热成因气体的 $C_1/C_{2~3}$ 值可能大于 1000（Stolper 等，2014a）。这些反例说明，虽然 Whiticar 图解和 Bernard 图解等经验分类方案有助于解释天然气矿床的成因，但并不总是明确的。这些反例导致了在 δD 与 δ¹³C 和 $C_1/C_{2~3}$ 与 δ¹³C 图中甲烷来源的备选划定（Etiope 和 Sherwood Lollar，2013；Vinson 等，2017）。这表明，这些组成空间是识别甲烷来源的有用起点，但并不总是确定的。

通常与天然气来源有关的一个物理变量是它的形成温度。一般认为,生物成因气在自然界中的形成温度为 0~80℃（Wilhelms 等,2001;Valentine,2011）,尽管纯培养的产甲烷菌在实验室中至少可以在 122℃ 的温度下生长（Wilhelms 等,2001;Valentine,2011）。相反,热成因气被认为是在高于约 60℃ 的温度下形成的（Tissot 和 Welte,1978;Quigley 和 Mackenzie,1988;Hunt,1996;Seewald 等,1998;Seewald,2003）。还有一些模型预测大多数热成因气形成于 150℃ 以上（Quigley 和 Mackenzie,1988）。因此,甲烷生成温度的测量可以为了解烃类气体的成因提供额外的参数。此外,有一种工具可以通过限制特定源岩（生成甲烷）在埋藏期间达到的最低温度来洞察沉积盆地的地质历史。我们现在讨论的是,在某些情况下如何通过测量甲烷的二元同位素来测量各种碳氢化合物系统中的甲烷形成温度。首先简要回顾一下甲烷二元同位素的理论和测量方法。

2.2 甲烷二元同位素测量的理论与命名

二元同位素是任何具有两种或两种以上稀有（通常是重）同位素的分子（Eiler 和 Schauble,2004;Wang 等,2004;Eiler,2007）。甲烷二元同位素的一个例子是 $^{13}CH_3D$。这种同位素具有地质和地球化学意义,因为对于一个相互同位素平衡的分子群体来说,它们的丰度仅由系统的平均或"全"同位素组成（受其 δD 和 $\delta^{13}C$ 值限制）,并受系统的温度控制（Wang 等,2004）。各种甲烷同位素之间的同位素交换反应如下：

$$^{13}CH_3D + ^{12}CH_4 \longleftrightarrow ^{13}CH_4 + ^{12}CH_3D \tag{2.1}$$

平衡时,式（2.1）中同位素的相对丰度由反应的平衡常数控制。这个平衡常数是温度的单调函数（Ma 等,2008;Cao 和 Liu,2012;Ono 等,2014;Stolper 等,2014b;Webb 和 Miller Ⅲ,2014;Liu 和 Liu,2016）。此外,对于同位素平衡系统,在有限温度下式（2.1）的左侧（包含二元同位素 $^{13}CH_3D$）总是相对于右侧更活泼。这导致在给定温度下 $^{13}CH_3D$ 的独特过量（在较低温度下有更大的过量）,而在所有同位素中同位素的随机分布是预期的。这种随机分布受到甲烷的平均同位素组成（即 δD 和 $\delta^{13}C$ 值,它们本身是可测量的）的限制。因此,如果 $^{13}CH_3D$ 或其他二元同位素的丰度可以与 δD 和 $\delta^{13}C$ 值一起受到限制,则可以计算基于"表象"的二元同位素的甲烷形成温度。只有当甲烷在同位素平衡状态下形成并在分析之前保持该组分时,该表象温度才能反映真实的地层温度。这是一个关键的要求,正如我们下面讨论的,不是所有情况下都能满足。我们注意到,允许在各种甲烷同位素之间实现同位素平衡的实际反应并不局限于仅涉及甲烷的反应,即类似于式（2.1）中的反应,而是可能通过与其他分子（包括 H_2O、H_2 或 CO_2）的同位素交换反应来实现。相反,式（2.1）中给出的同位素交换反应类型为计算同位素平衡系统的平衡常数提供了一个框架,而不需考虑使平衡得以实现的反应（Urey,1947）。Wang 等（2004）、Eiler（2007）、Affek（2012）和 Eiler（2013）对二元同位素理论进行了更深入的研究。据报道,二元同位素丰度与假定的所有同位素随机分布的计算丰度有关。这种分布称为随意分布或"随机"分布。样品的二元同位素组成用符号"Δ"表示（Wang 等，2004），例如：

$$\Delta_{^{13}CH_3D} = \left(\frac{^{13}CH_3D R}{^{13}CH_3D R^*} - 1 \right) \times 1000 \qquad (2.2)$$

式中，$^{13}CH_3D R = [^{13}CH_3D]/[^{12}CH_4]$ 和 $^{13}CH_3D R^*$ 表示所有同位素都随机分布所观察到的比率。如 Wang 等（2004）和 Stolper 等（2014b）针对甲烷 Δ 值与同位素交换反应的平衡常数有关。具体地说，$\Delta_{^{13}CH_3D}$ 与反应式（2.1）的平衡常数有关，$K_{^{13}CH_3D}$ 如下：

$$\Delta_{^{13}CH_3D} \cong -1000 \times \ln\left(K_{^{13}CH_3D}\right) \qquad (2.3)$$

由于 $^{13}CH_4$ 和 $^{12}CH_3D$ 的非随机比例潜在二阶效应，包含了近似符号。这对于 δD 和 δ^{13}C 值与天然材料中的 δD 和 δ^{13}C 值相同的样品来说并不重要［见 Stolper 等（2014b）的讨论］。因此，$\Delta_{^{13}CH_3D}$ 值与方程（2.1）中的二元同位素反应的平衡常数直接相关，可用于计算气体的形成温度。

由于与本文介绍的大多数甲烷二元同位素测量方法有关（在下一节中讨论），本综述主要使用 Δ 符号。具体而言，本文报道的大多数甲烷二元同位素丰度结合了质量为 18 的甲烷二元同位素，即 $^{13}CH_3D$ 和 $^{12}CH_2D_2$ 的丰度。使用 Δ_{18} 符号的随机同位素分布的总丰度表示如下：

$$\Delta_{18} = \left(\frac{^{18}R}{^{18}R^*} - 1 \right) \times 1000 \qquad (2.4)$$

其中

$$^{18}R = \left([^{13}CH_3D] + [^{12}CH_2D_2] \right) / [^{12}CH_4]$$

由于 98% 的质量为 18 的甲烷是 $^{13}CH_3D$，因此在测量误差范围内，包含的 $^{12}CH_2D_2$ 对于大多数应用来说都不重要（尽管在某些情况下这种差异可能是重要的，其中表示了显著的动力学同位素效应），Stolper 等（2014b）对这进行了详细讨论。在图 2.2 中，我们计算了温度为 0~300℃ 对 Δ_{18} 的依赖性。该图描述了甲烷处于同位素平衡状态可能会发现生物成因和热成因气体的数值范围。

我们注意到，在首次对甲烷进行二元同位素测量之前，尚不清楚 Δ_{18} 值是否反映了基于平衡的甲烷形成温度或反映了甲烷生成、迁移或提取的动力学过程。只有当甲烷在内部同位素平衡中形成时，才能根据二元同位素丰度计算其形成温度。以往对热成因和生物成因甲烷的 δ^{13}C 和 δD 值的解释大多利用动力学同位素效应来描述观测到的同位素组成（Whiticar 等，1986；Espitalie 等，1988；Clayton，1991；Hunt，1996；Whiticar，1999；Tang 等，2000；Xiao，2001；Seewald，2003；Valentine 等，2004；Ni 等，2011）。因此，在研究天然气和实验室中生成的模拟天然气形成条件之前，使用二元同位素丰度来测量甲烷形成温度尚不可行。

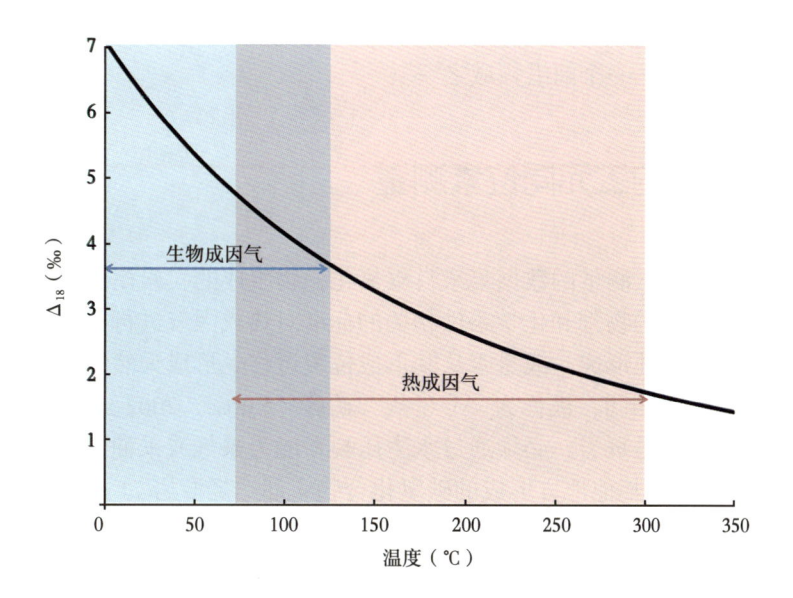

2 利用甲烷的二元同位素确定天然气藏中甲烷的来源

图2.2 Δ_{18} 与温度的平衡关系（据 Stolper 等，2014b，修改）

该图给出了在二元同位素平衡中形成的生物成因气和热成因气的预期范围；整个热成因气的范围是从约60℃（Hunt，1996）到约300℃的生油窗开始，300℃是甲烷生成的近似模拟最高温度（Behar 等，1992；Tsuzuki 等，1999；Vandenbroucke 等，1999；Tang 等，2000；Dominé 等，2002；Burruss 和 Laughrey，2010），尽管热成因气生成的最高温度受到很低的限制（Seewald，2003）；生物成因气生成的最高温度（122℃）取自 Takai 等（2008）的实验

2.3 甲烷二元同位素的测量

目前有多种技术可以精确地（低于千分之一）改变质量为18的甲烷同位素丰度。Stolper 等（2014b）首次提出了这样的技术，他使用了 Eiler 等（2013）详述的"高分辨率"气源同位素比值质谱仪原型（Thermo Scientific Mat 253 Ultra）。该质谱仪的关键功能特性是能够将 $H_2^{16}O$（18.011 amu）从 $^{13}CH_3D$（18.041 amu）中分离出来，$H_2^{16}O$ 是所有质谱仪中普遍存在的污染物。在约50μmol纯甲烷[标准温度和压力（STP）时约为1mL]上进行，Δ_{18} 测量的外部精度为 ±0.25‰。这里讨论的大多数数据（83%）来自在该仪器上进行的测量。

遵循这种质谱技术，Ono 等（2014）描述了一种使用红外光谱精确测量 $^{13}CH_3D$（约束 $\Delta_{^{13}CH_3D}$）丰度的技术。尽管精度取决于所分析的气体量，但使用约450μmol[标准温度和压力（STP）时约为10mL]的纯甲烷可获得 ±0.1‰（1σ）的内精度。这里讨论的大多数数据（96%）是使用这两种技术得出的，其余数据来自 Nu Instruments Panorama（见下文）。

现在已有分别测量 $^{13}CH_3D$ 和 $^{12}CH_2D_2$ 丰度的更先进的质谱技术。Mat 253 Ultra 的生产线版本（Clog 等，2015；Ellam 等，2015）以及另一台高分辨率气源同位素比值质谱仪原型（Nu Panorama；Young 等，2016），已经证明它们都能够从彼此和各种离子加合物中分

29

辨 $^{13}CH_3D$ 和 $^{12}CH_2D_2$。此外，红外光谱技术的进步也许可以对甲烷的这两种二元同位素进行分析。因此，甲烷二元同位素测量所涉及 $^{13}CH_3D$ 和 $^{12}CH_2D_2$ 丰度的单独测量将是甲烷二元同位素地球化学的下一个前沿领域之一。

2.4　热成因甲烷的二元同位素测量

　　当前甲烷二元同位素测量的数据集来自碳氢化合物生成的实验模拟。我们使用两个与碳氢化合物矿床中存在的物理和化学条件相关的标准对热成因气进行分类。第一个标准是天然气是否在储层中原地形成，或是否从其形成位置运移。形成天然气矿床中，天然气的形成和残留的地层位置相同，被称为"非常规"矿床（Curtis，2002）。在大多数非常规矿床中，储集（烃源）岩是页岩，必须通过水力压裂才能为采气或采油创造渗透率。相比之下，"传统"储层是指在其他地方形成的碳氢化合物（即"烃源岩"）从烃源岩运移过程中被储层捕获。它们之所以被称为常规油气藏，是因为它们在历史上属于典型的烃类液体和气体聚集成藏。

　　这些名称对我们的研究目的很重要。常规储层可以在不同的条件和温度下聚集不同来源的气体。常规储层的地质地球化学史可能与圈闭油气的形成条件没有直接关系。相比之下，非常规储层中的气体保留在烃源岩中，因此在天然气形成后经历与烃源岩相同的热史和埋藏史。

　　在常规和非常规储层中，并非所有生成和/或捕获的碳氢化合物都被保留。例如，在热成熟的非常规系统中，大多数生成的碳氢化合物（包括石油和天然气）被认为是在石油和天然气生成过程中排出的（Jarvie 等，2007；Xia，2014）。同样，在常规系统中，如果没有足够的封闭岩性和圈闭，油气将不会被圈闭其中。因此，在非常规和常规储层中捕获的气体可能只代表了系统天然气生成和聚集历史的"快照"。

　　用来区分各种类型的天然气矿床的第二个标准是这些天然气是否与储层中的液态烃"伴生"（即已发现）。伴生或"油伴生"气要么溶解在油中（"溶解气体"），要么以气相的形式存在于储层的液相之上（"气顶"）。"非伴生"气存在于储层的气相中，不与地下的任何液态烃接触。我们采用 6000ft³/bbl 的单相气油比（GOR）来区分地下聚集的非伴生气和石油伴生气。如果地下存在两个相（如带有气顶的石油管段），则可能伴生 6000ft³/bbl 气体。虽然在这里认识到了这一点，但在本次评论中不做进一步考虑。

　　还有其他分类方案使用类似的术语（石油相关和非相关）来说明天然气最初是否由石油产生（Schoell，1983）。用于分类和描述天然气藏的其他术语包括直接从干酪根裂解形成的"原生"气和通过石油和烃类气体裂解形成的"次生"气体。这些框架要求预先了解天然气形成的过程和条件。问题是这些信息通常是不可用的，也不总是可以推断出来的。使用的术语"常规/非常规"和"伴生/非伴生"仅基于钻井和油气开采时储层的已知条件。我们注意到，在某些情况下，已检查出已知热成因的气体但目前不在储层中（如气体渗漏）。这些气体包括在热成因气和生物成因气的较大比例，但不包括在不同类型热成因气的更具体的比例。各种气藏的位置如图2.3所示。

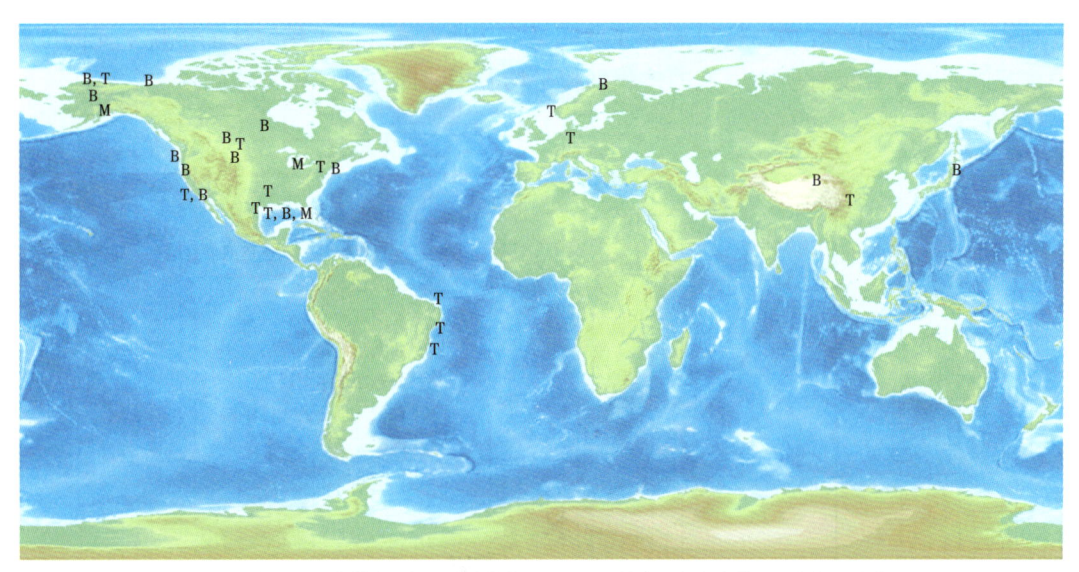

T—热成因气；B—生物成因气（微生物作用）；M—热成因气与生物成因气的混合作用

图 2.3 取样气体的位置

数据引自 Stolper 等（2014a，2015），Wang 等（2015），Inagaki 等（2015），Douglas 等（2016，2017）和 Young 等（2017），这些参考文献中讨论了具体的气藏和位置

2.4.1 第一个热成因甲烷二元同位素结果

Stolper 等（2014b）首次用证据表明甲烷二元同位素测量可能产生有意义的气体形成温度。具体来说，同位素（包括二元同位素）测量是对高纯度气瓶取样的甲烷进行的。根据其体同位素组成（$δD=-175.5‰$ 和 $δ^{13}C=-42.9‰$），假设样品在成因上是热成因的（图 2.1a）。来自圆柱体的甲烷产生了 170℃ 的二元同位素温度。该温度在热成因气形成温度的预期范围内（60~300℃；Behar 等，1992；Hunt，1996；Tsuzuki 等，1999；Vandenbroucke 等，1999；Tang 等，2000；Dominé 等，2002；Burruss 和 Laughrey，2010），因此是地质上合理的天然气形成温度。在此之后，使用光谱技术对假设有热成因（同样基于二元同位素组成）的气瓶或实验室气体管线中的气体进行额外测量，得出了基于二元同位素的温度：151~212℃（Ono 等，2014）。这些结果与反映热成因气形成温度的甲烷二元同位素温度一致，但由于缺乏对样品来源的认识，无法对其进行进一步评价。

Stolper 等（2014a）第一次介绍了从实验模拟热成因气、非常规石油非伴生气和常规石油伴生气藏采集的样品中测量热成因气的甲烷二元同位素。上述原因，天然气（一旦形成）和烃源岩/储层的热历史是相同的，因此非常规矿床即可成为目标。

从海恩斯维尔（Haynesville）页岩（得克萨斯州；Hammes 等，2011）和马塞勒斯（Marcellus）页岩（宾夕法尼亚州；Lash 和 Engelder，2011）的非常规矿床中提取的非伴生气进行了研究。海恩斯维尔页岩矿床目前仍接近其最大埋深和温度（Stolper 等，2014a）。测得的二元同位素温度范围为 169~207℃，在当前储层温度（163~190℃）、模拟最高埋藏温度（175~207℃）和独立模拟天然气形成温度（168~173℃；图2.4；Stolper等，2014a）测量精度的2σ内。这里需要注意的是，从地下油气藏采集气体的甲烷二元同位素温度反映了产生和储存所有甲烷的体积加权平均温度（即这是一种累积测量）。

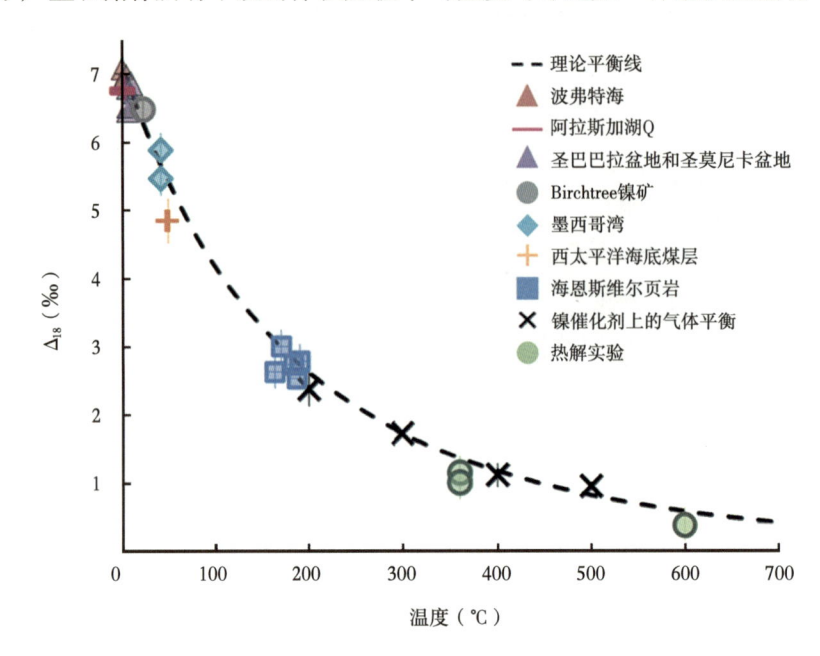

图2.4 来自环境系统或具有独立约束形成温度的生物成因和热成因气样品的温度与测量 Δ_{18} 值交会图
数据引自 Stolper 等（2014a，b；2015），Inagaki 等（2015），Douglas 等（2016）和 Young 等（2017）；Inagaki 等（2015）和 Young 等（2017）的数据根据温度转换为基于 $\Delta_{^{13}CH_3D}$ 温度的 Δ_{18} 参考框架；误差线为 1σ

与海恩斯维尔页岩相比，研究的马塞勒斯页岩达到最高埋藏温度，模拟温度为183~219℃，然后上升并冷却至当前温度60~70℃（Stolper等，2014a）。发现这些马塞勒斯页岩样品的二元同位素温度范围为179~207℃（Stolper等，2014a）。该范围与海恩斯维尔页岩二元同位素温度范围重叠，所有测量温度均在基于模型的平均天然气形成温度（171~173℃）的2σ范围内。尽管这些二元同位素温度与所研究的海恩斯维尔页岩和马塞勒斯页岩样品中的预期气体形成温度一致，但另一种解释是，温度部分或完全反映了在气体形成之后发生的同位素交换反应的影响。换言之，如果甲烷在形成后继续同位素再平衡，那么二元同位素组成将反映气体形成后的热历史。再平衡时需要甲烷与甲烷分子或其他化合物交换氢同位素，例如，包括 H_2O、H_2 或其他含氢化合物。这种交换的速率将随着温度的变化而变化，温度越高，速率越快。这种反应以显著速率停止的温度称为同位素"封闭温度"。对于碳酸盐岩二元同位素来说，这种封闭温度以前已经研究过了（Ghosh等，2006；Dennis和Schrag，2010；Passey和Henkes，2012；Stolper和Eiler，2015）。海恩斯维尔页岩和马塞勒斯页岩样品的二元同位素结果表明，这些非常规矿床中的甲烷二元同位素封闭温度高于页岩的最高埋藏温度（>200℃）。具体来说，如果在地质相关时间尺度上，甲烷二元同位素封闭温度低于200℃，马塞勒斯页岩样品可能产生基于同位素的二元温度始终低于海恩斯维尔页岩样品，这是因为在天然气生成后，马塞勒斯页岩气被抬升和冷却。然而我们注意到，甲烷的封闭温度无论是多少，很有可能会根据储层岩石的矿物学（如存在镍等过渡金属）和储层中的化学条件（如存在或不存在 H_2O 或油）而变化（Seewald，2003）。这种不同的条件会影响 C—H 键交换的反应途径。

综合起来，Stolper 等（2014a）得出的海恩斯维尔页岩和马塞勒斯页岩样品的二元同位素温度，代表了热成因气形成的合理地质温度。它们看起来不受系统随后冷却的影响，并且与独立的热成因气形成温度度量和模型一致。因此，测得的二元同位素温度是平均气体形成温度。Stolper 等（2014a）对此做了进一步探讨，对巴西 Potiguar 盆地常规储层中与石油相关的热成因气进行测量。Potiguar 盆地样品中的甲烷产生了 157~221℃ 的二元同位素温度，这些温度也在预期的热成因气形成温度范围内。此外，二元同位素温度与甲烷的 $δ^{13}C$ 值正相关——基于对 $δ^{13}C$ 作为成熟度指标的传统解释，在"使用的传统分子和同位素技术"一节中讨论研究"$δ^{13}C$ 值和热成因气的二元同位素温度"的起源。

值得注意的是，Potiguar 盆地样品中的一些甲烷二元同位素温度都与石油有关，不在通常假设的 60~160℃ 的生油温度范围（生油窗；Hunt，1996）以及最近的最大估计值（约 200℃；Vandenbroucke 等，1999；Lewan 和 Ruble，2002）。

Stolper 等（2014a）提出"热"甲烷不是与石油一起生成的，而是在运移过程中最终与石油在同一个储层中形成的。事实上，在 Potiguar 盆地中发现了高成熟度（超过生油窗成熟度）的烃源岩，这使得这种想法似乎是可行的（Stolper 等，2014a）。正如下一节将讨论的，来自不同含油气系统的气体经常产生温度为 60~160℃ 的甲烷二元同位素，这表明甲烷二元同位素温度与天然气和石油的形成温度一致是常见的。

最后，对富有机页岩在 360℃ 封闭系统水热裂解和纯丙烷在 600℃ 封闭系统无水裂解产生的甲烷进行了二元同位素测定。温度测量精度在已知地层温度的 $2σ$ 以内。此外，这些温度与从环境热成因甲烷样品中测得的二元同位素温度相差 $5σ$（图 2.4）。因此，这些实验独立地支持了甲烷二元同位素温度可以反映其形成温度的假设。总之，这些结果导致了 Stolper 等（2014a）假设热成因气的基于二元同位素温度可用于推断（至少对于所检查的系统而言）平均气体形成温度。

2.4.2 热成因气的进一步研究

对来自各种不同含油气系统的热成因气进行了额外的二元同位素研究（Stolper 等，2015；Wang 等，2015；Douglas 等，2016，2017；Young 等，2017）。在这一节中，我们将讨论来自热成因气的基于二元同位素温度的总体分布（图 2.3 中给出的研究位置）。包括所有测得的热成因常规石油伴生气和非伴生气以及非常规石油非伴生气。非常规石油伴生气似乎产生了非平衡二元同位素分布，将在下文中讨论。地质和生产历史可在原始研究中找到，并从中进行测量（Douglas 等，2017）。

热成因甲烷的二元同位素温度观测范围为 72~298℃（图 2.5c）。温度呈正态分布，峰值为 175℃±47℃（$1σ$；图 2.5c）。该分布可与基于模型的甲烷生成温度预期范围和甲烷生成量随温度变化的预期值进行比较。在甲烷生成的模型中，不同温度下产生的甲烷的量是变化的，因为假定甲烷生成速率随着温度的升高而增加，但速率随着甲烷前体被转化为甲烷或氧化态的碳形式（如石墨）而降低（Seewald，2003）。

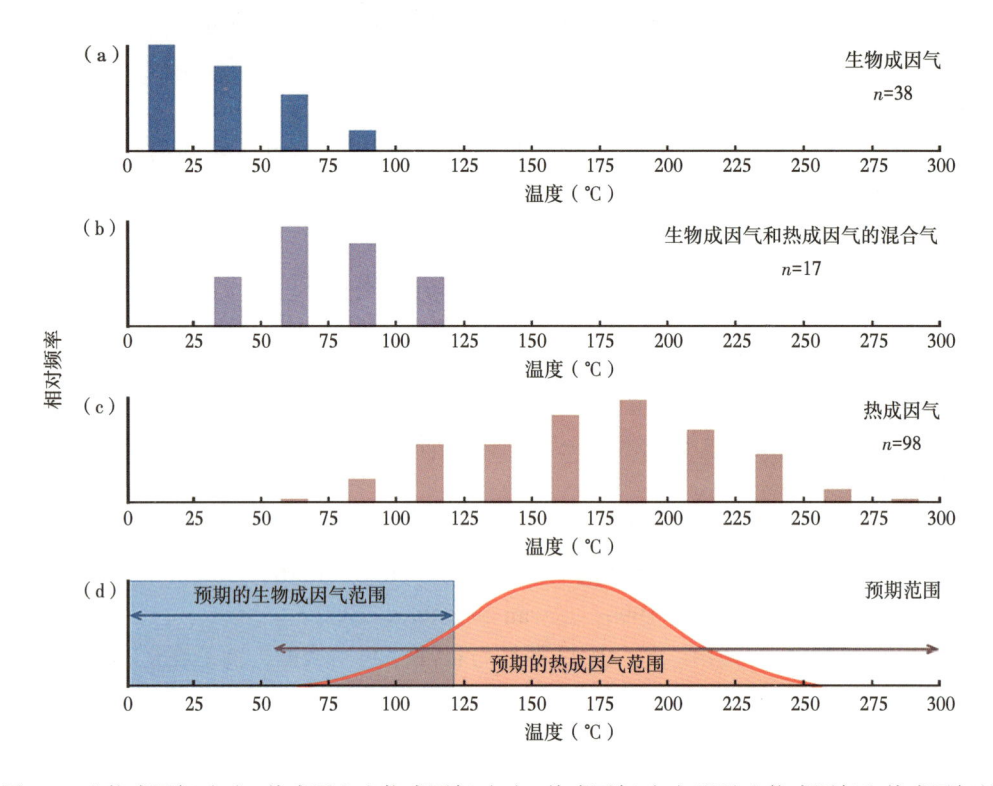

图 2.5　生物成因气（a）、热成因和生物成因气（b）、热成因气（c）以及生物成因气和热成因气的预期形成范围（d）的实测二元同位素温度分布

热成因气分布来源于 Hunt（1996）；数据引自 Stolper 等（2014a，2015），Wang 等（2015），Inagaki 等（2015），Douglas 等（2016，2017）和 Young 等（2017）；测量的样本数由 n 表示；所有直方图都是标准化的，使得最大框的高度为 1

使用 Hunt（1996）模型（图 2.5d）以比较测量的与预期的气体形成温度和那些温度的预期分布。Hunt（1996）模型是甲烷生成动力学的一般模型。然而应注意到，气体生成分布的其他模型是温度的函数，它们并不总是一致的（Seewald，2003）。不管怎样，测得的与模型温度的总体范围和分布是相似的，表明二者大体一致。还应注意到，所有测得的热成因气的二元同位素温度与烃源岩的模拟地层温度和热埋藏历史的直接比较通常是不可能的，正如 Stolper 等（2014a）对非常规石油非伴生气所做的那样。这是因为大多数被测量的样品没有独立约束的热和生成史（例如，它们已经从烃源岩运移到储层岩石和/或缺少独立的约束来校准热历史模型），因此避免了这种比较。

测量的二元同位素温度可延伸到更高的温度（约 300℃），高于 Hunt（1996）模型所示的约 250℃ 的截止温度。然而，最近的模型、高温油藏的发现和实验都表明，油在 200℃ 以下是稳定的（Tsuzuki 等，1999；Vandenbroucke 等，1999；Lewan 和 Ruble，2002），甲烷的生成发生在自然界温度高于 250℃ 的地方（Behar 等，1992；Tsuzuki 等，1999；Vandenbroucke 等，1999；Tang 等，2000；Dominé 等，2002；Burruss 和 Laughrey，2010）。尽管热成因甲烷的最高温度仍然是一个悬而未决的问题，但二元同位素温度与这些最近的迹象一致，即它可能延伸至少约 300℃。这些较高的温度可能是由于气体生成或运移过程中表现出的微妙动力学同位素效应。

具体来说，最近对煤的热解实验表明甲烷生成过程中存在非平衡效应。在这些实验中，煤在密封的金管中以不同的速率（即每单位时间的温度升高）加热到 400~620℃ 之间的最终温度。

在 400~520℃ 之间淬火的样品产生与平衡时甲烷生成一致的 Δ_{18} 值。高于 520℃ 时，δD 值迅速增加，Δ_{18} 值先减小（变为负值），然后在 600℃ 时增加至 Δ_{18} 值，与最终实验温度下预期的二元同位素平衡值相似。这些 Δ_{18} 值表明，甲烷生成过程中的非平衡过程可能发生在实验样品的高温条件下。有趣的是，转变为非平衡的 Δ_{18} 值与乙烷裂解的开始相吻合。目前尚不清楚控制甲烷演化的非平衡 Δ_{18} 值的精确机制，也不清楚它们是否与自然系统有关。然而，它们表明实验室热解实验可以根据实验的细节产生平衡和非平衡的甲烷二元同位素组成。

以下各节将重点讨论二元同位素温度如何反映常规和非常规储层中石油伴生气和非伴生气的形成条件和圈闭历史，不讨论热成因气的来源没有受到很好密闭的情况（如热成因气渗漏）。

2.4.3 常规石油伴生气

常规储层（来自六个不同的含油气系统）中的石油伴生甲烷产生的二元同位素温度范围为 103~266℃，平均值为 167℃（±40℃，1σ；图 2.6a）。这个范围几乎涵盖了整个预期的

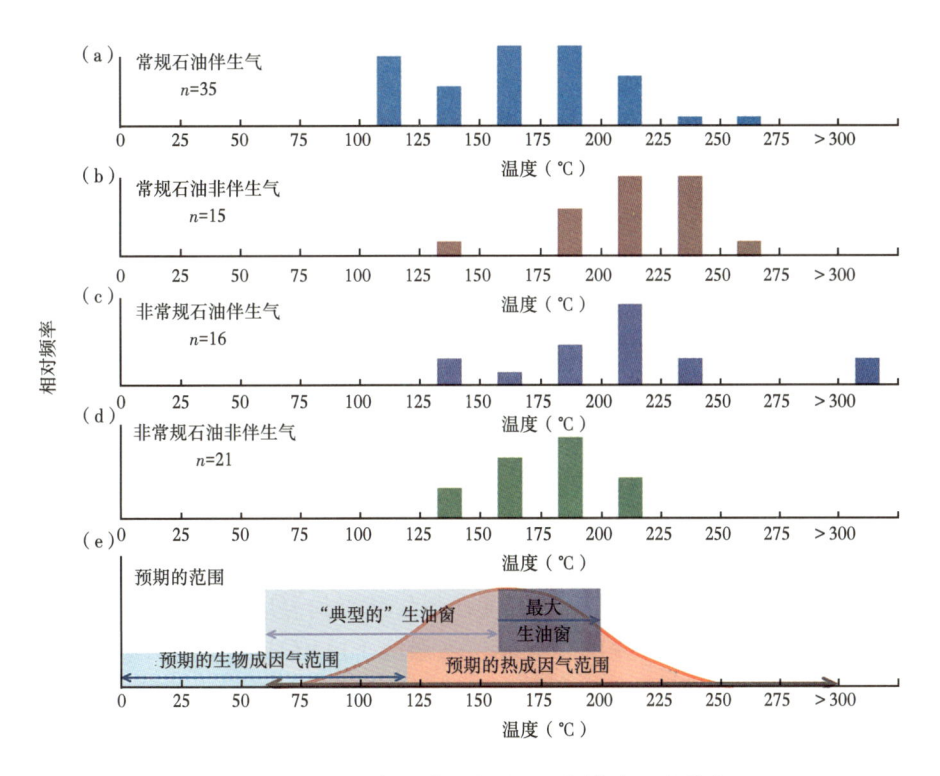

图 2.6 热成因气矿床测得的二元同位素温度分布

数据来自 Stolper 等（2014a，2015），Wang 等（2015），Young 等（2017）和 Douglas 等（2017）；测量的样本数由 n 表示；所有直方图都是标准化的，使得最大框的高度为 1；典型的产油范围通常为 60~160℃（Hunt，1996），但一些模型表明，油可以生成，并且在 200℃ 以下保持稳定（Tsuzuki 等，1999；Lewan 和 Ruble，2002）；其他范围如图 2.5 所示

35

热成因气的温度范围（图 2.6a 与图 2.6e）。常规储层中石油伴生气的二元同位素温度在 100~150℃ 和 150~225℃ 之间同样普遍，温度高于 225℃ 时，其频率急剧下降（图 2.6a）。因此，所检测的与油有关的气体在一级温度下产生的温度与生油窗（＜约 160℃）中产生的温度以及高于油稳定性的温度一致。总的二元同位素温度范围可能是常规储层在整个气体生成温度范围。例如，如果储层中的气体与油共同生成，并在运移过程中保持关联，则甲烷二元同位素的温度可能在 60~160℃ 之间。然而，如果储层也捕获在较高温度下产生的气体（如生油窗上方的油气或干酪根分解产生的气体），则测量的甲烷二元同位素温度可能更高。事实上，正如一些模型预测的，大多数天然气形成于石油生成温度之上（＞150℃；Quigley 和 Mackenzie，1988），常规储层通常含有二元同位素温度高于 150℃ 的甲烷可能并不奇怪。

在常规石油伴生气中测量的观察到的温度范围的另一种解释是，它们包含在平衡中形成的甲烷组分和具有 Δ_{18} 值低于同位素平衡值的组分，如在一些煤热解实验中发生。不应对图 2.6a 中总结的数据进行解释，原因有两个：（1）常规石油伴生沉积物中的甲烷没有产生超过合理的气体生成温度的二元同位素温度（不同于上面讨论的热解实验的非平衡温度区间或下文所述非常规石油伴生气的更极端发现）；（2）常规石油伴生气中 $\delta^{13}C$ 与甲烷温度之间的关系（如下所示）通常与石油生成过程中同位素演化模型的预期相似。

常规石油伴生矿床中二元同位素温度的观测范围表明，甲烷二元同位素测量的一个用途是确定矿床中存在的气体是与石油共同生成的还是后来形成的（如烃源岩中残余油的裂解是从较深的储层或完全来自不同来烃源岩层段的石油中提取的）并在运移过程中混合到油中。如下文第 2.9 节中所述。这一信息可用于勘探框架，以检测在比石油生成更深处和更高温度下的碳氢化合物生成，即使在较深形成的气体已在较浅深度溶解到石油的系统中也是如此。这些信息可能表明在更深处存在气藏的潜力。

2.4.4 常规石油非伴生气

对来自两个含油气系统的常规石油非伴生气体进行了甲烷二元同位素测量。第一个是德国的 Rotliegend 含油气系统（McCann，1998），其中的气体是煤衍生的（一种"Ⅲ型"干酪根源），例如，Killops 和 Killops（2013）或 Peters 等（2005）关于干酪根类型的进一步解释。第二个是北海［Sleipner Vest；藻类（Ⅱ型干酪根）和煤（Ⅲ型干酪根）的混合来源；Ranaweera，1990］。总之，这些含油气系统产生的平均二元同位素温度为 213℃（±30，1σ；图 2.6b），范围为 144~267℃。更具体地说，Rotliegend 样品的平均温度为 217℃（±34，1σ），北海样品的平均温度为 205℃（±21，1σ）。

这些平均二元同位素温度高于常规石油伴生气的平均温度（167℃）。事实上，只有一个样品（来自 Rotliegend）产生的二元同位素温度（144℃）与生油窗下产生的温度一致（＜160℃）。对这一结果的一个简单解释是，这些油气藏捕获的天然气主要是在高于产油温度条件下生成的。如果广泛适用，这将表明大多数非伴生气形成于高于石油生成的温度。这一假设需要对更广泛的常规石油非伴生气进行检验。

另外，常规石油伴生气与非伴生气的二元同位素温度之间的差异可能是由于不同的烃源岩有机质类型造成的。常规石油伴生气主要来源于湖相和海相有机碳（Ⅰ型和Ⅱ型干酪根）。相比之下，非伴生气部分来自主要的易产气煤（Ⅲ型干酪根）。一些实验表明，煤的气体生成动力学与海洋和湖泊来源可能不同（Burnham，1989；Pepper 和 Dodd，1995；Behar 等，1997），与其他干酪根类型相比，煤在更高的温度下产生甲烷（Pepper 和 Dodd，1995；Behar 等，1997）。因此，相对于伴生气的较高平均温度，研究的常规石油非伴生气可能来源于不同的干酪根。相对于伴生气的较高平均温度，研究的常规石油非伴生气可能来源于不同的干酪根。

2.4.5 非常规石油非伴生气

来自非常规石油非伴生气（从五个不同盆地取样）的甲烷二元同位素温度平均值为179℃（±23℃，1σ；图 5d），范围为 144~207℃。所有温度都在名义生油窗的顶部或以上（约 160℃）。由于非常规系统中的气体被认为是在原地形成的（Curtis，2002），如果将二元同位素温度解释为平均气体形成温度，则表明这些系统保留了主要的石油、天然气或残余干酪根裂解裂生成石油后形成的气体。

与石油伴生气相比，非常规石油非伴生气的平均温度更高，分布更紧密（标准差更小），这与这些不同储层类型的圈闭历史是一致的。特别是，非常规系统保留了储层内形成的气体。此外，在许多情况下，这些系统被认为是为了排出在较低温度下石油生成过程中形成的石油和天然气（Jarvie 等，2007；Xia，2014），释放在较低温度下石油生产过程中形成的甲烷（＜160℃）。在任何此类排出事件之后，系统将优先保留油气裂解或剩余干酪根在 160℃ 以上分解形成的气体。这并不意味着所有非常规非伴生系统只保留较高成熟度的气体，但那些已被检测的、具有经济效益的系统似乎优先选择二元同位素温度较高（＞150℃）的气体样品。非常规非伴生气的二元同位素温度可以用来定量地约束非常规储层排出油气的时间和质量。这就要求将甲烷二元同位素温度纳入当前油气生成的定量模型中。

我们注意到，来自非常规非伴生储层的甲烷二元同位素温度不会产生在一些常规油气聚集中观察到的高温度（＞220℃）。这可能仅仅是迄今为止研究过的特定非常规系统的结果，在已知的情况下，这些系统不会超过模拟的最高埋藏温度 220℃（Stolper 等，2014a）。未来的研究可能集中对比来自页岩的常规天然气藏，这些页岩目前为非常规，但天然气仍保留在页岩中。

在下面讨论的一个观察结果是，甲烷的 $\delta^{13}C$ 值最重（＞ -32‰）的样品，通常用于指示在高成熟度和更高温度下的生成，没有最高的基于二元同位素的温度。相反，这些样品产生的二元同位素温度通常约为 150℃。如果将基于二元同位素的温度解释为平均地层温度，则这是意外的。当详细讨论 $\delta^{13}C$ 与二元同位素温度的图版时，我们回到下面这个有趣的差异（标题为"$\delta^{13}C$ 值和热成因气的二元同位素温度值"一节）。

2.4.6 非常规石油伴生气

研究了两个具有石油伴生气的非常规储层：伊格尔福特（Eagle Ford）页岩（得克萨斯州；Mullen，2010）和巴克肯（Bakken）页岩（北达科他州；Meissner，1978）。这些系统中石油的存在将甲烷的最高生成温度限制在低于石油在地质时间尺度上稳定的温度。虽然这个温度没有达成一致，但在地质条件下可能不高于 200℃（Quigley 和 Mackenzie，1988；Hunt，1996；Vandenbroucke 等，1999；Lewan 和 Ruble，2002）。相比之下，这些储层气体的二元同位素温度范围为140~380℃，平均值为215℃（±59℃，1σ）。因此，测得的许多温度超过了对石油稳定性的预期。此外，平均温度比非常规石油非伴生气体要高，在许多情况下这些气体是由模拟达到200℃以上埋藏温度的系统产生的。这有力地表明，研究的非常规石油伴生气矿床的二元同位素组成不能反映天然气生成过程中的平衡条件。相反，它们可能反映了甲烷生成、储存（包括渗漏或相变）或碳氢化合物提取过程中动力学同位素效应。

在气体生成过程中表现出的动力学同位素效应可能产生了观察到的非平衡二元同位素组成。有利于这一可能性的证据来自上述煤的热解实验，在某些实验条件下，这些实验导致较低的Δ_{18}值（从而导致较热的表象温度）。如果这一过程发生在自然环境中，它可以解释伊格尔福特组和巴克肯组中甲烷的高表象二元同位素温度。这种情况就要求这些非常规系统中的气体生成动力学和反应机制不同于其他系统，这些系统不会产生如此高的表象二元同位素温度，而是通常与生油窗中的生成温度一致。这是因为在所有热成因气中，相当一部分（35%）产生的二元同位素温度低于160℃，即低于生油窗通常假定的最大范围（图2.6a）。

最后我们注意到，尽管煤热解实验仅在乙烷裂解开始时产生不平衡的Δ_{18}值，但乙烷被认为是相对于热活化分解反应而言第二稳定的烷烃（甲烷最稳定；Behar等，1992）。对于地质相关的热史，乙烷只有在石油裂解成烃类较小的气体后才会分解（Behar等，1992）。因此，这些实验与石油伴生的非常规气体的相关性尚不清楚。

另外，非平衡二元同位素组分可能来自气体开采过程中表现出的动力学同位素效应。从常规系统和非常规系统中获取天然气和石油可能有所不同。特别是，非常规系统通常通过水力压裂来释放油气，而大多数常规储层则不是。在非常规油气藏的油气开采过程中，第一年储层压力迅速下降，降低了随时间推移可开采的油气总产量（Lee等，2011）。与气体相比，较大的分子（如液态烃）需要较大的压力梯度才能进行开采。因此，在烃类的生产过程中，含有一些溶解甲烷的油可能留在储层中，或者如果储层中的压力降到气泡点以下，则在地下形成两相烃系统。尽管如此，与甲烷溶解或脱气进入或流出石油有关的动力学同位素效应可能导致所观察到的甲烷的非平衡二元同位素组成变化。非常规石油非伴生气系统中甲烷为主要成分且无油存在，其明显的气体形成温度支持了这一观点。当非常规油藏压力下降时，可以通过在油井生产历史的不同时期从油井中取样来验证这一假设。

此外，页岩中的动力学同位素效应可以在气体迁移到页岩水力压裂产生裂缝的过程中表达。例如，烃类在页岩中的扩散和吸附/解吸被认为是在运移过程中发生的，并可能导致动力学同位素效应（Xia和Tang，2012）。如果在系统中存在石油时优先表现这种动力学同位素效应（例如，由于液态烃相变导致与甲烷扩散率或吸附行为相关的同位素效应），它们可能会影响甲烷二元同位素的组成。尽管如此，未来与石油相关的非常规气藏的研究工作应着重于理解为什么这些气体显示出不同于成熟度较高的非常规气藏和常规气藏的二元同位素系统。

2.4.7 二元同位素平衡中的热成因甲烷

热成因甲烷的全同位素组成（即δD和$δ^{13}C$）通常被认为是由动力学控制过程决定的。只有在最高的气体成熟度下（温度>200℃），甲烷和水之间的平衡交换过程才可能影响产热甲烷的δD值（Burruss和Laughrey，2010）。然而，在323℃以下，甲烷在氘标记水中的一年保温实验并没有导致水和甲烷之间氢同位素交换的发生（Reeves等，2012）。然而，人们普遍认为在大多数情况下，热成因甲烷的同位素组成受动力学同位素效应的控制。因此，将一些热成因甲烷二元同位素温度解释为70~300℃的气体形成温度，需要在甲烷生成过程中存在未预料到的同位素交换过程。

为了解释这一点，我们将重点放在允许甲基前体中的C—H键交换氢的机制上。需要注意的是，甲烷内部或甲烷与另一相之间的C—H同位素平衡的实现并不要求甲烷在形成过程中与其他任何分子保持碳同位素平衡。它只需要发生可逆的氢同位素交换反应（可能只是在局部分子尺度上，这样演化出来的甲烷仍然不与大量残余的氢同位素交换平衡）。即使如此，甲烷仍有可能处于内部同位素平衡，并仍然表现出动力学碳同位素效应。Helgeson等（2009）假设烃类彼此之间和CO_2处于亚稳态化学平衡，这可能意味着碳键可能在有机分子之间断裂和形成。在这种情况下，有机分子可以在有机物内部和有机物之间实现碳同位素平衡。通过比较甲烷二元同位素温度与已知的甲烷与CO_2或乙烷、丙烷等碳氢化合物的碳同位素平衡组成，可以测试热成因气矿床中不同分子间的碳同位素平衡（Singh和Wolfsberg，1975；Horita，2001）。这项工作尚未完成，但可以作为对Helgeson等（2009）思想的检验。

在内同位素平衡中产生甲烷的一种机制是在甲烷生成之前通过自由基在碳氢化合物前驱体骨架中的迁移进行甲基的同位素预平衡。当自由基从一个碳原子移动到另一个碳原子时，氢原子被添加到有机分子中并从中移除。这一过程就是如何将水中的氘和氢结合到有机物中（Hoering，1984；Lewan，1997）。如果这些氢交换反应在C—C键断裂之前进行，则甲基在甲烷形成之前可能处于或接近内部同位素平衡。甲基和甲烷在内部同位素平衡时具有相似的二元同位素组成（Wang等，2015）。因此，甲烷二元同位素组成可以部分反映裂解温度下甲基前驱体中的^{13}C—D和D—D团簇。这一假设要求在释放的甲基中加氢以维持这种内部平衡。另外，甲基自由基的氢同位素交换反应可以促进内同位素平衡。这可能是由于甲烷或甲基在黏土、有机表面或过渡金属等其他相的形成过程中催化诱导交换反应而发生的。例如，黏土在实验中被证明能催化较大有机分子中的氢交换（Alexander等，1982，1984），而过渡金属（Mango等，1994；Mango和Hightower，1997）被认为与甲烷生成的催化作用有关。在实验室实验中，镍和铂等过渡金属可以平衡甲烷和氢气的氢同位素（Horibe和Craig，1995），并允许甲烷在高于150℃的温度下实现内部同位素平衡（Ono等，2014；Stolper等，2014b）。

不管其机理如何，为了使热成因甲烷的同位素组分能够反映气体形成温度，甲烷必须在内部同位素平衡中形成，并在形成后保留这种特征。因此，甲烷在二元同位素平衡中形成的过程不能促进形成后的持续同位素平衡。如果正确的话，这表明甲基前体或甲烷生成过程中存在氢同位素交换反应，但在甲烷形成后不再可用于甲烷。

2.5 生物成因气

2.5.1 二元同位素平衡的生物成因气

Stolper等（2014a）第一个提出了来自生物源的甲烷二元同位素测定。墨西哥湾千米深储层中的生物成因甲烷经过生物降解，且甲烷生成产生的甲烷二元同位素温度为40~48℃，与已知的42~48℃储层温度测量精度在1σ以内。此外，安特里姆页岩以生物成因为主的甲烷（尽管有一些热成因甲烷的贡献）产生了40℃的二元同位素温度。根据这些结果（图2.4），Stolper等（2014a）假设生物成因甲烷的二元同位素温度可以反映某些环境中的气体形成温度。

生物成因气的形成与基于二元同位素的温度之间的对应关系在随后具有独立已知甲烷形成温度的其他样品中得到了证实（图2.4）。例如，对来自圣巴巴拉（Santa Barbara）盆地和圣莫尼卡（Santa Monica）盆地的生物成因甲烷气苗的测量结果显示，在所有气苗温度（5~9℃）的情况下，二元同位素温度在6~16℃之间，在2σ内。对海底煤层生物成因甲烷的两次测量结果表明，在温度为45~50℃的环境中，二元同位素温度为70℃（精度为±5和12℃，1σ）（Inagaki等，2015）。波弗特（Beaufort）海阿拉斯加（Alaskan）大陆架水下渗漏排放样品的二元同位素温度为0~5℃，均在当地环境温度的1σ误差范围内（-1.5~0℃；图2.3；Douglas等，2016）。最后，来自Birchtree镍矿（加拿大马尼托巴省）的甲烷样品（被认为是生物成因的）的Δ_{13CH_3D}和$\Delta_{12CH_2D_2}$温度分别为16℃±5℃和12℃±2℃，与20~23℃的环境温度相似（Young等，2017）。

来自没有独立约束的天然气形成温度系统的生物成因气也产生与生物成因气一致的二元同位素温度。例如，来自卡斯卡迪亚（Cascadia）边缘北部甲烷水合物的生物成因甲烷产生了12~42℃之间的二元同位素的温度（Wang等，2015）；Powder River盆地的煤层气二元同位素温度从35~52℃（Wang等，2015）；在从阿拉斯加（Alaskan）湖收集的一些气体中观察到9~30℃的低二元同位素温度（Douglas等，2016）。

生物成因气可以产生反映生成温度的二元同位素温度这一假设的进一步支持来自生物成因气和热成因气的混合系统，或者缺乏对气体形成温度的独立约束。例如，在安特里姆（Antrim）页岩中，已知气体是生物成因气和热成因气的混合物。在这个系统中，独立解释为主要生物成因的气体（具有较高的C_1/C_{2-3}）产生的二元同位素温度低于富含乙烷和丙烷的气体（图2.7；Stolper等，2014a，2015）。

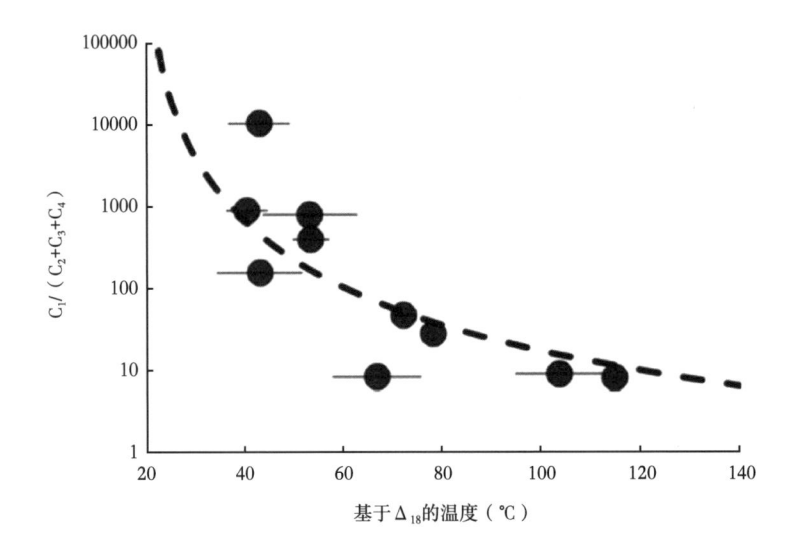

图2.7 安特里姆页岩矿床中含有生物成因和热成因混合气体的二元同位素测量
正如预期的那样，$C_1/(C_{2-4})$比值越高的样品（类似于生物成因的最终端元）产生的二元同位素温度越低，反之亦然；数据拟合到一个模型（虚线），该模型包括生物成因和热成因与C_{2+}烷烃的生物消耗之间的混合；Stolper等（2015）对数据和模型进行了详细描述；误差线为1σ

结合其他生物成因气藏的测量（Douglas 等，2016，2017），一些生物气，特别是那些地下生物成因系统，显示范围为 −1~95℃（图 2.5a）。这一范围在通常预期的生物成因气（＜80℃；Wilhelms 等，2001；Valentine 2011）以及实验室纯培养的最高观察温度（最高122℃）的范围内（图 2.5d；Takai 等，2008）。它进一步支持了生物成因甲烷可以反映许多环境中的气体形成温度的假设。

2.5.2 非同位素平衡的生物成因气

尽管一些生物成因气产生的二元同位素温度与其已知的地层温度一致，但来自环境和实验室实验的其他样品却没有。具体来说，实验室中由氢营养型产甲烷菌（Stolper 等，2014a，b；Wang 等，2015；Young 等，2017）和甲基营养型产甲烷菌（Douglas 等，2016；Young 等，2017）产生的甲烷普遍产生非平衡的基于二元同位素温度。与实验室温度相比，计算出的温度太高，或者具有负的 Δ_{18} 或 $\Delta_{^{13}CH_3D}$ 值（图 2.8）。对于处于内同位素平衡的系统来说，负的 Δ_{18} 或 $\Delta_{^{13}CH_3D}$ 值是不可能的。在环境系统中，来自池塘、中纬度湖泊、奶牛瘤胃、蛇绿岩的生物成因甲烷（Stolper 等，2015），会产生足够的氢气，使甲烷产生（Wang 等，2015），北极湖泊（Douglas 等，2016）以及各种矿山（Young 等，2017）产生不合理的二元同位素温度异常高或 Δ_{18} 和 $\Delta_{^{13}CH_3D}$ 值都为负数。

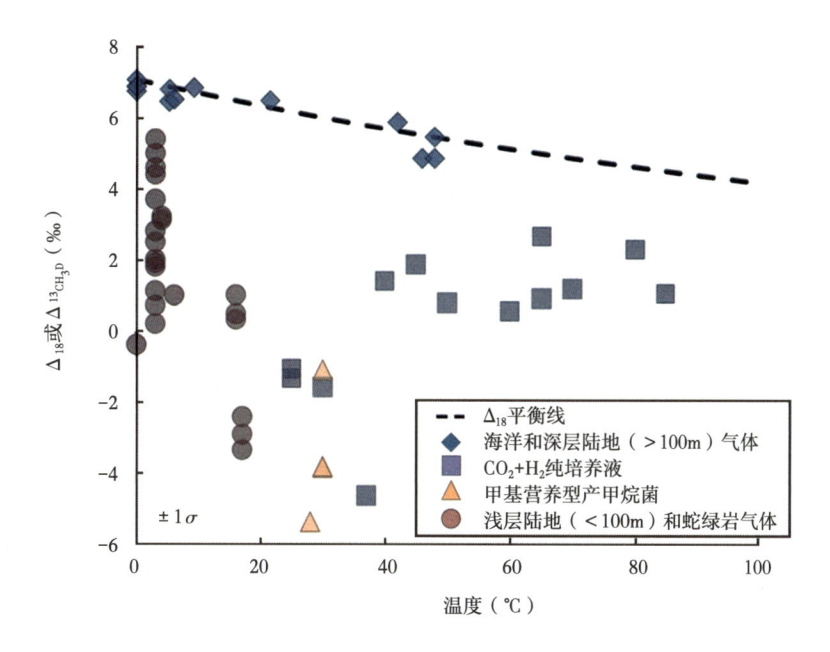

图 2.8 测量的生物成因气的 Δ_{18} 或 $\Delta_{^{13}CH_3D}$ 值与其已知的形成温度或环境采样温度的比较

海洋和深层陆地（＞100m）气体产生的 Δ_{18} 值与其形成温度一致；相比之下，纯培养的氢营养型产甲烷菌（使用 H_2 和 CO_2）和甲基营养型产甲烷菌（从较大的有机物中分离甲基）以及来自浅层陆地和蛇绿岩的生物成因气产生的甲烷超出了二元同位素平衡；样本来自 Stolper 等（2014a，2015），Wang 等（2015），Inagaki 等（2015），Douglas 等（2016）和 Young 等（2017）；Inagaki 等（2015）和 Young 等（2017）的 Birchtree 镍矿山数据被转换为使用基于 $\Delta_{^{13}CH_3D}$ 温度的 Δ_{18} 参考框架，将其与平衡线（即 Δ_{18}）进行比较，因为这些样品被解释为在二元同位素平衡中形成；图中给出了典型的 1σ 误差线（用于测量图中的 Δ）

2.5.3 是什么控制着生物成因甲烷的二元同位素组成？

Stolper 等（2014a）提出参与生物成因甲烷生成的产甲烷酶（例如，甲基辅酶 M 还原酶）的相对可逆性可以控制气体的最终二元同位素组成。例如，高酶可逆性将促进甲烷 C—H 键中 H 和 D 的交换，并允许生物成因甲烷在内部同位素平衡中形成。Stolper 等（2015）和 Wang 等（2015）建立了定量模型，可以评估这一假设，并发现酶的相对可逆性可以解释生物成因二元同位素数据。这些模型预测当酶的可逆性较低时，会出现非平衡甲烷二元同位素值。这些模型的有效性得到了加强，因为它们能够将水和甲烷的氢同位素组成差异与二元同位素值的不平衡程度联系起来。

这些模型和环境观测结果为本综述提供的关键见解是，生长速度缓慢的系统似乎酶在其中显示出更大的可逆性（Valentine 等，2004；Wing 和 Halevy，2014；Stolper 等，2015；Wang 等，2015），从而创造了二元同位素平衡的甲烷。这类系统（即生长速度较缓慢的系统）将包括海洋沉积物和深埋（如深度大于 100m）的陆地系统往往含有比在沉积物—水界面附近发现的活性小的有机物。这种活性较低的有机碳导致发酵有机体的生长速度减慢，发酵有机体向产甲烷菌提供 H_2、乙酸和其他甲基化分子，从而降低了产甲烷菌的生长速度。由于许多这些缓慢生长的系统发生在深海（数百米至上千米），可形成不错的盖层，它们可能导致在产甲烷地点上方或内部的储层岩石中产生生物成因气藏。

相比之下，甲烷生成率较高的系统，其酶的不可逆性更强（Valentine 等，2004；Wing 和 Halevy，2014；Stolper 等，2015；Wang 等，2015），并从二元同位素平衡中产生甲烷。如前所述，这种不平衡表现为较低的 Δ_{18} 值（即较高的二元同位素温度）比同位素平衡预期的要低。这种系统往往存在于浅水陆地环境中，包括湖泊、湿地和池塘以及奶牛瘤胃，在那里大量新鲜、不稳定的有机碳可供发酵微生物转化为 H_2、醋酸盐和被产甲烷菌利用的其他甲基化有机分子（Stolper 等，2015；Wang 等，2015；Douglas 等，2016）。由于与大气或沉积物/水界面的传输距离较短，而且盖层尚未具备在潜在储层中保存大量游离气的必要能力，因此在这种深度的浅层系统不太可能产生经济的甲烷储层，这将在下面进一步讨论。此外，深部的陆地环境中含有大量的 H_2 和 CO_2（或醋酸盐），例如在蛇绿岩中发现的，也会产生不稳定的二元同位素平衡甲烷（Wang 等，2015）。

2.6 生物成因和热成因天然气混合矿床

热成因气体通常产生 70~300℃ 的二元同位素温度。来自深埋海洋或大陆系统的生物成因气产生的二元同位素温度低于 100℃。来源于浅的陆地系统会产生不同的温度，所有这些温度对于给定的设定来说都太高了。考虑到这些最终成分差异，基于二元同位素的温度能否用于区分和量化生物成因气和热成因气的混合物？

已经研究了几种既有生物成因气又有热成因气贡献的经济油气藏（图 2.5b），它们产生的温度介于生物成因气和热成因气之间。具体地说，利用经济矿床的数据以及生物成因和热成因气的混合物得出的基于二元同位素的温度范围为40~118℃，平均为73℃（±25℃，1σ）。重要的是，在这些例子中，生物成因气似乎是在低代谢率下形成的，因此基于二元同位素的温度和形成温度对于生物成因气端元来说是相似的。这可能表明，在大多数经济油气藏中，生物成因甲烷的形成接近同位素平衡。这种比较只包括端元的δD和δ^{13}C值足够接近的样品，使得气体混合导致二元同位素温度与混合比的伪线性关系。这通常要求端元的同位素组成差异不超过千分之几（这通常必须根据具体情况确定）。如下文所述，在陆地北极出现了Δ$_{18}$值的非线性混合。

在这些"混合"系统中，基于二元同位素的温度通常与其他测量参数相关，这些参数在热成因气和生物成因气之间可能有所不同。例如，在安特里姆页岩中，含有生物成因和热成因气的混合物（Martini等，1996，1998，2003；Stolper等，2015），观测到基于二元同位素的温度与C_1/C_{2-3}比率之间的反比关系（图2.7）。如上所述，生物成因气的C_1/C_{2-3}比值通常高于热成因气。在安特里姆页岩中，使用二元同位素温度计算从不同油井采集的样品中生物成因气和热成因气的相对数量（Stolper等，2015）。

当具有显著不同δD和δ^{13}C值的热成因气和生物成因气混合时，会出现一种不同的情况。这种情况可能发生在陆地环境中，其中生物成因气的δD和δ^{13}C与热成因气（Whiticar等，1986）相比可以显著降低（δD高达约200‰，δ^{13}C高达约50‰）。两种成因气体的混合物，其中一种气体的δD（千分之几百）和δ^{13}C值（千分之几十）明显低于另一种气体，导致明显的非线性混合Δ$_{18}$值（Stolper等，2014a，b，2015；Wang等，2015；Douglas等，2016）。对于这种混合物（即一端的δD和δ^{13}C值都比另一端低），混合物的Δ$_{18}$值将比Δ$_{18}$值的线性混合物高（即产生更冷的二元同位素温度）。因此，这种混合物可以产生非物理的、亚冻结的、基于二元同位素的温度。这里给出了陆地阿拉斯加样品这种混合情况的例子（包括亚冻结的二元同位素温度）。就Douglas等（2016）而言，这些混合关系通过放射性碳测量得到证实，其中热成因气是放射性碳死亡，而生物成因气端元具有可测量的^{14}C。这些混合场景，特别是在测量亚冻结的二元同位素温度时，确定了可能存在的热成因气混合到浅层生物成因系统中。

2.7　Whiticar图解和Bernard图解中的二元同位素温度

我们现在将测量到的同位素组成的样品放入之前介绍的Whiticar和Bernard图解的解释框架中（图2.9和图2.10）。为此，将样品分为生物成因气的特征为"非平衡"或"平衡"生物成因气。"非平衡"表示二元同位素温度不会产生有意义的形成温度，"平衡"表示二元同位素温度反映有意义的形成温度。热成因气可分为常规气、非常规气、石油伴生气和非伴生气。最后，将热成因和生物成因的混合气也包括在内。符号填充颜色表示基于二元同位素的温度。蓝色表示较低的二元同位素温度，而红色表示较高的二元同位素温度。负Δ$_{18}$或Δ$_{13CH_3D}$数值或低于冻结温度的气体为灰色。

43

地球化学在油气系统中的应用

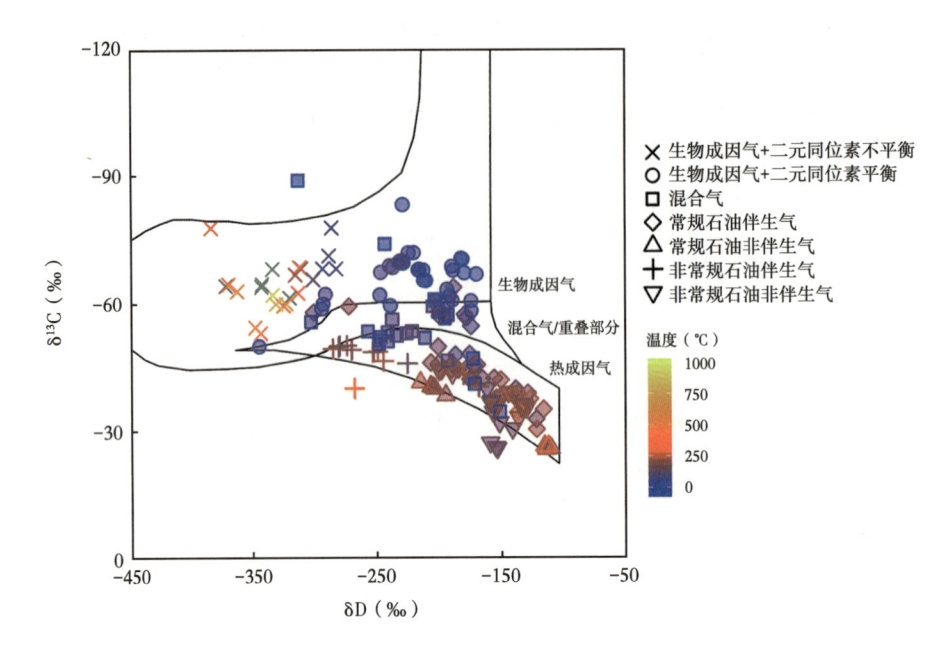

图 2.9　从已知来源的样品测得的二元同位素温度与其在 Whiticar 图解中位置的比较
（据 Whiticar 等，1986；Whiticar，1999）

测量温度用数据点的颜色表示；灰色表示负的 Δ_{18} 或 $\Delta_{^{13}CH_3D}$ 值或低温；数据引自 Stolper 等（2014a，2015），Wang 等（2015），Inagaki 等（2015），Douglas 等（2016，2017）和 Young 等（2017）

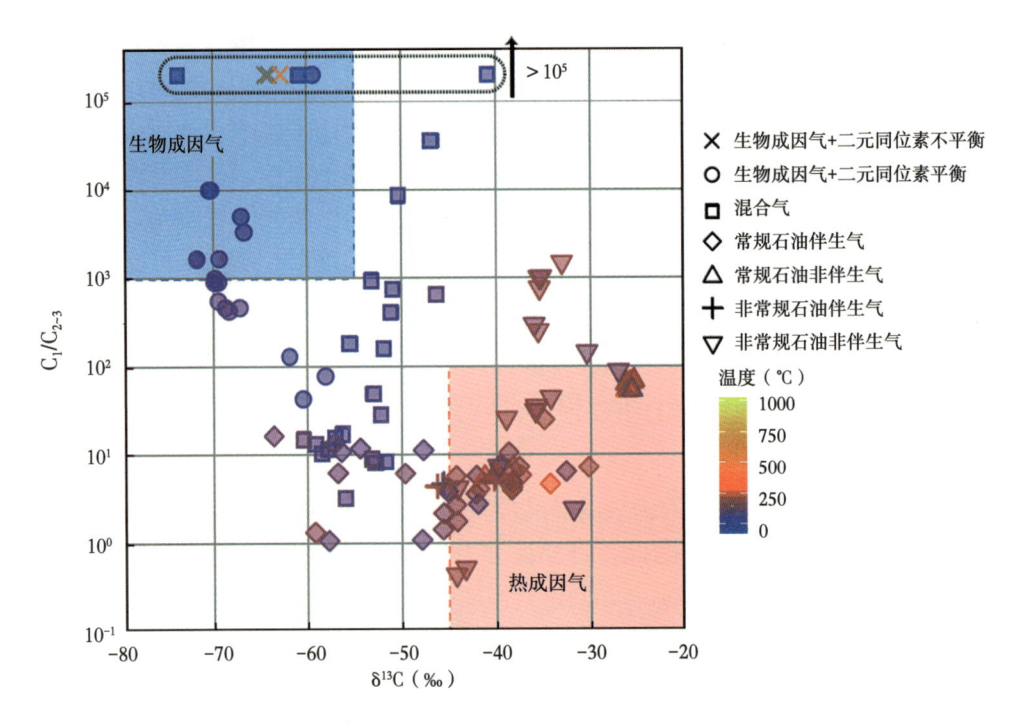

图 2.10　从已知来源的样品测得的二元同位素温度与其在 Bernard 图解中的位置的比较（据 Bernard 等，1976）

测量温度用数据点的颜色表示；灰色表示负的 Δ_{18} 或 $\Delta_{^{13}CH_3D}$ 值或低温；带圆圈的样本的 C_1/C_{2-3} 值大于 105；数据引自 Stolper 等（2014a，2015）和 Douglas 等（2016，2017）

2.7.1 二元同位素温度和 Whiticar 图解

图 2.9 显示了 Whiticar 图中测量到的二元同位素组成的样品。已知来源的气体（热成因、生物成因和混合成因）属于或接近该空间所描绘的各自区域。将具有非平衡二元同位素值的样品放在一边，一个明显的模式是，生物成因场中存在一个具有较低 δD 和 δ^{13}C 值的较冷的基于二元同位素的温度（蓝色填充色）的样品群，到混合场中的中等的基于二元同位素的温度（紫色填充色），然后是最热的热成因场中 δD 和 δ^{13}C 值最高的基于二元同位素的温度（红色填充色）。因此，二元同位素温度符合 Whiticar 图解预测的天然气成因的一般预期。

不过，也有一些明显的例外。例如，δD 值较低（约 300‰）/δ^{13}C 值较低（＜-60‰）的常规石油伴生气可在生物成因气田内发现。值得注意的是，这些命名并不是基于二元同位素的温度。二元同位素温度（均大于 100℃）支持这些热成因标志。这是一个例子，表明热成因气可以存在于 Whiticar 图解所划定的热成因区域之外，并且二元同位素温度可以提供必要的保真度来将这些气体解释为热成因。

图 2.9 显示了基于 δD 值的平衡与非平衡生物成因气的清晰分离，但不基于 δ^{13}C 值，请注意，这些图仅显示了环境来源样品的测量结果，我们在此的讨论仅限于此类样品。具体来说，δD 值小于 -300‰ 的大多数生物成因气具有非平衡二元同位素温度。相比之下，δD 值大于 -280‰ 的生物成因气产生有意义的二元同位素形成温度。

这种划分可能是因为相同的生化反应控制着生物成因甲烷的 δD 和二元同位素值。具体来说，当产甲烷菌生长缓慢时，它们似乎在与水的二元同位素平衡和氢同位素平衡中形成甲烷（Stolper 等，2015；Wang 等，2015）。因此，环境水体的 δD 值和甲烷—水氢同位素平衡分馏因子都会影响生物成因甲烷的 δD 值。具体来说，在室温（约 25℃）下，甲烷 δD 值比在同位素平衡下的水中低约 180‰（Stolper 等，2015）。除纬度高于 60° 的水域外，大多数水域的 δD 值大于 -100‰（Bowen 和 Revenaugh，2003）。因此，在同位素平衡（包括二元同位素平衡）中形成的甲烷的 δD 值通常限制在大于 -300‰ 环境中（图 2.9）。相比之下，由于动力学同位素效应导致甲烷 δD 值低于甲烷与水的同位素平衡值，从而导致生物成因甲烷的形成不符合二元同位素平衡（Stolper 等，2015；Wang 等，2015；Douglas 等，2016）。因此，非平衡二元同位素组成的 δD 值通常小于 -300‰。当结合二元同位素温度时，Whiticar 图解的生物成因场揭示了微生物产甲烷的热力学条件（平衡与非平衡）。我们注意到，对于二元同位素平衡内外的样品，约 -300‰ 的甲烷 δD 圈定的唯一例外是来自 Birchtree 镍矿的样品（Young 等，2017），它似乎在二元同位素平衡中形成，δD 为 -343‰。然而，该样品来自加拿大的一个矿井，其高亏损流体 δD 值为 122‰（Bottomley 等，1994）。由于上述原因，这些流体可能导致甲烷 δD 值异常低。

最后，生物成因气和热成因气的混合物样品的 δD 和 δ^{13}C 值范围很大。二元同位素温度有助于区分这些样品。例如，具有混合组分和 δD 和 δ^{13}C 值的气体在热成因场中比具有类似 δD 和 δ^{13}C 值的纯热成因气产生更冷的温度（更蓝的颜色）（图 2.9）。因此，二元同位素温度似乎是结合 Whiticar 图解识别混成因气的有用工具。

2.7.2 二元同位素与 Bernard 图解

图 2.10 使用与图 2.9 相同的符号和颜色方案将二元同位素温度置于 Bernard 图解的框架内。可用于此比较的数据较少，因为并非所有具有测量的二元同位素温度的气体都测量

了 C_1/C_{2-3} 比值。具有已知来源（热成因、生物成因或混合成因）的样品的总体位置通常与 Bernard 图解预测的位置一致。

如前所述，有人提出，热成因气和生物成因气可以位于 Bernard 图解给出的边界之外（Martini 等，1996；Vinson 等，2017），这是由测量的二元同位素值数据支持的。例如，非伴生非常规气的 C_1/C_{2-3} 值可以大于 100。此外，一些常规的热成因气位于热成因场之外。具体而言，这些气体含有较高的 C_{2+} 烷烃含量（C_1/C_{2-3} 约小于 10），但也具有较高的 $\delta^{13}C$ 值（-64‰~-50‰），低于"典型"热成因气。这些气体的二元同位素温度与其热成因一致（100~135℃；图 2.10 中为紫红色）。这一观点增加了普遍的假设的不确定性，即 $\delta^{13}C$ 值小于 -60‰ 可肯定地识别生物成因甲烷（Bernard 等，1976；Whiticar 等，1986；Whiticar，1999），但支持预测低于约 180℃ 温度下形成的甲烷的模型，其 $\delta^{13}C$ 值可能较低（<-60‰）（Tang 等，2000）。

最后，如 Bernard 图解所预测的，生物成因气的 C_1/C_{2-3} 值通常大于 100。然而，有些生物成因样品的 C_1/C_{2-3} 值低至 43。这些低 C_1/C_{2-3} 值可能是由于在这些特定样品中存在少量的热成因气。然而，这些样品的生物成因由较低（<50℃）的二元同位素温度支持。此外，来自沉积物生物气的 C_1/C_{2-3} 值远低于 43（低至 2），其中乙烷和丙烷也被认为是生物成因的（Hinrichs 等，2006）。因此，检测样品中的乙烷具有潜在的生物成因。所以二元同位素温度有助于解释一种气体是早期形成的热成因气（二元同位素温度大于 60℃），还是一种温度较低的生物成因气（不管 C_1/C_{2-3} 比值如何）。

2.8 $\delta^{13}C$ 值和热成因气的二元同位素温度

这里我们比较热成因甲烷 $\delta^{13}C$ 值和二元同位素温度。由于甲烷 $\delta^{13}C$ 值与气体生成动力学之间的关系比 δD 值更容易理解，因此将重点放在甲烷 $\delta^{13}C$ 值与 δD 值之间。热成因甲烷的 $\delta^{13}C$ 值被认为是由烃源岩有机碳的 $\delta^{13}C$ 值和甲烷生成时的热成熟度共同控制的。$\delta^{13}C$ 与烃源岩成熟度的关系一般有两种机制解释。首先，假设烃源岩热成熟度的提高是通过暴露于较高的埋藏温度或在给定温度下的较长时间来实现的（Burnham 和 Sweeney 1989；Sweeney 和 Burnham，1990）。描述 ^{12}C 或 ^{13}C 甲基裂解速率相对差异的动力学同位素效应已被模拟为随温度升高而减小（Cramer 等，1998；Tang 等，2000；Xiao，2001）。由于甲烷的 $\delta^{13}C$ 低于烃源岩有机碳（表现出"正常"同位素效应），较高的温度导致甲烷的 $\delta^{13}C$ 值高于给定甲烷烃源岩的较低温度。

其次，由于质量平衡的考虑，甲烷的 $\delta^{13}C$ 值比烃源岩有机物的 $\delta^{13}C$ 值低，甲烷的生成会导致残余有机碳的 $\delta^{13}C$ 值增加。这反过来又导致新生成的甲烷随着碳氢化合物生成量的增加使 $\delta^{13}C$ 值增加。模型使用不同复杂度的瑞利蒸馏框架来描述这一过程（Clayton 1991；Berner 等，1992，1995；Cramer 等，1998；Tang 等，2000）。

最后，考虑到甲烷 $\delta^{13}C$ 值与烃源岩热成熟度的相关性，甲烷 $\delta^{13}C$ 值与二元同位素温度之间存在正相关关系，我们使用巴西气藏和全套数据的具体例子来检验这个想法。

2.8.1 巴西气藏的具体例子

在 Potiguar 盆地样品中首次观察到 $\delta^{13}C$ 值与甲烷的二元同位素温度之间的相关性（巴

2 利用甲烷的二元同位素确定天然气藏中甲烷的来源

西;常规石油伴生气;图 2.11a;Stolper 等,2014a)这种相关性由烃源岩的热成熟度与上述甲烷的 $\delta^{13}C$ 值之间的预期关系解释(Stolper 等,2014a)。

(a) Potiguar 盆地

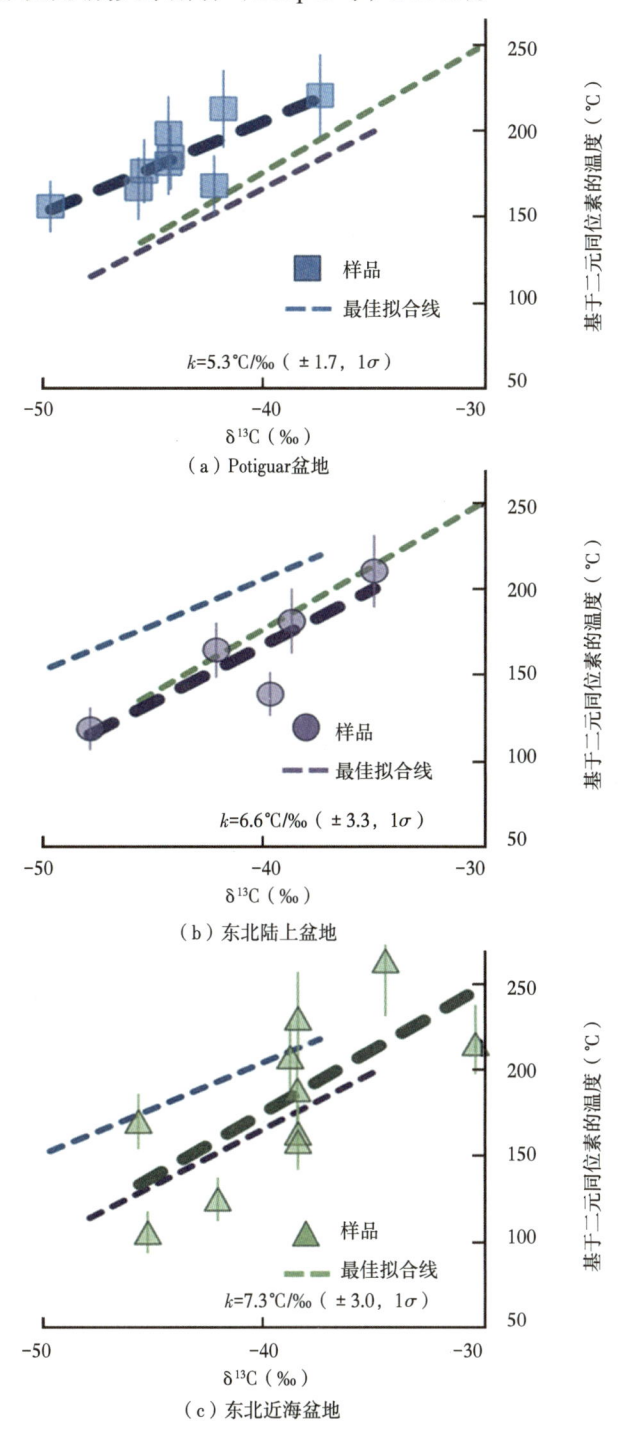

(b) 东北陆上盆地

(c) 东北近海盆地

图 2.11 $\delta^{13}C$ 值与来自巴西不同盆地的基于二元同位素的温度

k 为斜率;为了清楚起见,在对数据进行比较时,会显示其他数据集的回归线;在所有情况下,$\delta^{13}C$ 与基于二元同位素温度之间都存在正相关关系;数据引自 Stolper 等(2014a,2015)和 Douglas 等(2017);误差线为 1σ

我们在巴西的另外两个常规石油伴生体系（称为东北陆上盆地和东南近海盆地；Douglas 等，2017）中观察到甲烷 $\delta^{13}C$ 值与二元同位素温度之间的关系。这三种体系的 $\delta^{13}C$ 值与形成温度的关系在 5.3~7.3℃/‰ 之间，但均在 1σ 的误差范围内。对甲烷 $\delta^{13}C$ 值的变化的理论估算仅仅是由于温度的依赖性同位素效应对 ^{12}C 与 ^{13}C 键断裂的斜率从 8.8℃/Ma 到 9.4℃/Ma（Tang 等，2000；Ni 等，2011；Stolper 等，2014a）。与理论相比，环境样品测量的较低斜率可能是由于上述蒸馏效应导致的。具体来说，蒸馏增加了甲烷的 $\delta^{13}C$ 值，这是热成熟度的函数，超过了根据依赖于温度的动力学同位素效应（这降低了观察到的斜率）的简单预期值。

二元同位素温度与 $\delta^{13}C$ 关系的一个值得关注的方面是，尽管斜率都是相似的，但这些关系相互抵消。例如，Potiguar 盆地样品（图 2.11a）与东北陆上盆地样品（图 2.11b），在给定的二元同位素温度下，$\delta^{13}C$ 值相差约 6‰，Potiguar 盆地样品的值较低。这种差异可能反映了烃源岩有机碳 $\delta^{13}C$ 值的差异，在不同的典型烃源岩组分中，这种差异可能相差约 10‰（Schoell，1984；Chung 等，1992）。由于基于二元同位素的温度不是烃源岩有机碳 $\delta^{13}C$ 或 δD 的函数，甲烷二元同位素可以对天然气形成温度（和烃源岩热成熟度）提供约束，而无须了解烃源有机碳的 $\delta^{13}C$ 值。

2.8.2　总 $\delta^{13}C$ 与二元同位素趋势

所有测量的样品的热成因甲烷 $\delta^{13}C$ 值与二元同位素温度在图 2.12 中进行了比较（与图 2.11 所示的巴西样品相反）。一个普遍的趋势是，常规石油伴生气的 $\delta^{13}C$ 和二元同位素温度正相关。在这种关系中，当观察特定的气藏时，没有明显的分散性（图 2.11）。这种增加的分散性可能是由于不同油伴生气藏原始有机碳来源 $\delta^{13}C$ 的差异造成的。例如，干酪根和石油 $\delta^{13}C$ 值通常在 -32‰~-22‰ 之间变化（Schoell，1984；Chung 等，1992）。

传统的非伴生气通常比传统的油伴生气具有更高的 $\delta^{13}C$ 值和二元同位素温度。当 $\delta^{13}C$ 值大于 -30‰ 时，二元同位素温度有明显的离散性。然而，由于所有传统的非伴生气全部或部分来自煤源，这一比较变得复杂起来。与其他烃源岩类型（如Ⅰ型和Ⅱ型干酪根；Schoell，1980）相比，煤成甲烷具有不同（且较弱）的 $\delta^{13}C$ 值与成熟度关系。

与常规气体相比，非常规石油非伴生气样品的 $\delta^{13}C$ 值和二元同位素温度普遍较高。有趣的是，与石油伴生气相比，这些样品在 $\delta^{13}C$ 值和基于二元同位素的温度之间显示出不同的趋势。对于小于 -32‰ 的 $\delta^{13}C$ 值，常规石油伴生气和非常规石油非伴生气占据相似的空间（图 2.12）。然而，所有 $\delta^{13}C$ 值高于 -32‰ 的非常规石油非伴生气产生的二元同位素温度都低于 165℃。这与根据常规石油伴生气定义的增长趋势相反。此外，这种升高的 $\delta^{13}C$ 值通常被认为是在高于 200℃ 的温度下产生气体的指示（Tang 等，2000）。我们认为，当非常规石油非伴生气的 $\delta^{13}C$ 值增加到约 -32‰ 时，二元同位素温度的明显下降是非常规储层中不同成熟度的气体混合的结果。

如上所述，将 δD 和 $\delta^{13}C$ 值较低的气体与 δD 和 $\delta^{13}C$ 值较高但相同的 Δ_{18} 值的气体混合，会导致混合物的 Δ_{18} 值较高（从而使二元同位素温度降低）。以两种端元气体的混合为例，设第一个端元气为典型的非常规石油非伴生气，其 $\delta^{13}C$ 值为 -38‰，δD 值为 -160‰，二元同位素温度为 200℃（图 2.12）。让第二个端元为 250℃ 产生的高成熟气体，$\delta^{13}C$ 值为 -10‰，δD 值为 -60‰[Tang 等（2000）和 Ni 等（2011）的模型预测的热成因气体的近似最大值]。由于 Δ_{18} 与混合物的 $\delta^{13}C$ 和 δD 值的非线性关系，将这种高成熟度气体混合到一个较大的典型非常规气体储层中，将导致二元同位素温度最初下降。混合关系的轨迹如图 2.12 所示。只有当混合物由这种高成熟度气的 50% 组成时，温度才会再次升高。

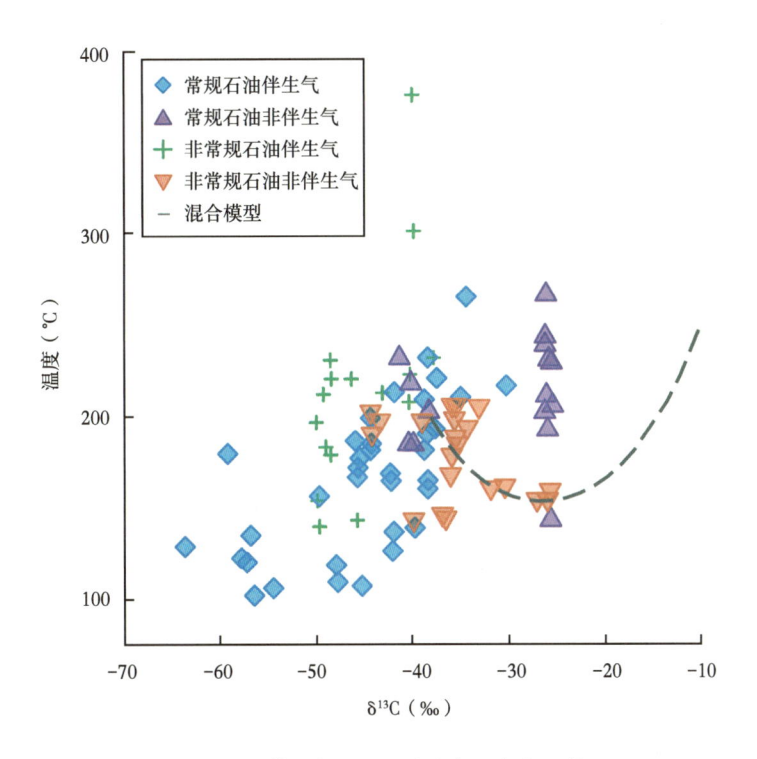

图 2.12 $\delta^{13}C$ 值与二元同位素温度的比较

数据引自 Stolper 等（2014a，2014b，2015），Wang 等（2015），Young 等（2017）和 Douglas 等（2017）；模拟线显示了两个端元混合物的二元同位素温度；第一个端元组分气体的 $\delta^{13}C$ 为 -38‰，δD 为 -160‰，二元同位素温度为 200℃，与大量测量的非常规石油非伴生气体成分相似；第二端元是一种推测的高成熟的热成因气体，$\delta^{13}C$ 值为 -10‰，δD 值为 -60‰[Tang 等（2000）和 Ni 等（2011）的模型预测的热成因气体的近似最大值] 和 250℃ 的二元同位素形成温度，参见详述和混合线的讨论

根据现代模型预测，在生烃结束时形成的甲烷（即最终生成甲烷总量的约 5%）的 δD（>-60‰）和 $\delta^{13}C$（>-10‰；Tang 等，2000；Ni 等，2011）会显著升高，我们认为这一概念模型在解释 $\delta^{13}C$ 值最高的非常规石油非伴生气和较低的二元同位素温度方面可信。因此，生产（和混合）少量高成熟度、高 $\delta^{13}C$ 和 δD 气进入非常规气藏，会降低二元同位素温度，并解释了在最高热成熟度下观察到的非伴生非常规气的二元同位素温度与甲烷 $\delta^{13}C$ 值之间的关系。

2.9 二元同位素研究及其在油气成藏研究中的应用

在这里，我们通过研究几个简单的情景来描述甲烷二元同位素温度如何用于确定天然烃类气藏中甲烷的来源。通过对天然气生成和运移时间的深入了解，可以利用对甲烷聚集成因的正确识别来约束感兴趣的含油气系统模型。Byrne 等（2017）对地球化学技术如何用于研究含油气系统提供了更全面的评述。

情景1：浅层微生物源。许多甲烷的微生物来源都是浅层的，在沉积物—水界面以下几百米的范围内产生甲烷。由于圈闭和盖层都需要封闭天然气，而且由于盖层（甲烷水合物除外）在沉积物达到约500m深度之前（Rice 和 Claypool，1981）不会形成足够的储烃能力，因此浅层微生物气的生成不太可能导致经济的天然气聚集。图 2.13 和表 2.1 将这种情况描述为"情景1"。一种浅层微生物成因的气体可以通过两种二元同位素组成方法来识别。首先，如果气体生成缓慢且处于二元同位素平衡状态，它将产生一个低甲烷二元同位素温度，指示浅层沉积物的温度（如＜25℃）。此外，这类气体的 $\delta^{13}C$ 值低（如＜50‰），δD 值高（＞300‰），并具有较高的 $C_1/C_{2\sim3}$ 比值（如 100）。第二，气体可以由二元同位素平衡产生。在这种情况下，二元同位素组成可能是负的。然而，非平衡生物成因甲烷的表象温度在热成因气范围内（100~200℃；Wang 等，2015；Douglas 等，2016），并且气体的来源可能被错误地确定为热成因。更重要的是，这些气体的 $\delta^{13}C$ 值很可能小于 −50‰，δD 值小于 −300‰，而 $C_1/C_{2\sim3}$ 比值大于 100。具有这些特性的热成因气是不可能的（Bernard 等，1976；Whiticar，1999）。

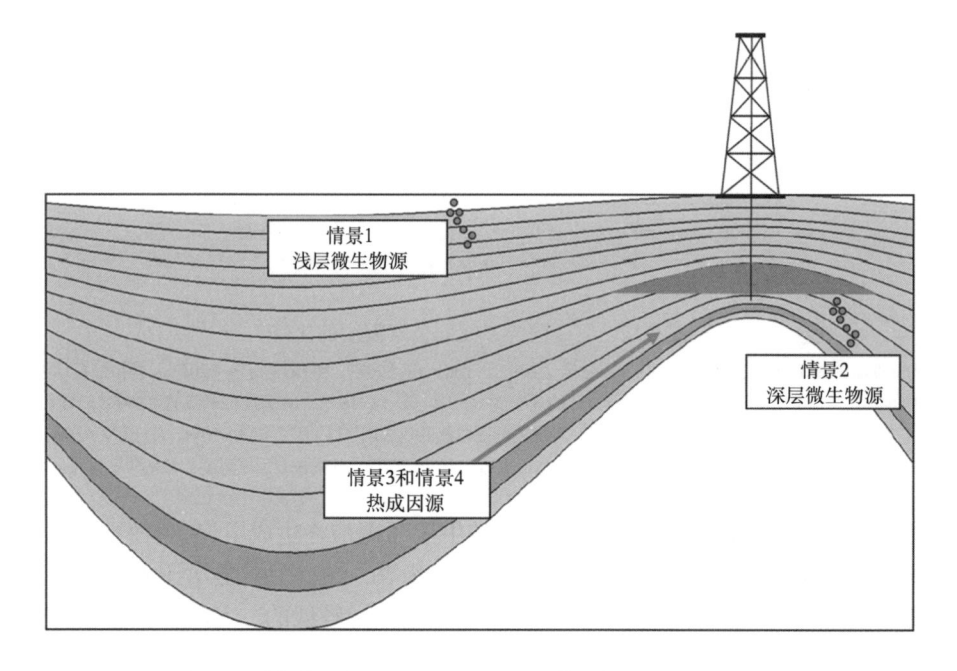

图 2.13　甲烷二元同位素温度与甲烷的 δD 值、$\delta^{13}C$ 值和 $C_1/C_{2\sim3}$ 值相结合的概念图

可以用来识别沉积体系中天然气的来源，本节和表 2.1 都给出了情景；情景 3 和情景 4 中的箭头表示油气向储层岩石的运移（灰色阴影区表示被井穿透）

情景2：深层微生物源。微生物气体可以在足够的深度（＞500m）产生，并被封闭在地下，这种情况由图 2.13 和表 2.1 中的情景 2 给出。在这种情况下，二元同位素温度预计约在 30~80℃ 之间，上限来自自然观测（Wilhelms 等，2001；Valentine，2011）。这些温度对应 1500~3000m 之间的最大生物源（Valentine，2011）。这种气体可以通过具有高 $C_1/C_{2\sim3}$ 比值（＞100）来区别于在产油开始时产生的低成熟度热成因气体。

情景 3 和情景 4：热成因源。情景 3 和情景 4 描述了具有热成因源的气体（图 2.13 和

表2.1）。情景3适用于石油伴生气，情景4适用于非伴生气。两种情况下的甲烷二元同位素温度预计都会高于60℃，可能会高于100℃。如果天然气与石油有关，则可能会因C_1/C_{2-3}比值低（<10）而有所区别。这种气体也可能与液态烃组分有关（即石油将与气体一起开采）。非伴生气体具有升高的C_1/C_{2-3}比值（如>10）。在这两种情况下，甲烷的$\delta^{13}C$值可能大于-60‰。一个关键的问题是天然气是与石油一起形成的还是与石油无关，以及在运移之后，天然气是与石油伴生还是与石油不伴生。例如，如果原始的非伴生天然气运移到储层，则该储层包含从不同的烃源岩或相同烃源岩不同时间生成的石油，则该天然气可能与之伴生。或者在相分离期间，最初的石油伴生气在运移过程中可能变成非伴生形式。如果甲烷是由石油裂解形成的，那么二元同位素温度应该在60~160℃之间。如果甲烷的生成温度高于石油的生成温度，那么它的温度会更高（>160℃）。这种差异（油或无油形成）决定了盆地中烃类的生成和聚集历史。这些信息可用于约束盆地热史模型和生烃、运移、成藏的时间，并提供天然气原始形成条件的信息。

表2.1 气体的来源、同位素和成分特征

情景1	来源	二元同位素是否平衡	$\delta^{13}C$（‰）	δD（‰）	C_1/C_{2-3}比值	二元同位素温度（℃）
1	浅层微生物来源	是	<-50	>-300	>100	<25
		否	<-50	<-300	>100	>100 和/或 $-\Delta_{18}$
2	深层微生物源	是	<-50	>-300	>100	30~80（约）
3	热成源（油伴生物）	是（在生油窗形成）	>-60	—	<10	60~160
		是（在生油窗形成）	>-60	—	<10	>160
4	热成源（非伴生气）	是（在生油窗形成）	>-60	—	>10	60~160
		是（在生油窗形成）	>-60	—	>10	>160

注：这些气体在本节中进行了讨论，如图2.13所示。

在上面给出的情景中，气体来源被认为是纯的（即甲烷只有一个源）。在现实世界中，圈闭通常包含生物成因和热成因的混合气体。二元同位素非常适合于测试这种混合物，甚至可以计算出最终成分对混合物的贡献。我们在这里探索这样一个例子。如上所述，混合具有相同二元同位素温度但δD值和$\delta^{13}C$值不同的气体，使得二者中的一个端元更低，与线性混合的Δ_{18}值相比，导致二元同位素温度降低。这类混合物最极端的例子出现在δD值和$\delta^{13}C$值升高的热成因气与在二元同位素平衡内或二元同位素平衡外形成的热成因气的混合，系统中的$\delta^{13}C$值较低（<-60‰）和δD值较低（<-300‰）。在这种情况下，例如在北极，二元同位素温度变为异常负值（低至-60℃；Douglas等，2016）。这种负温度意味着热成因气存在于系统中，并与浅层产生的生物气混合。具有不同混合比例的这些气体的区域对多个气体样品的测量可用于计算热成因气的全部和二元同位素组成，从而推断出热成因组分的温度（如果地热已知，则为深度）。Douglas等（2016）给出了一个这种反褶积的例子。然而，负的二元同位素温度，低于水的冰点，是热成因气和生物成因气混合的直接迹象。

2.10 向前推进的问题

很明显，甲烷的二元同位素测量可以对甲烷的生成条件提供新的限制条件。对于缓慢形成的生物成因气、热成因的常规石油伴生气和非伴生气以及非常规石油非伴生气，二元同位素温度反映了天然气形成温度。这使得二元同位素温度可以用来重建气体的形成环境。快速生成的微生物气体具有二元同位素平衡。非平衡信号可以作为环境中甲烷生成速率的示踪剂。我们已经概述了如何将这些检测放在更典型的气体解释框架中，该框架使用甲烷的同位素组成（$δ^{13}C$ 和 $δD$）和气体的分子组成（C_1/C_{2-3} 比值）来确定样品的来源。甲烷的二元同位素组成常常提供这种框架中没有的独特信息。最后，我们概述了在天然气勘探背景下如何解释二元同位素组成的概念框架，强调了二元同位素测量如何对油气聚集提供独特的约束。

这些实例表明，甲烷二元同位素检测是研究天然气成藏史的一个有潜力的工具。但存在许多问题：

（1）为什么来自非常规储层的石油伴生气有时会产生明显不平衡的二元同位素组成？这可能是石油或沥青裂解早期阶段相关的动力学同位素效应的结果，或者通过非水力压裂产生非常规储层的手段所造成。后一种假设可以通过在一个与石油伴生的常规储层中采集天然气，并检查其同位素组成是否有变化来进行验证。然而，必须对这些系统进行更多的研究，以理解为什么这些系统不同于其他热成因气藏。

（2）以化学动力学为基础的复杂模型存在描述热成因油气作为烃源岩有机类型和热历史的函数。根据对含油气系统地质的了解，这些模型通常用于预测何时何地可能形成气藏（Tissot 和 Welte，1978；Quigley 和 Mackenzie，1988；Burnham，1989；Behar 等，1992，1997；Pepper 和 Corvi，1995；Vandenbroucke 等，1999；Tang 等，2000；Lewan 和 Ruble，2002）。这些模型已经扩展到包括热成因气 $δ^{13}C$ 值和 $δD$ 值的演化（Tang 等，2000；Ni 等，2011）。需要在此类模型中添加甲烷二元同位素约束，但需要考虑混合效应。例如，烃源岩有机物的广泛的瑞利蒸馏（这将导致甲烷具有更高的 $δ^{13}C$ 值和 $δD$ 值）可能会对 $Δ_{18}$ 值产生显著的非线性混合效应。

（3）上面讨论的独立的 $^{12}CH_2D_2$ 测量对已经测量的 $Δ_{18}$ 和 $Δ_{^{13}CH_3D}$ 有何贡献？它们能够解释是否提出了许多在同位素平衡中形成的热成因生物气是正确论断。如果 $^{13}CH_3D$ 和 $^{12}CH_2D_2$ 值产生相同的二元同位素温度，那么将为甲烷二元同位素温度能够反映热成因和生物成因气形成温度的假设提供有力的支持。来自纯罐气瓶天然气的 $δD$ 和 $δ^{13}C$ 值及热成因相符的初始结果与基于 $^{13}CH_3D$ 和 $^{12}CH_2D_2$ 值的两个天然气样品[一个来自马塞勒斯页岩矿床，另一个来自尤蒂卡（Utica）页岩矿床]产生了难以区分的温度，因此，提供了对该假设的初步支持（Young 等，2016）。此外，来自 Birchtee 镍矿的生物成因气在 $^{13}CH_3D$ 和 $^{12}CH_2D_2$ 的温度（12~16℃）与环境温度（20~23℃）相似的情况下，产生二元同位素平衡的甲烷，支持生物成因甲烷具有二元同位素平衡的假设。由于 $^{12}CH_2D_2$ 值的非线性混合仅取决于端元组成的 $δD$ 值，而不是 $δ^{13}C$ 值，因此 $^{12}CH_2D_2$ 的值在区分双组分混合问题时也将发挥有用的作用，但 $^{13}CH_3D$ 的情况并非如此。随着更多测量的进行，这些测量的效用和功能将在不久的将来实现（Young 等，2017）。上述框架需要纳入这些成果。

（4）最后，研究其他二元同位素和"位置特定"的烃类同位素测量，包括 ^{13}C—^{13}C 乙烷二元同位素测量（Clog 等，2014）和丙烷的外部或内部碳位置上发现 ^{13}C 的倾向（Gilbert 等，2016；Piasecki 等，2016）。Eiler 等（2017）回顾了这些测量结果。随着这些测量所编码的信息被理解，将需要创建新的框架，其中包括越来越多的碳氢化合物的新同位素测量。

这项工作得到了美国国家科学基金会（NSF）、埃克森美孚（ExxonMobil）、巴西石油公司（Petrobras）、挪威国家石油公司（Statoil）和加州理工学院（Caltech）的支持。我们感谢埃克森美孚允许我们出版。这项工作是 2015 年戈德施密特会议（Goldschmidt Conference）的成果，还要感谢会议的其他与会者对这项工作进行了积极的讨论。

参 考 文 献

AFFEK，H.P. 2012. Clumped isotope paleothermometry：principles，applications，and challenges. *The Paleontological Society Papers*，18，101–114.

ALEXANDER，R.，KAGI，R.I. & LARCHER，A.V. 1982. Clay catalysis of aromatic hydrogen-exchange reactions. *Geochimica et Cosmochimica Acta*，46，219–222.

ALEXANDER，R.，KAGI，R.I. & LARCHER，A.V. 1984. Clay catalysis of alkyl hydrogen exchange reactions – reaction mechanisms. *Organic Geochemistry*，6，755–760.

BALLENTINE，C.J. & O'NIONS，R.K. 1994. The use of natural He，Ne and Ar isotopes to study hydrocarbon-related fluid provenance，migration and mass balance in sedimentary basins. *In*：PARNELL，J.（ed.）*Geofluids：Origin，Migration and Evolution of Fluids in Sedimentary Basins*. Geological Society，London，Special Publications，78，347–361，https：//doi.org/10.1144/GSL.SP.1994.078.01.23

BEHAR，F.，KRESSMANN，S.，RUDKIEWICZ，J. & VANDENBROUCKE，M. 1992. Experimental simulation in a confined system and kinetic modelling of kerogen and oil cracking. *Organic Geochemistry*，19，173–189.

BEHAR，F.，VANDENBROUCKE，M.，TANG，Y.，MARQUIS，F. & ESPITALIE，J. 1997. Thermal cracking of kerogen in open and closed systems：determination of kinetic parameters and stoichiometric coefficients for oil and gas generation. *Organic Geochemistry*，26，321–339.

BERNARD，B.B.，BROOKS，J.M. & SACKETT，W.M. 1976. Natural gas seepage in the Gulf of Mexico. *Earth and Planetary Science Letters*，31，48–54.

BERNARD，B.B.，BROOKS，J.M. & SACKETT，W.M. 1977. A geochemical model for characterization of hydrocarbon gas sources in marine sediments. *9th Offshore Technology Conference Proceedings*，Houston，TX，3，435–438.

BERNER，U.，FABER，E. & STAHL，W. 1992. Mathematical simulation of the carbon isotopic fractionation between huminitic coals and related methane. *Chemical Geology*，94，315–319.

BERNER，U.，FABER，E.，SCHEEDER，G. & PANTEN，D. 1995. Primary cracking of algal and landplant kerogens：kinetic models of isotope variations in methane，ethane and propane. *Chemical Geology*，126，233–245.

BOTTOMLEY，D.J.，GREGOIRE，D.C. & RAVEN，K.G. 1994. Saline ground waters and brines in the Canadian Shield：geochemical and isotopic evidence for a residual evaporate brine component. *Geochimica et Cosmochimica Acta*, 58, 1483–1498.

BOWEN, G.J. & REVENAUGH, J. 2003. Interpolating the isotopic composition of modern meteoric precipitation. *Water Resources Research*, 39, 9-1–9-13.

BURNHAM, A. 1989. A Simple Kinetic Model of Petroleum Formation and Cracking. Lawrence Livermore National Lab, Report UCID 21665.

BURNHAM, A.K. & SWEENEY, J.J. 1989. A chemical kinetic model of vitrinite maturation and reflectance. *Geochimica et Cosmochimica Acta*, 53, 2649–2657.

BURRUSS, R. & LAUGHREY, C. 2010. Carbon and hydrogen isotopic reversals in deep basin gas: evidence for limits to the stability of hydrocarbons. *Organic Geochemistry*, 41, 1285–1296.

BYRNE, D.J., BARRY, P.H., LAWSON, M. & BALLENTINE, C.J. 2017. Noble gases in conventional and unconventional petroleum systems. *In*: LAWSON, M., FORMOLO, M.J. & EILER, J.M. （eds）*From Source to Seep: Geochemical Applications in Hydrocarbon Systems*. Geological Society, London, Special Publications, 468. First published online December 14, 2017, https://doi.org/10.1144/SP468.5

CAO, X. & LIU, Y. 2012. Theoretical estimation of the equilibrium distribution of clumped isotopes in nature. *Geochimica et Cosmochimica Acta*, 77, 292–303.

CHUNG, H., GORMLY, J. & SQUIRES, R. 1988. Origin of gaseous hydrocarbons in subsurface environments: theoretical considerations of carbon isotope distribution. *Chemical Geology*, 71, 97–104.

CHUNG, H., ROONEY, M., TOON, M. & CLAYPOOL, G.E. 1992. Carbon isotope composition of marine crude oils（1）. *AAPG Bulletin*, 76, 1000–1007.

CLAYPOOL, G.E. & KAPLAN, I. 1974. The origin and distribution of methane in marine sediments. *In*: KAPLAN, I.R. （ed.） *Natural Gases in Marine Sediments*. Marine Science, 3, Springer, Boston, MA, 99–139.

CLAYTON, C. 1991. Carbon isotope fractionation during natural gas generation from kerogen. *Marine and Petroleum Geology*, 8, 232–240.

CLOG, M., MARTINI, A., LAWSON, M. & EILER, J. 2014. Doubly ^{13}C-substituted ethane in shale gases. Paper presented at the Goldschmidt Conference, Sacramento, CA, 435.

CLOG, M., ELLAM, R., HILKERT, A., SCHWIETERS, J. & HAMILTON, D. 2015. Newdevelopments in high-resolution gas source isotope ratio mass spectrometers. Paper presented at the AGU Fall Meeting, San Francisco.

CRAMER, B., KROOSS, B.M. & LITTKE, R. 1998. Modelling isotope fractionation during primary cracking of natural gas: a reaction kinetic approach. *Chemical Geology*, 149, 235–250.

CURTIS, J.B. 2002. Fractured shale-gas systems. *AAPG Bulletin*, 86, 1921–1938.

DENNIS, K.J. & SCHRAG, D.P. 2010. Clumped isotope thermometry of carbonatites as an indicator of diagenetic alteration. *Geochimica et Cosmochimica Acta*, 74, 4110–4122.

DOMINÉ, F., BOUNACEUR, R., SCACCHI, G., MARQUAIRE, P.-M., DESSORT, D., PRADIER, B. & BREVART, O. 2002. Up to what temperature is petroleum stable? New insights from a 5200 free radical reactions model. *Organic Geochemistry*, 33, 1487–1499.

DOUGLAS, P., STOLPER, D. *ET AL*. 2016. Diverse origins of Arctic and Subarctic methane point source emissions identified with multiply-substituted isotopologues. *Geochimica et Cosmochimica Acta*, 188, 163–188.

DOUGLAS, P., STOLPER, D. *ET AL*. 2017. Methane clumped isotopes: progress and potential for a new isotopic tracer. *Organic Geochemistry*, 113, 262–282, https://doi.org/10.1016/j.orggeochem.2017.07.016.

EILER, J.M. 2007. 'Clumped-isotope' geochemistry – The study of naturally-occurring, multiply-substituted isotopologues. *Earth and Planetary Science Letters*, 262, 309–327.

EILER, J.M. 2013. The isotopic anatomies of molecules and minerals. *Annual Review of Earth and Planetary Sciences*, 41, 411–441.

EILER, J.M. & SCHAUBLE, E. 2004. $^{18}O^{13}C^{16}O$ in Earth's atmosphere. *Geochimica et Cosmochimica Acta*, 68, 4767–4777.

EILER, J.M., CLOG, M. *ET AL*. 2013. A high-resolution gas-source isotope ratio mass spectrometer. *International Journal of Mass Spectrometry*, 335, 45–56.

EILER, J.M., CLOG, M., LAWSON, M., LLOYD, M., PIASECKI, A., PONTON, C. & XIE, H. 2017. The isotopic structures of geological organic compounds. *In*: LAWSON, M., FORMOLO, M.J. & EILER, J.M. (eds) *From Source to Seep: Geochemical Applications in Hydrocarbon Systems*. Geological Society, London, Special Publications, 468. First published online December 14, 2017, https://doi.org/10.1144/SP468.4

ELLAM, R., NEWTON, J., HILKERT, A., SCHWIETERS, J. & DEERBERG, M. 2015. Initial results from the SUERC 253 ultra: a new high resolution isotope Ratio Mass Spectrometer for Isotopologue Analysis. *Goldschmidt Conference Abstracts*, Prague, CZ, 822.

ESPITALIE, J., UNGERER, P., IRWIN, I. & MARQUIS, F. 1988. Primary cracking of kerogens. Experimenting and modeling C_1, C_2–C_5, C_6–C_{15+} classes of hydrocarbons formed. *Organic Geochemistry*, 13, 893–899.

ETIOPE, G. & SHERWOOD LOLLAR, B. 2013. Abiotic methane on Earth. *Reviews of Geophysics*, 51, 276–299.

GHOSH, P., ADKINS, J. *ET AL*. 2006. ^{13}C–^{18}O bonds in carbonate minerals: a new kind of paleothermometer. *Geochimica et Cosmochimica Acta*, 70, 1439–1456.

GILBERT, A., YAMADA, K., SUDA, K., UENO, Y. & YOSHIDA, N. 2016. Measurement of position-specific 13 C isotopic composition of propane at the nanomole level. *Geochimica et Cosmochimica Acta*, 177, 205–216.

HAMMES, U., HAMLIN, H.S. & EWING, T.E. 2011. Geologic analysis of the Upper Jurassic Haynesville Shale in east Texas and west Louisiana. *AAPG Bulletin*, 95, 1643–1666.

HELGESON, H.C., RICHARD, L., MCKENZIE, W.F., NORTON, D.L. & SCHMITT, A. 2009. A chemical and thermodynamic model of oil generation in hydrocarbon source rocks. *Geochimica et Cosmochimica Acta*, 73, 594–695.

HINRICHS, K.-U., HAYES, J.M. *ET AL*. 2006. Biological formation of ethane and propane in the deep marine subsurface. *Proceedings of the National Academy of Sciences*, 103, 14 684–14 689.

HOERING, T. 1984. Thermal reactions of kerogen with added water, heavy water and pure organic substances. *Organic Geochemistry*, 5, 267–278.

HORIBE, Y. & CRAIG, H. 1995. D/H fractionation in the system methane–hydrogen–water. *Geochimica et Cosmochimica Acta*, 59, 5209–5217.

HORITA, J. 2001. Carbon isotope exchange in the system CO_2–CH_4 at elevated temperatures. *Geochimica et Cosmochimica Acta*, 65, 1907–1919.

HUNT, J.M. 1996. *Petroleum Geochemistry and Geology*. W.H. Freeman and Company, New York.

INAGAKI, F., HINRICHS, K.-U. *ET AL*. 2015. Exploring deep microbial life in coal-bearing sediment down to *c*. 2.5 km below the ocean floor. *Science*, 349, 420–424.

JARVIE, D.M., HILL, R.J., RUBLE, T.E. & POLLASTRO, R.M. 2007. Unconventional shale-gas systems: the Mississippian Barnett Shale of north-central Texas as one model for thermogenic shale-gas assessment.

AAPG Bulletin, 91, 475–499.

KILLOPS, S.D. & KILLOPS, V.J. 2013. *Introduction to Organic Geochemistry*. Blackwell, Oxford.

LASH, G.G. & ENGELDER, T. 2011. Thickness trends and sequence stratigraphy of the Middle Devonian Marcellus Formation, Appalachian Basin: implications for Acadian foreland basin evolution. *AAPG Bulletin*, 95, 61–103.

LEE, D.S., HERMAN, J.D., ELSWORTH, D., KIM, H.T. & LEE, H.S. 2011. A critical evaluation of unconventional gas recovery from the Marcellus Shale, northeastern United States. *KSCE Journal of Civil Engineering*, 15, 679–687.

LEWAN, M. 1997. Experiments on the role of water in petroleum formation. *Geochimica et Cosmochimica Acta*, 61, 3691–3723.

LEWAN, M. & RUBLE, T. 2002. Comparison of petroleum generation kinetics by isothermal hydrous and noniso-thermal open-system pyrolysis. *Organic Geochemistry*, 33, 1457–1475.

LIU, Q. & LIU, Y. 2016. Clumped-isotope signatures at equilibrium of CH_4, NH_3, H_2O, H_2S and SO_2. *Geochimica et Cosmochimica Acta*, 175, 252–270.

LORANT, F., PRINZHOFER, A., BEHAR, F. & HUC, A.Y. 1998. Carbon isotopic and molecular constraints on the formation and the expulsion of thermogenic hydrocarbon gases. *Chemical Geology*, 147, 249–264.

MA, Q., WU, S. & TANG, Y. 2008. Formation and abundance of doubly-substituted methane isotopologues ($^{13}CH_3D$) in natural gas systems. *Geochimica et Cosmochimica Acta*, 72, 5446–5456.

MAGOON, L.B. & DOW, W.G. 1994. *The Petroleum System: From Source to Trap*. American Association of Petroleum Geologists.

MANGO, F.D. & HIGHTOWER, J. 1997. The catalytic decomposition of petroleum into natural gas. *Geochimica et Cosmochimica Acta*, 61, 5347–5350.

MANGO, F.D., HIGHTOWER, J. & JAMES, A.T. 1994. Role of transition-metal catalysis in the formation of natural gas. *Nature*, 368, 536–538.

MARTINI, A.M., BUDAI, J.M., WALTER, L.M. & SCHOELL, M. 1996. Microbial generation of economic accumulations of methane within a shallow organic-rich shale. *Nature*, 383, 155–158.

MARTINI, A.M., WALTER, L.M., BUDAI, J.M., KU, T.C.W., KAISER, C.J. & SCHOELL, M. 1998. Genetic and temporal relations between formation waters and biogenic methane: upper Devonian Antrim Shale, Michigan Basin, USA. *Geochimica et Cosmochimica Acta*, 62, 1699–1720.

MARTINI, A.M., WALTER, L.M., KU, T.C., BUDAI, J.M., MCINTOSH, J.C. & SCHOELL, M. 2003. Microbial production and modification of gases in sedimentary basins: a geochemical case study from a Devonian shale gas play, Michigan basin. *AAPG Bulletin*, 87, 1355–1375.

MCCANN, T. 1998. The Rotliegend of the NE German Basin: background and prospectivity. *Petroleum Geoscience*, 4, 17–27, https://doi.org/10.1144/petgeo.4.1.17

MEISSNER, F.F. 1978. Petroleum geology of the Bakken formation Williston Basin, North Dakota and Montana. *Economic Geology of the Williston Basin Symposium*. Montana Geological Society, Billings, Montana, 207–227.

MILLER, S.M., WOFSY, S.C. ET AL. 2013. Anthropogenic emissions of methane in the United States. *Proceedings of the National Academy of Sciences*, 110, 20 018–20 022.

MULLEN, J. 2010. Petrophysical characterization of the Eagle Ford Shale in south Texas. Paper presented at the Canadian Unconventional Resources and International Petroleum Conference, Society of Petroleum Engineers.

NI, Y., MA, Q., ELLIS, G.S., DAI, J., KATZ, B., ZHANG, S. & TANG, Y. 2011. Fundamental studies on kinetic isotope effect (KIE) of hydrogen isotope fractionation in natural gas systems. *Geochimica et Cosmochimica Acta*, 75, 2696–2707.

ONO, S., WANG, D.T., GRUEN, D.S., SHERWOOD LOLLAR, B., ZAHNISER, M.S., MCMANUS, B.J. & NELSON, D.D. 2014. Measurement of a doubly substituted methane isotopologue, $^{13}CH_3D$, by tunable infrared laser direct absorption spectroscopy. *Analytical Chemistry*, 86, 6487–6494.

PASSEY, B. & HENKES, G. 2012. Carbonate clumped isotope bond reordering and geospeedometry. *Earth and Planetary Science Letters*, 351–352, 223–236.

PEPPER, A.S. & CORVI, P.J. 1995. Simple kinetic models of petroleum formation. Part I: oil and gas generation from kerogen. *Marine and Petroleum Geology*, 12, 291–319.

PEPPER, A.S. & DODD, T.A. 1995. Simple kinetic models of petroleum formation. Part II: oil-gas cracking. *Marine and Petroleum Geology*, 12, 321–340.

PETERS, K.E., WALTERS, C. & MOLDOWAN, J. 2005. *The Biomarker Guide: Volume II. Biomarkers and Isotopes in Petroleum Systems and Earth History*. Cambridge University Press, Cambridge, UK.

PIASECKI, A., SESSIONS, A., LAWSON, M., FERREIRA, A., SANTOS NETO, E.V. & EILER, J.M. 2016. Analysis of the site-specific carbon isotope composition of propane by gas source isotope ratio mass spectrometer. *Geochimica et Cosmochimica Acta*, 188, 58–72.

PRINZHOFER, A.A. & HUC, A.Y. 1995. Genetic and post-genetic molecular and isotopic fractionations in natural gases. *Chemical Geology*, 126, 281–290.

QUIGLEY, T. & MACKENZIE, A. 1988. The temperatures of oil and gas formation in the sub-surface. *Nature*, 333, 549–552.

RANAWEERA, H. 1990. *Sleipner Vest*. Graham & Trotman, London.

REEVES, E.P., SEEWALD, J.S. & SYLVA, S.P. 2012. Hydrogen isotope exchange between n-alkanes and water under hydrothermal conditions. *Geochimica et Cosmochimica Acta*, 77, 582–599.

RICE, D.D. & CLAYPOOL, G.E. 1981. Generation, accumulation, and resource potential of biogenic gas. *AAPG Bulletin*, 65, 5–25.

ROONEY, M.A., CLAYPOOL, G.E. & MOSES CHUNG, H. 1995. Modeling thermogenic gas generation using carbon isotope ratios of natural gas hydrocarbons. *Chemical Geology*, 126, 219–232.

SACKETT, W.M. 1978. Carbon and hydrogen isotope effects during the thermocatalytic production of hydrocarbons in laboratory simulation experiments. *Geochimica et Cosmochimica Acta*, 42, 571–580.

SCHOELL, M. 1980. The hydrogen and carbon isotopic composition of methane from natural gases of various origins. *Geochimica et Cosmochimica Acta*, 44, 649–661.

SCHOELL, M. 1983. Genetic characterization of natural gases. *AAPG Bulletin*, 67, 2225–2238.

SCHOELL, M. 1984. Recent advances in petroleum isotope geochemistry. *Organic Geochemistry*, 6, 645–663.

SEEWALD, J.S. 2003. Organic–inorganic interactions in petroleum-producing sedimentary basins. *Nature*, 426, 327–333.

SEEWALD, J.S., BENITEZ-NELSON, B.C. & WHELAN, J.K. 1998. Laboratory and theoretical constraints on the generation and composition of natural gas. *Geochimica et Cosmochimica Acta*, 62, 1599–1617.

SHUAI, Y., DOUGLAS, P.M.J. *ET AL*. in press. Equilibrium and non-equilibrium controls on the abundances of clumped isotopologues of methane during thermogenic formation in laboratory experiments: implications for the chemistry of pyrolysis and the origins of natural gases. *Geochimica et Cosmochimica Acta*.

SINGH, G. & WOLFSBERG, M. 1975. The calculation of isotopic partition function ratios by a perturbation theory technique. *The Journal of Chemical Physics*, 62, 4165–4180.

STAHL, W.J. & CAREY, B.D. 1975. Source-rock identification by isotope analyses of natural gases from fields in the Val Verde and Delaware basins, west Texas. *Chemical Geology*, 16, 257–267.

STOLPER, D.A. & EILER, J.M. 2015. The kinetics of solid-state isotope-exchange reactions for clumped isotopes: a study of inorganic calcites and apatites from natural and experimental samples. *American Journal of Science*, 315, 363–411.

STOLPER, D.A., LAWSON, M. *ET AL*. 2014a. Formation temperatures of thermogenic and biogenic methane. *Science*, 344, 1500–1503.

STOLPER, D.A., SESSIONS, A.L. *ET AL*. 2014b. Combined ^{13}C-D and D-D clumping in methane: methods and preliminary results. *Geochimica et Cosmochimica Acta*, 126, 169–191.

STOLPER, D.A., MARTINI, A.M. *ET AL*. 2015. Distinguishing and understanding thermogenic and biogenic sources of methane using multiply substituted isotopologues. *Geochimica et Cosmochimica Acta*, 161, 219–247.

SWEENEY, J.J. & BURNHAM, A.K. 1990. Evaluation of a simple model of vitrinite reflectance based on chemical kinetics. *AAPG Bulletin*, 74, 1559–1570.

TAKAI, K., NAKAMURA, K. *ET AL*. 2008. Cell proliferation at 122°C and isotopically heavy CH_4 production by a hyperthermophilic methanogen under high-pressure cultivation. *Proceedings of the National Academy of Sciences*, 105, 10 949–10 954.

TANG, Y., PERRY, J., JENDEN, P. & SCHOELL, M. 2000. Mathematical modeling of stable carbon isotope ratios in natural gases. *Geochimica et Cosmochimica Acta*, 64, 2673–2687.

THAUER, R.K. 1998. Biochemistry of methanogenesis: a tribute to Marjory Stephenson. *Microbiology*, 144, 2377–2406.

TISSOT, B.P. & WELTE, D.H. 1978. *Petroleum Formation and Occurrence: A New Approach to Oil and Gas Exploration*. Springer-Verlag, Berlin.

TSUZUKI, N., TAKEDA, N., SUZUKI, M. & YOKOI, K. 1999. The kinetic modeling of oil cracking by hydrothermal pyrolysis experiments. *International Journal of Coal Geology*, 39, 227–250.

UREY, H.C. 1947. The thermodynamic properties of isotopic substances. *Journal of the Chemical Society*, 562–581.

VALENTINE, D.L. 2011. Emerging topics in marine methane biogeochemistry. *Annual Review of Marine Science*, 3, 147–171.

VALENTINE, D.L., CHIDTHAISONG, A., RICE, A., REEBURGH, W.S. & TYLER, S.C. 2004. Carbon and hydrogen isotope fractionation by moderately thermophilic methanogens. *Geochimica et Cosmochimica Acta*, 68, 1571–1590.

VANDENBROUCKE, M., BEHAR, F. & RUDKIEWICZ, J. 1999. Kinetic modelling of petroleum formation and cracking: implications from the high pressure/high temperature Elgin Field (UK, North Sea). *Organic Geochemistry*, 30, 1105–1125.

VINSON, D.S., BLAIR, N.E., MARTINI, A.M., LARTER, S., OREM, W.H. & MCINTOSH, J.C. 2017. Microbial methane from in situ biodegradation of coal and shale: a review and reevaluation of hydrogen and carbon isotope signatures. *Chemical Geology*, 453, 128–145.

WANG, D.T., GRUEN, D.S. *ET AL*. 2015. Nonequilibrium clumped isotope signals in microbial methane. *Science*, 348, 428–431.

WANG, Z., SCHAUBLE, E.A. & EILER, J.M. 2004. Equilibrium thermodynamics of multiply substituted isotopologues of molecular gases. *Geochimica et Cosmochimica Acta*, 68, 4779–4797.

WEBB, M.A. & MILLER III T.F., 2014. Position-specific and clumped stable isotope studies: comparison of the Urey and path-integral approaches for carbon dioxide, nitrous oxide, methane, and propane. *The Journal of*

Physical Chemistry A, 118, 467–474.

WHITICAR, M.J. 1999. Carbon and hydrogen isotope systematic of bacterial formation and oxidation of methane. *Chemical Geology*, 161, 291–314.

WHITICAR, M.J., FABER, E. & SCHOELL, M. 1986. Biogenic methane formation in marine and freshwater environments: CO_2 reduction vs acetate fermentation – isotope evidence. *Geochimica et Cosmochimica Acta*, 50, 693–709.

WILHELMS, A., LARTER, S., HEAD, I., FARRIMOND, P., DI-PRIMIO, R. & ZWACH, C. 2001. Biodegradation of oil in uplifted basins prevented by deep-burial sterilization. *Nature*, 411, 1034–1037.

WING, B.A. & HALEVY, I. 2014. Intracellular metabolite levels shape sulfur isotope fractionation during microbial sulfate respiration. *Proceedings of the National Academy of Sciences*, 111, 18 116–18 125, https://doi.org/10.1073/pnas.1407502111

XIA, X. 2014. Kinetics of gaseous hydrocarbon generation with constraints of natural gas composition from the Barnett Shale. *Organic Geochemistry*, 74, 143–149.

XIA, X. & TANG, Y. 2012. Isotope fractionation of methane during natural gas flow with coupled diffusion and adsorption/desorption. *Geochimica et Cosmochimica Acta*, 77, 489–503.

XIAO, Y. 2001. Modeling the kinetics and mechanisms of petroleum and natural gas generation: a first principles approach. *Reviews in Mineralogy and Geochemistry*, 42, 383–436.

YOUNG, E.D., RUMBLE, D., FREEDMAN, P. & MILLS, M. 2016. A large-radius high-mass-resolution multiple-collector isotope ratio mass spectrometer for analysis of rare isotopologues of O_2, N_2, CH_4 and other gases. *International Journal of Mass Spectrometry*, 401, 1–10.

YOUNG, E.D., KOHL, I.E. *ET AL*. 2017. The relative abundances of resolved $^{12}CH_2D_2$ and $^{13}CH_3D$ and mechanisms controlling isotopic bond ordering in abiotic and biotic methane gases. *Geochimica et Cosmochimica Acta*, 203, 235–264.

3 地质有机化合物的同位素结构

John M. Eiler   Matthieu Clog   Michael Lawson   Max Lloyd
Alison Piasecki   Camilo Ponton   Hao Xie

摘要：有机化合物广泛存在于地球的表层、沉积物和许多岩石中，保存着地质、地球化学和生物历史记录，也是重要的自然资源和主要环境污染物。挥发性元素的自然稳定同位素（D、^{13}C、^{15}N、^{17,18}O、^{33,34,36}S）是研究地质有机化合物来源、演化和迁移的一种方法。全稳定同位素组成（即所有可能的分子同位素形式的平均值）的研究是公认的和广泛实践的，但经常导致非唯一的解释。越来越多的研究人员通过描述稳定同位素"结构"来阅读具有更大深度和特异性的有机同位素记录——稳定同位素"结构"是位点特异性和多重取代同位素异构体的比例，它们对每种化合物的总稀有同位素组成有贡献。大多数测定有机分子稳定同位素结构的技术都是最近才发展起来的，迄今为止只是以探索的方式应用。然而，最近的进展表明，分子同位素结构提供了在埋藏过程中生物合成的起源、条件和机制的化学转化、指纹特殊性的独特记录。本文对这一年轻领域进行了回顾，为追踪分子同位素结构从生物合成到成岩作用、催化作用和变质作用的演变。

天然有机化合物的稳定同位素组成有可能用于解决各种重要问题，如识别近地表水或空气中烃类污染物的来源（Elsner 等，2012），表征与地质碳氢化合物亲本的前体生物分子（Ferreira 等，2012），识别并量化生烃条件和机制（Whiticar 等，1986；Chung 等，1988；Tang 等，2000）或物理或生物破坏（Martini 等，2003）。有大量的科学文献利用同位素组成的测量来解决这些问题，一般为 D/H、^{13}C/^{12}C、^{15}N/^{14}N 或 ^{34}S/^{32}S 比率，全油或气体馏分，或更有用的个别分子成分（即特定化合物分析）。实际上，所有这些研究都集中在这些物质的平均同位素含量上，在所有感兴趣化合物的同位素表中进行了总结。例如，有机化合物的 ^{13}C/^{12}C 比率，在同位素 ^{13}C 取代位置或 ^{13}C 取代数量上可能有所不同。这些测量未能观察到许多特定位置和多个替代物种比例差异可能记录的信息。这些测量无法观察到许多特定位置和多个替代物种比例差异的信息。注意，小的气体分子（如 CO_2、CH_4、N_2O）通常具有大约十种同位素，小代谢物或烃类（如丙氨酸或异辛烷）通常具有数千种同位素，而较大的生物分子（糖、脂肪酸）有数百万到数亿万（例如藿香烷类、激素类、蛋白质和其他高分子材料）。几乎所有这些同位素都可以被认为是独特的化学物种，它们的物理学、热力学和化学动力学性质不同。

3 地质有机化合物的同位素结构

本文中进行了一个规模虽小但发展迅速的工作，考察了分子尺度上的稳定同位素分布，即在同一分子中的结构非等效位置的同位素组成差异和"二元同位素"组成，或两个或多个稀有同位素存在于同一分子中的概率。我们把这一系列同位素性质统称为分子"同位素结构"。很少有论文包括对天然烃同位素结构的测量（包括大量已知来源的样品甚至更少）。但是，有大量工作记录生物分子的同位素结构，这些生物分子很可能是石油和天然气化合物的前体，或者研究控制有机物同位素结构的基本分馏。在过去的 5 年中，对于发展此类分析技术已经做出了巨大的努力（附录 B）。综上所述，这项工作表明我们正处在一个新的、有潜力的大型有机地球化学分支学科的前沿。

这篇综述旨在对该领域的现状进行全面、有条理的简要介绍，并预测该领域在未来几年内的发展方式。并没有详细讨论甲烷的二元同位素地球化学（本主题中最大，最成熟的部分），因为在其他论文中已对甲烷进行了讨论（Stolper 等，2017）。本文的主要焦点是含有两个或多个碳原子的天然烃，或是这种天然烃前体的有机化合物。对于这样的综述有点不寻常，因为在同行评审文献中还没有出现对分析技术和科学发现的重大贡献。我们无疑已经错过了一些这样的资源，一些材料可能会在它进入同行评议的文献时有所发展。我们已经努力将迄今为止仅在论文、会议记录和公开报告中涉及的工作包括在内。

3.1 组织原则：从生物质到石油和天然气化合物的分子同位素结构的谱系

以下讨论的工作领域涵盖了大量的技术、化学化合物和激发性问题，其中许多内容似乎远离石油地球化学。我们试图通过将其作为一种叙述生物分子的分子同位素结构及其地质转化为石油和天然气化合物的方法材料合理的总体结构。讨论沉积有机质及其在成岩作用、成岩作用和变质作用中所经历的变化（图 3.1）。

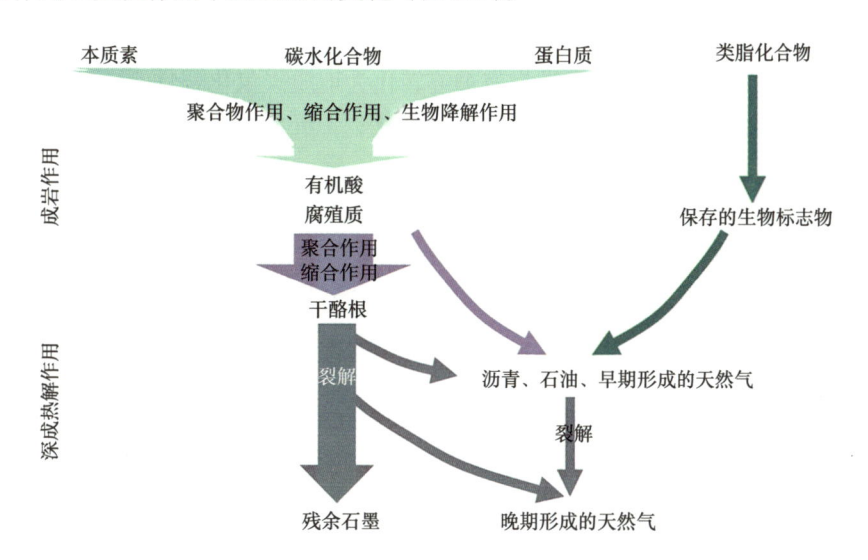

图 3.1 从上到下的沉积有机物随埋藏深度和最大温度的增加经过形成、成岩作用和深成演化示意图（据 Tissot 和 Welte，1984，修改）

沉积有机质主要由四个主要组成组分：脂类（包括脂肪酸和藿烷类）；蛋白质和氨基酸；碳水化合物（糖、淀粉和纤维素）；木质素和其他聚合和结构不明确的组分（Tissot和Welte，1984；Wakeham等，1997；Hedges等，2000；Freeman，2001）。纤维素和木质素在陆地沉积有机质中比例更为丰富，而在海洋有机质中蛋白质和类脂比例更为丰富。这些组分的丰度比和化学形态在异养菌、环境退化和早期成岩作用形成后和埋藏后迅速变化。可溶性碳水化合物和蛋白质与纤维素、木质素和其他聚合组分成比例地急剧下降，剩下的部分经历聚合和缩合形成腐殖质，这是一种难降解的结构复杂的大分子基质，具有更多的反应部分转化为小的有机酸。脂质和密切相关的化合物（如脂肪酸脱羧形成的碳氢化合物）通过这些最初的转化而保存得相对完好。

进一步的埋藏和加热导致了催化作用的开始，其特征在于进一步的聚合、缩合和其他反应，将腐殖质转化为干酪根，并将相对不稳定的组分（脂肪和其他有机酸、烷烃）浓缩成第一代沥青、油和早期形成的天然气（这通常包含亚等量的甲烷和高阶挥发性烷烃及 CO_2、H_2、H_2S 和其他次要成分；Tissot和Welte，1984；Marshall和Rodgers，2008）。进一步的加热驱动了更广泛的催化作用，使未成熟的干酪根发生相对开放的结构冷凝，形成越来越多的石墨网络，分解或"裂解"干酪根成分以释放出石油和天然气馏分化合物，并使现有的石油和天然气化合物降解以形成更小、更简单的物质和更多易挥发的种类（Quigley和Mackenzie，1988；Burnham和Sweeney，1989；Lewan，1993；Mao等，2010）。总体而言，天然气相对于石油的比例上升，甲烷在所有天然气中所占的比例更高，保存完好的生物标记物的比例逐渐降低（Price和Schoell，1995；Prinzhofer和Huc，1995）。如果此过程接近于绿色片岩相变质作用的开始（250℃以上），则石油和早期形成的气体将被定量地排出或被热破坏，并且干酪根开始转化为石墨，仅留下石墨碳和富集甲烷的晚期形成的天然气（Wada等，1994）。关于这一过程系列的两个重要的问题是：油馏分化合物是否可以在相对较高的温度下长时间持续存在（Mango，1991）；当存在水时，干酪根的裂解是否会继续在高温下（200℃以上；Seewald等，1998）生成气体组分。

关于分子同位素结构演变有以下问题：

（1）沉积有机质组分的同位素结构将最终转化为地质碳氢化合物？

（2）这些分子内同位素性质（位点特异性变化；二元同位素种类的比例）通过成岩作用和深成作用保存在油气组分中？

（3）成岩作用和成岩作用的亚反应是如何改变或改变原有生物分子的同位素结构的？

（4）能根据有机质的同位素结构来识别有机质热成熟过程中形成的新化合物吗？

（5）这些化合物是否记录了它们形成的条件（如温度和压力）？

（6）在地质环境中交换反应是否足够迅速，以完全平衡生物分子和衍生烃的同位素结构？

（7）高成熟系统中的高级催化作用是否对其残存的分子同位素结构留下了一些印记？

（8）能看到微生物降解或有机物在地下的产生（即在石油和天然气的生物降解过程中）的影响吗？

本文的有关内容贯穿整个课题，从生物合成的开始到催化作用的结束和变质作用的开始。为了简洁起见，许多相关的技术材料，如分子同位素结构研究中所用的术语，以及这些技术或测量，见附录。

3.2 开始：生物分子的同位素结构

石油和天然气几乎所有的有机成分都是直接或间接地来自沉积有机质中的生物分子，因此生物合成产物中的同位素结构必定是我们探索这一课题的第一步。

3.2.1 平衡控制？

在过去的几十年中，关于生物分子的同位素含量（以及讨论时的同位素结构）是否处于或接近于同位素平衡的争论一直很激烈。如果是这样，应该通过控制许多无机非均质和均质同位素交换平衡的热力学同位素效应来理解它们（Galimov，1973，1974，1985）。相反，如果它们的同位素组成是通过不可逆的反应控制的，那么只能通过对同位素组成前体的继承以及与不可逆化学反应相关的动力学同位素效应（KIEs）的某种理解入手（Ivlev等，1974；DeNiro 和 Epstein，1977；O'Leary 等，1981）。

长期以来，这场争论是由继承性和动力学决定的［下文进一步展开；对于这个问题更广泛的评论可参见 Hayes（2001）］。但是，至少有三个原因使我们对生物分子中热力学控制的同位素分布保持兴趣：

（1）某些生物合成反应是可逆的，至少对于某些元素，位点和条件而言是可逆的，因此可以实现接近平衡同位素分布的某些产物（Valentine 等，2004；Gilbert 等，2012a，b）。最近的发现进一步证实了这种可能性，即海洋气苗甲烷和大多数地下环境中的生物成因甲烷在其形成温度下具有二元同位素平衡（Stolper 等，2017）。

（2）埋藏的有机物可能易与水和其他环境成分发生可逆的同位素交换，这意味着即使是由动力学控制过程形成的某些化合物也可能随后在埋藏成岩过程中达到同位素平衡（Schimmelmann 等，2006）。

（3）平衡分馏通常可提供有用的动力学同位素效应（KIEs）近似值，因为二者均受同位素对分子振动能的影响，如 RuBisCO 酶上与 CO_2 还原相关的碳同位素分馏在方向和幅度上与 CO_2 和石墨之间的平衡分馏相似（Guy 等，1993；Chacko 等，2001）。

很少有实验研究检查有机分子中的同位素分馏平衡［出于启发性的原因，即大多数化合物都难以产生这些同位素分馏；参见 Wang 和 Sessions（2009a，b）中罕见例子］。但是，有大量的理论研究预测了有机物的特定位点和二元同位素结构（Galimov 和 Shirinskii，1975；Galimov，1985；Rustad，2009；Webb 和 Miller，2014；Kubicki 等，2016；Piasecki 等，2016a；Webb 等，2017）。这些研究观察或预测的几种趋势如下：

（1）预测 ^{13}C 在有机分子内部和之间的分布将遵循一种模式，其中参与 C—O 键（羧基和羰基）的碳原子的 $\delta^{13}C$ 大于与其他碳和氢键合的碳（如甲基基团），二者都大于与硫键合的碳的 $\delta^{13}C$（如 H_3C—S—⋯，在蛋氨酸中）。在地表条件下，这些影响的幅度预计为每百万分之数十（Galimov 和 Shirinskii 1975；Galimov 1985；Rustad 2009）。在存在多个 C—H 键合环境（例如烷烃）的情况下，预计 ^{13}C 会优先富集在—C—和—CH—与—CH_2—，与—CH_3 位相比，它们的富集幅度约为 10‰（Webb 和 Miller，2014；Kubicki 等，2016；Piasecki 等，2016a）。

（2）预测氘在烃内的分布遵循的模式。在室温下，δD 在—CH₂—中比在—CH₃—中高约 70‰（Wang 等，2009a，b；Webb 和 Miller，2014；Kubicki 等，2016；Piasecki 等，2016a）。在支链烷烃中，相对于甲基位置（$\varepsilon^D_{CH-CH_3}$ 在 20℃ 时约为 150‰），氘（D）预计在—CH—基团的富集度更高。与 C=C 双键相邻的含 H 位点的 D 丰度（即在烯烃中）比其在烷烃结构中的低（在 100℃ 时为 20‰~40‰）。

（3）在 20℃ 时，乙烷和丙烷中相邻的多个 ^{13}C 替代物的 Δ_i 值（相对于随机分布的富集）预计为 0.5‰（Piasecki 等，2016a；Webb 等，2017）。碳氢化合物中两个不相邻的 ^{13}C 替代物在平衡时的富集量可忽略不计（$\Delta_i \ll 0.1‰$）。据预测，在地表温度下，^{13}C 与 D 或 D 与 D 在碳氢化合物中的相邻聚集分别对应着约为 5‰ 和 20‰。具有多个但不相邻的 $^{13}C+D$ 或 $D+D$ 替换（如 $H_2D^{12}C-^{13}CH_2-^{12}CH_3$）的二元同位素物种的预测富集量（$\Delta_i$ 值）大约小一个数量级，使其接近或低于任何当前分析方法的精度限值。

综上所述，这些平衡分馏的幅度随温度的降低而增加，在与天然烃最相关的温度范围内（没有分馏）变化（0~300℃）。这些预测中只有一小部分是通过实验直接观察到的，而其中大部分预测的相对不确定性高约 50%（Kubicki 等，2016）。这里所要求的是一系列实验性的工作直到现在才在技术上变得可行，并且在文献中没有真正的先例。

3.2.2 常见生物分子动力学控制的同位素结构

尽管有机分子内和有机分子之间的同位素交换平衡值得关注，但有大量证据充分表明，生物分子的同位素结构主要反映了其前体的遗传，并通过不可逆的生物合成反应的 KIEs 对其进行了修饰。如果这些生物合成同位素结构的特征被石油或天然气化合物以某种可识别的形式继承，那么就能够使用稳定的同位素数据来识别石油化合物的特定前体以及将其转化为石油和天然气成分的反应机理。这种猜测已经持续了 30 多年（Monson 和 Hayes，1982a）。尽管如此，这个庞大而又复杂的课题仍相对较缺乏详尽的认识。

3.2.2.1 脂肪酸

在主要的生物分子类中，对脂肪酸的同位素结构了解相对较多（尽管最恰当描述的标题可能改为糖；以下）。DeNiro 和 Epstein（1977）进行的一项实验对此项目进行了早期的间接认识，他研究了与丙酮酸脱羧形成乙酰辅酶 A 有关的碳同位素效应，这是脂肪酸（及其他生物合成途径）普遍采取的步骤代谢产物。这项研究发现丙酮酸脱羧的动力学同位素效应（KIE）导致乙酰基中的甲基（较高的 $\delta^{13}C$）和 CO-R（较低的 $\delta^{13}C$）之间的 $\delta^{13}C$ 差异约为 15‰。值得注意的是，这是一个重要的例子，其中显然没有观察到平衡同位素分布的期望值（即在 $\delta^{13}C$ 中，平衡 CO_n 组应比 CH_n 组更高）。这一发现使人们期望，$\delta^{13}C$ 中的生物脂肪酸应低于相关的碳水化合物（通常观察到）。并且，由于生物脂肪酸中的大多数位点都源自乙酰基的头尾连接（"延伸"），因此脂肪酸应表现出独特的"偶/奇"碳同位素结构，其中较高的 $\delta^{13}C$ 位置较源自甲乙酰基末端和 CO-R 末端的 $\delta^{13}C$ 位置较低。

Monson 和 Hayes（1980，1982a，1982b）在一系列的新颖分析、机理解释深入的论文中，通过化学侵蚀（脱羧和臭氧分解，然后脱羧）对脂肪酸的碳同位素结构进行了研究，选择性地释放一部分碳原子。他们首先研究了大肠杆菌——缺乏线粒体的细菌，发现 $C_{14\sim18}$ 脂肪酸的末端羧基的 $\delta^{13}C$ 通常比其母体的分子低（1‰~14‰），并且不饱和脂肪酸中的烯烃碳（即 C=C 双键—臭氧分解氧化的位点）在 ^{13}C 中也相对于其母体以每千分之几消耗（注意：这是第二种情况，其中天然生物分子中的碳同位素变化与平衡同位素分布的预期相反）。Monson 和 Hayes（1980，1982a）根据对脂肪酸生物合成的理解，提出了一个论点表明这些发现与碳同位素的"偶数 / 奇数"顺序一致，其中来自 CO-R 位点的碳具有独特的 ^{13}C 消耗，正如人们从 Deniro 和 Epstein（1977）的实验中所预期的那样。这种模式可能是迄今为止关于烷烃碳同位素结构的一个更为独特发现的原因。

然而，尽管这些发现可能是自相矛盾的，但其设想并不完整。在一项后续研究中，Monson 和 Hayes（1982b）将该方法应用于酿酒酵母（酵母，具有线粒体的真核生物）中的脂肪酸，获得的结果表明同位素的"偶 / 奇"排列更微妙（大约每千分之几的变化范围），由具有 ^{13}C 耗尽的甲基和 ^{13}C 丰富的 CO-R 基团的乙酰基组装而成。对这一发现的详细解释超出了此处的探讨范围，但通常可以说是柠檬酸循环的结果，柠檬酸循环通过丙酮酸脱羧以外的其他方式产生和消耗乙酰辅酶 A。

高灵敏度核磁共振（NMR）技术已用于研究几种天然脂肪酸的氢同位素结构（Billault 等，2001；Duan 等，2002；Markai 等，2002；Lesot 等，2008）。饱和脂肪酸中心的氢位很难通过高灵敏度核磁共振区分，因此这项工作变得更为复杂。但是，通过将衍生化和对不饱和支链脂肪酸的关注与新颖的高灵敏度核磁共振（NMR）方法相结合，可以重建详细的自然变化模式。特定位置的 D/H 变化通常幅度为 300‰~400‰；观察到的一种常见模式是相对于 CH_2 基团，甲基中的氘（D）大量消耗（千分之几百），至少在与预期的平衡控制方向上基本一致（Wang 和 Sessions，2009a，b）。但是，一些观察结果反对这种简单的解释。自然变化的幅度比平衡效应的预期值大几倍，且与去饱和位点相邻的 CH_2 基团也可以强烈地氘（D）亏损。此外，pro-S 和 pro-R 氢位点的 D/H 比可以不同。所有这些发现表明，在生物合成过程中，KIEs 的重要性以及从 H 同位素不同的库中继承的重要性。天然脂肪酸的氧和二元同位素结构是未知的。

3.2.2.2 氨基酸

Abelson 和 Hoering（1961）研究了氨基酸碳同位素结构的某些特征，这是首次尝试系统地检查重要生物分子类别的同位素结构。这项研究将几种常见必需氨基酸的整体 $\delta^{13}C$ 值与通过脱羧从这些氨基酸释放的 CO_2 的 $\delta^{13}C$ 进行了比较，从而限制了羧基碳原子与非羧基碳之间的 $\delta^{13}C$ 差异（我们知道目前正在使用高灵敏度核磁共振和高分辨率质谱技术重新研究该课题做了许多努力，但尚未发表任何工作）。

这项工作的一级结果是，初级生产者（自养生物）含有的羧基位置的氨基酸的 $\delta^{13}C$ 比其他碳原子位置高出约 10‰。在这种情况下，至少近似满足了平衡稳定同位素效应（氧化碳位点中 ^{13}C 富集）的预测。Rustad（2009）通过将理论平衡预测与几种氨基酸测得天然产物进行比较，详细探讨了这种关系，并指出，尽管在细节上存在差异，羧基和非羧基碳原子之间的方向和 $\delta^{13}C$ 大小普遍相似。但是，Abelson 和 Hoering（1961）还检查了两个异养菌的氨基酸，发现它们表现出相反的模式——羧基碳的 $\delta^{13}C$ 比非羧基碳低（即类似于脂肪酸与大肠杆菌中的羧基 / 非羧基差异）。据我们所知，还没有观察到特定位置的氢（H）、氧（O）、氮（N）或硫（S）同位素地球化学或氨基酸的二元同位素地球化学。

3.2.2.3 碳水化合物

生物合成脂肪酸和氨基酸的碳同位素结构的早期研究，明确或隐含地假定，初级光合产物（3-磷酸甘油酸）和衍生碳水化合物具有相对简单的碳同位素结构，具有最小的位点特异性变化。然而，同位素比值质谱（IMRS）(Rossmann 等，1991）和最近的高灵敏度核磁共振（NMR）研究糖和淀粉（Gilbert 等，2012a，b）证明事实并非如此。一般 C_6 糖中的位点特异性碳同位素变化幅度约为 25‰，在光合途径[C_3、C_4、景天酸代谢（CAM）光合作用]的位点特异性变化模式上有不同的系统。葡糖基和果糖基中碳同位素的变化规律复杂多样，但通常在 C_1 特别是 C_6 位置相对于 C_{2-5} 位置的 $\delta^{13}C$ 更易耗竭。关于这种模式的最大系统阐述是，在同一来源中，葡糖基基团的 C_2 位置的 $\delta^{13}C$ 通常低于果糖基基团中的 C_2 位置。这些变化可以理解为初始碳固定（建议设置糖中 C_6 的 $\delta^{13}C$）、戊糖磷酸化、光呼吸和涉及蔗糖较大化合物合成的反应，这些化合物的分解利于输出和使用。

一项长期且庞大的工作研究了纤维素中"不可交换氢"的 D/H 比，也就是说，与碳结合的氢在实验室时间尺度上不与水进行同位素交换，这与纤维素中也存在的高交换性氢原子相反（Epstein 等，1976）。虽然这些数据不是精确的特定位点的同位素测量，但它确实有一个具有共同性的分子位点的子集，因此对研究有一定的影响。这项工作的一阶发现是，这些不可交换的氢的 δD 值比共存的环境水要低，通常为约 200‰，但还要依赖于干旱和温度。这种现象作为古气候档案已得到很好的探索。

碳水化合物的详细（即真正针对特定位点）的氢同位素结构在天然材料中鲜为人知，但已通过高灵敏度核磁共振（NMR）方法在几种来源的可溶性糖、淀粉和纤维素中进行了研究（Zhang 等，2002；Betson 等，2006；Augusti，2007；Augusti 等，2008）。最普遍的发现是特定站点的 D/H 变化幅度较大（千分之几百）。D/H 变化的模式因光合作用途径而异[即 C_3 v. C_4 v. 景天酸代谢（CAM）植物]；并且来自同一植物的糖和淀粉之间的这些同位素结构的差异表明，最初合成 C_6 糖后发生的反应具有很强的影响。对于木质纤维素，将标记水引入植物组织，然后对提取的碳水化合物的氢同位素结构进行高灵敏度核磁共振（NMR）分析，木质纤维素主要生物合成信号从随后的分馏和交换中去卷积的过程（Augusti 等，2008）有了很好的理解。这项工作表明，特定地点的数据可以用来使气候记录与可变的代谢作用进行反卷积（尽管该策略尚未得到广泛应用）。第二个重要发现是，植物葡萄糖的 C_3 与 C_6 位置相连的两个氢（称为 C_6H^R 和 C_6H^S）的 D/H 比之差变化约 200‰，随环境 p_{CO_2}/p_{O_2} 的变化而发生系统变化（Ehlers 等，2015）。这被认为是由于以下事实造成的：p_{CO_2}/p_{O_2} 的变化会改变光合作用和光呼吸的相对速率，从而改变了向糖原 3-酸甘油三酸酯相关碳位上加氢的机理。目前还不清楚这种或其他类似的特定位点氢同位素变化是否能在岩石或气体化合物中保存下来。然而，它提供了生物分子氢同位素结构可能的振幅和环境控制的一些意义。

尽管已经很好地探索了纤维素的大部分氧同位素组成作为古气候档案的事实，但我们还没有发现对天然碳水化合物氧同位素结构的任何进展。

3.2.2.4 萜烯

Martin 等（2006）对各种来源的香叶醇和 α-蒎烯的氢同位素结构的高灵敏度核磁共振（NMR）测量结果进行了总结和解释，表明位点特异性 D/H 变化非常大（约 4 倍），并且 C_3 和 C_4 之间存在系统差异。这些发现可以解释为代谢前体（丙酮酸，3-磷酸甘油醛、二磷酸二甲基烯丙酯和二磷酸异戊烯酯）继承氢的结果，并伴有较大的动力学同位素效应（KIEs）。所产生的氢同位素结构与平衡氢同位素分布的常见模式相差两倍或更多倍，因此是生物分子中分子尺度上同位素分布严重违反平衡的另一种情况。萜类化合物在石油中含量很高，如果它们的生物合成氢同位素结构能够在成岩作用和催化作用中幸存下来，可能会提供一个同位素识别石油成分的生物合成来源的机会。或者，如果在埋藏期间进行同位素交换和分馏会使这些高幅度的生物合成特征叠印，那么可以想象这种效应的保存程度和均质化程度能够作为石油成熟度的代名词。

3.2.2.5 木质素

生物聚合物和其他大生物分子的同位素结构对位点特异性和二元同位素分析的现有技术提出了巨大挑战（请参阅附录 B）。然而，木质素的同位素解剖结构的一些特征观察已经作了巨大的努力，木质素的同位素解剖学已经成为一种测量技术主题，涉及从甲氧基化学提取 CH_3，然后进行氢或碳同位素分析（Keppler 等，2007；Feakins 等，2013）。这项技术表明甲氧基氢的 D/H 比与纤维素中不可交换氢的 D/H 比相似，δD 比环境水的 δD 约低 150‰~200‰，但与之相关。这种关系之所以引起人们的关注主要是因为它具有作为古气候档案的潜力。木质素中甲氧基的碳同位素组成没有得到很好的研究，因为除了对木质材料的整体 $\delta^{13}C$ 分析外，它们没有明显增加任何信息，而且有证据表明它们在植物凋落物的生物降解过程中容易受到影响（Anhauser 等，2015）。在讨论成岩作用和后生变化的褐煤和煤的碳同位素结构时，我们将在下面重新讨论这个问题。

3.2.3 一般观察

从一些一般的观察中得出结论：脂肪酸的碳同位素结构也许是我们试图预测石油和天然气组分同位素结构的最坚实的基础，因为在早期成岩作用之后，脂类相对丰富，保存完好，而且它们表现出相对简单的系统同位素变化（即"偶数/奇数序"碳同位素模体）。然而，细菌和真核生物之间的脂肪酸同位素结构的差异揭示了复杂性，使问题变得复杂。除非对这些前体的同位素结构的多样性有一个更全面的了解，并且对这种多样性映射到不同形式的沉积有机质上有一定的认识，否则就不可能建立一个预测脂肪酸衍生石油化合物同位素结构的框架。

氨基酸的同源性也不同，它们在自养和异养之间存在系统差异，碳水化合物在 C_3、C_4 和景天酸代谢（CAM）植物之间存在系统差异。更重要的是，主要的生物直链碳氢化合物的同位素结构尚不清楚，尽管它们具有与解释结构相似的石油化合物丰度和明显相关性。似乎它们与脂肪酸（即简单地通过脱羧）密切相关，然而，对这些重要化合物同位素结构的观察应该是高度优先的。类似地，人们对藿烷类的同位素结构知之甚少；这些化合物代表了未来同位素结构研究的多样性和潜在丰富信息的目标。最后，我们注意到没有任何类型的观察能限制生物分子中任何种类的多重取代形式的丰度 [生物成因甲烷除外；Douglas 等（2017）和 Stolper 等（2017）]。

3.3　干酪根

　　这篇综述中总结的所有工作基本上都是关于生物分子或石油和天然气成分的同位素结构。希望通过前者的解释来解释后者的成分，但是在这两种物质之间存在着第三种主要的天然有机化合物，即沉积岩中的腐殖酸、木质素和干酪根（图3.1）。这些结构复杂的有机聚合物来源于埋藏有机物，它们含有可识别生物分子的组分，其热降解产生了大部分石油和天然气组分。除非对许多衍生自其中的材料的同位素结构达成共识，否则可能无法对石油和天然气成分的同位素结构达成完整、详细、连贯的认识。关键问题是这些成岩过程中形成的有机聚合物是否保留了生物分子的同位素结构，或在脱羧、还原、脱氨、聚合、缩合（闭合）等成岩和后生反应过程中主要由同位素分馏作用决定。

　　几乎没有直接观察到的干酪根和其他沉积有机聚合物的同位素结构，但是对干酪根合成的认识（Tissot和Welte，1984；Burnham和Sweeney，1989；Hedges等，2000；Mao等，2010）产生了一些进展。首先，在再矿化和早期成岩过程中，直链烃、脂肪酸、木质素和纤维素（相对于氨基酸和可溶性糖）的比例不断增加（Wakeham等，1997；Hedges等，2000；Freeman，2001；Marshall和Rodgers，2008），干酪根的同位素结构与这些保存的化合物也许更相似。具体而言，可以合理地预测I型干酪根（富含脂肪族烃）的同位素结构应与脂肪酸最相似，II型干酪根（富含芳香族烃的化合物）应与萜类化合物和藿烷类化合物更相似（它们的同位素结构目前还没有被描述出来），III型干酪根（来源于富含木本植物的来源）应更类似于木质素和纤维素的同位素结构。

　　这些预测显著表明，在干酪根的形成和热成熟过程中发生的化学转变可能与振幅显著的动力学同位素效应有关，可能会将生物分子中的同位素结构改变为我们目前不熟悉的新模式（Schimmelmann等，1999，2001）。此外，一些在干酪根中的氢可与埋藏成岩作用中的水交换（Schimmelmann等，2006）。这种将生物分子与地质干酪根分离的成岩过程可能是真正表征和理解干酪根衍生石油烃同位素结构的最大障碍。

　　这些过程是已知的，它们不会导致在最近沉积的沉积有机质和更深层的干酪根之间的全$\delta^{13}C$的巨大差异（Schimmelmann等，1999，2001；Nabbefeld等，2010）。即使是相对成熟的干酪根，其总体$\delta^{13}C$值和δD值也通常与富含有机物的大量沉积物一致。因此，似乎可以合理地认为，伴随成岩作用和深成作用的分馏和交换反应很可能仅限于相对活性、不稳定和/或可交换的特定位点。

　　据我们所知，只有两个相关的观察直接涉及这些问题：木质素中甲氧基的碳和氢同位素组成，研究结果表明其在凋落物埋藏过程中受到微生物侵袭（Anhauser等，2015），Lloyd等（2016）和Inagaki等（2015）最近的一项研究发现日本边缘由IODP-337巡航取样的褐煤中的相同部分。Anhauser等的结果表明，通过微生物侵袭从木质素中除去适量（约50%）的甲氧基对δD没有影响，但驱使残留的甲氧基的$\delta^{13}C$升高约5‰。Lloyd等（2016）发现，古代深埋褐煤中残留的甲氧基基团（估计约占初始甲氧基库存量的1%）的δD_{SMOW}值为-230‰~-220‰（类似于现代植物木质素），但不同的是$\delta^{13}C_{PDB}$值为25‰~40‰，这是已知的陆地地质物质中$\delta^{13}C$的最高值之一，与常见植物木质素中的甲氧基基团相比，约有 50‰ 的富集量。这些发现的一个解释是甲氧基在沉积、成岩和早期的后生作用（微生物和可能的其他机理）过程中被降解，并且这种损失的速率受到甲氧基中 C—O 键断裂的限制，这伴随着甲氧基碳的约 10‰ 的初级动力学同位素效应，但对于相邻甲氧基氢却没有或仅有可忽略的次要动力学同位素效应。这一假设的一个预测是，在 ^{18}O 和 ^{17}O 中，残留的甲氧基中的氧应类似地富集千分之几十，尽管目前尚不清楚如何测量其同位素组成。这些发现虽然很少，但表明干酪根的特定部位同位素地球化学具有记录干酪根成熟机制和程度的潜力。

3.4 与"裂解"反应有关的动力学同位素效应

地质沥青、石油和烃类气体的形成主要是由于干酪根的热降解。人们广泛认为通过石油和沥青成分的热降解形成轻质石油和天然气成分，但争议很大（Tissot 和 Welte，1984；Lewan，1985，1993；Quigley 和 Mackenzie，1988；Mango，1991；Price 和 Schoell，1995；Seewald 等，1998）。液体产物（沥青和油）主要由环烷烃和链烷烃（分别为芳香烃和直链或支链烃）组成，而气体产物绝大多数由低分子量（C_{1-5}）烷烃组成。这些反应通常是通过在功能基团的位点或在链状或环状结构中的 C—C 键处裂解干酪根成分而进行的，产生各种石油化合物，大量的 H_2O 和 CO_2，并使在 H 和 O 中耗尽的残余物冷凝或芳构化，逐渐形成更多的石墨结构。

我们要预测这些过程产生的特定石油化合物的同位素结构的关键问题是：干酪根的哪些特定成分是其前体，这些前体的同位素结构是什么，发生了什么具体反应（例如在简单情况下前体中的键断裂以释放目标化合物）；与该反应相关的动力学同位素效应（KIE）是什么。这些问题十分必要，但对于任何石油或天然气化合物，可能都无法严格回答。干酪根在结构上很复杂，包含许多化合物和位点，这些化合物和位点可能会成为任何给定产物反应物（尤其是最适合同位素研究的相对较小、结构简单的烃）。"裂解"反应的机理和化学计量一直是许多先前研究的目标，但通常仅以示意性的水平进行描述，代表一系列广泛的反应物和产物的平均值。

已经提出了两种方法来解决这一具有挑战性的问题。第一种方法是进行实验或理论研究，以检查与简化模型系统相关的动力学同位素效应。例如，通过破坏正构烷烃中的 CH_3—CH_{2a} 键生成甲烷。这些研究的优点是限制了潜在的普遍性的原子机制，而缺点则是明显简化了地质历史中石油和天然气形成的事实。第二种方法是进行实验研究，将石油或天然气产品的同位素组成与干酪根反应物的同位素含量经验联系起来。这些研究的优点是概念上简单明了，并且至少与所研究的干酪根和实验条件明显有关。其缺点是对于机制的认识很少，可能使人们将其发现推广到其他源材料、条件和产品。

3.4.1 理想化模型

Chung 等（1988）提出了第一个广泛使用的与油气形成相关的动力学同位素效应（KIEs）的机理模型。注意我们的讨论通常也与该模型的详细说明保持一致，包括 Rooney 等（1995）中的瑞利效应（Rayleigh effects）。该模型的灵感来自观察，即天然气（甲烷、乙烷、丙烷、丁烷）各个分子组分的 $\delta^{13}C$ 值通常与其碳数的倒数呈线性负相关（丁烷为四分之一、丙烷为三分之一等），其垂直截距类似于这些气体推断出的源自干酪根的 $\delta^{13}C$ 值（图 3.2）。对这种趋势的一种解释是，这些气体成分源自干酪根碳的同位素均质库的热解，碳同位素分馏仅影响产物分子中的一个碳原子。在这种情况下，甲烷—干酪根的分馏率等于动力学同位素效应（通常推断约为 20‰），乙烷—干酪根的分馏率等于该值的一半（因为两个碳原子中只有一个表示基本的动力学同位素效应），依此类推。Chung 等（1988）通过暗示源底物是直链烃来概念化该模型，并且"裂解"反应涉及切断一个 C—C 键以释放产物烷烃（例如破坏 CH_3—CH_{2a}，其中 CH_3 是末端甲基，CH_{2a} 是与其紧邻的亚甲基，产生甲烷；破坏 CH_{2a}—CH_{2b} 产生乙烷等）。因此，与断裂键相邻碳碳同位素组成（例如丙烷中的两个末端碳之一）的 $\delta^{13}C$ 值应等于干酪根减去动力学同位素效应的碳同位素组成，并且产物分子中的所有其他碳的 $\delta^{13}C$ 值应等于源自干酪根的碳同位素组成。

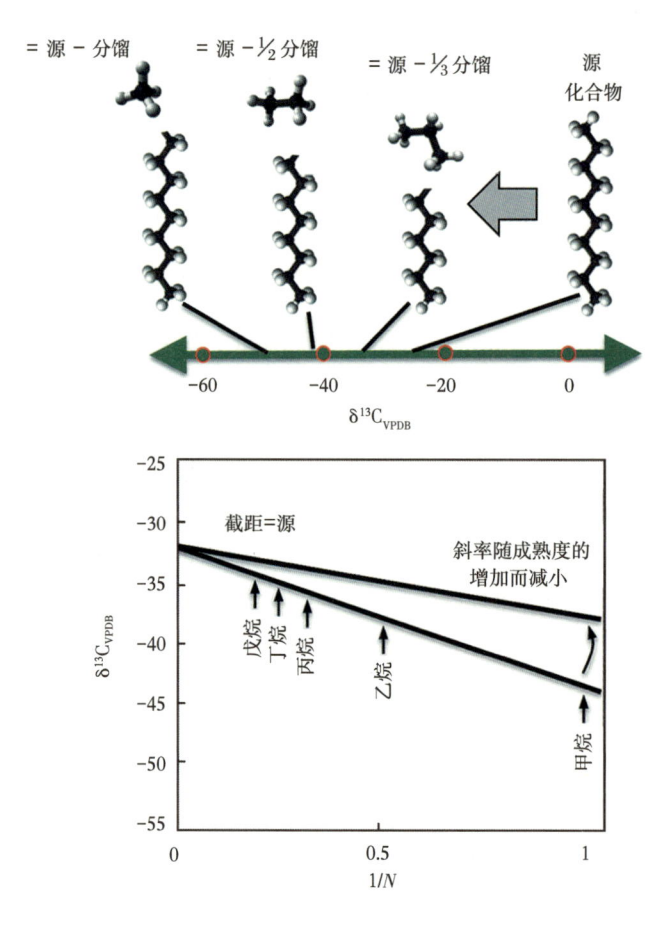

图 3.2　天然气成分的碳同位素组成概念模型（据 Chung 等，1988，修改）

该模型通过裂化较大的有机分子（此处以正构烷烃为代表）而形成；每个产物分子都是通过裂解源化合物中的单个 C—C 键而产生的，其分馏率可能随温度而变化，但对于具有不同产物化合物的所有反应，假定其为常数；最小的产物（甲烷）表达了这种完整的分馏作用，而较大的产物则通过将分馏位点与相邻的未分馏位点结合来稀释该分馏作用；产物的 $\delta^{13}C_{VPDB}$ 将与 $1/N$ 呈负线性相关，其中 N 是每个产物分子中的碳原子数，其斜率随着温度的升高（从而减少分馏）和反应进程的增加而趋于平坦；$\delta^{13}C_{VPDB} = (R^{13}_{sample}/R^{13}_{VPDB} + 1) \times 1000$，其中，$R^{13}$ 为 $^{13}C/^{12}C$ 的丰度比，VPDB 为 Vienna Pee Dee 组箭石参考标准虽然 Chung 等（1988）不能解决特定位点或二元同位素的变化，但他们的模型可以外推以预测这种指数可能的后果。根据此模型生产的正构烷烃的位点特异性组成相对容易预测：在所有情况下，两个末端 CH$_3$ 基团的平均 δ^{13}C 应等于来源于干酪根的平均 δ^{13}C（暂时假定是均相的）减去动力学同位素效应的一半。例如，如果干酪根的 δ^{13}C$_{PDB}$ 为 −25‰，且 C—C 键断裂涉及 20‰ 的正常动力学同位素效应，则对于两个不可区分的末端甲基，正丁烷产物的平均 δ^{13}C$_{PDB}$ 应为 −35‰，对于两个无法区分的内部 CH$_2$ 组则为 −25‰。尚未发现关于扩展 Chung 等（1988）模型考虑天然气组分的氢同位素组成的研究，或作为预测石油化合物同位素组成的手段。

Chung 等（1988）的二元同位素效应模型也很容易预测。考虑到前体直链碳氢化合物在其整个结构中随机分布 ^{13}C，在 CH$_{2a}$—CH$_{2b}$ 键之一处"裂解"以产生乙烷，动力学同位素效应为 20‰。裂解反应之前，在最终将被转移到乙烷的两个碳点中的每一个上存在 ^{13}C 的概率彼此相等，并且在前体中的全 ^{13}C 浓度（[^{1}3C]$_i$）相等。因此，在这种情况下，这两个位点都含有 ^{13}C 的概率为 [^{1}3C]$_i^2$，并且该位点群体的 Δ^{13}C$_2$H$_6$ 值（相对于随机分布的二元同位素种型的富集）为 0。裂解反应的微小进展将产生大量乙烷分子，其中包括一个从前体的末端 CH$_3$ 位继承的碳原子和一个从前体的 CH$_{2a}$ 位继承的碳原子。根据 Chung 模型，第一个原子继承 ^{13}C 的概率与前体的全 [^{13}C]$_i$ 完全相等，而第二个原子继承 ^{13}C 的概率等于前体的全 [^{13}C]$_i$ 乘以与解理反应的分馏因子密切相关的数字（如果 α$_{KIE}$ = 0.98，那么这个乘数是 0.9802；这个差异是 ^{13}C/^{12}C 比值和 ^{13}C 浓度之间差异的简单结果）。一旦乙烷形成，这两个碳原子是对称等价的，并且在整个乙烷池中 ^{13}C 的浓度在整个分子中平均，为 [^{13}C]$_i$ × (0.5 + 0.9802/2)。如果 ^{13}C 在所有碳原子中随机分布，那么找到一个含有两个 ^{13}C 的乙烷的概率就是这个数的平方 [^{13}C]$_i$ × (0.5 + 0.9802/2)^2。然而，这两个碳原子来自两个不同的来源并且具有两个不同的含 ^{13}C 的概率：其中一个是未分馏的并且具有前体的组成，而另一个是分馏的并且包含小于底层 [^{13}C]$_i$ 值。因此，实际遇到 ^{13}C$_2$H$_6$ 分子的概率为 [^{13}C]$_i^2$ × 0.9802，低于上述随机分布表达式所建议的概率。也就是说，即使不考虑二元同位素物种的独特分馏行为，或前体的任何可能的非随机同位素结构，Chung 等（1988）模型预测，裂解反应应产生负 Δ^{13}C$_2$H$_4$ 值的乙烷。这只是许多可能二元同位素效应的一个例子，其可能是伴随着动力学同位素效应的有机分子的裂解反应而产生。

随后的几个模型为天然气形成过程中稳定同位素分馏的处理增加了显著的复杂性，但相关研究人员并未明确评论产品或残余反应物的预期分子级同位素结构（Berner 等，1995）。Tang 等（2000，2005）的工作确实增加了有关同位素结构的新细节。他介绍了迄今为止发表的与烃裂解相关的最先进的动力学同位素效应处理方法。类似于 Chung 等（1988）模型，Tang 等（2000）考虑了一个相对较大的正烷烃（C$_{16}$H$_{34}$，十六烷）在其末端之一或附近发生裂解反应，生成甲烷（破坏 CH$_3$—CH$_{2a}$ 键）、乙烷（破坏 CH$_{2a}$—CH$_{2b}$ 键）或丙烷（断开 CH$_{2b}$—CH$_{2c}$ 键）。然而，Tang 等（2000）并不仅仅是对相关动力学同位素效应（KIEs）的位置和大小作一阶假设，执行了反应物和产物的振动能学的密度泛函理论（DFT）模型，并计算了 ^{13}C 取代的同位素分子的相对反应速率。他们的发现与 Chung 等（1988）的假设大致一致（"正"的动力学同位素效应，有利于将 ^{12}C 转移到产物中，并且在与断裂键相邻的碳原子处最强，幅度为 10‰~20‰）。但是，这种更严格的处理方法还揭示了与裂解反应相关的动力学同位素效应可能共有的两个特征。首先，"次级同位素效应"或与不相邻于键断裂的位点处的 ^{13}C 取代相关的同位素效应（例如由 $^{12}CH_3$—$^{12}CH_2$—$^{12}CH_2$—$^{12}CH_2$⋯和 $^{13}CH_3$—$^{12}CH_2$—$^{12}CH_2$—$^{12}CH_2$ 形成丙烷的速率之间的差异，其中粗线表示要断开的键）。这些次级同位素效应的振幅约为初级同位素效应（即与断裂键附近取代相关）的 1/4~1/2，该值出乎意料得大，而且如果要在每千分之一或更高的水平了解石油化合物的同位素组成，则会显得非常重要。其次，动力学同位素效应的幅度（初级和次级）都取决于反应温度。Tang 等（2000）认为，分馏一般随温度升高而幅度减小。第二个发现是提出了关于气体稳定同位素数据的经验解释问题：Chung 等（1988）强调了反应进程在控制给定气体组分的 $\delta^{13}C$ 中的重要性（随着反应进程的增加，产物接近底物的组成）。Tang 等（2000）表明，在较高的温度下，相同的变化可以反映反应在相似的程度。

Tang 等（2005）通过实验研究了油馏分化合物（C_{13-21}，正构烷烃）热解残留物的同位素组成，并扩展了 Tang 等（2000）的模型解释他们的发现。第二篇论文提出的最重要的新观点是：（1）在给定的热成熟度下，较大的烷烃比较小的烷烃开裂更快，这意味着具有热成熟度的热解反应进程从大到小的化合物显著不同；（2）中级馏分油既是裂解较大化合物的产物（倾向于降低 $\delta^{13}C$ 和 δD），又是自身裂解反应的残余物（倾向于提高 $\delta^{13}C$ 和 δD 值）。这些论点可以扩展到涵盖凝析油和气体组分化合物［尽管 Tang 等（2005）没有提供有关这些物质的详细论据］。

Tang 等（2000，2005）对烷烃裂解反应的处理方法是对 Chung 等（1988）提出的一个新的进展。由于采用第一性原理化学物理学来描述动力学同位素效应，并且考虑了一系列相关化合物同时裂解的后果。然而，对于不同研究目的，这两种方法至少在定性上类似于烃的同位素结构的预测，因为它们都能检查相对窄的正构烷烃反应仅断裂 C—C 键以产生较小的正构烷烃的情况。虽然这可能是天然石油系统中的一个重要过程，但它对裂解支链烷烃、芳香族化合物、脂肪酸和其他有机酸、干酪根组分或石油及其烃源岩的任何其他有机组分的预期后果却知之甚少。为了简洁起见，我们没有详细探讨 Tang 和 Chung 模型方法在预测油气化合物同位素结构方面的数量差异，进一步讨论可见 Piasecki 等（2018）。

3.4.2 实验模拟

以前有许多关于干酪根、沥青和石油的热解和加氢热解相关的整体稳定同位素分级分离（即给定分子的所有同位素的平均值）的研究（Lewan，1983；Berner 等，1995；Schimmelmann 等，1999，2001；Tang 等，2000，2005）。这些表明碳同位素效应的方向通常是"正"的（有利于轻同位素从反应物到产物的转移），$\delta^{13}C$ 的振幅为 10‰~20‰、δD 约为 100‰，并且随产物分子的大小、反应温度和反应的整体进行而振幅减小。所有这些趋势与上一节中介绍的理论预期基本一致。

我们仅知道之前有三个研究记录了与干酪根热解相关的二元同位素和特定位置同位素效应，以产生比甲烷更大的碳氢化合物，可以参阅 Stolper 等（2017）回顾对此类实验中甲烷的二元同位素组分的实验限制。这些研究的结果正在发表，目前仅有综述或摘要，在这里考虑它们的目的是为了使该综述尽可能新颖和完整。

3.4.2.1 乙烷 $\Delta^{13}C_2H_6$

Clog 等（2013，2014）、Clog 和 Eiler（2014）提出了对两种富含干酪根的沉积岩（Woodford 页岩和巴西 Araripe 盆地的阿尔布阶/阿普第阶湖相页岩）进行热解而制得的乙烷的本体和二元同位素（$\Delta^{13}C_2H_6$）组成的分析（图 3.3a）。目前报告的 $\Delta^{13}C_2H_6$ 指数是相对于任意参考标准物——商业乙烷气体，其 $\delta^{13}C$ 和 δD 与普通的热成因气大致相似。因此，由干酪根裂解制得的乙烷的 $^{13}C_2H_6$ 丰度是否大于或小于随机分布的预期值（即绝对参考系中的 $\Delta^{13}C_2H_6$ 高于或低于零）尚不清楚。但是，这些实验产物的 $\Delta^{13}C_2H_6$ 含量比参考气体低 1‰~2‰，比迄今为止已分析了约 75% 的天然乙烷低 1‰~3‰。因此，干酪根裂解产生的乙烷至少 $\Delta^{13}C_2H_6$ 相对较低。

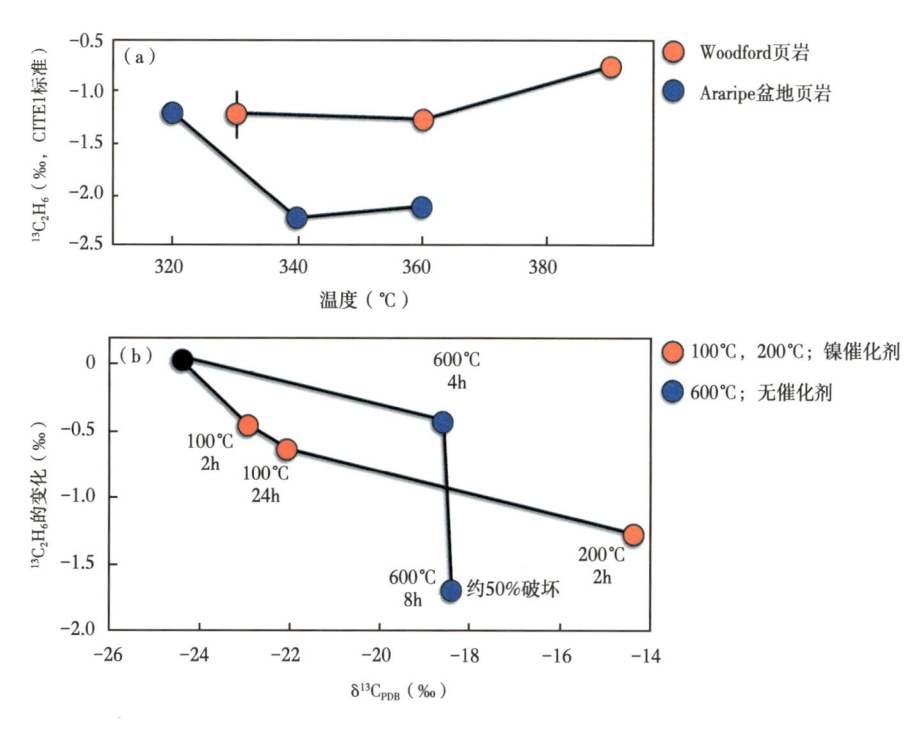

（a）通过页岩加氢热解制得，报告了相对于任意乙烷标准品的 Δ_i 值；（b）乙烷裂解残留物，垂直轴反映了起始成分的 Δ_i 变化，最高 $\delta^{13}C$ 点反映乙烷消耗量约为 50%

图 3.3　乙烷的 $2\times^{13}C$ 二元同位素组成（$\Delta^{13}C_2H_6$ 值）（据 Clog 等，2014）

增加 Woodford 页岩加氢热解的温度和时间，可以明显地提高产物乙烷的 $\Delta^{13}C_2H_6$（每千分之十），这与我们根据 Chung 等（1988）的模型推断的结果一致。然而，Araripe 页岩加氢热解的温度和持续时间都有相反的影响，即进一步将 $\Delta^{13}C_2H_6$ 降低到每千分之几。这两个实验系列之间的差异可以有几种解释。可能这两个烃源岩含有碳同位素结构不同的乙烷前体，或者在这些实验的温度范围内，干酪根、沥青和石油裂解的相对贡献可能不同（假设这些不同前体裂解形成的乙烷 $\Delta^{13}C_2H_6$ 可能不同）。在进行更多此类实验之前，采用这些或其他合理的想法是不成熟的。然而，这些发现表明，干酪根裂解可以产生具有不同同位素组成的乙烷，其同位素组成随烃源岩和成熟度的变化而变化。

Clog 等（2013，2014）及 Clog 和 Eiler（2014）还介绍了乙烷在 600℃ 下暴露于玻璃

或在200℃下存在玻璃和镍催化剂时通过热解破坏的实验结果。对这些实验的残留物的分析表明，它们相对于起始原料 ^{13}C 更高（如预期的动力学控制的热解，^{12}C 比 ^{13}C 更快），但在 $\Delta^{13}C_2H_6$（图 3.3b）中基本上减少。$\Delta^{13}C_2H_6$ 值随 $\delta^{13}C$ 的增加而降低的事实是在大多数情况下预期的分子扩散残留物会产生二元同位素效应的迹象（Eiler，2007；2013），化学—动力学同位素效应的简单模型可以遵循质量定律，类似于分子扩散（Bigeleisen，1949）。但是，在乙烷裂解实验中观察到的 $\Delta^{13}C_2H_6$ 的降低幅度大于通过质量定律所解释的幅度（通常将 $\delta^{13}C$ 中的千分之几十范围限制在约 0.5‰ 或以下）。一种可能性是用于乙烷热解的动力学同位素效应违反了简单的类似于扩散的行为（如果分馏是由反应物和过渡态物之间的振动能差异控制的，或者如果反应机理具有多个步骤）。另一种可能性是反应物中有大量过量的 $\Delta^{13}C_2H_6$，乙烷消耗可逆，因此伴随着一个重新平衡过程，减少了过量 $\Delta^{13}C_2H_6$。

3.4.2.2　丙烷和更高阶的烃特定部位的 ^{13}C

Piasecki（2015）和 Piasecki 等（2016b，2018）目前对 Woodford 页岩的加氢热解产物的丙烷的 ^{13}C 特定位点组成（即末端 CH_3—和中心—CH_2—基团之间的 $\delta^{13}C$ 差异）进行了分析（图 3.4a）。他们的发现表明，正如 Chung 等（1988）和 Tang 等（2000，2005）所预期的与正构烷烃裂解形成丙烷相关的同位素效应模型那样，$\delta^{13}C$ 的末端碳位置随着热解程度和温度的升高而增加。然而，这些实验还表明，在裂解过程中，中心碳的位置也以每千分之几的增加。这一发现显然与 Chung 等（1988）所隐含的简化假设不同，它与 Tang 等（2000，2005）的预测方向一致，尽管幅度有所不同（比中心位置 $\delta^{13}C$ 的预测变化约大 100%）。此结果有几种可能的解释。首先，该热解实验的不同温度步骤会从不同比例的

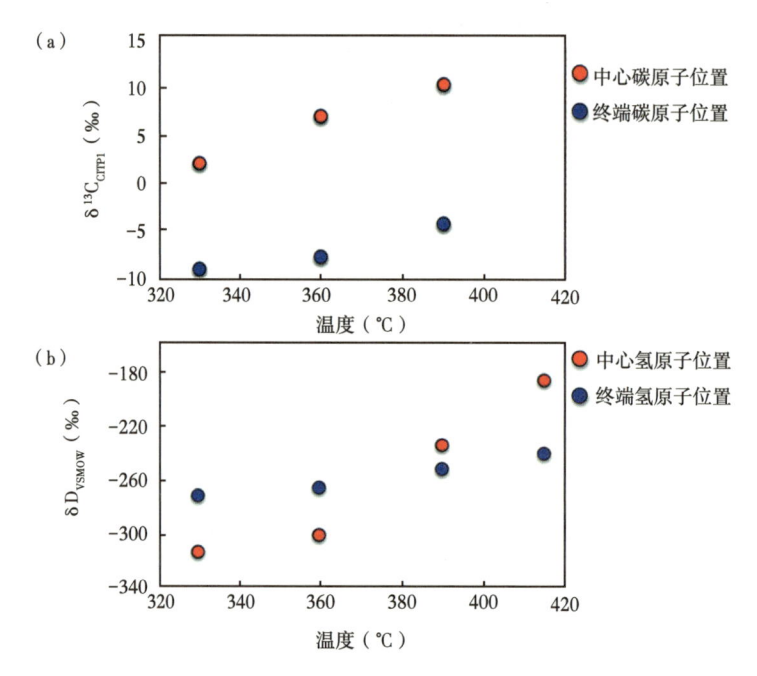

（a）相对于实验室内标准 CITP1 报告的碳同位素组成（据 Piasecki，2015）；（b）相对于 VSMOW 报道的氢同位素组成，这意味着绘制的中心末端差异反映了特定位分馏的实际值（据 Ponton 等，2016）

图 3.4　Woodford 页岩的加氢热解生产丙烷的特定位点同位素组成

前体中产生丙烷，干酪根在早期占主导地位，而石油在后期占主导地位，这些前体的 $\delta^{13}C$ 可能不同，因为碳被转移到丙烷的中心位置，这是 Piasecki（2015）赞同的解释。其次，丙烷的形成可能涉及次级的动力学同位素效应，其质量与 Tang 等（2000）预测的相似，但定量上更强（尽管考虑到这些数据暗示对中心碳位置的次级同位素效应与对末端碳位置的初级同位素效应相似，但可能性不大）。最后，可能是丙烷的形成不像 Chung 和 Tang 模型所假定的那样是通过裂解正构烷烃的 CH_{2b}—CH_{2c} 键，而是通过分解支链或芳香族化合物而引起的，这主要涉及将碳贡献给丙烷产物的中心位置。Julien 等（2015）介绍了与若干潜在有机环境污染物蒸发相关的特定位点碳同位素分馏研究结果。尽管他们发现了对乙醇和其他小极性化合物蒸发的显著的位点特异性标记，但所研究的两种天然重要的烃类（甲苯和正庚烷）在有效蒸气压同位素效应中仅显示出不显著或细微的位点特异性差异（约1‰或更少）。这些结果表明，与挥发性相关的同位素分馏对于一些石油化合物（例如有机酸）可能影响是显著的，但对于石油和天然气的主要组分来说影响甚微。

3.4.2.3 丙烷位点特异性氘（D）

关于干酪根或其他天然烃前体的热解相关的位点特异性氢同位素分级分离，尚无公开的细节报道，通过 ^{13}C 的模型外推尚不能合理地推测出这些细节效果。因此，我们对此问题的唯一认识来自长期以来的发现，即天然气和石油化合物的 δD 值通常会随着来自相同或相似烃源岩的产物成熟度的提高而上升，这意味着某种"正"动力学同位素效应（即含氢的物质比含氘的物质反应更快，并且随着产物接近原始底物的组成，增加反应的进程会慢慢减弱这种影响）。

最近的会议演讲（Ponton 等，2016）包括了初步结果，该结果记录了 Woodford 页岩加氢热解产生的丙烷中特定位置的 D/H 变化。实验（图 3.4b）表明，在 330~415℃ 的加热过程中，丙烷的末端和中心位置的 δD 均升高了千分之几十（在天然石油生成系统中，大致对应于从一次裂解到二次裂解的转变），并且这两个位置之间的 δD 差异也增加了千分之几十，这是在高温—成熟状态下从中心位置的 δD 低于低温—成熟的末端的非平衡分馏到中心位置 δD 大于末端的近似平衡信号（图 3.4b）。一种解释是通过相同分子中不同位点之间的氢内部交换，或通过目标分子与某些其他化合物（水、黏土等）之间的异质交换，热应力的增加与分子内氢同位素结构的平衡有关。

3.5 天然沥青和油馏分化合物

已经发表的一项研究记录了作为天然沥青和油的主要成分的化合物的同位素结构，即 Gilbert 等（2013）对 C_{11-31} 正构烷烃中 CH_3、CH_{2a} 和 CH_{2b} 位置（即末端以及相邻的两个碳原子）的碳同位素组成的研究。在讨论这些测量之前，必须首先提出一个关键点：本研究中检验的样品组由从化学供应公司购买的纯化合物组成。因此，尽管它们似乎以某种方式与天然生物或石油来源有关，但几乎没有任何具体信息将它们与任何特定的天然材料或过程联系在一起。尽管我们尝试将 Gilbert 等（2013）的发现与我们对脂肪酸的同位素结构以及与干酪根和油裂解有关的同位素效应的理解联系起来（正如那些笔者所做的那样），但这些测量可能没有与任何天然石油化合物直接相关。

Gilbert 等（2013）发现了 $C_{11\sim31}$ 正构烷烃中碳同位素变化的三种模式（图 3.5a；这些测量是通过核磁共振波谱法进行的，且它们不限制三个标绘位点与大分子之间的差异，即仅每个分子的位点间差异受到限制）：（1）所有具有奇数碳原子和 17 个或更多碳原子的化合物都表现出：CH_3 和 CH_{2b} 的 $\delta^{13}C$ 均比 CH_{2a} 位置低几千分之一；（2）所有碳数均为偶数且碳数为 16 或更多的化合物的模式下，在 $\delta^{13}C$ 中 CH_3 和 CH_{2b} 均比 CH_{2a} 位置高几千分之一（奇怪的是，平均而言 CH_3 和 CH_{2b} 这两个组之间的差异相同）；（3）所有具有 15 个或更少的总碳（无论是偶数碳还是奇数碳）的化合物都显示一种模式，其中 CH_{2a} 和 CH_{2b} 位的 $\delta^{13}C$ 彼此相同，但 CH_3 位相对于 CH_{2a} 和 CH_{2b} 而言，^{13}C 亏损。

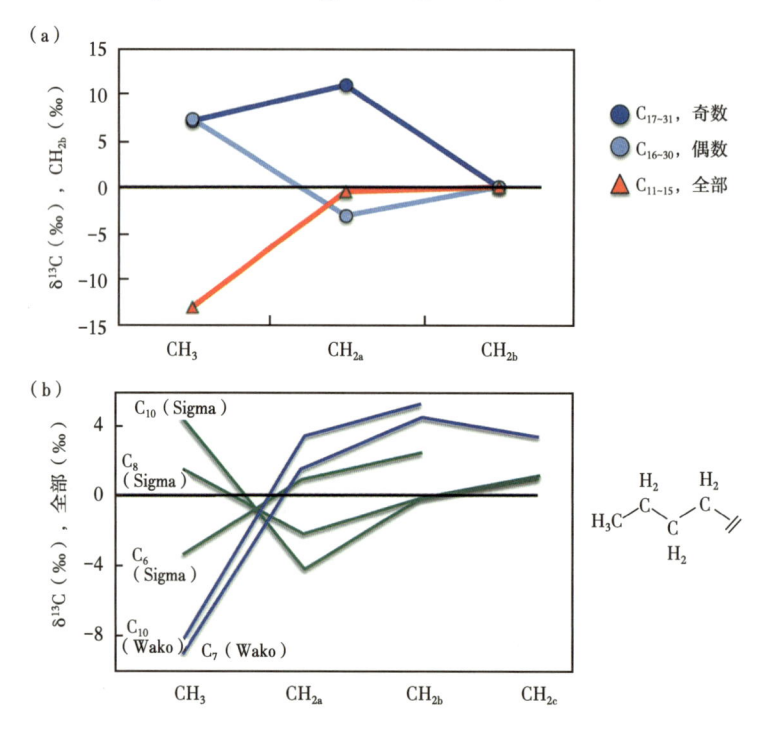

图 3.5 （a）油馏分化合物（据 Gilbert 等，2013）；（b）凝析油馏分化合物（据 Gilbert 等，2016b）的正构烷烃末端 3 或 4 位的位点特异性碳同位素结构。（a）中报告了有关 CH_{2b} 位点的数据（从末端算起的第三位），尚不清楚这些位点中的任何一个与全 $\delta^{13}C_{PDB}$ 有何关系；（b）中数据是相对于已知分子平均数（"总量"）的

Gilbert 等（2013）表明，C_{16+} 正构烷烃的碳同位素模式可以理解为脂肪酸脱羧的产物，已知它们表现出 $\delta^{13}C$ 值高低交替的偶数或奇数顺序（尽管尚不清楚它们在正构烷烃中观察到的两种模式与大肠杆菌和酵母中脂肪酸的多种碳同位素结构有何关系）。可以将 $C_{11\sim15}$ 正构烷烃理解为裂解长链烷烃和脂肪酸的产物，在这种情况下，衍生自偶数碳数和奇数碳数前体的片段之间的混合平均产生的混合物没有明显的偶数或奇数。碳链内部的同位素排序与裂解反应相关的动力学同位素效应（KIE）留下了烙印，因为末端碳原子的 ^{13}C 耗尽（其中至少一个可能与较长化合物中断裂的键相邻）。

Gilbert 等（2013）清楚地证明了正构烷烃中存在系统的高振幅碳同位素变化；尽管可以对他们的发现提出其他解释，但是他们提出的假设很容易理解，并且是从对脂肪酸合成的理解中合理地得出的。由于这些原因，这项研究表明，大型烷烃继承自其脂肪酸前体的同位素结构，而小型烷烃则通过混合以及与裂解有关的分馏，大多表现出"均值回归"（Gilbert 等，2013）。但这些论点都不是基于对公认的天然石油化合物的测量。由于 Gilbert 等（2013）要求 0.1~1g 纯样品使用的核磁共振波谱法技术，在研究天然地球化学物质和过程将更具挑战性。每一种正构烷烃一般只占天然原油的 0.1%~0.5%（National Rescarch Council，2003），这意味着一种分析需要从一升或更多升原油、数百升油污水域或含千克石油的岩石中分离出来。这是可行的，但提出了迄今仍未解决的技术挑战。或者可以通过热解和质谱法研究油馏分化合物的同位素结构（Gilbert 等，2016a，b）或直接质谱法（Piasecki 等，2016b），样本量显著减少，然而，能够进行此类测量的仪器和方法仍在开发中（见附录 B）。

3.6 天然凝析油馏分化合物

Gilbert 等（2016b）抽象呈现了 C_6，C_7，C_8 和 C_{10} 正构烷烃的核磁共振波谱法（NMR）研究碳同位素结构的初步结果，它们集中在石油系统的冷凝馏分中（即挥发性比轻油中的天然气低，且比沥青和重油的大多数更易挥发）。他们的发现（图 3.5b）与以前的研究中对 $C_{11~15}$ 正构烷烃的观测（图 3.5a；Gilbert 等，2013）大致相似：内部 CH_2 位点 $δ^{13}C$ 相对均匀，并存在单个相对简单模式（CH_{2a} 中的 $δ^{13}C$ 比 CH_{2b} 低 1‰~2‰，存在时约为 CH_{2c} 的 1‰ 之内），而末端位点相对于所有 CH_2 位点的平均值均强烈分离。该模式与图 3.5a 中的平均 $C_{11~15}$ 模式之间存在两个差异：（1）相对于 CH_2 位，末端 CH_3 基团可能 ^{13}C 强烈亏损或富集；（2）从不同来源获得的相同化合物（C_{10} 来自 Waco 或 Sigma Aldrich 供应商）可能具有相反的 CH_3—CH_{2a} 分馏迹象。很难想象将这些发现与这样的概念相吻合：这些化合物是通过将裂解的脂肪酸或裂解更长的烷烃链的产物混合而形成的，这些产物叠加于末端的动力学同位素效应上。此外，对于上面讨论的 C_{11-31} 烷烃，这些数据是由从化学供应商处购买的纯烷烃产生的，这些烃通常不提供有关来源和形成机理的详细信息。因此，我们只能推测这些发现可能对天然低分子量碳氢化合物的碳同位素结构产生影响。

3.7 天然气成分

截至目前，已经从研究相对较容易理解的生物合成化合物的长期工作，转变到腐殖质、木质素和干酪根等鲜为人知的同位素结构，以及对天然沥青和油的组分或不相关的化合物进行取样。因为天然气组分的同位素结构一直是一个相对庞大、快速增长和多样化的分析工作，到目前为止，涉及双取代形式甲烷（$^{13}CH_3D$ 和最近的 $^{12}CH_2D_2$）的丰度。在过去的一年中，相关研究发展迅速（Douglas 等，2017；Stolper 等，2017）。在这里，我们将重点放在有关天然丙烷和乙烷的碳和氢同位素结构的近期较小规模但仍有意义的工作上。

3.7.1 天然丙烷中特定位置的 ^{13}C

目前，四个独立的研究小组正在使用四种不同的分析技术探索丙烷的中间和末端碳位之间 $\delta^{13}C$ 的差异，包括：（1）高分辨率气源质谱法（Piasecki 等，2016b，2018）；（2）热解，然后进行气相色谱（GC）分离和产物燃烧，对产生的 CO_2 峰的同位素比质谱仪法（IRMS）（Gilbert 等，2016a）；（3）依次进行丙烷的化学降解，然后将产物分别燃烧产生的 CO_2 用同位素比质谱仪法（IRMS）（Gao 等，2016）；（4）高压管冷凝丙烷的核磁共振波谱法（NMR）（Liu 等，2015）。这些技术中只有第一种被应用于已知来源的天然气组，但是所有这四种技术都提供了重要的补充约束条件：核磁共振数据和选择性化学降解产生了可以直接锚定到绝对规模的特定数据，但它们的样本量创建大型数据集变得颇具挑战性，而质谱和热解技术允许样本量较小，但本质上是相对的，仅限制了样本与参考丙烷之间特定位点 $\delta^{13}C$ 的差异。综上所述，这些方法提供了天然丙烷中分子内 ^{13}C 分布的示意图。

Gao 等（2016）表明在广泛使用的天然气参考标准"NG3"中，丙烷有一个区别差异，即 $\delta^{13}C_{中心}$—$\delta^{13}C_{末端}$ 为 19.2‰，这两个量在 PDB 规模上都是已知的。这与第一性原理在地质相关温度下预测的平衡碳同位素分馏具有相同的方向，并且具有相同的数量级。Liu 等（2015）报告的核磁共振波谱法（NMR）测量结果显示，对于未知（或至少未报告）丙烷气体，其 $\delta^{13}C_{中心}$—$\delta^{13}C_{末端}$ 分馏率为 15.8‰。考虑到几乎所有现成的丙烷均来自天然热成因气，这是一种与 NG3 中的丙烷大致相似的材料。Gilbert 等（2016a）报告了三种丙烷的 $\delta^{13}C_{中心}$—$\delta^{13}C_{末端}$ 碳同位素分馏：NGS2（另一种广泛使用的天然气标准）为 12.8‰，而另外两个不确定来源的商业丙烷的值则低得多，为 8.2‰ 和 1.8‰。该研究中使用的热解方法涉及未知的分馏物，可能会影响准确性，这一事实使该结果受到质疑。因此，他们认为比 Gao 等（2016）和 Liu 等（2015）更小的绝对分馏的事实可能并不重要。尽管如此，Gilbert 等（2016a）报道了 $\delta^{13}C_{中心}$—$\delta^{13}C_{末端}$ 分馏的较大范围（11‰）的研究还是很重要的。

Piasecki（2015）和 Piasecki 等（2016b，2018）报告了来自 Antrim 页岩（密歇根州）、Eagle Ford 页岩（得克萨斯州）和 Potiguar 盆地（巴西）的十种天然丙烷的特定位碳同位素组成。这些数据是通过质谱法测量的 [针对 Gilbert 等（2016a）的观察结果]，限制了样品之间 $\delta^{13}C_{中间}$ 和 $\delta^{13}C_{末端}$ 的相对差异，但没有限制中心—末端的分馏。这项工作的发现（图 3.6a）是：随着人们把较低成熟度的湿气（Antrim 页岩和较低成熟度的石油伴生的 Potiguar 天然气）转移到较高成熟度的气体（较高成熟度的 Potiguar 和 Eagle Ford），天然气末端碳和中心碳的 $\delta^{13}C$ 都上升。假设整体 $\delta^{13}C$ 的升高是增加热成熟度的一个有用的替代方法（Prinzhofer 和 Huc，1995），图 3.6a 的数据趋势表明在上升范围的前半段，该上升首先完全集中在末端碳 [与 Chung 等（1988）模型一致的趋势]，此后中心位置成为 $\delta^{13}C$ 进一步增加的主要位置。对这一发现的解释是趋势的前半部分反映了遵循 Chung 等预期的初级干酪根裂解，趋势的后半部分标志着转向了另一种前兆，例如沥青或石油裂解（所谓的二次裂解）。这种解释与 Woodford 页岩裂化实验的结果一致（Piasecki 等，2018），但仍然是推测性的，应通过进一步的实验和研究来检验，这些实验和研究与在热成熟度上有所不同的天然气密切相关。

3 地质有机化合物的同位素结构

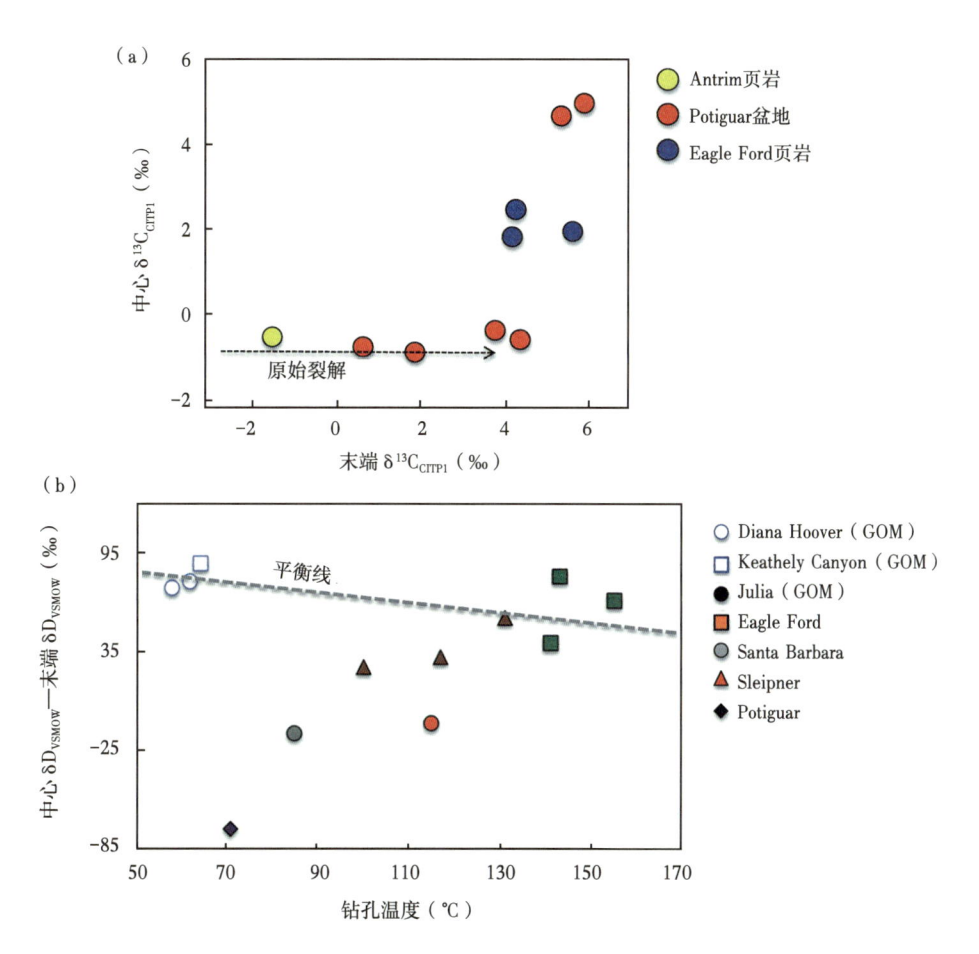

(a) 碳同位素（据 Piasecki, 2015），针对实验室内部标准 CITP1 报告；(b) 氢同位素（据 Ponton 等, 2016），以绝对参照系比例。(a) 中箭头表示通过 Chung 等（1988）的模型预测的穿过该成分空间的路径；(b) 中虚线表示 Piasecki 等（2016a）预测的平衡位点特异性氢同位素分馏，类似于 Webb 和 Miller（2014）中的内容

图 3.6 天然丙烷的特定位置同位素结构

3.7.2 天然丙烷中特定位置的 D

Liu 等（2015）报告核磁共振波谱法（NMR）数据，该数据记录了丙烷中特定位点的氢同位素分馏，未描述的丙烷的 $\delta D_{中间} - \delta D_{末端} = -26‰ \pm 10‰$。这与理论上预测的在相关地质温度下平衡时为 50‰~80‰ 的分馏相反，并且从表面来看，丙烷可以产生不平衡的氢同位素结构。

Ponton 等（2016）提出了质谱测量的初步结果，这些表面结果来自几个石油形成系统中的 12 种天然丙烷的现场特定氢同位素组成：墨西哥湾的三口井，Eagle Ford 页岩（得克萨斯州）、Sleipner（北海）、Potiguar 盆地（巴西）和 Sacate 油田（加利福尼亚沿海）。这些数据是通过质谱法获得的，但与上述 ^{13}C 数据不同的是，可以将其与绝对 δD_{VSMOW} 标度联系在一起，因为对丙烷采用了相同的技术，该丙烷已暴露于钯催化剂（即丙烷可以使用以前用于"二元同位素"或特定位置的稳定同位素测量 CO_2、O_2、CH_4 和 N_2O 的"加热气体"或"绝对参考系"进行标准化；Eiler，2007，2011）。Ponton 等（2016）使用的市售丙烷气瓶作为实验室内标准（来源不明，但可能是从热成因天然气中提纯的气体）产生了特定的氢同位素分馏，$\delta D_{中心}-\delta D_{末端}=-25‰±6‰$，与 Liu 等（2015）在他们实验室内部参考资料基本相同。容易想到，商业供应商向两个实验室提供了相同或相似的丙烷，尽管情况并非如此，而且很可能是巧合或错误。

  Ponton 等（2016）对于天然丙烷的结果被认为是初步的，但要定义一种趋势，其热成因丙烷中体分子的 δD 通常所见的最低值（-170‰~-115‰）上升，而中心端氢同位素分馏为 -72‰~89（±6）‰。这一发现与 Woodford 页岩加氢热解制丙烷的结果相似（中心端分馏率从 -52‰ 升高至 67‰，而 δD 上升至 69‰）。此结果的一种解释是丙烷中特定位点的氢同位素分馏是一种成熟度指标，类似于对天然气组分总的 $\delta^{13}C$ 或 δD 的解释。但是，对两个观察结果提出了不同的解释：（1）中心—末端分馏范围类似于在浅地壳温度下的预期平衡分馏；（2）氢同位素的中心—末端分馏与每个样品井的井眼温度有关（图 3.6b）。特别是在 12 个研究样品中，有 9 个呈现出正趋势，其高端与预测的平衡关系无法区分，而其余 3 个样品（来自墨西哥湾的 Dianna Hoover 和 Keathley 峡谷的钻孔）位于预测的平衡趋势内，但温度较低（60℃ 与 150℃）。这一发现表明，就其位点特异性氢同位素结构而言，可能会形成不平衡的热成因丙烷，然后向平衡方向发展。

  可能促进这种平衡的最明显过程是分子内或分子间氢同位素交换，也许是由某种共存的物质（例如水、黏土或油）催化而成。该过程在较高温度下可能会更快地进行，因此将为来自最高温度井的气体接近平衡分布的这一事实提供解释。尽管井筒温度低，为什么三种墨西哥湾气体组也具有平衡的氢同位素结构，这一点就不太明显。我们有四种可能性：第一，可能在更高的温度下将丙烷预先储存在更深的储层中。第二，这些样品的储存器中可能存在一些物质（其他储存器中不存在），并且在促进低温再平衡方面特别有效。第三，储层微生物生态系统（已知存在并在 Keathley 峡谷油田活跃地产生甲烷）可能能够催化石油化合物的氢同位素交换。这些想法受到 Valentine 等（2004）先前工作的启发，他发现当 H_2 的分压很低时，负责生物甲烷生成的酶促途径几乎可逆地运行。因此，微生物可以作为氢同位素交换的一种特殊催化剂，从而使热激活的生物途径关闭。第四，可能通过促进分子内平衡的机理产生了低成熟度的气体，而通过动力学控制丙烷前体的高温裂解。在这个阶段，所有这四个建议都是推测性的，但说明了进一步探索这个机理可能揭示的各种过程。

3.7.3 天然乙烷中的 $^{13}C_2H_6$

  Clog 等（2013，2014）、Clog 和 Eiler（2014）给出了来自 Marcellus 页岩（宾夕法尼亚州）、Haynesville 页岩（得克萨斯州和路易斯安那州）、Eagleford 页岩（得克萨斯州）及 Potiguar 和 Sergipe Alagoas 油田（巴西）的 25 种天然气中乙烷的 $\Delta^{13}C_2H_6$ 值。据我们所知，这构成了最大和最多样化的观察结果，这些观察结果限制了比从自然样品中回收的甲烷更大的烃的分子内同位素结构。这项工作最引人注目的发现是 $\Delta^{13}C_2H_6$ 的变化范围相对较大（5‰，或为 10~20 倍），可以通过平衡二元同位素效应或简单的物理过程（如扩散或混合）轻松解释。测量范围也比在页岩热解实验中观察到的产物约大 5 倍（图 3.7）。这表明，该同位素指标中的大部分变化都必须由常见的干酪根和油的裂解反应，由温度有关的平衡或扩散过程等所驱动。可以解释这些发现的一个方法是乙烷裂解：上面总结的实验 $\Delta^{13}C_2H_6$

产生了 1.8‰ 的范围；如果该过程使用瑞利蒸馏进行操作，则乙烷损失约 90% 后的残留物的 $\Delta^{13}C_2H_6$ 值显示出 Clog 等（2014）在自然样本中观察到整个范围。如果此过程是大部分测量范围的原因，那么 $\Delta^{13}C_2H_6$ 可能最适合用作湿气成分二次裂解的指标。有两种观察结果为这种可能性提供了支持：（1）相对干燥的页岩气始终处于所测 $\Delta^{13}C_2H_6$ 值范围的下半部分；（2）气体湿度与 $\Delta^{13}C_2H_6$ 的关系图（图 3.7）揭示了三个相关样本中的每一个相关的正总体趋势，以及定义更明确的正趋势——Potiguar、Eagle Ford 和 Sergipe Alagoas。这些趋势与根据乙烷裂解实验预测的湿度和 $\Delta^{13}C_2H_6$ 之间的关系一致（图 3.7 中的实线）。

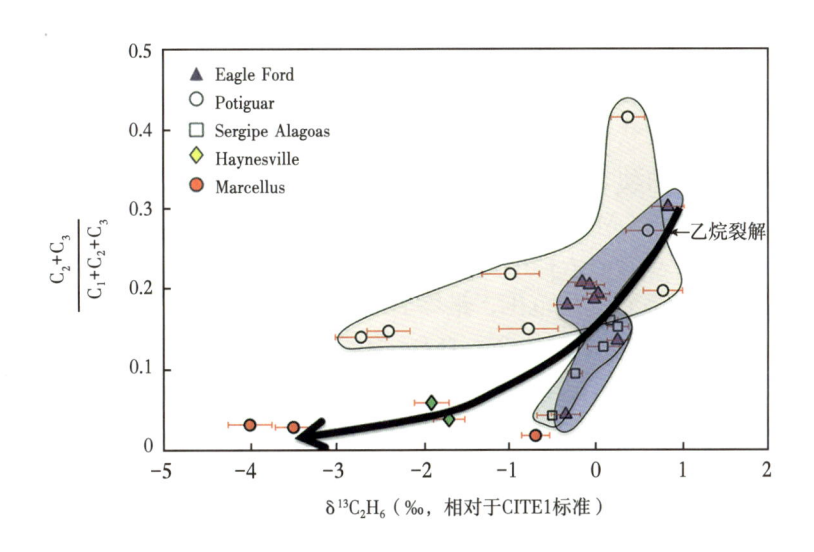

图 3.7 天然气样品中乙烷的二元同位素组成与这些样品中的"气体湿度"（乙烷 + 丙烷相对于甲烷 + 乙烷 + 丙烷的比例）（据 Clog 等，2013，2014；Clog 和 Eiler，2014）
为了进行比较，假设瑞利蒸馏和同位素分馏基于图 3.3b 所示的实验，黑色粗箭头显示了乙烷裂解的预测趋势

3.7.4 关于双取代甲烷

Stolper 等（2017）综述了天然甲烷的二元同位素组成，也可参阅 Douglas 等（2017）的综述。在此不进行详细讨论，而是指出一个与本文所涵盖的内容相比更有意义的发现：在各种条件和形成机理中，甲烷通常（甚至典型）在其形成温度下处于二元同位素平衡状态。关于甲烷二元同位素地球化学的最新论文将集中在非平衡二元同位素组成上。但是，这些发现仅在一些环境和形成机制中观察到：生物和蛇纹石相关甲烷的一部分；烷基裂解形成的实验产热甲烷；以及可能与石油相关的非常规气体的子集。更普遍的发现（据估计迄今为止已分析的自然样品中约 80% 以上为甲烷）表观温度与甲烷生成的已知或预期温度相似。因此，甲烷二元同位素指标可能是罕见的例子，其中 Galimov（1974，1985）关于由平衡热力学支配的有机稳定同位素地球化学的假设通常是正确的。为什么甲烷与已探究其同位素结构的其他有机化合物（脂类、糖、氨基酸、油和冷凝烷烃、丙烷、乙烷）形成对比？当人们认为已经通过动力学同位素效应成功描述了与甲烷生成有关的整体稳定同位素分级分离时，这个问题尤其令人困惑（Tang 等，2000，2005）。一个合理的结论是，甲烷化作用经常发生在化学环境中，这种化学环境促进了将成为甲烷的成分（或其他一些

无法识别的氢池，如干酪根结构中的氢自由基）之间的局部可逆氢交换。令人惊讶的是，对于地下环境中的大多数自然生物成因甲烷生成以及涉及干酪根裂解的热成因甲烷生成，似乎都是这种情况。未来研究的一个重要问题是，较大有机化合物的氢同位素结构是否也是如此，而糖和丙烷以外的有机化合物基本上是未知的。

3.8 最终结果：石墨化

将有机物埋藏或俯冲到岩石发生宏观变质反应（300°C以上）的条件下，会导致H、C、N、O、S挥发物从有机物急剧地重组为几种稳定形式：石墨（高压，金刚石）、黄铁矿或磁黄铁矿、长石或片状硅酸盐中的铵离子及简单的分子气体（Harrison，1976）。但这种转变是渐进的，并受到动力学的严格限制，在干酪根和结晶石墨结构中间的碳质材料的很好地保存为高变质级别（Mao等，2010）。也有证据表明在变质岩中有微量的C_{2+}碳氢化合物（Mango，1991），尽管有人提出这种证据是否反映了污染而不是复杂有机分子的持久性。然而，随着温度升高到变质范围，最终NH_3、H_2S、CO_2甚至CH_4变得不稳定，从而使结晶石墨和无机分子气体（CO_2、CO、H_2O、H_2）成为埋藏有机物的唯一丰富残留物。

这些过程提出了有关岩石记录中有机物稳定同位素含量的三个问题。（1）生物分子的原始同位素结构的痕迹或催化性"裂解"反应指纹持续的时间；（2）在哪个阶段不能再区分变质生物分子的产物与石墨和简单分子气体的非生物来源；（3）在这种极端条件下，有机物质是否具有热力学控制的同位素结构。使用大量稳定的同位素数据（如石墨的$\delta^{13}C$值或甲烷和H_2之间的氢同位素分馏；Dunn和Valley，1992；Wada等，1994；Horibe和Craig，1995；Schimmelmann等，2001）解决这些问题已有很长的历史。这样的约束是有用的，但必须与可能提高或降低总同位素含量的广泛地质过程所产生的歧义相抗衡。分子同位素结构（特定于位点和二元同位素组成）可以带来哪些见解呢？

干酪根的石墨化，其非周期性聚合结构向结晶石墨的转变，伴随着H、N、O和S的损失，在"生气窗"（约200°C）中开始，并且随着温度的升高而逐渐发生。结晶度和晶粒尺寸的粗化一直持续到角闪岩相中（Harrison，1976）。干酪根的$\delta^{13}C$值和δD值在生油和生气窗（100~250°C）中不会从根本上演化，但是对沉积物中石墨碳和共存碳酸盐之间的大量碳同位素分馏的研究表明，随后的石墨化作用是伴随着碳同位素交换（Dunn和Valley，1992）。这种交换在400°C左右开始（Wada等，1994），但速度很慢，直到温度为500~600°C时才达到平衡。一个关键的认识是，即使在角闪岩相变质条件下，小石墨颗粒与共存碳酸盐的平衡也远大于大石墨颗粒（Dunn和Valley，1992）。这意味着碳同位素交换需要晶粒长大，也就是说，通过在现有石墨晶格的位置内外交换碳原子，很少或没有交换发生。综上所述，这些发现表明干酪根成分的碳同位素结构可以保存到地球的深处。如果是这样，与全$\delta^{13}C$值相比，保留干酪根和"石墨"碳中的特定位点较大的碳同位素变化可能提供更具决定性的生物成因证据，而$\delta^{13}C$值是一种广泛使用但有争议且经常含糊的生物标志物（Van Zuilen等，2002；Ohtomo等，2014）。另一方面，石墨化也有可能涉及很少的异质碳同位素交换，大量分子和晶格尺度的同位素重排，从而可能消除原始的生物同位素结构。

3.9 结论与前景

我们试图提供有关天然有机化合物分子规模同位素结构全面、最新的综述，从其生物合成的起源到后生作用的转化，再到通过变质作用的破坏。这是一个非常复杂的话题，并且具有记录科学和实践意义的信息的巨大潜力。但是，能够对有机化合物进行定点和二元同位素分析的技术只是最近才出现（尽管它们正在迅速发展；附录 B），各种仪器和实验室之间的相互校准很少，并且这些技术很少，在某些情况下很难与环境和地质样品联系起来。由于这些原因，本综述最持久的价值可能是组织和阐明新兴领域的零散元素，希望可以借用该领域的结构，对其最重要的过程和现象提出初步的假设，并弄清一些最紧迫的需求。

本文以及 Stolper 等（2017）在论文中对工作进行了总结，提供了证据，表明地质有机化合物的同位素结构可以反映以下因素的任意组合：源自主要生物分子的遗传（例如脂族碳氢化合物的碳同位素结构可能源自脂类）；难降解有机物成熟为腐殖质、木质素和干酪根相关的动力学同位素效应（例如木质素的甲氧基中的 ^{13}C 极度富集）；干酪根裂解过程中的动力学同位素效应（例如丙烷和其他烷烃末端位点的 ^{13}C 消耗）；热成因反应条件下的热力学平衡（最好的例子可能是热成因甲烷的二元同位素组成）；二次裂解过程中的动力学同位素效应（例如乙烷的 $\Delta^{13}C_2H_6$ 值，特别是在干燥气体中）；由于地质温度的延长时间而在形成后达到平衡（例如某些丙烷的特定于位点的氢同位素组成）；生物生产和消耗过程中的动力学同位素效应（例如地表环境中某些生物成因甲烷的二元同位素组成）；生物催化的平衡（例如地下环境中甲烷的二元同位素组成）。仅仅在过去的几年的探索工作中就揭示了这些丰富的过程，随着分析工具的成熟和更广泛的应用，它有望揭示更多的过程。

有关未来工作的结论和建议作为结束讨论的依据，这些结论和建议对近期的发展特别重要：

（1）化学动力学和平衡的相互作用。对地质有机物同位素结构的首次探索表明，化学动力学和热力学平衡都能够控制分子内同位素的性质。例如，常见生物分子的碳同位素结构显然受动力学因素支配，对于新鲜合成的糖和一些地质丙烷的氢同位素结构似乎也是如此。但是甲烷通常具有平衡的同位素分布，某些自然环境中的丙烷似乎具有平衡的氢同位素结构，并且在埋藏成岩过程中，至少某些干酪根部分与其环境进行氢同位素交换。动力学过程和平衡过程在天然有机物中都很重要的事实至少在短期内肯定会导致混乱。并引起以下问题：①何时应该将同位素结构解释为生物特征与温度计；②对于仅部分平衡了一些初始动力学控制的结构（或动力学修饰了初始平衡的结构）的样品，该怎么做；③将如何解析分子的同位素结构，这些分子的某些性质受动力学控制而其他性质受热力学平衡控制。但是，从长远来看，这些现象将是一个丰富的资料库，而不是一个问题。有机分子结合的位点特异性和二元同位素性质包括大量可分析的种类，因此，我们将学习读取复杂的多属性测量值作为来源、形成机理和环境条件的记录似乎是合理的。此外，一旦更好地理解了控制平衡方法的动力学，分子同位素结构就有可能为重建温度—时间历史（即"地质速率计"的一种形式）提供机会。最有希望的机会可能是相对易挥发且结构简单的化合物

（例如低分子量烷烃）的氢同位素结构。

（2）定义同位素平衡。考虑到碳氢化合物的地质、环境和经济重要性，以及稳定同位素分析在其研究中所起的主要作用，令人惊讶的是，几乎没有什么具体的信息能限制涉及这些化合物的同位素交换平衡。对于可能控制分子同位素结构的均质平衡以及对于不同化学物种之间更熟悉的异质同位素交换反应而言，这种概括都是正确的。除了在低温液体中测量到的蒸气压同位素效应外（Jansco 和 van Hook，1974），很少有具体的数据可以限制涉及大于甲烷的碳氢化合物的同位素交换平衡（Julien 等，2015）。这是我们对本研究基本原理理解中的一个巨大空白，应呼吁作为未来的研究内容。

（3）第一性原理模型。鉴于不可逆反应在石油形成中的重要性以及石油化合物的数量和多样性，很明显作为严格解释油气成分的稳定同位素组成的基础，"与裂解反应有关的动力学同位素效应（KIEs）"部分中概述的概念和理论模型过于简单和狭窄。最高优先级的需求包括：扩展动力学同位素效应的严格模型，以涵盖除正构烷烃以外的前体和大于丙烷的产物（尤其是冷凝物和油馏分化合物）；考虑与成岩作用和后生作用有关的氢同位素效应；关于二元同位素的动力学同位素效应的理论探索（即超出了上文参考乙烷讨论的简单抽样统计效应）。

（4）干酪根问题。本课题的最大弱点是我们对干酪根的详细同位素结构知之甚少，而且尚不清楚如何对现有的任何分析技术（附录 B）进行研究。建议解决此问题的最佳方法是分析由干酪根加热产生的油气化合物的同位素结构，也就是将其作为反问题而不是直接进行测量。通过研究在作为干酪根材料模型系统的化合物上进行的裂解实验的产物，并对其同位素进行标记以帮助表征反应机理，可以使这类研究更具洞察力。

（5）技术发展。本课题是新兴领域，旨在扩大稳定同位素地球化学功能的技术实验的结果（附录 B）。这些技术大部分是相对年轻且发展迅速的，因此，预计未来几年将导致活跃实验室数量的急剧增加，观测的数量和质量，以及可以观察到的分子同位素性质的数目和类型也将大大增加。迫切需要的技术创新将允许分析大分子（每个分子十个和更多原子的数量）的小样本（微摩尔和更少的数量级），最好限制各种位点特异性和二元同位素属性。核磁共振波谱法（NMR）是相关技术中最成熟的技术，但它需要大大减少样品量并发展定量多取代物种的能力，只有在灵敏度大大提高的情况下，这才可能。质谱法作为一种适用于多种化合物的各种特性的高度灵敏的技术似乎具有最大的前景，但已证明仪器缺乏真正解决问题的通用方法所需的质量分辨率或检测器数量。傅里叶变换质谱法有望克服这些困难，但作为测量自然同位素丰度的定量精确工具尚不为人所知。

感谢编辑和两位匿名审稿人对本文的初稿提出了富有见地的评论和建议。本文的研究得到了美国国家科学基金会岩石学和地球化学以及 EAR 仪器、埃克森美孚、Petrobras、加州理工学院的支持。感谢 Nami Kitchen 为分析和实验工作所做的贡献。

3.10 附录 A：专门术语

有机物的分子级同位素结构是一个新兴的相对专业的领域，因此文中使用了某些读者可能不熟悉的语言和定量单位。其名称和单位目前在某些方面是混淆的，但下面的内容可为最新论文提供有用的帮助。

分子的同位素形式已用"isotopologue"一词进行了描述,"isotopologue"是指分子同位素的一种形式,在稀有同位素取代的数量或位置上是独特的;"同位素异构体"是指一些具有相同同位素化学计量关系(例如相同数目的 ^{13}C 原子),但在这些稀有同位素取代的位点彼此不同的同位素中的一种。因此,通过此处(以及许多近期的论文)所采用的方法,所有异构体也是同一分子的独特同位素。最近的一项研究也提出了"isotopocule"一词(Toyoda 等,2015),该词实际上等同于对"同位素"一词的使用。

包含两个或多个稀有同位素(^{13}C、D、^{15}N、^{34}S 等)的任何同位素,都可以称为"多取代"或(俗称)"二元"同位素。因此,^{13}C$_2$H$_6$ 是乙烷的二元同位素。"特定于位点"或"特定于位置"的同位素差异通常是指两种或更多种同位素的比例差异,这些同位素具有相同数量和类型的稀有同位素,但同位素取代的分子位置不同。因此,^{12}CH$_2$D—^{12}CH$_2$—^{12}CH$_3$ 和 ^{12}CH$_3$—^{12}CHD—^{12}CH$_3$ 是丙烷的两个同位素,其氘原子位置,它们也是彼此的同位素异构体。两种物质比例不同的样品表现出位点特异性同位素分馏或变异。

用于表示二元同位素变化的单位相对统一且易于解释,尽管迄今为止它们仅用于相对简单的分子(CO$_2$、N$_2$O、CO$_3^{2-}$、N$_2$、CH$_4$、C$_2$H$_6$),目前尚不清楚当前的做法是否适合讨论较大、更复杂的分子的多重取代的同位素体(特别是二元同位素效应本身是位点特异性)。然而,在该领域中只有一种惯例:以 Δ_i 值表示二元同位素组成,其中 i 表示感兴趣的同位素(或有时是全部具有相同基本质量的同位素的集合,因此 i 可以是化学和同位素式或基数)。Δ_i 值计算如下:

$$\Delta_i = \left(\frac{R_i}{R_i^*} - 1\right) \times 1000 \tag{A.1}$$

式中,R_i 是同一分子的目标同位素与未取代的同位素的比率,R_i^* 是所有同位素随机分布在目标化合物的所有同位素中时该比率的值。该术语的一个较不常用的替代品定义了等于偏差的 Δ_i 值,单位为千分之一,在所有同位素中同位素的随机分布情况下同位素交换反应的一个平衡常数(通常等于平衡常数的高温极限;Wang 等,2004;Piasecki 等,2016a)。

用于描述位点特异性同位素变化的术语更为复杂,在许多情况下,每一篇论文都不尽相同(即使来自同一研究组的多篇论文)。以前提出的单位可以大致分为两类。

首先,一个单一指示位点的同位素组成表示为:稀有同位素的浓度(例如 [^{13}C]);同位素比值(例如 ^{13}C/^{12}C 或 R^{13});或者,相对于绝对参考尺度(δ^{13}C$_{VPDB}$)的 δ 值;相对于任意标准的 δ 值(δ^{13}C$_{STD}$)。其次,关于两个非等价位点 A 和 B 之间同位素差异通常表示为:比率的比值(例如 R_A^{13}/R_B^{13} 或等效地为 α_{A-B}^{13}C);或者,作为 ε 值 [其中 ε_{A-B} = 1000 ln(α_{A-B}^i)];两个"δ"值之间的差值(例如地点 A 的 δ^{13}C$_{VPDB}$ 减去地点 B 的 δ^{13}C$_{VPDB}$)。下标和其他符号用于指示正在讨论的分子位点,这意味着通常须将每篇论文的单位和术语视为一种独特的术语。

显然,需要同一特定地点同位素变化的单位。我们建议最好的命名法是避免由 δ^iX$_{STD}$ 尺度的非线性引起的算术伪像,而应将注意力集中在特定位点的变化所记录的独特信息上,该信息不同于由更稳定的同位素组成指数所记录的独特信息。ε_{A-B}^i 值可能最适合此目的(即位置 A 和 B 之间的同位素比 R^i 的分馏系数,以每千分之一表示)。

3.11 附录B：分析技术

毫无疑问，有机分子的同位素结构记录了丰富的信息，从而限定了来源、条件和地球化学演化等。问题是，如何读取？Eiler（2013）最近综述了分子同位素结构的测量技术。下面将更新本评论，并简要总结一下已应用于石油和天然气化合物研究的技术。

（1）化学降解。测量有机分子的特定位点同位素组成最古老的方法涉及选择性化学侵蚀，例如脱羧（Abelson和Hoering，1961），臭氧分解氧化裂解然后脱羧（Monson和Hayes，1980，1982a，b）或通过与碘酸反应从含甲氧基的化合物中释放甲基（Keppler等，2007；Feakins等，2013）。我们仅知道将此类方法应用于石油或天然气化合物的一种情况：Gao等（2016年）证明丙烷可以先转化为丙醇，再转化为丙酮，最后转化为乙酸。然后燃烧，乙酸的稳定同位素比值质谱仪可得到末端碳原子中心和中心碳中心的平均$\delta^{13}C$，而原始丙烷的稳定同位素比值质谱仪燃烧后的碳约束为（$2\times\delta^{13}C_{末端}+\delta^{13}C_{中间}$）/3。因此，这两个测量值可用于解决差异$\delta^{13}C_{中间}-\delta^{13}C_{末端}$。

（2）核磁共振。核磁共振光谱法可以量化具有净核自旋（包括H、D和^{13}C）的核素的丰度，并且在许多情况下可以区分非等价分子位点的信号。它最常见的用途是表征未知有机分子的结构，但自1980年代初以来，它已被用于观察稳定同位素在自然丰度和千分之一精度下的相对丰度（Martin和Martin，1981；Caer等，1991）。但是，直到最近十年，核磁共振才被广泛应用。这些方法主要用于食品科学法、医学和天然产物的研究（Martin等，2006）。三项研究使用核磁共振来检查石油化合物的碳或氢同位素结构（Gilbert等，2013，2016a，b；Liu等，2015）。这些技术的一个重大挑战是它们通常需要数十至数百毫克量的纯样品。因此截至目前，所有已发表的关于碳氢化合物的研究都检查了商业化学物质的同位素结构（或一些广泛分布的参考标准），这使得很难理解结果与天然地质材料有何关系。尽管如此，核磁共振是目前用于特定位置分析比丙烷更大的有机化合物的最具生产力和最佳的方法，即使其他技术更适合天然样品，它仍可能是表征参考标准品的重要工具。尚未显示核磁共振可以以其天然丰度和有用的精度观察到"二元"的同位素种型。

（3）热解降解。有机分子的热解可以产生选择性采样特定分子位点的产物，这样就可以通过分离热解产物（例如气相色谱）然后分别分析其同位素特征来进行位点特异性同位素分析。过去为此所做的研究通常包括将热解产物通过气相色谱柱，然后对每个洗脱峰进行燃烧和连续流动的稳定同位素比值质谱仪分析（Corso和Brenna，1997，1999）。这种方法的主要用途是分析乙醇的CH_3位点（由热解产生的CH_4采样）。该技术已应用于丙烷以区分末端的$\delta^{13}C$值、甲基碳位和本体分子的$\delta^{13}C$，从而限制了末端和中心位置之间的差异（Gilbert等，2016a，b）。

（4）质谱法。可以通过量化单离子和多取代离子束的比例来简单地完成对二元同位素组成的质谱测量，其中在多收集器扇区质谱仪中同时检测可以获得最高的精度（Eiler，2007，2013）。众所周知，可以通过质谱分析两种或多种离子的同位素组成来限制位点特定的同位素变化，这些离子种类的感兴趣位点的比例不同（例如α与β氮之间的^{15}N分馏通过比较NO^+和N_2O^+的同位素组成可以区分N_2O；Yoshida和Toyoda，2000）。直到最近，由于其他化合物的质谱图中存在复杂的干扰，因此此类测量仅限于简单的 C—N—O 气体。然而，随着高分辨率同位素比率质谱法（Eiler 等，2013）的出现，可以在多种低分子量有机和无机分子气体上进行这些测量（Magyar 等，2016；Piasecki 等，2016b；Stolper 等，2017）。最近使用傅里叶变换质谱的极高质量分辨率进行的稳定同位素比分析的探索，正在将这种能力扩展到各种更高分子量的有机物中（Eiler 等，2017）。

（5）红外光谱法。红外光谱法应该是进行现场特异性和二元同位素分析的理想基础，因为同位素分子的振动光谱实际上是唯一的，并且灵敏度可能很高。此类技术可用于 N_2O 的特定位置 ^{15}N 分析（Waechter 等，2008）和甲烷的同位素分析（Ono 等，2014）。但是，没有进行红外光谱测量来限定比甲烷更复杂的有机分子的同位素结构，因此在本综述中没有出现此类数据。可能会开发乙烷的二元同位素组成的光谱测量以及丙烷的二元同位素和位置特定的测量，尽管由于大分子振动光谱的复杂性，它们不太可能被广泛应用，对不是室温气体的物质进行此类测量有一定难度。

参 考 文 献

ABELSON, P.H. & HOERING, T.C. 1961. Carbon isotope fractionation in formation of amino acids by photosynthetic organisms. *Proceedings of the National Academy of Sciences*, 47, 623–632.

ANHAUSER, T., GREULE, M., ZECH, M., KALBITZ, K., MCROBERTS, C. & KEPPLER, F. 2015. Stable hydrogen and carbon isotope ratios of methoxyl groups during plant litter degradation. *Isotopes in Environmental and Health Studies*, 51, 143–154.

AUGUSTI, A. 2007. *Monitoring climate and plant physiology using deuterium isotopomers of carbohydrates*. PhD thesis, Umea University, Sweden.

AUGUSTI, A., BETSON, T.R. & SCHLEUCHER, J. 2008. Deriving correlated climate and physiological signals from deuterium isotopomers in tree rings. *Chemical Geology*, 252, 1–8.

BERNER, U., FABER, E., SCHEEDER, G. & PANTEN, D. 1995. Primary cracking of algal and landplant kerogens: kinetic models of isotope variations in methane, ethane and propane. *Chemical Geology*, 126, 233–245.

BETSON, T.R., AUGUSTI, A. & SCHLEUCHER, J. 2006. Quantification of deuterium isotopomers of tree-ring cellulose using nuclear magnetic resonance. *Analytical Chemistry*, 78, 8406–8411.

BIGELEISEN, J. 1949. The relative reaction velocities of isotopic molecules. *Journal of Chemical Physics*, 17, 675–678.

BILLAULT, I., GUIET, S., MABON, F. & ROBINS, R. 2001. Natural deuterium distribution in long-chain fatty acids is nonstatistical: a site-specific study by quantitative ^2H NMR spectroscopy. *ChemBioChem*, 2, 425–431.

BURNHAM, A.K. & SWEENEY, J.J. 1989. A chemical kinetic model of vitrinite maturation and reflectance. *Geochimica et Cosmochimica Acta*, 53, 2649–2657.

CAER, V., TRIERWEILER, M., MARTIN, G.J. & MARTIN, M.L. 1991. Determination of site-specific carbon isotope ratios at natural abundance by carbon-13 nuclear magnetic resonance spectroscopy. *Analytical Chemistry*, 63, 2306–2313.

CHACKO, T., COLE, D.R. & HORITA, J. 2001. Equilibrium oxygen, hydrogen and carbon isotope fractionation factors applicable to geologic systems. *In*: VALLEY, J.W. & COLE, D.R. (eds) *Stable Isotope Geochemistry*. Reviews in Mineralogy and Geochemistry, 43. Mineralogical Society of America, Chantilly, VA, 1–81.

CHUNG, H.M., GORMLY, J.R. & SQUIRES, R.M. 1988. Origin of gaseous hydrocarbons in subsurface environments: theoretical considerations of carbon isotope distribution. *Chemical Geology*, 71, 97–104.

CLOG, M. & EILER, J. 2014. C–H and C–C clumping in ethane by high-resolution mass spectrometry. Abstract presented at the 2014 Fall Meeting of the American Geophysical Union, San Francisco, USA.

CLOG, M., EILER, J., GUZZO, J.V.P., MORAES, E.T. & SOUZA, I.V.A. 2013. Doubly ^{13}C-substituted ethane. Abstract presented at the 2013 Goldschmidt Meeting, Florence, Italy. *Mineralogical Magazine*, 77, 897.

CLOG, M.D., FERREIRA, A.A., SANTOS NETO, E.V., EILER, J. M. 2014. Ethane C–C clumping in natural gas: a proxy for cracking processes? Abstract presented at the 2014 Fall Meeting of the American Geophysical Union, San Francisco, USA.

CORSO, T.N. & BRENNA, J.T. 1997. High-precision position-specific isotope analysis. *Proceedings of the National Academy of Sciences*, 94, 1049–1053.

CORSO, T.N. & BRENNA, J.T. 1999. On-line pyrolysis of hydrocarbons coupled to high-precision carbon isotope ratio analysis. *Analytica Chimica Acta*, 397, 217–224.

DENIRO, M.J. & EPSTEIN, S. 1977. Mechanism of carbon isotope fractionation associated with the lipid synthesis. *Science*, 197, 261–363.

DOUGLAS, P., STOLPER, D. ET AL. 2017. Methane clumped isotopes: progress and potential for a new isotopic tracer. *Organic Geochemistry*. First published online 16 August, 2017, https://doi.org/10.1016/j.orggeochem.2017.07.016

DUAN, J.-R., BILLAULT, I., MABON, F. & ROBINS, R. 2002. Natural deuterium distribution in fatty acids isolated from peanut seed oil: a site-specific study by quantitative 2H NMR spectroscopy. *Chembiochem*, 3, 752–759.

DUNN, S.R. & VALLEY, J.W. 1992. Calcite-graphite thermometry: a test for polymetamorphism in marble, Tudor gabbro, Ontario. *Journal of Metamorphic Geology*, 10, 487–501.

EHLERS, I., AUGUSTI, A., BETSON, T.R., NILSSON, M.B., MARSHALL, J.D. & SCHLEUCHER, J. 2015. Detecting long-term metabolic shifts using isotopomers: CO_2-driven suppression of photorespiration in C-3 plants over the 20th century. *Proceedings of the National Academy of Sciences*, 112, 15585–15590.

EILER, J.M. 2007. 'Clumped-isotope' geochemistry – The study of naturally-occurring, multiply-substituted isotopologues. *Earth and Planetary Science Letters*, 262, 309–327.

EILER, J.M. 2011. Paleoclimate reconstruction using carbonate clumped isotope thermometry. *Quaternary Science Reviews*, 30, 3575–3588.

EILER, J.M. 2013. The isotopic anatomies of molecules and minerals. *Annual Reviews of Earth and Planetary Sciences*, 41, 411–441.

EILER, J.M., CLOG, M. ET AL. 2013. A high-resolution gas-source isotope ratio mass spectrometer. *International Journal of Mass Spectrometry*, 335, 45–56.

EILER, J., CESAR, J. ET AL. 2017. Analysis of molecular isotopic structures at high precision and accuracy by Orbitrap mass spectrometry. *International Journal of Mass Spectrometry*, 422, 26–142, https://doi.org/10.1016/j.ijms.2017.10.002

ELSNER, M., JOCHMANN, M.A., HOFSTETTER, T.B., HUNKELER, D., BERNSTEIN, A., SCHMIDT, T.C. & SCHIMMELMANN, A. 2012. Current challenges in compound-specific stable isotope analysis of environmental organic contaminants. *Analytical and Bioanalytical Chemistry*, 403, 2471–2491.

EPSTEIN, S., YAPP, C.J. & HALL, J.H. 1976. Determination of D/H ratio of non-exchangeable hydrogen in cellulose extracted from aquatic and land plants. *Earth and Planetary Science Letters*, 30, 241–251.

FEAKINS, S.J., ELLSWORTH, P.V. & STERNBERG, L.da S.L. 2013. Lignin methoxyl hydrogen isotope ratios in a coastal ecosystem. *Geochimica et Cosmochimica Acta*, 121, 54–66.

FERREIRA, A.A., SANTOS NETO, E.V., SESSIONS, A.L., SCHIMMELMANN, A. & NETO, F.R.A. 2012. ^{2}H/^{1}H ratio of hopanes, tricyclic and tetracyclic terpanes in oils and source rocks from the Potiguar Basin, Brazil. *Organic Geochemistry*, 51, 13–16.

FREEMAN, K.H. 2001. Isotopic biogeochemistry of marine organic carbon. *In*: VALLEY, J.W. & COLE, D.R. (eds) *Stable Isotope Geochemistry*. Reviews in Mineralogy and Geochemistry, 43. Mineralogical Society of America, Chantilly, VA, 579–605.

GALIMOV, E.M. 1973. *Izotopy ugleroda v heftegazovoy geologII* [Carbon Isotopes in Oil-Gas Geology]. NASA Technical Translation F-682.

GALIMOV, E.M. 1974. Organic geochemistry of carbon isotopes. *In*: TISSOT, B. & BLENNER, F. (eds) *Advances in Organic Geochemistry*, 1973; Proceedings of the 6th International Meeting on Organic Geochemistry. Éditions Technip, Paris, 439–452.

GALIMOV, E.M. 1985. *The Biological Fractionation of Isotopes*. Academic Press, London.

GALIMOV, E.M. & Shirinskii, V.G. 1975. Ordered distribution of carbon isotopes in individual compounds and components of lipid fraction of organisms. *Geokhimiya*, 4, 503–528.

GAO, L., HE, P., JIN, Y., ZHANG, Y., WANG, X., ZHANG, S. & TANG, Y. 2016. Determination of position-specific carbon isotope ratios in propane from hydrocarbon gas mixtures. *Chemical Geology*, 435, 1–9.

GILBERT, A., SILVESTRE, V., ROBINS, R.J., REMAUD, G.S. & TCHERKEZ, G. 2012*a*. Biochemical and physiological determinants of intramolecular isotope patterns in sucrose from C3, C4 and CAM plants accessed by isotopic ^{13}C NMR spectrometry: a viewpoint. *National Product Reports*, 29, 476–486.

GILBERT, A., ROBINS, R.J., REMAUD, G.S. & TCHERKEZ, G.G. B. 2012*b*. Intramolecular ^{13}C pattern in hexoses from autotrophic and heterotrophic C$_3$ plant tissues. *Proceedings of the National Academy of Sciences*, 109, 18204–18209.

GILBERT, A., YAMADA, K. & YOSHIDA, N. 2013. Exploration of intramolecular ^{13}C isotope distribution in long chain n-alkanes (C$_{11}$–C$_{31}$) using isotopic ^{13}C NMR. *Organic Geochemistry*, 62, 56–61.

GILBERT, A., YAMADA, K., SUDA, K., UENO, Y. & YOSHIDA, N. 2016*a*. Measurement of position-specific ^{13}C isotopic composition of propane at the nanomole level. *Geochimica et Cosmochimica Acta*, 177, 205–216.

GILBERT, A., YAMADA, K. & YOSHIDA, N. 2016*b*. Evaluation of on-line pyrolysis coupled to isotope ratio mass spectrometry for the determination of position-specific ^{13}C isotope composition of short chain *n*-alkanes (C$_6$–C$_{12}$). *Talanta*, 153, 158–162.

GUY, R.D., FOGEL, M.L. & BERRY, J.A. 1993. Photosynthetic fractionation of the stable isotopes of oxygen and carbon. *Plant Physiology*, 101, 37–47.

HARRISON, W.E. 1976. Laboratory graphitization of a modern estuarine kerogen. *Geochimica et Cosmochimica Acta*, 40, 247–248.

HAYES, J.M. 2001. Fractionation of carbon and hydrogen isotopes in biosynthetic processes. *In*: VALLEY, J.W. & COLE, D.R. (eds) *Stable Isotope Geochemistry*. Reviews in Mineralogy and Geochemistry, 43. Mineralogical Society of America, Chantilly, VA, 225–277.

HEDGES, J.I., EGLINGTON, G. ET AL. 2000. The molecularly-uncharacterized component of nonliving organic matter in natural environments. *Organic Geochemistry*, 31, 945–958.

HORIBE, Y. & CRAIG, H. 1995. D/H fractionation in the system methane-hydrogen-water. *Geochimica et Cosmochimica Acta*, 59, 5209–5217.

INAGAKI, F., HINRICHS, K.U. ET AL. 2015. Exploring deep microbial life in coal-bearing sediment down to c. 2.5 km below the ocean floor. *Science*, 349, 420–424.

IVLEV, A.A., LOROLEVA, M.Y. & KALOSHIN, A.G. 1974. Possible mechanisms of carbon isotope effect appearance in autotrophic organisms. *Doklady AkademII Nauk SSSR*, 217, 224–227.

JANSCO, G. & VAN HOOK, W.A. 1974. Condensed phase isotope effects (especially vapor pressure isotope effects). *Chemical Reviews*, 74, 689–750.

JULIEN, M., PARINET, J., NUN, P., BAYLE, K., HOHENER, P., ROBINS, R.J. & REMAUD, G.S. 2015. Fractionation in position-specific isotope composition during vaporization of environmental pollutants measured with isotope ratio monitoring by C-13 nuclear magnetic resonance spectrometry. *Environmental Pollution*, 205, 299–306.

KEPPLER, F., HARPER, D.B. ET AL. 2007. Stable hydrogen isotope ratios of lignin methoxyl groups as a paleoclimate proxy and constraint on the geographic origin of wood. *New Phytologist*, 176, 600–609.

KUBICKI, J.D., LACROCE, M.V. & TROUT, C.C. 2016. H-D fractionation factors at individual sites on model petroleum compounds. Abstract presented at the 2016 San Diego Meeting of the American Chemical Society, April, San Diego, USA.

LESOT, P., BAILLIF, V. & BILLAULT, I. 2008. Combined analysis of C-18 unsaturated fatty acids using natural abundance deuterium 2D NMR spectroscopy in chiral oriented solvents. *Analytical Chemistry*, 80, 2963–2972.

LEWAN, M.D. 1983. Effects of thermal maturation on stable organic carbon isotopes as determined by hydrous pyrolysis of Woodford Shale. *Geochimica et Cosmochimica Acta*, 47, 1471–1479.

LEWAN, M.D. 1985. Evaluation of petroleum generation by hydrous pyrolysis experimentation. *Philosophical Transactions of the Royal Society of London*, 315, 123–134.

LEWAN, M.D. 1993. Laboratory simulation of petroleum formation – hydrous pyrolysis. *In*: ENGEL, M.H. & MACKO, S.A. (eds) *Organic Geochemistry*. Plenum Press, New York, 419–442.

LIU, C., MCGOVERN, G.P. & HORITA, J. 2015. Position-specific hydrogen and carbon isotope fractionations of light hydrocarbons by quantitative NMR. Abstract presented at the 2015 Fall Meeting of the American Geophysical Union, December, San Francisco, USA.

LLOYD, M., SESSIONS, A., SCHIMMELMANN, A., FEAKINS, S. & EILER, J. 2016. Determination of clumped ^{13}C-2H-H$_2$ compositions of methoxyl groups in wood, lignin and simple organic monomers. Abstract presented at the 2016 Organic Geochemistry Gordon Conference, June, Tokyo.

MAGYAR, P.M., ORPHAN, V.J. & EILER, J.M. 2016. Measurement of rare isotopologues of nitrous oxide by high-resolution multi-collector mass spectrometry. *Rapid Communications in Mass Spectrometry*, 30, 1923–1940.

MANGO, F. 1991. The stability of hydrocarbons under the time-temperature conditions of petroleum genesis. *Nature*, 352, 146–148.

MAO, J., FANG, X., LAN, Y.Q., SCHIMMELMANN, A., MASTALERZ, M., XU, L. & SCHMIDT-ROHR, K. 2010. Chemical and nanometer-scale structure of kerogen and its change during thermal maturation investigated by advanced solid-state ^{13}C NMR spectroscopy. *Geochimica et Cosmochimica Acta*, 74, 2110–2127.

MARKAI, S., MARCHAND, P.A., MABON, F., BAGUET, E., BILLAULT, I. & ROBINS, R.J. 2002. Natural deuterium distribution in branched-chain medium-length fatty acids is nonstatistical: a site-specific study by quantitative ^{2}H NMR spectroscopy of the fatty acids of capsaicinoids. *ChemBioChem*, 3, 212–218.

MARSHALL, A.G. & RODGERS, R.P. 2008. Petroleomics: chemistry of the underworld. *Proceedings of the National Academy of Sciences*, 105, 18090–18095.

MARTIN, G.J. & MARTIN, M.L. 1981. Isotopic labeling in natural abundance – application of high-resolution deuterium NMR to the study of vinyl compounds. *Comptes Rendus de L'Academie des Sciences Serie II*, 293, 31–33.

MARTIN, G.J., MARTIN, M.L. & REMAUD, G. 2006. SNIF-NMR – Part 3: From mechanistic affiliation to origin inference. In: WEBB, G.A. (ed.) *Modern Magnetic Resonance*. Springer, 1669–1680.

MARTINI, A.M., WALTER, L.M., KU, T.C., BUDAI, J.M., MCINTOSH, J.C. & SCHOELL, M. 2003. Microbial production and modification of gases in sedimentary basins: a geochemical case study from a Devonian shale gas play, Michigan basin. *AAPG Bulletin*, 87, 1355–1375.

MONSON, K.D. & HAYES, J.M. 1980. Biosynthetic control of the natural abundance of carbon 13 at specific positions within fatty acids in Escherichia Coli: evidence regarding the coupling of fatty acid and phospholipid synthesis. *Journal of Biological Chemistry*, 255, 11435–11441.

MONSON, K.D. & HAYES, J.M. 1982a. Carbon isotopic fractionation in the biosynthesis of bacterial fatty acids. Ozonolysis of unsaturated fatty acids as a means of determining the intramolecular distribution of carbon isotopes. *Geochimica et Cosmochimica Acta*, 46, 139–149.

MONSON, K.D. & HAYES, J.M. 1982b. Biosynthetic control of the natural abundance of carbon 13 at specific positions within fatty acids in Saccharomyces cerevisiae: isotopic fractionations in lipid synthesis as evidence for peroxisomal regulation. *Journal of Biological Chemistry*, 257, 5568–5575.

NABBEFELD, B., GRICE, K., SCHIMMELMANN, A., SAUER, P.E., BOTTCHER, M.E. & TWITCHETT, R. 2010. Significance of $\delta D_{kerogen}$, $\delta^{13}C_{kerogen}$ and $\delta^{34}S_{pyrite}$ from several Permian/Triassic (P/Tr) sections. *Earth and Planetary Science Letters*, 295, 21–29.

NATIONAL RESEARCH COUNCIL 2003. *Oil in the Sea*. National Academies Press, Washington, DC.

OHTOMO, Y., KAKEGAWA, T., ISHIDA, A., NAGASE, T. & ROSING, M.T. 2014. Evidence for biogenic graphite in early Archean Isua metasedimentary rocks. *Nature Geoscience*, 7, 25–28.

O'LEARY, M.H., RIFE, J.E. & SLATER, J.D. 1981. Kinetic and isotope effect studies of maize phosphoenolpyruvate carboxylase. *Biochemistry*, 20, 7308–7314.

ONO, S., WANG, D.T. ET AL. 2014. Measurement of a doubly substituted methane isotopologue, $^{13}CH_3D$, by tunable infrared laser direct absorption spectroscopy. *Analytical Chemistry*, 86, 6487–6494.

PIASECKI, A. 2015. *Site specific isotopes in small organic molecules*. PhD thesis, California Institute of Technology, Pasadena, CA, USA.

PIASECKI, A., SESSIONS, A., PETERSON, B. & EILER, J. 2016a. Prediction of equilibrium distributions of isotopologues for methane, ethane and propane using density functional theory. *Geochimica et Cosmochimica Acta*, 190, 1–12.

PIASECKI, A., SESSIONS, A., LAWSON, M., FERREIRA, A.A., NETO, E.V.S. & EILER, J.M. 2016b. Analysis of the site-specific carbon isotope composition of propane by gas source isotope ratio mass spectrometer. *Geochimica et Cosmochimica Acta*, 188, 58–72.

PIASECKI, A., SESSIONS, A. ET AL. 2018. Position-specific ^{13}C distributions within propane from experiments and natural gas samples. *Geochimica et Cosmochimica Acta*, 220, 110–124. First published online October 6, 2017, https://doi.org/10.1016/j.gca.2017.09.042

PONTON, C., XIE, H. ET AL. 2016. Experiments constraining blocking temperatures of H isotope exchange in propane and ethane. Abstract presented at the 2016 Meeting of the International Clumped Isotope Workshop, January, Saint Petersburg USA.

PRICE, L.C. & SCHOELL, M. 1995. Constraints on the origins of hydrocarbon gas from compositions of gases at their site of origin. *Nature*, 378, 368–371.

PRINZHOFER, A.A. & HUC, A.Y. 1995. Genetic and post-genetic molecular and isotopic fractionations in natural gases. *Chemical Geology*, 126, 281–290.

QUIGLEY, T.M. & MACKENZIE, A.S. 1988. The temperatures of oil and gas formation in the sub-surface. *Nature*, 333, 549–552.

ROONEY, M.A., CLAYPOOL, G.E. & CHUNG, H.M. 1995. Modeling thermogenic gas generation using carbon isotope ratios of natural gas hydrocarbons. *Chemical Geology*, 126, 291–232.

ROSSMANN, A., BUTZENLECHNER, M. & SCHMIDT, H.-L. 1991. Evidence for a nonstatistical carbon isotope distribution in natural glucose. *Plant Physiology*, 96, 609–614.

RUSTAD, J.R. 2009. Ab initio calculation of the carbon isotope signatures of amino acids. *Organic Geochemistry*, 40, 720–723.

SCHIMMELMANN, A., LEWAN, M.D. & WINTSCH, R.P. 1999. D/H isotope ratios of kerogen, bitumen, oil, and water in hydrous pyrolysis of source rocks containing kerogen types I, II, II S, and III. *Geochimica et Cosmochimica Acta*, 63, 3751–3766.

SCHIMMELMANN, A., BOUDOU, J.-P., LEWAN, M.D. & WINTSCH, R.P. 2001. Experimental controls on D/H and $^{13}C/^{12}C$ ratios of kerogen, bitumen and oil during hydrous pyrolysis. *Organic Geochemistry*, 32, 1009–1018.

SCHIMMELMANN, A., SESSIONS, A.L. & MASTALERZ, M. 2006. Hydrogen isotopic (D/H) composition of organic matter during diagenesis and thermal maturation. *Annual Reviews of Earth and Planetary Sciences*, 34, 501–533.

SEEWALD, J.S., BENITEZ-NELSON, B.C. & WHELAN, J.K. 1998. Laboratory and theoretical constraints on the generation and composition of natural gas. *Geochimica et Cosmochimica Acta*, 62, 1599–1617.

STOLPER, D.A., LAWSON, M., FORMOLO, M.J., DAVIS, C.L., DOUGLAS, M.J. & EILER, J.M. 2017. The utility of methane clumped isotopes to constrain the origins of methane in natural gas accumulations. *In*: LAWSON, M., FORMOLO, M.J. & EILER, J.M. (eds) *From Source to Seep: Geochemical Applications in Hydrocarbon Systems*. Geological Society, London, Special Publications, 468. First published online December 14, 2017, https://doi.org/10.1144/SP468.3

TANG, Y., PERRY, J.K., JENDEN, P.D. & SCHOELL, M. 2000. Mathematical modeling of stable carbon isotope ratios in natural gases. *Geochimica et Cosmochimica Acta*, 64, 2673–2687.

TANG, Y., HUANG, Y. ET AL. 2005. A kinetic model for thermally induced hydrogen and carbon isotope fractionation of individual n-alkanes in crude oil. *Geochimica et Cosmochimica Acta*, 69, 4505–4520.

TISSOT, B.P. & WELTE, D.H. 1984. *Petroleum Formation and Occurrence*. Springer Verlag, Berlin.

TOYODA, S., YOSHIDA, N. & KOBA, K. 2015. Isotopocule analysis of biologically produced nitrous oxide in various environments. *Mass Spectrometry Reviews*, https://doi.org/10.1002/mas.21459

VALENTINE, D.L., CHIDTHAISONG, A., RICE, A., REEBURGH, W.S. & TYLER, S.C. 2004. Carbon and hydrogen isotope fractionation by moderately thermophilic methanogens. *Geochimica et Cosmochimica Acta*, 68, 1571–1590.

VAN ZUILEN, M., LEPLAND, A. & ARRHENIUS, G. 2002. Re-assessing the evidence for the earliest traces of life. *Nature*, 418, 627–630.

WADA, H., TOMITA, T., MATSUURA, K., IUCHI, K., ITO, M. & MORIKIYO, T. 1994. Graphitization of carbonaceous matter during metamorphism with references to carbonate and politic rocks of contact and regional metamorphisms, Japan. *Contributions to Mineralogy and Petrology*, 118, 217–228.

WAECHTER, H., MOHN, J., TUZSON, B., EMMENEGGER, L. & SIGRIST, M.W. 2008. Determination of N_2O isotopomers with quantum cascade laser based absorption spectroscopy. *Optics Express*, 16, 9239–9244.

WAKEHAM, S.G., LEE, C., HEDGES, J.I., HERNES, P.J. & PETERSON, M.L. 1997. Molecular indicators of diagenetic status in marine organic matter. *Geochimica et Cosmochimica Acta*, 61, 5363–5369.

WANG, Y. & SESSIONS, A.L. 2009*a*. Equilibrium $^2H/^1H$ fractionations in organic molecules. I. Experimental calibration of ab initio calculations. *Geochimica et Cosmochimica Acta*, 73, 7060–7075.

WANG, Y. & SESSIONS, A.L. 2009*b*. Equilibrium $^2H/^1H$ fractionations in organic molecules. II. Linear alkanes, alkenes, ketones, carboxylic acids, esters, alcohols and ethers. *Geochimica et Cosmochimica Acta*, 73, 7076–7086.

WANG, Z., SCHAUBLE, E.A. & EILER, J.M. 2004. Equilibrium thermodynamics of multiply-substituted isotopologues of molecular gases. *Geochimica et Cosmochimica Acta*, 68, 4779–4797.

WEBB, M.A. & MILLER, T.F. 2014. Position-specific and clumped stable isotope studies: comparison of the Urey and path-integral approaches for carbon dioxide, nitrous oxide, methane, and propane. *The Journal of Chemical Physics A*, 118, 467–474.

WEBB, M.A., WANG, Y., BRAAMS, B.J., BOWMAN, J.M. & MILLER II, T.F., III 2017. Equilibrium clumped-isotope effects in doubly substituted isotopologues of ethane. *Geochimica et Cosmochimica Acta*, 197, 14–26, https: //doi.org/10.1016/j.gca.2016.10.001

WHITICAR, M.J., FABER, E. & SCHOELL, M. 1986. Biogenic methane formation in marine and freshwater environments: CO_2 reduction vs acetate fermentation – Isotope evidence. *Geochimica et Cosmochimica Acta*, 50, 693–709.

YOSHIDA, N. & TOYODA, S. 2000. Constraining the atmospheric N_2O budget from intramolecular site preference in N_2O isotopomers. *Nature*, 405, 330–334.

ZHANG, B.-L., BILLAULT, I., LI, X., MABON, F., REMAUD, G. & MARTIN, M.L. 2002. Hydrogen isotopic profile in the characterization of sugars. Influence of the metabolic pathway. *Journal of Agricultural and Food Chemistry*, 50, 1574–1580.

4 原油中钒同位素组成：来源、成熟和生物降解的影响

Yongjun Gao　John F. Casey　Luis M. Bernardo
Weihang Yang　K. K.（Adry）Bissada

摘要：我们研究了 17 个原油样品的钒（V）同位素组成，这些原油样品的浓度和形成年龄范围很广。研究了巴巴多斯油田 11 个同生原油的全部有机质地球化学和生物标志物组成。观测到约 2‰的钒同位素分馏，它们主要与 V/Ni 比值有关，最有可能反映石油烃源岩的沉积环境。烃源岩岩性、沉积环境的 Eh 和 pH 值、海水的钒同位素组成等因素都可能对钒同位素组成起作用。Eh 和 pH 条件决定了流体中钒离子的形态和配位，而烃源岩的岩性决定了溶液中可用钒离子的竞争相态。钒同位素在热成熟和生物降解过程中发生了显著的变化。生物降解过程中的钒同位素分馏很可能是由于微生物活性引起的钒离子在流体中的种类和配位构型的变化。随着成熟度的增加，$\delta^{51}V$ 逐渐降低，这可能表明在脱金属过程中 ^{51}V 的优先损失和（或）在新形成的钒金属有机化合物中 ^{50}V 的优先掺入。

原油中的无机组分通常质量分数小于 1%，但它可能很重要，因为它影响到炼油过程和勘探中对油—油对比或油—源对比的调查（Filby，1994）。在石油中的无机元素中，钒（V）被认为是最丰富的微量金属成分，其浓度可高达 2000 mg/kg 以上，尽管一些原油的含量仅为 0.1mg/kg（Amorim 等，2007）。原油中钒（V）和镍（Ni）的丰度以及 V/Ni 比值随烃源岩成分、沉积环境和有机质性质的不同而变化（Lewan 和 Maynard，1982；Lewan 1984；Barwise，1990；Filby，1994）。这些金属的浓度可能受到次生过程的影响，如热蚀变、脱沥青（一种去除或降低原油沥青含量的过程）、生物降解和水洗或迁移过程。然而，由于含有钒（V）和镍（Ni）的有机金属化合物之间的结构相似性，V/Ni 比值本身趋于恒定（Galarraga 等，2008）。钒主要以钒基离子（VO^{2+}）的形式存在于原油中，以卟啉金属有机配合物的形式存在，其中钒在植物叶绿素中替代镁，在血红素中替代铁。钒也以其他基本未知的非卟啉或有机酸的阳离子形式存在（Curiale，1987；Filby，1994；Amorim 等，2007；Zhao 等，2014）。研究表明，在缺氧程度较高的海洋环境中，VO^{2+} 卟啉的含量往往高于 Ni^{2+}，而在含氧程度较高的海洋和非海洋环境中，Ni^{2+} 卟啉的

含量高于 VO^{2+}（Lewan，1984）。因此，V/Ni 比值已被成功地用于表征石油烃源岩沉积环境的氧化还原条件（Moldowan 等，1986；Barwise，1990；Sundararaman 等，1993；Galarraga 等，2008）。

钒的稳定同位素研究可以为元素研究提供重要的信息，而元素研究容易产生更多的不确定性，如初始源浓度和水含量。与质量相关的稳定同位素分馏基本上是由特定元素的不同原子之间的相对质量差异（即所谓的同位素效应）引起的原子化学和物理性质的差异所驱动（Hoefs，2008）。同位素分馏的程度与温度成反比，并在非常高的温度下降至零（Urey，1947）。不同相/种类之间的质量相关同位素分馏主要受价态和化学结合环境的影响，其中较重的同位素通常优先聚集在具有较高结合强度或较高氧化状态的化合物中（Urey，1947；Schauble 等，2001）。钒以多种价态存在（V^{2+}、V^{3+}、V^{4+} 和 V^{5+}）。第一性原理计算预测，重钒同位素（^{51}V）在 25℃ 时富集在更氧化的价态，平衡同位素分馏系数为 6.3‰，介于 $[V^{5+}O_2(OH)_2]^-$ 和 $[V^{3+}(OH)_3(H_2O)_3]$ 之间（Wu 等，2015）。理论计算还表明，由于键长和配位数的不同，具有相同价态的不同种类之间会发生钒同位素分馏（Wu 等，2015）。这使得钒同位素系统在追踪沉积环境或后沉积环境方面特别重要，这将有助于更好地了解生物地球化学循环以及导致石油形成和可能导致石油降解过程的近地表和地下途径。因生物降解作用而改变使用的甾烷、藿烷或萜烷的油气生物标志物指数时尤其如此。有人提出，海洋生物在成岩作用之前对钒的生物处理也可能引入分馏作用（Premović 等，2002）。钒已被确认为动植物必需的微量元素（Amorim 等，2007），并被认为对细菌固氮作用很重要（Anbar 和 Knoll，2002；Bellenger 等，2008；Kraepiel 等，2009）。因此，钒同位素也有可能在沉积环境中追踪生物的来源，并最终发展成为低成熟度原油的常规生物标志物。

首次尝试解决含油气系统中钒同位素组成分布的系统问题是在委内瑞拉白垩系 La Luna 组原油和干酪根中使用热电离质谱法（TIMS）完成的（Premović 等，2002）。这项工作揭示了石油沥青质和烃源岩干酪根的 $\delta^{51}V$ 值明显低于 La Luna 组无机基质的 $\delta^{51}V$ 值，推测其是海水钒的生物作用所引起的（Premović 等，2002）。相比之下，热电离质谱法分析的海鞘内钒同位素成分（TIMS）表明从海水中吸取大量的钒，这也表明，在生物吸收钒的过程中，海鞘与海水之间未发生明显的同位素分馏。它们重叠的 $^{50}V/^{51}V$ 比值在 ±0.04 的不确定性范围内（Nomura 等，2012）。但遗憾的是，由于多原子或等压干扰物的去除不完全以及缺乏明确的参考标准，这些较早的热电离质谱法（TIMS）研究全部都因精度低而导致 $^{51}V/^{50}V$ 绝对值高达 ±0.3%（2SE）的误差（Zhang，2003）。

因此，需要对原油中的钒同位素进行高精度分析，以正确评估钒同位素分馏的重要性。由于多接收电感耦合等离子体质谱技术（MC-ICP-MS）的最新进展和更具体的钒同位素化学分离技术的发展之前所面临的主要分析挑战，所以在地质材料中进行精确的钒同位素分析只是最近才报道（Nielsen 等，2011；Prytulak 等，2011，2013；Nielsen，2015；Ventura 等，2015；Wu 等，2016）。钒仅有两个稳定同位素，^{51}V（99.76%）和 ^{50}V（0.24%）。$^{51}V/^{50}V$ 比值约为 420，少量 ^{50}V 同位素与铬（Cr）和钛（Ti）同位素（特别是 ^{50}Cr 和 ^{50}Ti）有直接等压干扰。MC-ICP-MS 和分离方法的改进极大地提高了分析精度，使研究硅酸盐基质中钒同位素的精度约为 0.10‰（2σ）成为可能（Nielsen 等，

2011，2014，2016；Prytulak 等，2011，2013；Wu 等，2016）。然而，由于原油中有机基质重、硫含量高、钒含量变化大，使得原油中钒同位素的精确分析更具挑战性。复杂的有机基质不仅会引入多种多原子干扰，在目标分析物上形成等压线，而且会引起等离子体的不稳定性。硫在许多海洋原油中含量丰富，其质量分数从低于 0.05% 到约 6% 或更高（Khuhawar 等，2012）。本文研究了用离子交换化学分离技术去除硫氧化物分子中钒同位素的等压干扰。当描述 NIST 8505 原油标准值的 $\delta^{51}V$ 值（Casey 等，2015）时，我们最初使用了硫干扰。最近也有报道称，在 MC-ICP-MS 分析中使用了更高分辨率模式（Nielsen，2015，2016；Wu 等，2016）。

Ventura 等（2015）根据 Nielsen 等（2011）建立的分析方法和微波消解辅助（Ventura 等，2015），最近公布了来自不同盆地的一套 11 个原油的钒同位素组成。这些原油的钒同位素组成范围为 −1.64‰~−0.22‰，钒浓度范围为 5~335μg/g，略小于本文报告的范围。基于 $\delta^{51}V$ 的一阶烃源岩岩性依赖性，Ventura 等（2015）提出原油中的同位素组成主要继承自沉积物沉积期间存在的初始沉积有机质或含金属流体。他们认为，原油的钒稳定同位素组成不太可能是与石油的生成、排出或运移有关的质量依赖性分馏作用的结果（Ventura 等，2015）。尽管如此，缺乏一个共成因的样本集，以及有机地球化学参数（如成熟指数和生物降解指数）来帮助限制与分馏有关的过程，可能阻碍了其他控制因素和导致原油中钒同位素分馏的各种过程的检测。

本文采用新开发的方法，对 17 个原油样品中的钒同位素组成与某些微量和（或）主量元素（V，Ni，S）的丰度进行了详细研究。所采用的方法可使原油钒同位素比值测量的外部精度高于 ±0.3‰（2σ）。这些原油选自休斯敦大学石油地球化学中心全球原油资料库的八个地点。之所以选择它们，是因为其钒含量变化很大，范围从 0.71~391μg/g 不等，且 V/（V+Ni）比值对比明显，该比值构成了众所周知的原油氧化还原指数（Lewan，1984）。利用所选样品研究了不同沉积环境原油钒同位素变化的一级主控因素。在这里分析的 17 个原油中，11 个样品的一个子集是从一个单一的限制地点挑选出来的，代表了巴巴多斯油田多个油井的海洋原油的一个共成因集。早些时候，对巴巴多斯的一套样品进行了详细的全岩有机地球化学和生物标志物分析，以评估巴巴多斯样品的生烃、排烃、运移和保存过程（Repsol，个人通信）。巴巴多斯原油被认为是在硅质碎屑海相烃源岩中生成的，这些海相烃源岩达到了生油窗口的早期，尽管不同原油之间的成熟度差异很小。巴巴多斯石油性质的其他差异似乎与强烈的后期聚集过程有关，如生物降解和一些样品中可能的蒸发分馏。因此，样品集被认为有助于进一步评估与沉积过程、沉积后成熟过程和生物降解过程相关的潜在同位素分馏。这种用于高精度钒同位素测量和有机地球化学研究以评估成熟度、生物降解和沉积环境对钒分馏的影响受限于油田位置的方法以前从未尝试过。

我们的目的是评估将钒同位素作为不同生物降解程度或成熟度的一系列原油的油—油对比、油—源对比和地球化学反演研究指纹的方法学和有效性（Bissada 等，1993）。这项工作的结果可能有助于一系列当前假设，涉及来源、成熟度和运移参数的相互作用，以及它们对石油组成的影响。它们最终可以深入了解一些生物地球化学循环、氧化还原条件的重要性以及导致石油形成途径的变化。矿物、过渡金属催化和水在油气生成中的重要性尚未完全了解（Goldstein，1983；Seewald，1994；Mango，1996；Lewan，1997）。

4.1 实验方法

4.1.1 样品

各个样品的基本地质成因、形成年代和化学成分见表 4.1。研究样品的详细信息如下。

表 4.1 原油样品的地球化学性质及钒同位素组成

样品	样品来源	烃源岩年代*	δ^{51}V (‰)	2SD	n	N	S (%, 质量分数)	V (mg/g)	Ni (mg/g)	V/(V+Ni)	°API	Pr/nC$_{17}$	Ts/(Ts+Tm)	三环萜烷指数
RM 8505	委内瑞拉	白垩纪/古近纪—新近纪	-0.02	0.30	17	6	2.17	391	48.6	0.89	15	NA	NA	NA
TP-1	俄罗斯季曼—伯朝拉州	古生代	-0.46	0.31	4	2	1.67	119	73.4	0.62	20	NA	NA	NA
PB-1	美国得克萨斯州 Tom Green 公司	早密西西比世或晚泥盆世	-0.62	0.25	6	2	0.18	0.71	0.95	0.43	32	NA	NA	NA
BFW-1	美国得克萨斯州 Foard 公司	宾夕法尼亚纪	-1.76	0.04	3	1	0.26	1.48	11.3	0.12	35	NA	NA	NA
BFW-2	美国得克萨斯州 Grayson 公司	晚密西西比世	-0.44	0.13	3	1	0.30	18.3	7.44	0.71	36	NA	NA	NA
BFW-3	美国得克萨斯州 Grayson 公司	晚密西西比世	-0.11	0.11	3	1	0.20	5.41	2.24	0.71	38	NA	NA	NA
BBD-01	巴巴多斯	白垩纪	-0.25	0.09	3	1	1.25	80.1	74.2	0.52	19	ND	0.36	0.14
BBD-02	巴巴多斯	白垩纪	-0.84	0.30	1	1	0.75	82.4	76.0	0.52	20	ND	0.37	0.14
BBD-03	巴巴多斯	白垩纪	-0.63	0.30	1	1	0.80	44.0	41.9	0.51	25	38.6	0.39	0.14
BBD-04	巴巴多斯	白垩纪	-1.26	0.27	3	1	0.92	51.6	49.1	0.51	25	10.8	0.38	0.14
BBD-05	巴巴多斯	白垩纪	0.40	0.30	1	1	0.37	23.3	21.6	0.52	25	29.0	0.42	0.15
BBD-06	巴巴多斯	白垩纪	-0.67	0.30	1	1	0.98	179	172.8	0.51	19	1.03	0.37	0.13
BBD-07	巴巴多斯	白垩纪	-0.66	0.30	1	1	0.70	40.1	39.0	0.51	27	0.77	0.38	0.14
BBD-08	巴巴多斯	白垩纪	-1.60	0.30	1	1	0.21	5.54	7.39	0.43	35	0.83	0.46	0.18
BBD-09	巴巴多斯	白垩纪	-0.56	0.30	1	1	0.80	57.0	55.8	0.50	24	0.87	0.37	0.13
BBD-10	巴巴多斯	白垩纪	-1.10	0.30	1	1	0.33	18.6	20.1	0.48	31	0.73	0.43	0.17
BBD-11	巴巴多斯	白垩纪	-0.95	0.30	1	1	0.48	17.8	18.9	0.49	30	0.78	0.43	0.16

*烃源岩年代引自：Thompson, 1982；Larue 等, 1985；Comer, 1991；Speed 等, 1991a, b；Babaie 等, 1992；Requejo 等, 1995；Jarvie 等, 2001, 2007；Pollastro 等, 2003, 2007；Hill 和 Schenk, 2005；Hill, 2007；Galarraga 等, 2008。元素含量在电感耦合等离子体发射光谱仪（ICP-OES）和电感耦合等离子体质谱仪（ICP-MS）测试完成。生物标志物数据在气相色谱质谱分析（GC-MS）测试完成，钒（V）同位素组分在休斯敦大学的 Nu PlasmaⅡ多接收电感耦合等离子体质谱仪（MC-ICP-MS）测试完成。

NA—未公开出版；ND—未检测到。

样品 TP-1 是来自俄罗斯季曼—伯朝拉州的重质原油（重度为 20°API）。这种高硫原油通常被认为是由古生界缺氧海相碳酸盐岩烃源岩在低—中等成熟度形成的（Requejo 等，1995）。

NIST RM8505 是来自委内瑞拉的重质原油（重度为 15°API），产自白垩系 La Luna Marly 组海洋缺氧条件下沉积的烃源岩（Galarraga 等，2008）。

样品 BFW-1 是来自美国得克萨斯州 Fort Worth 盆地 Bend 隆起西北部的一种相对较轻的原油（重度为 35°API）。该地区的原油被认为是由宾夕法尼亚系碎屑岩产生的，这些碎屑岩沉积从氧化的海相环境到边缘海环境再到陆相三角洲环境（Thompson，1982；Pollastro 等，2003，2007）。

样品 BFW-2（重度为 36°API）和样品 BFW-3（重度为 38°API）是来自美国得克萨斯州 Fort Worth 盆地 Bend 隆起东北部的一种相对较轻的原油。这些原油被认为主要是由密西西比纪晚期大陆架上沉积的海相页岩在贫氧条件下生成的（Jarvie 等，2001；Pollastro 等，2003，2007；Hill 等，2007）。

样品 PB-1 是一种相对较轻的石油（重度为 32°API），来自美国得克萨斯州毗邻东部大陆架的 Permian 盆地东部边缘。该地区石油的烃源岩可以是下密西西比统 Barnett 页岩或上泥盆统的 Woodford 页岩，也可以是在海相到边缘海相条件下沉积的 Woodford-Barnett 复合烃源岩（Comer，1991；Pollastro 等，2003）。

样品 BD01 至 BD11 是来自巴巴多斯岛的一套 11 个原油，巴巴多斯岛属于东加勒比海弧前增生楔的一部分，其下伏岩层为沉积岩和混杂岩，混杂岩包括那些增生到加勒比板块上盘的岩石，它们与下盘南大西洋大洋板块及其中—新生代盖层相分离。这些原油的烃源岩年龄是一个有争论的话题。原油被认为是由在正常盐度和贫氧条件下沉积的白垩系海相页岩产生（Burggraf 等，2002；Lawrence 等，2002；Leahy 等，2004；Hill 和 Schenk，2005）或在类似海洋条件下沉积的古近系—新近系海相浊积页岩产生（Larue 等，1985；Speed 等，1991a；Babaie 等，1992）。解释烃源岩年龄为古近纪—新近纪是基于巴巴多斯古近系—新近系页岩提取物和原油的全油气相色谱图、碳同位素和其他地球化学数据之间的相似性确定的（Babaie 等，1992）。井中纤维素含量较高的植物碎屑表明古近系—新近系烃源岩来自原始的 Oronoco 三角洲体系（Speed 等，1991a；Babaie 等，1992），它向东迁移时，便向加勒比海弧的前部增生。巴巴多斯原油来自白垩纪烃源岩的证据包括：（1）在巴巴多斯地表或钻孔取样的大多数潜在烃源岩没有到达生油窗（R_o<0.6），这意味着巴巴多斯原油来自更深、更成熟的烃源岩（Babaie 等，1992；Hill 和 Schenk，2005）；（2）巴巴多斯泥底辟不仅包含古近系岩屑，而且还包含白垩系碎屑（Joes River 组），这表明巴巴多斯原油可能来自更深、更成熟的白垩系烃源岩（Speed 等，1991a；Deville 等，2003）；（3）基于它们的有机地球化学，这种直接的油—油对比在巴巴多斯原油和委内瑞拉东部和特立尼达的一些原油之间产生了相似性，这些原油来自上白垩统与 La Luna 组一样的烃源岩（Zumberge，1987；Lawrence 等，2002；Hill 和 Schenk，2005）；（4）巴巴多斯原油中缺乏典型的与古近系—新近系陆源有机质相关的高等植物生物标志物奥利烷和羽扇烷（Hill 和 Schenk，2005；未公布的数据）。也有充分的记录表明，特立尼达的底部滑脱构造已渗透到白垩系剖面（Wood，2000），类似的白垩系化石也已从特立尼达的泥底辟碎屑中取得（Speed 等，1991b；Deville 等，2003）。与特立尼达岛一样，巴巴多斯岛下有多个增生的逆冲断层，这些断层可以造成地层的重复，有效地在结构上加厚和埋藏古近系—新近系

和/或古近系—新近系/白垩系地层剖面，仅在古近系—新近系/白垩系的古近系—新近系剖面中取决于底部滑脱构造的深度。严格程度上说，巴巴多斯原油可以被解释为在古近系—新近系或新近系—白垩系剖面的多个地层/构造共同形成，从而形成巴巴多斯原油地球化学所指示的下剖面可变的热成熟度（Hill 和 Schenk，2005；本次研究）。在巴巴多斯，钻探只钻透了古新统的未成熟沉积物和混杂岩（Speed 等，1991a；Babaie 等，1992），但巴巴多斯下伏生油窗中可能有类似的更深和更老的地层剖面。当巴巴多斯的始新统—古新统地下组合增生时，底部滑脱构造更深入侵入白垩系是不能排除的。由于巴巴多斯原油的各种地球化学研究的原油数据中没有与年龄相关的地球化学生物标志物，它们能够可靠区分古近系—新近系和白垩系来源（Hill 和 Schenk，2005；J.M. Moldowan，个人通信，2015），因此，基于当前公布的数据和可用的内部数据评估，我们认为古近系—新近系和白垩系的烃源岩模型都是可行的。

巴巴多斯原油重度为 19~35°API。尽管钒（V）和镍（Ni）元素浓度变化较大，但这些油的 V/(V+Ni) 比值范围相对较窄，为 0.50±0.03（表 4.1），表明烃源岩特征范围较小。其中一些原油也受到不同程度的生物降解。浅层油藏受到严重蚀变，而深层油藏完全未受影响（Hill 和 Schenk，2005）。本次研究中取样的 11 口井的成分数据反映了所有这些不同生物降解程度和成熟度的特征（表 4.1）。

4.1.2 去除有机基质的矿化作用

原油的组成、黏度和相态关系非常复杂。原油直接注入 ICP-MS 可能会影响等离子体的稳定性，甚至导致等离子体消光。原油中金属元素的元素和同位素组成的分析挑战还来自重有机基质产生的各种多原子和等压干扰。已开发出一种矿化程序，用 PARR 高压酸溶弹（Parr 4749）或单反应室微波溶出系统（Milestone Ultrawave®）破坏压力容器中含强氧化酸原油的有机结构。这些技术已被证明能有效地从原油中提取金属元素，回收率高于 98%±5%（Yang，2014；Casey 等，2016）。已采取特别预防措施，通过在带盖的玻璃容器中摇晃，同时在热板上以 80℃ 的温度加热，将高黏度原油的样品不均匀性降至最低。对于 Parr 小型高压容器消化，将精确称量的约 100mg 或 400mg 的原油装入消化容器的特氟龙杯（Teflon cup）中；然后将 3mL、16mol/L HNO_3 添加到杯中盖上杯盖在 150℃ 的热板上加热 2h。然后取下杯盖，其组成物蒸发至开始干燥。这种预氧化处理可以破坏有机基质的某些部分，从而有助于降低在接下来的加热步骤中 Parr 小型高压容器内部可能产生的压力。干燥后，向特氟龙杯中加入 3mL、16mol/L HNO_3 和 1mL、12mol/L HCl；将杯装入小型高压容器中，在组装后，在 160℃ 的 Lindberg/Blue M 烤箱中加热 12h。设备冷却后，从高压容器中取出内部特氟龙杯，然后将消化后的溶液转移到 Savillex PFA 烧杯中。用 2% HNO_3 反复清洗特氟龙杯，确保 100% 转移。然后将 PFA 烧杯内的溶液在 150℃ 的热板上干燥。最后，用 5mL、0.2mol/L HNO_3 将消化后的样品重新溶解。微波消解时，将约 400 mg 精确称量的原油装入 40m 石英消解管中，然后向消解管中加入 5mL、16mol/L HNO_3 和 1mL、12mol/L HCl 及 1mL 30% H_2O_2 进行消解。采用五步微波辐照程序进行消化：（1）5min 至 120℃；（2）10min 至 160℃；（3）10min 至 180℃；（4）8min 至 260℃；（5）在 260℃ 下保持 15min。消化后，将所得溶液转移至 PFA 烧杯中，干燥至初期干燥。在热板上，然后用 5mL、0.2mol/L HNO_3 重新溶解。用 LECO®CS230 碳/硫分析仪分析所得样品溶液的总碳含量不超过0.1%（g/g）。通过对两种NIST石油标准物质（NIST RM 8505和NIST 1634c）的反复消化实验，证明了通过这种矿化过程原油中的钒几乎完全回收。样品NIST RM 8505分析的钒浓度为（390±0.8）μg/g（2σ, $n=25$），样品NIST 1634c为（28.9±2.3）μg/g（2σ, $n=10$），均与分别为（390±10）μg/g和（28.2±0.4）μg/g的NIST推荐值较好地吻合（Yang，2014；Casey等，2016）。在消解步骤中，钒的完全回收对于消除钒同位素分馏的潜在原因很重要。为了达到以下方法中同位素测量的足够钒（最小为1000ng）。低丰度原油多次消化后的溶液在净化前进行组合，消化次数取决于钒丰度测量值。

4.1.3 化学纯化过程

我们使用Nielsen等（2011）的改进方法从其他元素中分离出钒（V），特别是从硫（S）、钛（Ti）和铬（Cr）中分离出钒（V）。为了成功地进行钒同位素分析，原油化学净化方案采用了一种多步骤的液相色谱法，其中包括阴阳离子交换柱，这是一种用于监测溶液中Ti水平以进行等压线校正的仪器（Nielsen等，2011，2016；Nielsen，2015）。已经证明，硫分子可以干扰钒同位素和^{49}Ti。为了尽量减少干扰，我们对现有方法的更改包括增加一个用于去除硫的色谱柱，以及对以前的色谱柱程序进行的其他更具体、更细微的修改，这些步骤涉及不同的树脂，减少一些试剂，适度提高柱步骤的效率，如下所述。

第一个色谱柱化学组成。首先，将5mL湿Bio-Rad AG 50W X-12（200~400目）阳离子交换树脂装入内径为10mm的石英玻璃柱中。树脂装填前，用8mol/L HNO$_3$和6mol/L HCl反复酸浸。随后用6mol/L HCl和Milli-Q H$_2$O清洗树脂，并用0.2mol/L HNO$_3$处理。接着，将0.2mol/L HNO$_3$中的5mL样品溶液加载到树脂上。然后用Milli-Q H$_2$O和1mol/L HNO$_3$清洗树脂，去除硫和钠、锂等主要和微量元素。然后用40mL、1mol/L HNO$_3$将钒完全从柱中冲洗出来。用电感耦合等离子体质谱（ICP-MS）对收集到的钒组分溶液进行分析表明，钒与钛、钾和少量钠一起从柱中回收了100%±5%。其他阳离子，如镁、钙、铁、铝、硅和铬都被有效地从钒中分离出来，因为它们的分布系数高于钒系数（Strelow等，1965）。硫（主要以阴离子SO$_4^{2-}$存在）几乎完全从样品基质中去除。为了达到完全去除硫的目的，对于高硫含量的样品，需要第二次通过该阳离子交换柱。通过该步骤去除镁、钙和大多数其他阳离子，可以使用小柱，也可以使用涉及HF的进一步分离柱去除钛和其他阳离子（避免形成镁和钙的不溶性氟化物）。收集到的钒组分在1mol/L HNO$_3$中蒸发，并用6mol/L HCl回流以将V^{5+}还原为V^{4+}；然后用1mL、0.3mol/L HCl在1.0mol/L HF混合酸中提取钒作为第二个色谱柱。

第二个色谱柱化学组成。首先，将1mL阴离子交换树脂AG1 X8（200~400目）装入聚丙烯柱（Bio-Rad，美国）。根据Makishima等（2002）和Nielsen等（2011）报告的方法，该柱用于分离钛（Ti）和钒（V）。在装载样品之前，用6mol/L HCl、2mol/L HF和Milli-Q H$_2$O清洗色谱柱，然后用洗脱液（0.3mol/L HCl在1.0mol/L HF混合酸中）对其进行调节；然后将从第一个色谱柱制备的1mL混合0.3mol/L HCl和1.0mol/L HF的样品溶液装载到色谱柱上。最后，用20mL洗脱液洗脱钒（V），将钛（Ti）留在柱中。

第三个色谱柱化学组成。与第二组聚丙烯柱一样，第三组柱在填充1mL AG1 X8树脂之前，用8mol/L HNO$_3$、6mol/L HCl和10mol/L HF反复酸浸。这些柱的设计是为了进一步从第一个色谱柱和第二个色谱柱后残留在钒组分中的其他阳离子中提纯钒，即主要是钾和少量铬。对于该柱程序，由于阴离子交换树脂颗粒内形成多钒酸盐络合物，钒在柱顶部的带中与含有 H_2O_2 的弱酸基质形成强烈吸收，而所有阳离子对树脂均无吸收（Strelow 和 Bothma，1967；Kiriyama 和 Kuroda，1983）。从第二个色谱柱获得的钒组分干燥，然后用 15mol/L HNO_3 回流将所有钒氧化成 V^{5+} 形式，然后重新溶解在 1mL 的 0.01mol/L HNO_3 和 1.0% H_2O_2 混合物中。用 2mol/L HNO_3 和 Milli-Q H_2O 洗涤树脂，用 0.01mol/L HNO_3 和 1.0% H_2O_2 的混合溶液调节。然后将样品溶液加载到柱上，用 10mL 混合溶液（0.01mol/L HNO_3 和 1.0% H_2O_2）清洗树脂，以去除钾、铬和可能的其他阳离子，最后，用 14mL 的 1mol/L HNO_3 收集钒。

上述化学分离过程导致 $^{50}Ti/^{50}V$、$^{50}Cr/^{50}V$ 和 S/V 比值分别小于 0.06、0.04 和 0.1。该分离技术得到的钒的全过程损失量小于 10ng。

4.1.4 元素分析

原油中的钒、镍和硫的浓度在休斯敦大学通过 Agilent 725 电感耦合等离子体发射光谱仪（ICP-OES）或 Agilent 8800 三重串联四极杆（QQQ）电感耦合等离子体质谱仪（ICP-MS）测定，具体取决于纯化后的浓度。通过对 NIST RM8505 标准品的多个完全重复样品进行重复分析，该方法在钒、镍和硫浓度的重现性方面的长期精度通常约为 1%（1σ）或更小。关于准确性，通过此方法确定的 NIST RM8505 上的钒浓度为（391±2）μg/g（2σ，$n=17$），在 NIST 建议值 [（390±10）μg/g] 的 1% 之内。

4.1.5 质谱法测定钒同位素

我们使用了休斯敦大学的 Nu Plasma Ⅱ 高分辨率多接收器等离子体质谱仪（Nu Plasma Ⅱ MC-ICP-MS）对钒同位素进行分析。样品通过 Cetac Aridus Ⅱ 脱溶雾化器在 2% 硝酸中以 1000ng/g 钒的浓度引入。样品分析由 1000ng/g 内部钒单元素标准（"UH"）组成，该标准由美国 Inorganic Ventures 公司（IVU）的钒 ICP 标准制备。首先，根据休斯敦大学内部标准（$\delta^{51}V_{UH}$），计算了同位素组成（$\delta^{51}V‰$）的 δ 表示法：

$$\delta^{51}V_{UH} = 1000 \times \left[\left(^{51}V/^{50}V_{sample} / ^{51}V/^{50}V_{IVU} \right) - 1 \right] \quad (4.1)$$

所有 $\delta^{51}V_{UH}$ 组成均已转换并记录为相对于 Nielsen 等（2011）采购自 Alfa Aesar 公司的高纯钒溶液（AA）标准，通过：

$$\delta^{51}V = \delta^{51}V_{UH} - \Delta \quad (4.2)$$

式中，Δ 是 IVU 和 AA 两种纯标液的钒同位素组为 -0.1‰±0.02‰（SE；$n=82$）之间平均测量值的千分比之差。

在装有 $10^{11}\Omega$ 电阻的五个法拉第杯（Faraday cup）（分别为 L4、L1、H2、H5 和 H7）中收集了质量为 49、50、51、52 和 53 的钒。对于 1000ng/g、吸收速率为 40μL/min 的溶液，^{51}V 的典型电压约为 40V。^{50}Ti 和 ^{50}Cr 对 ^{50}V 的等压干扰分别由质量为 49 和 53 的钒监测校正。用于等压干扰校正的 $^{50}Ti/^{49}Ti$ 和 $^{50}Cr/^{53}Cr$ 的值分别为 0.9725（Niederer 等，1985）和 0.4574（Shields 等，1966）。利用指数定律对这些值进行了仪器质量分馏校正。指数质量分馏因子（β 值）

用于等压校正 $^{50}Ti/^{49}Ti$ 和 $^{50}Cr/^{53}Cr$ 的仪器质量分馏，根据方程式：

$$R_M = R_T / (m_1/m_2)^\beta \tag{4.3}$$

式中，R_T 和 R_M 是给定元素的真实和测量的同位素比值；m_1/m_2 是 $^{50}Ti/^{49}Ti$ 和 $^{50}Cr/^{53}Cr$ 的质量比。计算的比值 R_M 用于等压干扰校正。即使使用 Nu Plasma Ⅱ 的宽收集阵列，在分析过程中也不可能动态测定 Ti 和 Cr 的 β 值。因此，在进行分析之前，分别测定 Cr 和 Ti 的 β 值，并将这些固定值应用于在线数据校正协议。总的来说，$\beta_{(Ti)}$ 和 $\beta_{(Cr)}$ 约为 -1.7，在分析过程中（通常为 20~24h）漂移小于 ±0.01。分析样品的最大 $^{50}Ti/^{50}V$ 和 $^{50}Cr/^{50}V$ 比值分别为 0.02 和 0.03，由 β 值的微小变化得到的校正 $\delta^{51}V$ 的偏移量小于 0.002‰。用钛（Ti），铬（Cr）和硫（S）进行的掺杂实验证实，纯化的钒溶液中这些特定元素的相对水平不会导致钒同位素比值测量的系统偏差（图 4.1）。我们对高、低钒（V）和硫（S）丰度天然原油的试验表明，该方法的 2σ 精度为 ±0.30‰，并适用于钒浓度范围很广的原油

（a）硫

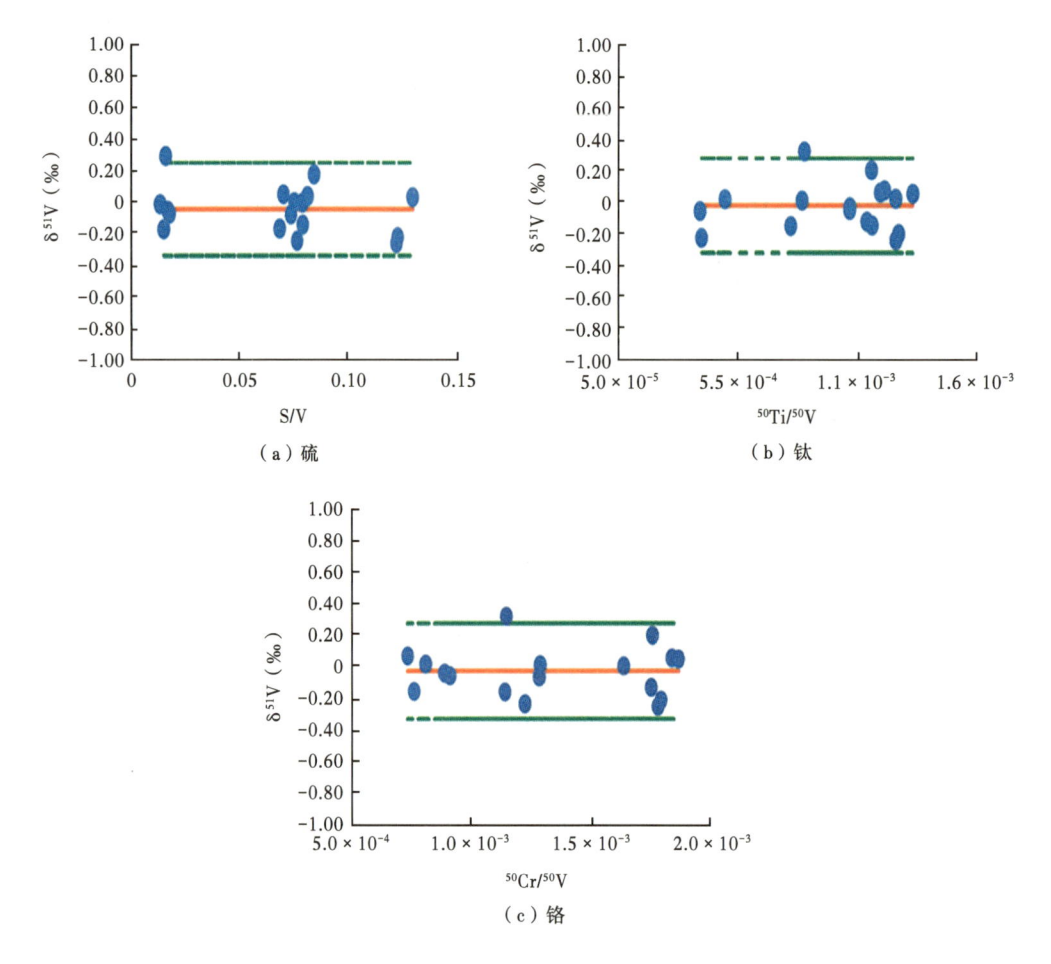

（b）钛

（c）铬

图 4.1 NIST 原油标准物质 RM 8505 测得的钒同位素组成，相对于定义为 0 的
钒同位素标液 AA（据 Nielsen 等，2011）

绿色虚线表示 2σ 误差为 ±0.3‰，红色实线表示 -0.02‰ 的平均值；这表明多色谱柱化学能有效地去除硫、钛和铬，并且它们在纯化钒溶液中的存在不会导致钒同位素比值测量的系统偏差

（表 4.1）。值得注意的是，该精度与 Ventura 等（2015）获得的精度相当，但是材料少了 5 倍（1μg/g v. 5μg/g），主要是因为用于本研究的 Nu Plasma Ⅱ 具有高灵敏度。在 6 个月的时间内，对 BDH 钒的标准溶液的钒同位素组成进行了分析，得出的平均值为 -1.15‰±0.3‰（2σ），与 Nielsen 等（2011）发表的 -1.19‰±0.12‰（2σ）的值相当。通过对两种 NIST 标准物质（NIST RM 8505 和 NIST SRM 1634c）的重复分析，进一步检验了钒同位素分析的准确性。NIST SRM 1634c 是一种 28.2μg/g 的钒和 2% 质量分数的硫的残余燃料油，重复分析（两次消化和分离的六次分析），得到平均 $\delta^{51}V$ 值为 -1.41‰±0.11‰（2σ）。NIST RM 8505 是一种委内瑞拉原油，含 390μg/g 的钒和 2.2% 的硫，对其进行了反复分析（17 次，共 6 次消化和分离），得出的平均 $\delta^{51}V$ 值为 -0.02‰±0.3‰（2σ）。这两个值在引用的不确定度范围内非常一致，NIST SRM 1634c 和 NIST RM 8505 的报告值分别为 -1.49‰ 和 -0.33‰±0.36‰（Ventura 等，2015）。值得注意的是，NIST RM 8505 和 NIST 1634c 的 $\delta^{51}V$ 值虽然在不确定性范围内，但都比 Ventura 等（2015）获得的值稍重，可能与上述章节中所述的硫对钒同位素分析的影响有关。

4.2 结果

表 4.1 和图 4.2 列出了 17 个原油样品的钒同位素组成。这些原油的 $\delta^{51}V$ 组分变化范围很大（-1.76‰~0.40‰），这比来自不同的地方和不同的蚀变的幔源镁铁质和超镁铁质岩石所报道的 $\delta^{51}V$ 范围（-1.29‰~-0.27‰）更宽（Prytulak 等，2013）。与全岩硅酸盐地球（BSE）的钒同位素组成（$\delta^{51}V_{BSE}$ 为 -0.7‰±0.2‰，Prytulak 等，2013）相比，这些原油的钒同位素组成表明它们被分馏为重的钒同位素和轻的钒同位素。尽管这两个数据集基本重叠

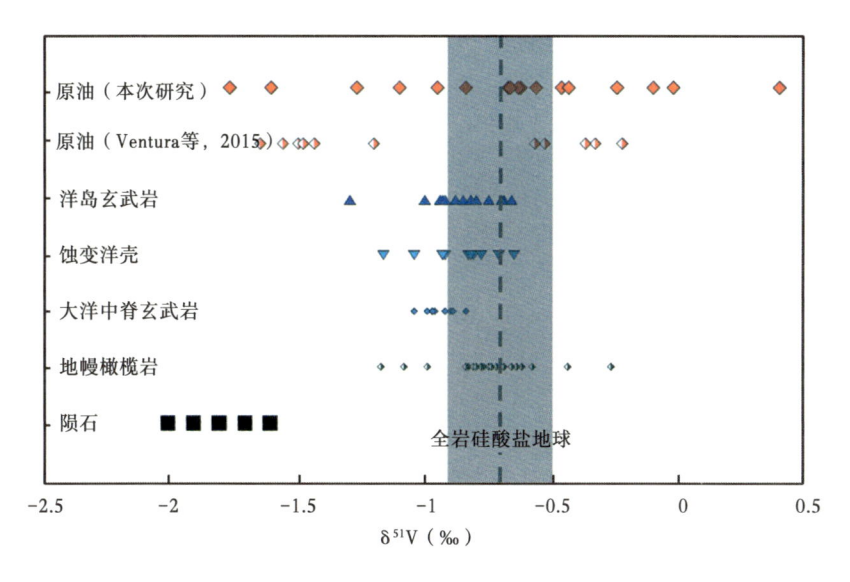

图 4.2 本次研究原油和 Ventura 等（2015）报告的原油（前两排）的钒同位素组成，与从陆地和陨石储层获得的所有其他数据相比（据 Prytulak 等，2011，2013；Nielsen 等，2014）

$\delta^{51}V$ 值相对于钒同位素标准液 AA 标准（定义为 0）（Nielsen 等，2011）；
阴影区是全岩硅酸盐地球（BSE）的范围（-0.7‰±0.2‰；Prytulak 等，2013）

（图4.2），与之前的结果（Ventura等，2015）相比，此处分析的原油样品定义的范围稍宽。在这项研究中最引人注目的是，来自巴巴多斯的11个共同成因的原油的钒同位素分馏程度几乎与这两项研究中使用的全球分布样本集所定义的相同，但令人惊讶的是，与全球值相比，V/Ni和V/（V+Ni）比值都非常小（表4.1，图4.2）。

4.3 讨论

4.3.1 烃源岩和储层

本研究中的原油具有广泛的钒同位素组成范围（-1.76‰~0.40‰，表4.1）。观察到的总钒同位素分馏约为2.2‰，小于25℃时预测的+5价和+3价钒的种型之间为6.3‰的平衡分馏系数，以及水系统中无机钒种型+5价和+4价之间为3.9‰的平衡分馏系数（Wu等，2015）。然而，在25℃时，水系统中+4价和+3价钒的种型之间的平衡分馏系数为2.5‰，两种+5价的种型之间的平衡分馏系数为1.5‰（Wu等，2015）。区域分布数据集分析表明，钒同位素组成与V/(V+Ni)比值之间存在一级相关性（图4.3）。如图4.3所示，重的钒同位素原油通常与高V/(V+Ni)比值有关，而轻的钒同位素原油的V/(V+Ni)比值往往低。以前也曾报道过原油中$\delta^{51}V$值与V/(V+Ni)比值之间的总体正相关关系（Ventura等，2015）。

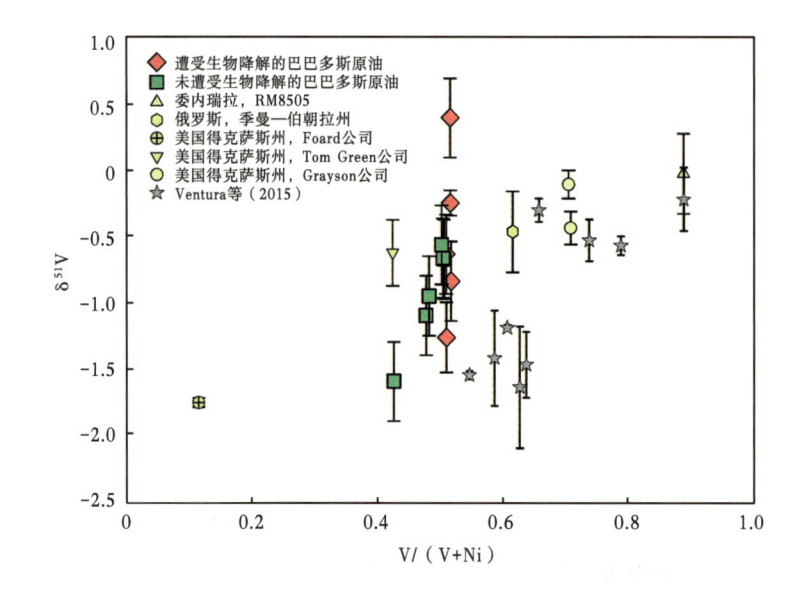

图4.3 本次研究原油和Ventura等（2015）报告的原油的钒同位素组成$\delta^{51}V$值与V/(V+Ni)比值投影图
误差为表4.1中列出的2SD一栏；$\delta^{51}V$值相对于钒同位素标液AA标准（定义为0）（Nielsen等，2011）

然而，我们也观察到，在给定的V/(V+Ni)比值下，当从一个地方（图4.3）检查巴巴多斯原油数据集时，$\delta^{51}V$值出现了显著的变化，在此处有来自不同油井的大量区域性离散样本可供研究。

认为原油中镍（Ni）和钒（V）的主要流行性和比例受Eh-pH条件、硫（S）的可用性和沉积环境中烃源岩的岩性控制（Lewan 和 Maynard，1982；Lewan，1984；Barwise，1990）。钒（V）和镍（Ni）的金属卟啉是在烃源岩早期成岩过程中，通过自由基卟啉的金属化作用形成的，自由基卟啉是在叶绿素一系列机能丧失和转化过程中形成的（Baker 和 Louda，1986；Filby 和 van Berkel，1987；Keely 等，1990；Filby，1994）。一般来说，在缺氧环境的海洋原油中，钒卟啉占主导的微量元素浓度高于镍卟啉，而在更富氧环境的陆相原油中，镍卟啉占主导的微量元素浓度低于钒卟啉（Lewan，1984；Barwise，1990；Filby，1994）。因此，原油的 V/(V+Ni) 和钒同位素组成可能主要受控于石油烃源岩的沉积环境，沉积物在沉积作用和早期成岩作用过程中，钒与有机质结合。值得注意的是，观测到的钒同位素组成与 V/(V+Ni) 比值（图 4.3）指示的氧化条件之间的相关趋势似乎与理论预测相矛盾，即重的钒同位素（^{51}V）应在更氧化的价态下富集（Wu 等，2015）。然而还应注意的是，全球分布的原油（Ventura 等，2015；本次研究）的钒同位素组成与 V/(V+Ni) 比值之间观察到的一阶相关性的验证需要进一步详细的有机地球化学数据来支持其原始性质（即这些油未经任何次生变化）。如以下章节所述，成熟和生物降解等次生变化可显著改变原始的钒同位素组成，因为在原油中钒主要以钒氧离子（VO^{2+}）的形式存在于金属有机络合物中（Branthaver 和 Filby，1987；Filby 和 van Berkel，1987；Filby，1994）。如果证实观察到的钒同位素组成与 V/(V+Ni) 比值的总体相关性，可能表明原油中钒同位素组成主要受原油中钒的价态以外的因素控制。研究表明，由于键长和配位数的不同，钒同位素可以在具有相同价态的不同种型之间进行分馏（Wu 等，2015）。然而这也可能表明，在不同沉积环境下生成的原油中，钒的有机金属络合物的主要种型和价态可能不同。例如，在强还原、富 H_2S 的海相碳质沉积环境中，原油中的钒主要以钒（VO^{2+}）卟啉的形式存在，而在缺氧、贫 H_2S、非海相、富黏土的硅质碎屑环境中，原油中的钒可能主要以 +3 价钒的形式存在于非卟啉化合物中或作为有机酸的阳离子。黏土矿物中的钒主要以 +3 价钒的形式存在（Maylotte 等，1981；Premović，1984；Wanty 等，1990），这可能会被浸出到间隙水中并被并入原油中。要解决这一问题，还需要进一步研究原油中钒同位素与其种型之间的关系。

富有机质沉积物中钒（V）的来源一直是一个争议性的问题，而且远未得到解决。假设有两个可能的来源：（1）富含钒的海洋生物的埋藏遗骸（Premović 等，1986）；（2）优先从水柱、水/沉积物表面或地下孔隙水中吸附和还原的钒（Szalay 和 Szilágyi，1967；Bloomfield 和 Kelso，1973；Cheshire 等，1977；McBride，1978；Premović，1978）。

尽管钒对人体有毒，但它却是植物和其他动物所必需的微量元素。它刺激叶绿素的合成并促进幼年动物的生长（Amorim 等，2007），也存在于海洋藻类的过氧化物酶中（Butler，1998）。它也在被囊动物中积聚（Crans 等，2004），并首次出现在早寒武纪化石记录中（Fedonkin 等，2012）。因为钒的代谢过程涉及许多步骤，例如穿过细胞膜的运输和酶的吸收，生物活动可能产生可测量的钒同位素分馏（Maréchal 等，1999；Premović 等，2002）。Premović 等（2002）提出，La Luna 组石油沥青质/烃源岩干酪根与无机来源之间的 ^{50}V/^{51}V 比值差异可归因于海水中钒的生物作用。相比之下，在给定的分析精度下（^{51}V/^{50}V 比值误差高达 ±5%，Nomura 等，2012），直接比较海水和海鞘的钒同位素组成似乎表明，在生物吸收钒的过程中，不存在明显的同位素分馏现象。显然，需要更好和更精确的调查来解决观察到的争议。Wedepohl（1971）通过质量平衡计算证明，富含钒的海洋生物富集钒的机制应该是次要的。这表明在有机质/原油中观察到钒的大量富集在很大程度上是沉积过程以及早期成岩作用和岩化作用过程中吸收和还原的结果。这与钒通过扩散穿过沉积物—水界面并固定在沉积物中而优先富集在缺氧沉积物中是一致的（Emerson 和 Huested，1991）。

正常海水的钒含量仅为约 2ppb（Wedepohl，1971），但在富集的钒溶液中与有机物清除作用相关的强还原条件下，海底可能发生钒的富集（Premovic 等，1986）。海水中钒的最终来源包括与海底火山作用有关的热液（Boström 和 Fisher，1971）和大陆径流（Wedepohl，1964）。实验室实验表明，在热液蚀变过程中，玄武岩中没有浸出钒（Seyfried 和 Mottl，1982）。与蛇纹石化作用和海底风化作用一样，在低温热液蚀变过程中，几乎没有钒元素添加或移除的证据（Kelley 等，2003）。另据报道，与海水相比，热液流体的总体浓度变化不大（Jeandel 等，1987），这表明，高温热液过程在确定海洋中钒的浓度方面不是很重要。

钒在海洋中的停留时间已计算约为 5 万年（Tribovillard 等，2006），这比全球海洋的混合时间（约 2000 年；Palmer 等，1988）要长得多。这就足以使海洋在任何给定的地质时期都具有同位素均匀的钒组分。因此，对原油钒同位素组成变化的一个可能解释是，原油钒同位素组成的变化是烃源岩沉积时海水中变化的钒同位素组成的简单继承。理论计算表明，海水的钒同位素组成可能随环境中氧含量的变化而变化（Wu 等，2015）。然而，建立这样一种推测的控制机制还需要开展进一步的工作。

由于本研究对原油的高精度年龄约束的限制，对原油中钒同位素组成的年龄进行详细的研究是不可能的，也是不谨慎的。尽管由于巴巴多斯原油的烃源岩年代的可分辨性较差而引起争议，但许多研究人员将委内瑞拉重质原油（NIST RM8505）和巴巴多斯的原油解释为在海洋环境中由类似的白垩系烃源岩所产生。我们注意到，委内瑞拉的 NIST RM 8505 原油的平均 $\delta^{51}V$ 值（-0.02‰±0.30‰）与巴巴多斯蚀变程度最小的原油 [如原油的 Pr/nC_{17} < 1.0，$Ts/(Ts+Tm)$ < 0.38；表 4.1 和图 4.3] 的平均值（-0.61‰±0.07‰）有很大不同，尽管可能有与年龄有关的差异。如果这两组原油确实是在白垩纪近乎相似的年龄形成的，则平均 $\delta^{51}V$ 值的差异可能表明原油的原始钒同位素组成受推测的 $\delta^{51}V$ 海水以外的因素控制。除了海水中钒同位素组成的时间变化外，可能影响原油中钒同位素组成的因素是受沉积环境影响的钒的种型及其在水溶液中的配位几何形状（Wu 等，2015）。理论计算表明，由于键长和配位数不同，具有相同价态的不同种型之间可能发生钒同位素分馏（Wu 等，2015）。

在水溶液中，+3 价钒和 +4 价钒均为阳离子，而 +5 价钒均为阴离子（Baes 和 Mesmer，1976；Zhang，2003）。在水溶液中，钒酸盐离子（V^{4+}）和氧钒根离子（V^{5+}）都会发生许多自缩合反应。这些反应对溶液的 pH 值和可能配体的存在非常敏感，这些配体可以与氧钒根离子配位并形成许多具有不同配位几何结构的络合物（Baes 和 Mesmer，1976；Zhang，2003）。有氧海水中的钒应以 +5 价钒的形式存在，并在中性 pH 值下水解为 $VO_2(OH)_3^{2-}$，而在更酸性的条件下（pH 值约低于 3），由于其水合形式的配位数增加，双氧钒络合物阳离子 VO_2^+ 是稳定的种型（Baes 和 Mesmer，1976；Seewald，2003）。在适度还原条件下，+4 价钒作为氧钒阳离子 VO^{2+} 是稳定的，后者在海水的 pH 值下也应水解为 $VO(OH)_3^-$（Baes 和 Mesmer，1976）。

理论计算表明，由于矿物的吸附，钒同位素可以被显著地分馏（Wu 等，2015）。+4 价和 +5 价的钒都是表面活性的，因此在天然水体中会受到强烈吸附过程的影响（Wehrli 和 Stumm，1989）。生物或陆源碎屑对钒的吸附是海水中钒去除和富集的最普遍考虑机制（Amdurer 等，1983；Prange 和 Kremling，1985）。在大多数天然水体的 pH 值范围内，钒酸盐会强烈吸附三氧化二铁和氧化铝（Honeyman，1984；Micera 和 Dallocchia，1988；Shieh 和 Duedall，1988；Wehrli 和 Stumm，1989）和高岭石（Breit 和 Wanty，1991）。氧钒根离子比钒酸根离子的吸附能力更强，但是其在含氧水环境中作为被吸附物质的稳定性受到限制（Wehrli 和 Stumm，1989）。自然界中的氧钒根离子（VO^{2+}）通常与有机配体以及腐殖酸和黄腐酸有关（Cheshire 等，1977；Wehrli 和 Stumm，1989）。因此，在水溶液中，溶解的有机物和固体表面（例如黏土和氧化铁）之间存在 +4 价钒的种型竞争（Shieh and Duedall，1988；Trefry 和 Metz，1989）。氧钒根离子对氧化物的吸附优于溶解的有机配体的络合，但在配体浓度较高时除外（Micera 和 Dallocchia，1988；Wehrli 和 Stumm，1989）。在原油中，钒主要以氧钒根离子（VO^{2+}）的形式存在，它与卟啉（钒卟啉）形成金属有机络合物，以取代植物叶绿素的镁，并以其他大部分未知的非卟啉或有机酸的阳离子的形式存在（Branthaver 和 Filby，1987；Filby 和 Van Berkel，1987；Filby，1994）。有机金属络合物的金属化发生在早期成岩作用中，在沉积过程中，间隙水中的金属离子形态受 Eh-pH 条件控制，因为埋藏的沉积物可能不与沉积物上方的水柱开放接触（Lewan，1984；Filby，1994）。

因此，可以合理预期原油中 $\delta^{51}V$ 与石油烃源岩沉积环境的一阶相关性。在沉积和早期成岩过程中，Eh-pH 条件决定了水柱或孔隙水中钒离子的种型和配位，而烃源岩的岩性（即碳酸盐、黏土和氧化铁的相对丰度）决定了与有机分子（如卟啉）竞争溶液中可用钒离子的共存相。观测到的钒同位素组成与 V/(V+Ni) 比值的总体相关性（图 4.3）表明，与来自缺氧程度较低、贫 H_2S、非海相硅质碎屑环境的原油相比，来自强还原、富 H_2S、海相、含碳沉积环境的原油的 $\delta^{51}V$ 值更大。

4.3.2 生物降解作用

如图 4.3 所示，来自巴巴多斯的共生原油的 $\delta^{51}V$ 值的变化范围很大（-1.60‰~0.40‰；图 4.3，表 4.1）。这清楚地表明，原油的原始钒同位素组成可以通过在单一地点的迁移、成熟或生物降解等次生过程显著地改变。这些次生过程可能在含油气系统演化过程中，通过埋藏、后生作用、运移和圈闭，导致钒的增加或减少（Filby，1994）。

根据所测得的 Pr/nC_{17} 比率和样品中轻有机化合物的色谱图形状（是生物降解的可靠指标；Peters 和 Moldowan，1993），来自巴巴多斯的原油样品可分为两类：遭受生物降解的原油（$Pr/nC_{17}>1.0$）和未遭受生物降解的原油（$Pr/nC_{17}<1.0$）。与大多数原始原油（样品 BBD-7 和 BBD-9；表 4.1）的平均 $\delta^{51}V$ 值（-0.61‰±0.07‰）相比，遭受生物降解的原油的钒同位素组成明显地被分馏为重的钒同位素和轻的钒同位素（图 4.4）。储层中的细菌利用磷酸盐离子和任何氧化剂等营养物质氧化烃类和非烃类，并产生改变的原油。人们普遍认为，大多数地表和地下生物降解是由好氧细菌引起的（Palmer，1993），水在储层中的流动提供了充足的氧气和营养（Connan，1984；Volkman 等，1984；Larter 等，2006）。然而，现在已经认识到，厌氧硫酸盐还原和发酵细菌也可以在无氧情况下降解石油（Connan 等，1995；Coates 等，1996；Caldwell 等，1998；Zengler 等，1999）。在缺氧条件下，NO、SO_4^{2-}、Mn^{4+}、Fe^{3+} 和 CO_2 以及钒酸盐都可能作为生物降解过程中氧化有机化合物的替代电子受体（氧化剂）（Rehder，1991；Crans 等，2004；Huang，2004；Winter 和 Moore，2009）。随着生物降解程度的增加，石油变得更黏稠，更富含树脂、沥青质、硫和金属元素（Connan，1984；Volkman 等，1984；Palmer，1993；Peters 和 Moldowan

1993；Meredith 等，2000）。因此，在生物降解过程中，钒同位素的分馏与其浓度的改变有关，这似乎是合乎逻辑的。如果有机钒键断裂，有利于较轻的钒同位素 ^{50}V 的动力学同位素效应将增加未反应物质的 δ^{51}V 值。另一种解释是 δ^{51}V 值的变化是由于微生物活动引起的准备添加到石油中的钒离子（及其在水中的配位几何结构）的种型的变化。通常，生物降解作用不涉及主要的钒键变化，因为钒络合物通常具有高分子量和芳香结构，因此能够抵抗细菌的攻击（Palmer，1983；Strong 和 Filby，1987；Sundararaman 和 Hwang，1993）。然而，溶液的 pH 值和潜在配体的存在对生物降解作用非常敏感，这会同时导致作为配体结合位点的有机酸的贡献增加（Hughey 等，2007；Skaare 等，2007）。

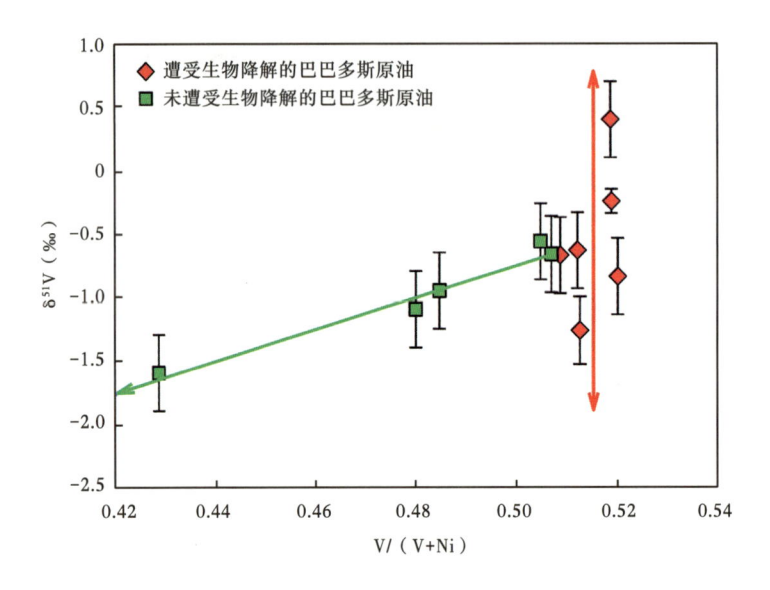

图 4.4　本次研究中巴巴多斯未遭受生物降解原油与遭受生物降解原油的钒同位素组成 δ^{51}V 值与 V/(V+Ni) 比值投影图

误差为表 4.1 中列出的 2SD 一栏；δ^{51}V 值相对于钒同位素标液 AA 标准（定义为 0）（Nielsen 等，2011）；需要注意的是，最成熟样品中 V/(V+Ni) 比值的变化微小（约 20%）

4.3.3　成熟作用

如图 4.5 所示，巴巴多斯未遭生物降解的原油的 δ^{51}V 值与成熟指数 [Ts/(Ts+Tm)] 和三环萜烷指数呈负相关（Peters 和 Moldowan，1993）。这种观测到的相关热成熟度指数是显著的，尽管它只是基于一个小数据集，其 δ^{51}V 的总变化约为 1‰。随着埋藏深度的增加，烃源岩的温度升高，原油的化学不稳定部分开始裂解。如图 4.6 所示，根据这些指标测量，未遭受生物降解的原油的钒浓度通常随着热成熟度的增加而降低。原油中的钒以钒卟啉化合物和非卟啉化合物的形式存在，它们具有不同的化学结构（Branthaver 和 Filby 1987；Filby 和 van Berkel，1987；Filby 1994；Amorim 等，2007）。在卟啉化合物中，钒被四个氮配位原子结合，而在非卟啉化合物中，氮、氧和硫都可以以不同的组合作为配位原子（Dickson 等，1972；Sebor 等，1975）。碳原子和杂原子（氮、硫和氧）之间的化学键更不稳定，因此更容易断裂（Mackenzie 和 Quigley，1988）。已有文献说明了有机物中钒与硫配体的键合反应（Yen，1975；Baker 和 Louda，1986）。尽管钒卟啉在实验室

4 原油中钒同位素组成：来源、成熟和生物降解的影响

加热过程中最高可稳定在 400°C（Premović 等，1996），但已表明，在原油的热成熟过程中，在较低温度下钒卟啉可由脱氧叶红初卟啉（DPEP）转变为初卟啉（ETIO）（Didyk 等，1975；Mackenzie 等，1980；Barwise 和 Park，1983；Barwise 和 Roberts，1984；Barwise 1987；Sundararaman 等，1988；Sundararaman 和 Hwang，1993）。随着热成熟度的增加，氧化初卟啉钒的分布也向低碳数方向变化（Gallango 和 Cassani，1992；Sundararaman 和 Moldowan，1993），表明对于给定的卟啉类型，高碳数种型的热降解速率更高。也有人推测，在原油熟化过程中，金属卟啉的分解导致游离的阳离子（如 Ni^{2+} 或 VO^{2+}）会被沥青质官能团（或其他极性分子，如环烷酸）络合，或者形成一个金属硫化物分子，被困在沥青质胶质中（Filby，1994）。Day 和 Filby（1992）已经表明，钒卟啉在蒙脱石上的脱金属化—金属化过程中也是可逆的。在这些过程中，由于不同化学结构之间的钒键强度的变化，不同种型之间的钒交换或转化都可能导致钒同位素分馏。

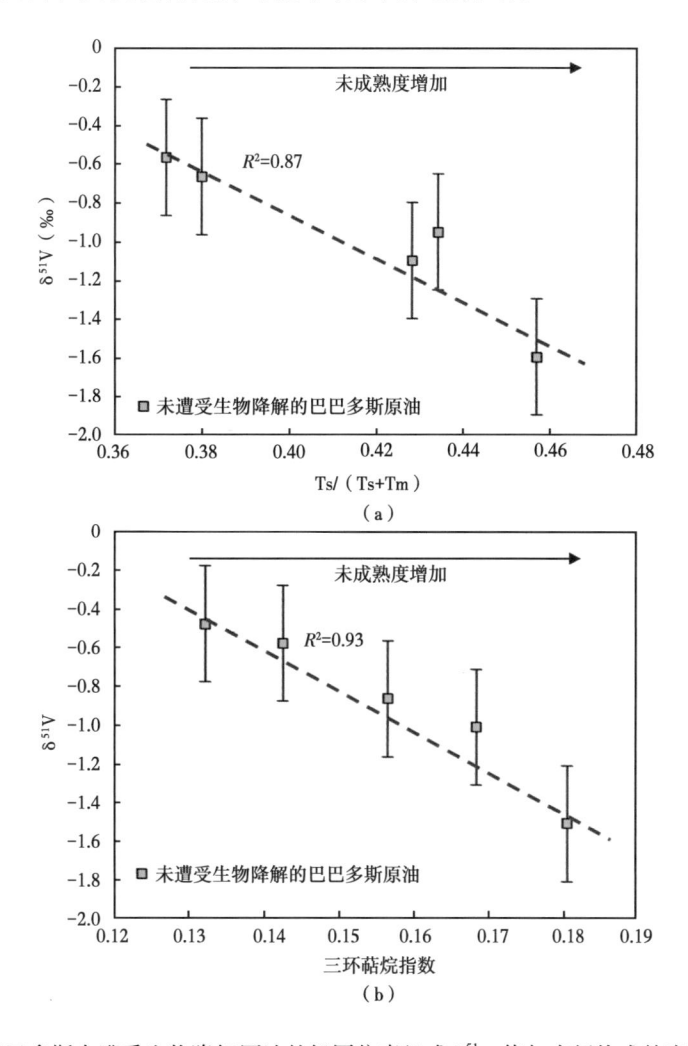

图 4.5 巴巴多斯未遭受生物降解原油的钒同位素组成 $δ^{51}V$ 值与表征热成熟度的指数的相关性图解（a）和与三环萜烷指数的相关性图解（b）

误差为表 4.1 中列出的 2SD 一栏；需要注意的是，随着热成熟度的增加，$δ^{51}V$ 值减小；$δ^{51}V$ 值相对于钒同位素标液 AA 标准（定义为 0）（Nielsen 等，2011）

地球化学在油气系统中的应用

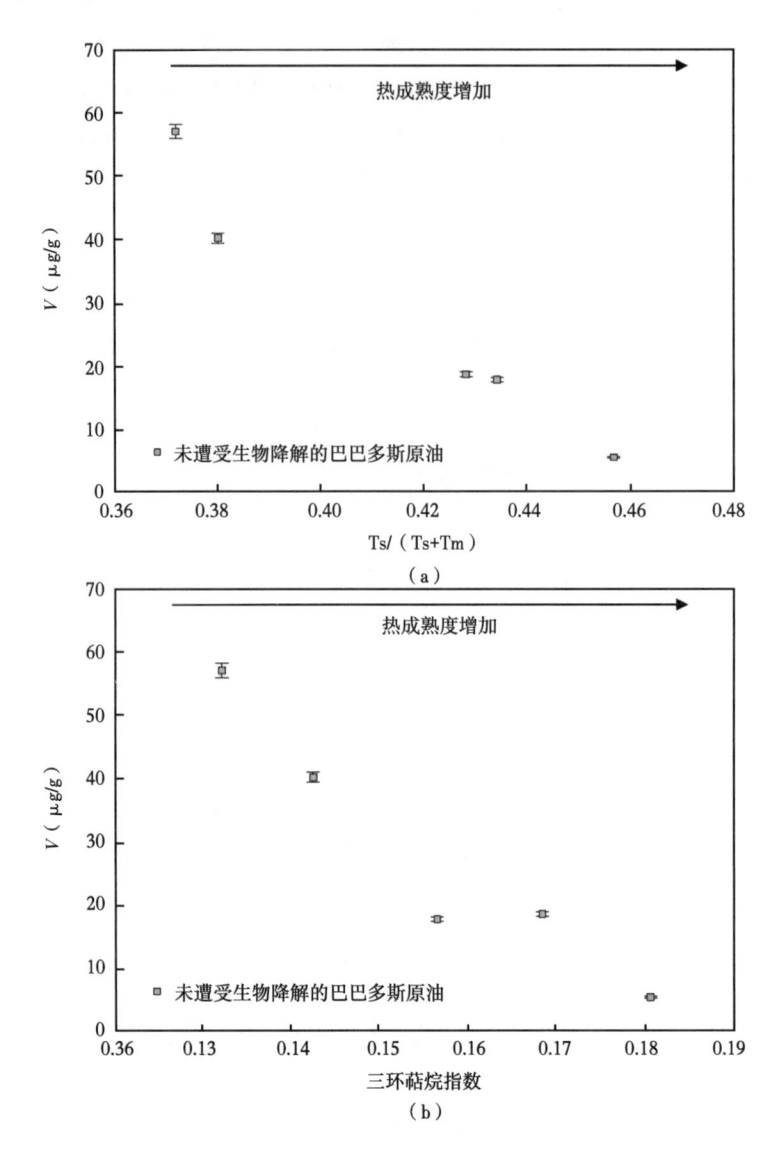

图 4.6 巴巴多斯未遭受生物降解原油的钒同位素组成 V 含量与表征热成熟度的指数的相关性图解（a）和与三环萜烷指数的相关性图解（b）

误差的计算基于 2% 的 2RSD；需要注意的是，随着热成熟度的增加，表现为去金属化趋势；
$\delta^{51}V$ 值相对于钒同位素标准液 AA 标准（定义为 0）（Nielsen 等，2011）

因此，观察到的 $\delta^{51}V$ 值的逐渐降低以及伴随成熟的共生巴巴多斯原油中钒丰度的变化（图 4.5）可能表明在脱金属过程中 ^{51}V 的优先损失或在新形成的钒有机金属化合物中 ^{50}V 的优先掺入。另外，观察到的 $\delta^{51}V$ 值随热成熟度的变化可能只是由一个与温度有关的同位素分馏过程引起的。典型的生油窗温度为 50~150℃，这取决于烃源岩的加热速度（Tissot 和 Welte，1984）。理论计算表明，在生油窗温度范围内，不同种型间的钒同位素分馏随温度变化（Wu 等，2015）。然而，温度引起的同位素分馏的程度随温度的升高而减小（Wu 等，2015），并且与观察到的趋势相矛盾，当其背离原始值时，分馏程度逐渐增加（图 4.5）；因此，温度不太可能是成熟过程中钒同位素分馏的实际驱动因素。

4.4 结论

我们采用一种能够产生优于±0.3‰外部精度的程序,对17个具有不同的钒浓度范围、地点和地层年龄的原油样品的钒同位素组成进行了详细的研究。这些全球分布的原油中存在显著的钒同位素分馏作用。

原油中$\delta^{51}V$同位素组成主要与镍/钒比值（Ni/V）有关,最有可能由石油烃源岩沉积环境决定。Eh-pH条件决定了水柱或孔隙水中钒离子的形态和配位,而烃源岩的岩性（即碳酸盐、黏土和氧化铁的相对丰度）定义了与有机分子（如卟啉）竞争溶液中可用钒离子的共存相。

$\delta^{51}V$组分与生物标志物的相关性表明,钒同位素组分在成熟和生物降解过程中都受到显著的影响。

生物降解过程中的钒同位素分馏可能取决于生物降解的条件,即好氧和厌氧。这种依赖性最可能的解释是水—油界面微生物活动引起的钒离子种类及其配位构型的变化。

原油中钒含量的显著变化是由于原油逐步热成熟过程中VO^{2+}卟啉或非卟啉的脱金属—再金属化过程造成的。我们观察到随着成熟度的增加,共同来源的巴巴多斯原油中$\delta^{51}V$值和钒含量逐渐降低,这可能表明,在脱金属过程中$\delta^{51}V$优先损失或在新形成的钒有机金属化合物中优先掺入^{50}V。将钒同位素资料与传统的生物标志物和原油多元素分析资料相结合,有望成为一种强有力的地球化学标志物技术和勘探手段。然而,要更全面地了解控制原油中钒同位素分馏的基本机制,就需要进一步研究来自特定地区的原油和烃源岩。对在特定的、认识充分的条件下产生的原油进行系统有机—无机地球化学联合调查,将是更全面了解这些过程的必要条件。钒同位素资料与其他元素和生物地球化学资料的相关性研究,以及对油气成藏年龄的高精度约束,对更全面地认识原油中钒的分馏作用具有重要意义。

感谢Sune Nielsen在方法开发中提供了两种钒同位素标液（AA和BDH）。也感谢安捷伦科技公司的支持,为方法开发中使用的QQQ-ICP-MS和ICP-OES仪器提供技术和其他支持;感谢John Eiler和两位匿名审稿人对初稿的改进。

参 考 文 献

AMDURER, M., ADLER, D. & SANTSCHI, P. 1983. Studies of the chemical forms of trace elements in sea water using radiotracers. *In*: WONG, C.S., BOYLE, E., BRULAND, K.W., BURTON, J.D.& GOLDBERG, E.D. (eds) *Trace Metals in Sea Water*. NATO Conference Series (IV Marine Sciences), 9. Springer, Boston, MA, 537–562.

AMORIM, F.A.C., WELZ, B., COSTA, A., LEPRI, F.G., VALE, M.G.R. & FERREIRA, S.L. 2007. Determination of vanadium in petroleum and petroleum products using atomic spectrometric techniques. *Talanta*, 72, 349–359.

ANBAR, A.D. & KNOLL, A. 2002. Proterozoic ocean chemistry and evolution: a bioinorganic bridge? *Science*, 297, 1137–1142.

BABAIE, H.A., SPEED, R.C., LARUE, D.K. & CLAYPOOL, G.E. 1992. Source rock and maturation evaluation of the Barbados accretionary prism. *Marine and Petroleum Geology*, 9, 623–632.

BAES, C.F. & MESMER, R.E. 1976. *Hydrolysis of Cations*. John Wiley and Sons, New York.

BAKER, E.W. & LOUDA, J.W. 1986. Porphyrins in the geological record. *In*: JOHNS, R.B. (ed.) *Biological Markers in the Sedimentary Record: Methods in Geochemistry and Geophysics*. Elsevier, Amsterdam, 126–225.

BARWISE, A. 1987. Mechanisms involved in altering deoxophylloerythroetioporphyrin-etioporphyrin ratios in sediments and oils. *In*: FILBY, R.H. & BRANTHAVER, J.F. (eds) *Metal Complexes in Fossil Fuels*. American Chemical Society Symposium Series, 344, 100–109, https://doi.org/10.1021/bk-1987-0344.ch006

BARWISE, A. 1990. Role of nickel and vanadium in petroleum classification. *Energy & Fuels*, 4, 647–652.

BARWISE, A. & PARK, P. 1983. Petroporphyrin fingerprinting as a geochemical marker. *In*: BJOROY, M. ET AL. (eds) *Advances in Organic Geochemistry 1981*. Wiley, Chichester, 668–674.

BARWISE, A. & ROBERTS, I. 1984. Diagenetic and catagenetic pathways for porphyrins in sediments. *Organic Geochemistry*, 6, 167–176.

BELLENGER, J., WICHARD, T., KUSTKA, A. & KRAEPIEL, A. 2008. Uptake of molybdenum and vanadium by a nitrogen-fixing soil bacterium using siderophores. *Nature Geoscience*, 1, 243–246.

BISSADA, K., ELROD, L., DARNELL, L., SZYMCZYK, H. & TROSTLE, J. 1993. Geochemical inversion-a modern approach to inferring source-rock identity from characteristics of accumulated oil and gas. *Energy Exploration and Exploitation*, 11, 295–328.

BLOOMFIELD, C. & KELSO, W. 1973. The mobilization and fixation of molybdenum, vanadium, and uranium by decomposing plant matter. *Journal of Soil Science*, 24, 368–379.

BOSTRÖM, K. & FISHER, D.E. 1971. Volcanogenic uranium, vanadium and iron in Indian Ocean sediments. *Earth and Planetary Science Letters*, 11, 95–98.

BRANTHAVER, J.F. & FILBY, R.H. 1987. Application of metal complexes in petroleum to exploration geochemistry. *In*: FILBY, R.H. & BRANTHAVER, J.F. (eds) *Metal Complexes in Fossil Fuels*. American Chemical Society Symposium Series, 344, 84–99, https://doi.org/10.1021/bk-1987-0344.ch005

BREIT, G.N. & WANTY, R.B. 1991. Vanadium accumulation in carbonaceous rocks: a review of geochemical controls during deposition and diagenesis. *Chemical Geology*, 91, 83–97.

BURGGRAF, A., LUNG-CHUAN, K., WEINZAPFEL, A. & SENNESETH, O. 2002. A new assessment of Barbados onshore oil characteristics and implications for regional petroleum exploration. *16th Caribbean Geological Congress Abstracts*, Barbados, West Indies, 32.

BUTLER, A. 1998. Acquisition and utilization of transition metal ions by marine organisms. *Science*, 281, 207–209.

CALDWELL, M. & GARRETT, R., PRINCE, R.C. & SUFLITA, J.M. 1998. Anaerobic biodegradation of long-chain n-alkanes under sulfate-reducing conditions. *Environmental Science and Technology*, 32, 2.

CASEY, J.F., GAO, Y. & YANG, W. 2015. Analysis of low abundance trace metals and $^{50}V/^{51}V$ isotopes in crude oils: new methods for characterization and exploration. Goldschmidt Abstracts *2015*, 479, Prague.

CASEY, J.F., GAO, Y., THOMAS, R. & YANG, W. 2016. New approaches in sample preparation and precise multielement analysis of crude oils and refined petroleum products using single-reaction-chamber microwave digestion and triple-quadrupole ICP-MS. *Spectroscopy*, 31, 11–22.

CHESHIRE, M., BERROW, M., GOODMAN, B. & MUNDIE, C. 1977. Metal distribution and nature of some Cu, Mn and V complexes in humic and fulvic acid fractions of soil organic matter. *Geochimica et Cosmochimica Acta*, 41, 1131–1138.

COATES, J.D., ANDERSON, R.T., WOODWARD, J.C., PHILLIPS, E.J. & LOVLEY, D.R. 1996. Anaerobic hydrocarbon degradation in petroleum-contaminated harbor sediments under sulfate-reducing and artificially imposed iron-reducing conditions. *Environmental Science & Technology*, 30, 2784–2789.

COMER, J.B. 1991. *Stratigraphic Analysis of the Upper Devonian Woodford Formation, Permian Basin, West Texas and Southeastern New Mexico*. Bureau of Economic Geology, University of Texas at Austin, USA.

CONNAN, J. 1984. Biodegradation of crude oils in reservoirs. *Advances in Petroleum Geochemistry*, 1, 299–335.

CONNAN, J., LACRAMPE-COULOUME, G. & MAGOT, M. 1995. Origin of gases in reservoirs. In: DOLENC, A. (ed.) *Proceedings of the 1995 International Gas Research Conference*. I. Government Institutes, Rockville, Madison, USA, 21–61.

CRANS, D.C., SMEE, J.J., GAIDAMAUSKAS, E. & YANG, L. 2004. The chemistry and biochemistry of vanadium and the biological activities exerted by vanadium compounds. *Chemical Reviews*, 104, 849–902.

CURIALE, J.A. 1987. Distribution and occurrence of metals in heavy crude oils and solid bitumens – implications for petroleum exploration: Section II. Characterization, maturation, and degradation. In: MEYER, R.F. (ed.) *Exploration for Heavy Crude Oil and Natural Bitumen*. AAPG Studies in Geology, 25, 207–219.

DAY, J. & FILBY, R. 1992. The role of clay mineral acidity in the evolution of copper, nickel and vanadyl geoporphyrins. *Proceedings of Catalytic Selective Oxidation*. American Chemical Society national meeting 1992. American Chemical Society, Washington DC, 1399.

DEVILLE, E., BATTANI, A. ET AL. 2003. Processes of mud volcanism in the Barbados–Trinidad compressional system: new structural, thermal and geochemical data. AAPG Search and Discovery Article 30017.

DICKSON, F., KUNESH, C., MCGINNIS, E. & PETRAKIS, L. 1972. Use of electron spin resonance to characterize the vanadium(IV)-sulfur species in petroleum. *Analytical Chemistry*, 44, 978–981.

DIDYK, B.M., ALTURKI, Y.I., PILLINGER, C.T. & EGLINTON, G. 1975. Petroporphyrins as indicators of geothermal maturation. *Nature*, 256, 563–565, https://doi.org/10.1038/256563a0

EMERSON, S.R. & HUESTED, S.S. 1991. Ocean anoxia and the concentrations of molybdenum and vanadium in seawater. *Marine Chemistry*, 34, 177–196.

FEDONKIN, M., VICKERS-RICH, P., SWALLA, B., TRUSLER, P.& HALL, M. 2012. A new metazoan from the Vendian of the White Sea, Russia, with possible affinities to the ascidians. *Paleontological Journal*, 46, 1–11.

FILBY, R.H. 1994. Origin and nature of trace element species in crude oils, bitumens and kerogens: implications for correlation and other geochemical studies. In: PARNELL, J. (ed.) *Geofluids: Origin, Migration and Evolution of Fluids in Sedimentary Basins*. Geological Society, London, Special Publications, 78, 203–219, https://doi.org/10.1144/GSL.SP.1994.078.01.15

FILBY, R.H. & VAN BERKEL, G.J. 1987. Geochemistry of metal complexes in petroleum, source rocks and coal: an overview. In: FILBY, R.H. & BRANTHAVER, J.F. (eds) *Metal Complexes in Fossil Fuels*. American Chemical Society Symposium Series, 344, 2–39, https://doi.org/10.1021/bk-1987-0344.ch001

GALARRAGA, F., REATEGUI, K., MARTINEZ, A., MARTINEZ, M., LLAMAS, J.& MÁRQUEZ, G. 2008. V/Ni ratio as a parameter in palaeoenvironmental characterisation of nonmature medium-crude oils from several Latin American basins. *Journal of Petroleum Science and Engineering*, 61, 9–14.

GALLANGO, O.&CASSANI, F. 1992. Biological marker maturity parameters of marine crude oils and rock extracts from the Maracaibo Basin, Venezuela. *Organic Geochemistry*, 18, 215–224.

GOLDSTEIN, T. 1983. Geocatalytic reactions in formation and maturation of petroleum. *AAPG Bulletin*, 67, 152–159.

HILL, R.J. & SCHENK, C.J. 2005. Petroleum geochemistry of oil and gas from Barbados: implications for distribution of Cretaceous source rocks and regional petroleum prospectivity. *Marine and Petroleum*

Geology, 22, 917–943.
HILL, R.J., JARVIE, D.M., ZUMBERGE, J., HENRY, M. & POLLASTRO, R.M. 2007. Oil and gas geochemistry and petroleum systems of the Fort Worth Basin. *AAPG Bulletin*, 91, 445–473.
HOEFS, J. 2008. *Stable Isotope Geochemistry*. Springer Science & Business Media, Berlin.
HONEYMAN, B.D. 1984. *Cation and Anion Adsorption at the Oxide/Solution Interface in Systems Containing Binary Mixtures of Adsorbents: an Investigation of the Concept of Adsorptive Additivity*. Stanford University, Stanford, Ca, USA.
HUANG, H. 2004. *Effects of biodegradation on crude oil compositions and reservoir profiles in the Liaohe basin, NE China*. PhD thesis, University of Newcastleupon-Tyne, UK.
HUGHEY, C.A., GALASSO, S.A. & ZUMBERGE, J.E. 2007. Detailed compositional comparison of acidic NSO compounds in biodegraded reservoir and surface crude oils by negative ion electrospray Fourier transform ion cyclotron resonance mass spectrometry. *Fuel*, 86, 758–768.
JARVIE, D., CLAXTON, B., HENK, F. & BREYER, J. 2001. Oil and shale gas from the Barnett Shale, Fort Worth Basin, Texas. *AAPG Annual Meeting Abstracts*. Denver, Colorado, USA, p. A100.
JARVIE, D.M., HILL, R.J., RUBLE, T.E. & POLLASTRO, R.M. 2007. Unconventional shale-gas systems: the Mississippian Barnett Shale of north central Texas as one model for thermogenic shale-gas assessment. *In*: HILL, R.J. & JARVIE, D.M. (eds) 'Special Issue: Barnett Shale'. *American Association of Petroleum Geologists Bulletin*, 91, 475–499.
JEANDEL, C., CAISSO, M. & MINSTER, J. 1987. Vanadium behaviour in the global ocean and in the Mediterranean Sea. *Marine Chemistry*, 21, 51–74.
KEELY, B., PROWSE, W. & MAXWELL, J. 1990. The Treibs hypothesis: an evaluation based on structural studies. *Energy & Fuels*, 4, 628–634.
KELLEY, K.A., PLANK, T., LUDDEN, J. & STAUDIGEL, H. 2003. Composition of altered oceanic crust at ODP Sites 801 and 1149. *Geochemistry, Geophysics, Geosystems*, 4, https: //doi.org/10.1029/2002GC000435
KHUHAWAR, M., MIRZA, M.A. & JAHANGIR, T. 2012. *Determination of Metal Ions in Crude Oils*. INTECH Open Access Publisher, https: //doi.org/10.5772/36945
KIRIYAMA, T. & KURODA, R. 1983. Anion-exchange separation and spectrophotometric determination of vanadium in silicate rocks. *Talanta*, 30, 261–264.
KRAEPIEL, A., BELLENGER, J., WICHARD, T. & MOREL, F. 2009. Multiple roles of siderophores in free-living nitrogen-fixing bacteria. *Biometals*, 22, 573–581.
LARTER, S., HUANG, H. ET AL. 2006. The controls on the composition of biodegraded oils in the deep subsurface: Part II – Geological controls on subsurface biodegradation fluxes and constraints on reservoir-fluid property prediction. *AAPG Bulletin*, 90, 921–938.
LARUE, D., SCHOONMAKER, J., TORRINI, R., LUCAS-CLARK, J., CLARK, M. & SCHNEIDER, R. 1985. Barbados: maturation, source rock potential and burial history within a Cenozoic accretionary complex. *Marine and Petroleum Geology*, 2, 96–110.
LAWRENCE, S., CORNFORD, C., KELLY, R., MATHEWS, A. & LEAHY, K. 2002. Kitchens on a conveyor belt-petroleum systems in accretionary prisms. *16th Caribbean Geological Congress Abstracts*, Barbados, West Indies, 41.
LEAHY, K., LAWRENCE, S. & THRIFT, J. 2004. Caribbean source rocks may point toward buried treasure. *Oil & Gas Journal*, 102, 35–39.
LEWAN, M.D. 1984. Factors controlling the proportionality of vanadium to nickel in crude oils. *Geochimica et*

Cosmochimica Acta, 48, 2231–2238.

LEWAN, M.D. 1997. Experiments on the role of water in petroleum formation. *Geochimica et Cosmochimica Acta*, 61, 3691–3723.

LEWAN, M.D. & MAYNARD, J. 1982. Factors controlling enrichment of vanadium and nickel in the bitumen of organic sedimentary rocks. *Geochimica et Cosmochimica Acta*, 46, 2547–2560.

MACKENZIE, A.S. & QUIGLEY, T.M. 1988. Principles of geochemical prospect appraisal. *AAPG Bulletin*, 72, 399–415.

MACKENZIE, A.S., PATIENCE, R., MAXWELL, J., VANDENBROUCKE, M. & DURAND, B. 1980. Molecular parameters of maturation in the Toarcian shales, Paris Basin, France – I. Changes in the configurations of acyclic isoprenoid alkanes, steranes and triterpanes. *Geochimica et Cosmochimica Acta*, 44, 1709–1721.

MAKISHIMA, A., ZHU, X.K., BELSHAW, N.S. & O'NIONS, R.K. 2002. Separation of titanium from silicates for isotopic ratio determination using multiple collector ICP-MS. *Journal of Analytical Atomic Spectrometry*, 17, 1290–1294.

MANGO, F.D. 1996. Transition metal catalysis in the generation of natural gas. *Organic Geochemistry*, 24, 977–984.

MARÉCHAL, C.N., TÉLOUK, P. & ALBARÈDE, F. 1999. Precise analysis of copper and zinc isotopic compositions by plasma-source mass spectrometry. *Chemical Geology*, 156, 251–273.

MAYLOTTE, D., WONG, J., PETERS, R.S., LYTLE, F. & GREEGOR, R. 1981. X-ray absorption spectroscopic investigation of trace vanadium sites in coal. *Science*, 214, 554–556.

MCBRIDE, M.B. 1978. Transition metal bonding in humic acid: an ESR study. *Soil Science*, 126, 200–209.

MEREDITH, W., KELLAND, S.J. & JONES, D. 2000. Influence of biodegradation on crude oil acidity and carboxylic acid composition. *Organic Geochemistry*, 31, 1059–1073.

MICERA, G. & DALLOCCHIA, R. 1988. Metal complex formation of the surface of amorphous aluminum hydroxide, Part IV. Interactions of oxovanadium(IV) and vanadate(V) with aluminum hydroxide in the presence of succinic, malic and 2-mercaptosuccinic acids. *Colloids Surfaces*, 34, 185–196.

MOLDOWAN, J.M., SUNDARARAMAN, P. & SCHOELL, M. 1986. Sensitivity of biomarker properties to depositional environment and/or source input in the Lower Toarcian of SW-Germany. *Organic Geochemistry*, 10, 915–926.

NIEDERER, F., PAPANASTASSIOU, D. & WASSERBURG, G. 1985. Absolute isotopic abundances of Ti in meteorites. Geochimica et Cosmochimica Acta, 49, 835–851.

NIELSEN, S.G. 2015. *Stable Vanadium Isotopes in Crude Oils and Their Source Rocks: A New Tool to Understand the Processes Governing Petroleum Generation*. Report DN12, American Chemical Society, https://acs webcontent.acs.org/prfar/2013/Paper12260.html

NIELSEN, S.G., PRYTULAK, J. & HALLIDAY, A.N. 2011. Determination of precise and accurate V-51/V-50 isotope ratios by MC-ICP-MS, Part 1: chemical separation of vanadium and mass spectrometric protocols. *Geostandards and Geoanalytical Research*, 35, 293–306, https://doi.org/10.1111/j.1751-908X.2011.00106.x

NIELSEN, S.G., PRYTULAK, J., WOOD, B.J. & HALLIDAY, A.N. 2014. Vanadium isotopic difference between the silicate Earth and meteorites. *Earth and Planetary Science Letters*, 389, 167–175.

NIELSEN, S.G., OWENS, J.D. & HORNER, T.J. 2016. Analysis of high-precision vanadium isotope ratios by medium resolution MC-ICP-MS. *Journal of Analytical Atomic Spectrometry*, 31, 531–536.

NOMURA, M., NAKAMURA, M., SOEDA, R., KIKAWADA, Y., FUKUSHIMA, M. & OI, T. 2012.

Vanadium isotopic composition of the sea squirt (Ciona savignyi). *Isotopes in Environmental and Health Studies*, 48, 434–438.

PALMER, M., FALKNER, K.K., TUREKIAN, K. & CALVERT, S. 1988. Sources of osmium isotopes in manganese nodules. *Geochimica et Cosmochimica Acta*, 52, 1197–1202.

PALMER, S.E. 1983. Porphyrin distributions in degraded and nondegraded oils from colombia. *Abstracts of Papers of the American Chemical Society*. 186th ACS national convention, August. American Chemical Society, Washington, DC, 23.

PALMER, S.E. 1993. Effect of biodegradation and water washing on crude oil composition. In: ENGEL, M.H. & MACKO, S.A. (eds) *Organic Geochemistry*. Springer, New York, NY, 511–533.

PETERS, K.E. & MOLDOWAN, J.M. 1993. *The Biomarker Guide: Interpreting Molecular Fossils in Petroleum and Ancient Sediments*. Prentice Hall, Englewood Cliffs, NJ.

POLLASTRO, R.M., HILL, R.J., JARVIE, D.M. & HENRY, M.E. 2003. Assessing undiscovered resources of the Barnett-Paleozoic total petroleum system, Bend Arch-Fort Worth Basin Province, Texas. AAPG Search and Discovery Article #10034.

POLLASTRO, R.M., JARVIE, D.M., HILL, R.J. & ADAMS, C.W. 2007. Geologic framework of the Mississippian Barnett Shale, Barnett-Paleozoic total petroleum system, Bend archFort Worth Basin, Texas. *AAPG Bulletin*, 91, 405–436.

PRANGE, A. & KREMLING, K. 1985. Distribution of dissolved molybdenum, uranium and vanadium in Baltic Sea waters. *Marine Chemistry*, 16, 259–274.

PREMOVIĆ, P.I. 1978. Electron spin resonance methods for trace metals in fossil fuels. *Proceedings of the 7th Yugoslav Conference on General and Applied Spectroscopy*. Serbian Chemical Society, Belgrade, Yugoslavia, 11–16.

PREMOVIĆ, P.I. 1984. Vanadyl ions in ancient marine carbonaceous sediments. *Geochimica et Cosmochimica Acta*, 48, 873–877.

PREMOVIĆ, P.I., PAVLOVIĆ, M.S. & PAVLOVIĆ, N.A.Z. 1986. Vanadium in ancient sedimentary rocks of marine origin. *Geochimica et Cosmochimica Acta*, 50, 1923–1931.

PREMOVIĆ, P.I., JOVANOVIĆ, L.S. & NIKOLIĆ, G.S. 1996. Thermal stability of the asphaltene/kerogen vanadyl porphyrins. *Organic Geochemistry*, 24, 801–814.

PREMOVIĆ, P.I., ĐORĐEVIĆ, D. & PAVLOVIĆ, M. 2002. Vanadium of petroleum asphaltenes and source kerogens (La Luna Formation, Venezuela): isotopic study and origin. *Fuel*, 81, 2009–2016.

PRYTULAK, J., NIELSEN, S.G. & HALLIDAY, A.N. 2011. Determination of precise and accurate 51V/50V isotope ratios by multi-collector ICP-MS, Part 2: isotopic composition of six reference materials plus the Allende chondrite and verification tests. *Geostandards and Geoanalytical Research*, 35, 307–318.

PRYTULAK, J., NIELSEN, S.G. *ET AL*. 2013. The stable vanadium isotope composition of the mantle and mafic lavas. *Earth and Planetary Science Letters*, 365, 177–189, https://doi.org/10.1016/j.epsl.2013.01.010

REHDER, D. 1991. The bioinorganic chemistry of vanadium. *Angewandte Chemie International Edition* [in English], 30, 148–167.

REQUEJO, A., SASSEN, R. *ET AL*. 1995. Geochemistry of oils from the northern Timan-Pechora Basin, Russia. *Organic Geochemistry*, 23, 205–222.

SCHAUBLE, E., ROSSMAN, G. & TAYLOR, H. 2001. Theoretical estimates of equilibrium Fe-isotope fractionations from vibrational spectroscopy. *Geochimica et Cosmochimica Acta*, 65, 2487–2497.

SEBOR, G., LANG, I., VAVREČKA, P., SYCHRA, V. & WEISSER, O. 1975. The determination of metals in petroleum samples by atomic absorption spectrometry: Part I. Determination of vanadium. *Analytica Chimica Acta*, 78, 99–106.

SEEWALD, J.S. 1994. Evidence for metastable equilibrium between hydrocarbons under hydrothermal conditions. *Nature*, 370, 285–287, https: //doi.org/10.1038/370285a0

SEEWALD, J.S. 2003. Organic–inorganic interactions in petroleum-producing sedimentary basins. *Nature*, 426, 327–333.

SEYFRIED, W.E. & MOTTL, M.J. 1982. Hydrothermal alteration of basalt by seawater under seawater-dominated conditions. *Geochimica et Cosmochimica Acta*, 46, 985–1002.

SHIEH, C.-S. & DUEDALL, I.W. 1988. Role of amorphous ferric oxyhydroxide in removal of anthropogenic vanadium from seawater. *Marine Chemistry*, 25, 121–139.

SHIELDS, W.R., MURPHY, T.J., CATANZARO, E.J. & GARNER, E.L. 1966. Absolute isotopic abundance ratios and the atomic weight of a reference sample of chromium. *Journal of Research of the National Bureau of Standards A*, 70, 193–197.

SKAARE, B.B., WILKES, H., VIETH, A., REIN, E. & BARTH, T. 2007. Alteration of crude oils from the Troll area by biodegradation: analysis of oil and water samples. *Organic Geochemistry*, 38, 1865–1883.

SPEED, R., BARKER, L. & PAYNE, P. 1991a. Geologic and hydrocarbon evolution of Barbados. *Journal of Petroleum Geology*, 14, 323–342.

SPEED, R., RUSSO, R., WEBER, J.&ROWLEY, K. 1991b. Evolution of Southern Caribbean plate boundary, vicinity of Trinidad and Tobago: Discussion（1）. *AAPG Bulletin*, 75, 1789–1794.

STRELOW, F. & BOTHMA, C. 1967. Anion exchange and a selectivity scale for elements in sulfuric acid media with a strongly basic resin. *Analytical Chemistry*, 39, 595–599.

STRELOW, F., RETHEMEYER, R. & BOTHMA, C. 1965. Ion exchange selectivity scales for cations in nitric acid and sulfuric acid media with a sulfonated polystyrene resin. *Analytical Chemistry*, 37, 106–111.

STRONG, D. & FILBY, R.H. 1987. Vanadyl porphyrin distribution in the Alberta oil-sand bitumens. In: FILBY, R.H. & BRANTHAVER, J.F.（eds）Metal Complexes in Fossil Fuels. *American Chemical Society Symposium Series*, 344, 154–172, https: //doi.org/10.1021/bk-1987-0344.ch010

SUNDARARAMAN, P. & HWANG, R.J. 1993. Effect of biodegradation on vanadylporphyrin distribution. *Geochimica et Cosmochimica Acta*, 57, 2283–2290.

SUNDARARAMAN, P. &MOLDOWAN, J.M. 1993. Comparison of maturity based on steroid and vanadyl porphyrin parameters: a new vanadyl porphyrin maturity parameter for higher maturities. *Geochimica et Cosmochimica Acta*, 57, 1379–1386.

SUNDARARAMAN, P., BIGGS, W.R., REYNOLDS, J.G. & FETZER, J.C. 1988. Vanadylporphyrins, indicators of kerogen breakdown and generation of petroleum. *Geochimica et Cosmochimica Acta*, 52, 2337–2341.

SUNDARARAMAN, P., SCHOELL, M., LITTKE, R., BAKER, D., LEYTHAEUSER, D. & RULLKÖTTER, J. 1993. Depositional environment of Toarcian shales from northern Germany as monitored with porphyrins. *Geochimica et Cosmochimica Acta*, 57, 4213–4218.

SZALAY, A. & SZILÁGYI, M. 1967. The association of vanadium with humic acids. *Geochimica et Cosmochimica Acta*, 31, 1–6, https: //doi.org/10.1016/0016-7037（67）90093-2

THOMPSON, D.M. 1982. *Atoka Group（Lower to Middle Pennsylvanian）, northern Fort Worth Basin, Texas: terrigenous depositional systems, diagenesis, and reservoir distribution and quality.* Report of investigations No. 125. Bureau of Economic Geology, University of Texas at Austin, USA.

TISSOT, B.P. & WELTE, D.H. 1984. *Petroleum Formation and Occurrence*. Springer Verlag, Germany.

TREFRY, J.H. & METZ, S. 1989. Role of hydrothermal precipitates in the geochemical cycling of vanadium. *Nature*, 342, 531–533.

TRIBOVILLARD, N., ALGEO, T.J., LYONS, T. & RIBOULLEAU, A. 2006. Trace metals as paleoredox and paleoproductivity proxies: an update. *Chemical Geology*, 232, 12–32.

UREY, H.C. 1947. The thermodynamic properties of isotopic substances. Journal of the Chemical Society (Resumed), 1947, 562–581.

VENTURA, G.T., GALL, L., SIEBERT, C., PRYTULAK, J., SZATMARI, P., HÜRLIMANN, M. & HALLIDAY, A.N. 2015. The stable isotope composition of vanadium, nickel, and molybdenum in crude oils. *Applied Geochemistry*, 59, 104–117.

VOLKMAN, J.K., ALEXANDER, R., KAGI, R.I., ROWLAND, S.J. & SHEPPARD, P.N. 1984. Biodegradation of aromatic hydrocarbons in crude oils from the Barrow Sub-basin of Western Australia. *Organic Geochemistry*, 6, 619–632.

WANTY, R.B., GOLDHABER, M.B. & NORTHROP, H.R. 1990. Geochemistry of vanadium in an epigenetic, sandstone-hosted vanadium–uranium deposit, Henry Basin, Utah. *Economic Geology*, 85, 270–284.

WEDEPOHL, K. 1964. Untersuchungen am Kupferschiefer in Nordwestdeutschland; ein Beitrag zur Deutung der Genese bituminöser Sedimente. *Geochimica et Cosmochimica Acta*, 28, 305–364.

WEDEPOHL, K. 1971. Environmental influences on the chemical composition of shales and clays. *Physics and Chemistry of the Earth*, 8, 305–333.

WEHRLI, B. & STUMM, W. 1989. Vanadyl in natural waters: adsorption and hydrolysis promote oxygenation. *Geochimica et Cosmochimica Acta*, 53, 69–77.

WINTER, J.M.&MOORE, B.S. 2009. Exploring the chemistry and biology of vanadium-dependent haloperoxidases. *Journal of Biological Chemistry*, 284, 18577–18581.

WOOD, L.J. 2000. Chronostratigraphy and tectonostratigraphy of the Columbus Basin, eastern offshore Trinidad. *AAPG Bulletin*, 84, 1905–1928.

WU, F., QIN, T., LI, X., LIU, Y., HUANG, J.H., WU, Z. & HUANG, F. 2015. First-principles investigation of vanadium isotope fractionation in solution and during adsorption. *Earth and Planetary Science Letters*, 426, 216–224.

WU, F., QI, Y., YU, H., TIAN, S., HOU, Z. & HUANG, F. 2016. Vanadium isotope measurement by MC-ICP-MS. *Chemical Geology*, 421, 17–25.

YANG, W.H. 2014. *High Precision Determination of Trace Elements in Crude Oils by Inductively Coupled Plasma-Optical Emission Spectrometry and Inductively Coupled Plasma-Mass Spectrometry*. University of Houston, Texas, USA.

YEN, T.F. 1975. *Role of Trace Metals in Petroleum*. Ann Arbor Science, Ann Arbor, MI, USA

ZENGLER, K., RICHNOW, H.H., ROSSELLÓ-MORA, R., MICHAELIS, W. & WIDDEL, F. 1999. Methane formation from long-chain alkanes by anaerobic microorganisms. *Nature*, 401, 266–269.

ZHANG, Y.H. 2003. *Vanadium isotope analysis and vanadium isotope effects in complex formation systems*. PhD thesis, Tokyo Institute of Technology.

ZHAO, X., SHI, Q., GRAY, M.R. & XU, C. 2014. *New Vanadium Compounds in Venezuela Heavy Crude Oil Detected by Positive-ion Electrospray Ionization Fourier Transform Ion Cyclotron Resonance Mass Spectrometry*. Scientific Reports, 4, 5373.

ZUMBERGE, J.E. 1987. Prediction of source rock characteristics based on terpane biomarkers in crude oils: a multivariate statistical approach. *Geochimica et Cosmochimica Acta*, 51, 1625–1637.

5 石油勘探中正构烷烃的碳、氢同位素组成工具

Nikolai Pedentchouk　Courtney Turich

摘要：对单个有机化合物进行特定化合物同位素分析（CSIA）是石油勘探中一种有效但未被充分利用的手段。当与其他有机地球化学方法相结合时，它可以提供流体历史的证据，包括来源、成熟度、充注历史和储集过程，从而支持油田开发规划和勘探工作。本章的目的是回顾中、高分子质量正构烷烃碳、氢同位素数据的生成方法。

讨论了沉积体系和含油气系统中正构烷烃及相关化合物稳定碳、氢同位素组成的控制因素，并综述了该方法在油气勘探中的应用现状和前景。讨论了特定盆地的案例研究，这些案例研究证明了特定化合物同位素分析（CSIA）在处理石油勘探的某些方面（如充注评估、烃源岩—油气对比、对成熟度和储集过程的调查），或者当这项技术用于证实综合含油气系统分析的解释时，提供了独特的见解，而使用其他方法可能无法揭示。

正构烷烃和相关的正烷基结构的特定化合物同位素分析（CSIA）可以提供独立的数据，以加强从烃源岩流体的生成和排出到充注历史、连通性和储层内过程的含油气系统概念。

石油地球科学工作者将有机地球化学作为油气勘探和油田开发规划的重要工具。相对低成本、高通量的大量数据通常用于筛选烃源岩质量［如总有机碳含量（TOC）、氢和氧指数］和热成熟度（T_{max}、镜质组反射率当量）。在全流体和储层物性的背景下，使用更深入的地球化学分析技术来对比烃源岩和储层中的石油，确定流体生成和运移历史，包括现今的储层连通性，并了解储层内的过程，如石油的生物降解作用。当与勘探和开发过程中进行的其他测量相结合时，这些工具尤其强大，例如钻井期间的成分分析、井下流体分析和其他电缆测量，以及压力、体积、温度（PVT）和化学分析，结合了地质静态模型和储层动态模型。

分子生物标志物在石油勘探领域已经应用了几十年（Peters等，2005）。在20世纪70年代到80年代的石油工业中气体和石油的整体稳定同位素测量的实用性得到了很好的证明（Stahl，1977；Schoell，1984；Sofer，1984）。然而，使用轻烃、烷烃和生物标志物的特定化合物同位素组成并不常见。尽管如此，这些类型的数据可以提供有价值的附加信

息，以区分油族，进行油—油对比和油—源对比，能更好地理解随着时间推移对流体性质产生影响并解释当前位置的储集过程。特定化合物同位素分析（CSIA）为油气勘探开发中流体性质的全面综合解释提供了独特而实质性的支持。

本章的目的是：（1）综述沉积体系和含油气系统中—高分子质量烷烃碳（C）和氢（H）同位素分析方法以及控制正构烷烃（C_6+）稳定碳和氢同位素的因素；（2）回顾该方法在石油勘探中的现状和发展。气体范围（C_1~C_5）正构烷烃和其他分子组分的特定化合物同位素分析（CSIA）超出了本章的讨论范围。

5.1 正构烷烃的特定化合物同位素分析（CSIA）

我们聚焦于对高分子量正构烷烃及相关化合物的特定化合物同位素分析，有以下几个原因：（1）是烃源岩提取物和储层石油中都存在的最丰富的烃类；（2）易于提取、分离和分析；（3）可以使用相同的样品并使用相同的气相色谱同位素比质谱仪（GCIRMS）对其稳定的碳和氢同位素组成进行分析；（4）为深入评述提供了合理的范围；（5）它证明了这些未被充分利用的技术的增长潜力。

当与全岩同位素方法相结合时，特定化合物同位素分析（CSIA）扩展了稳定同位素方法在石油勘探中的实用性，并增加了一些优势方法：

（1）允许使用单个样品研究多种有机物来源和过程（如通过比较不同链长的有机化合物的同位素组成）；

（2）提高了比较各个有机化合物在其地球化学历史不同阶段的化学性质的能力（如从未成熟烃源岩中提取的烷烃可与有机物热成熟过程中生成和排出的正构烷烃相比较），以便根据当前和过去的储层流体性质更好地理解产生影响的过程；

（3）提供识别潜在的油源和油族，进行油—油对比源和油—源对比的信息，并提高对随时间影响流体性质的过程的理解；

（4）需要相对较小的样本量。

其缺点与其他流体评价技术相似：样品必须具有代表性，解释性策略必须包括一种综合方法，以便能够解开在很长时间内发生的复杂物理和化学过程。

5.2 特定化合物稳定同位素分析的分析方法

先前的几篇综述提供了有关分析方法和在自然科学和应用科学中使用有机化合物特定化合物同位素分析数据的详细信息（Meier-Augenstein，1999；Schmidt 等，2004；Glaser，2005；Benson 等，2006；Philp，2006；Sessions，2006；Evershed 等，2007）。以下部分简要介绍了从天然样品中提取的单个有机化合物的碳和氢稳定同位素数据的一般原理。

5.2.1 样品准备

样品净化和馏分分离的初始步骤取决于基质，即基质是烃源岩、储层岩石还是液体。对于固体样品，可使用索氏仪、超声波、加速溶剂或微波辅助萃取系统收集总可萃取部分（Lundanes 和 Greibrokk，1994；Rieley，1994；Letellier 和 Budzinski，1999；Smith，

2003；Peters 等，2005；Péres 等，2006）。获得特定馏分的隔离和清理步骤将根据特定项目需求而有所不同。可以将特定化合物稳定同位素分析（CSIA）的烷烃从全油或单独的馏分（如饱和烃、芳香烃）中分离出来。通常，特别是对于 δ^2H 测量，建议额外进行尿素加成或分子筛将支链化合物与直链化合物分离（Grice 等，2008）。

5.2.2 特定化合物稳定同位素测量的分析方法

通常，必须首先使用气相色谱—火焰离子来检测器（GC-FID）或气相色谱—质谱仪（GC-MS）对全油或含正构烷基化合物的饱和烃部分进行分析，以量化在同位素质谱仪（IRMS）上获得可重复结果所需的样品量。为了获得最精确的 $\delta^{13}C$ 和 δ^2H 测量值，正构烷烃峰应具有基线分辨率（如果样品含有除正构烷烃之外的其他化合物）和足够的信号背景比（这是系统特定的）；利用色谱—同位素比值质谱（GC-IRMS）分别与燃烧（$\delta^{13}C$）反应器和高温转换（δ^2H）反应器进行了特定化合物同位素的测量。配备气相色谱仪和这种"在线"装置的现代质谱仪通常为含有 0.1~5nmol 碳的化合物提供 ±0.1‰~0.3‰ 范围内的 $\delta^{13}C$ 精度，为含有 10~50nmol 氢的化合物提供 ±2‰~5‰ 范围内的 δ^2H 精度（Sessions，2006）。在设计研究和解释结果时，使用者必须了解与碳和氢同位素测量相关的精度水平。下面讨论的案例研究表明，这种精度水平足以在石油盆地研究中使用特定化合物稳定同位素分析（CSIA）方法。我们建议最终用户仔细评估同位素比质谱色谱图，以确保化合物的分离充分，基线干净，单个峰整合在整个运行过程中以及从一个样品到另一个样品中是一致的。

图 5.1 显示了配有燃烧反应器的色谱—同位素比值质谱（GC-IRMS）系统用于 $\delta^{13}C$ 测量的简化示意图。将含正构烷烃的部分注入气相色谱中，在毛细管柱上分离化合物，然后在反应器中使用氧气和催化剂将其转化为二氧化碳，将 CO_2 气体转移到质谱仪中，在此处进行离子化。接下来使用 m/z 分别为 44、45 和 46 的法拉第杯收集分别对应于 $^{12}C^{16}O_2$、$^{13}C^{16}O_2$ 和 $^{12}C^{18}O^{16}O$ 同位素的离子（可能增加至 m/z 为 45 和 46 的其他同位素异构体在数量上微不足道）。单个化合物的 $\delta^{13}C$ 值是相对于参考气体或已知同位素 $\delta^{13}C$ 值的共注入化合物计算的。

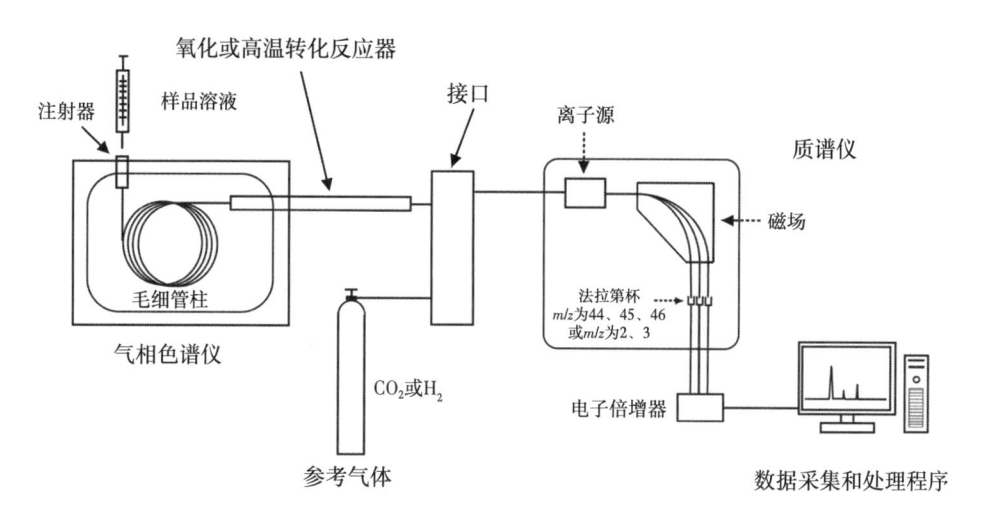

图 5.1 可配置用于 $\delta^{13}C$ 或 δ^2H 测量的气相色谱同位素比质谱仪（GC-IRMS）系统的简化示意图

图 5.2 显示了典型的色谱—同位素比值质谱（GC-IRMS）色谱图（微量表示对应于单个有机化合物燃烧产生的 m/z=44 的 CO_2 气体）。色谱图显示了来自尼日利亚石油样品饱和烃部分的六个参考气峰值和类似的一系列正构烷烃。色谱仪显示相对较低的背景，对于大多数正构烷烃峰值而言，没有共出峰，这是精确测量 $δ^{13}C$ 的关键。

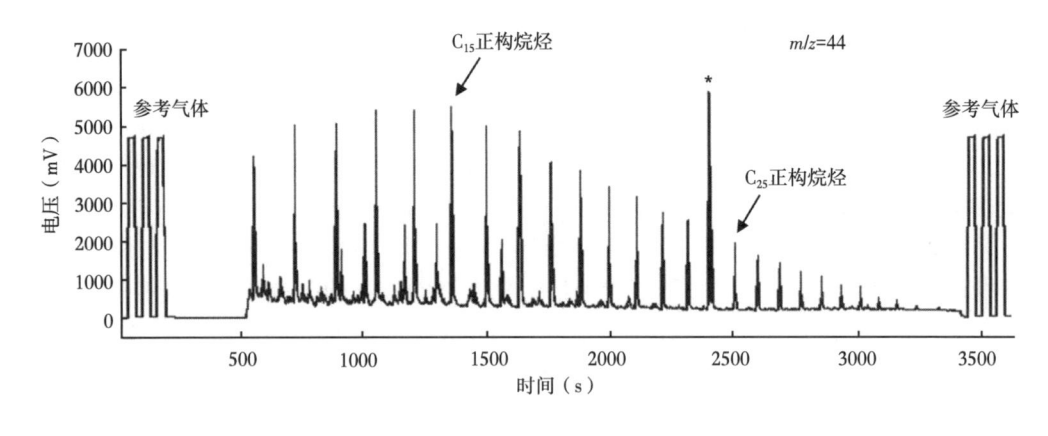

图 5.2 色谱图

表示出从尼日利亚油的饱和馏分中的单个化合物（主要是正构烷烃的同源序列）燃烧产生的 CO_2 的轨迹；
* 为指定污染物峰与 nC_{24} 烷烃共出峰；在一次运行中，可获得每个单独峰值的 $δ^{13}C$ 值

$δ^2H$ 测量需要热解反应器产生氢气（H_2）；有机化合物从气相色谱（GC）柱通过通常设置在 1450℃ 的高温转换反应器进行。还原的氢气体随后被转移到质谱仪，法拉第杯的 m/z 为 2、3 分别对应于 $^1H_2$ 和 $^1H^2H$。氢同位素测量需要仔细监测质子化反应（发生在离子源中）对 $δ^2H$ 值的影响（Sessions 等，2001a，b）。需要每天使用一系列不同幅度的参考气体脉冲来确定"H_3 因子"。理想地，与目标化合物相对应的峰值应具有与参考气体相似的 $δ^2H$ 值，以实现可靠的 H_3 因子校正。由于通过采集软件进行 H_3 因子校正和峰积分时的复杂性，$δ^2H$ 测量对色谱问题（例如高背景和共出峰）特别敏感。因此，几乎总是需要尿素或其他加合步骤。

现代色谱—同位素比值质谱（GC-IRMS）系统通常配置用于 $δ^{13}C$ 和 $δ^2H$ 测量，燃烧反应器和高温反应器都连接到质谱仪，质谱仪具有多收集器设置，可记录多个 m/z。因此，在 $δ^{13}C$ 和 $δ^2H$ 测量之间切换所需的时间最少。根据有机地球化学家的需要，可以使用单个色谱—同位素比值质谱（GC-IRMS）设置生成感兴趣的有机化合物的 $δ^{13}C$ 或 $δ^2H$ 特定化合物数据。但是使用者必须注意，即使可以使用同一台仪器获得 $δ^{13}C$ 或 $δ^2H$ 特定化合物数据，碳和氢同位素测量仍需要不同的采集模式。因此，这些测量需要单独进样。

5.3 正构烷烃的 $δ^{13}C$ 和 $δ^2H$ 值的控制因素

同位素资料解释依赖于对流体样品、含油气系统和储层特征的理解。在这篇综述中，强调了在解释特定化合物的 $δ^{13}C$ 和 $δ^2H$ 数据时需要考虑的主要控制因素。图 5.3 概述了影响沉积有机质（OM）和石油流体中碳和氢同位素的主要因素和机制。

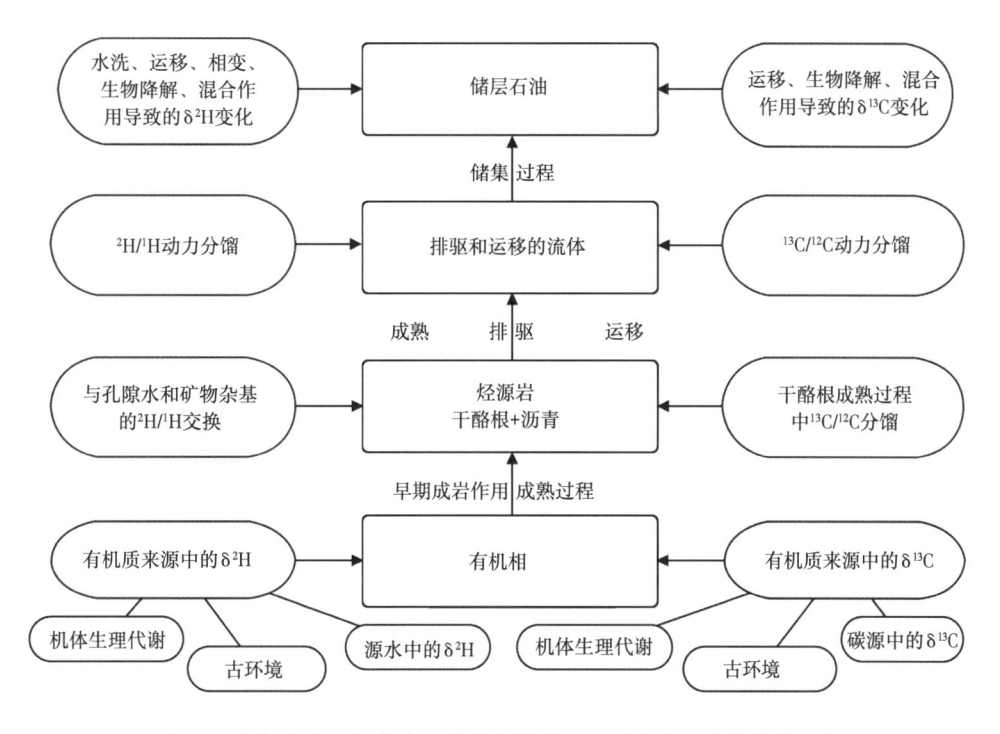

5 石油勘探中正构烷烃的碳、氢同位素组成工具

图 5.3 烃源岩和油气藏中正烷基脂类碳和氢同位素组成的主控因素

5.3.1 有机质形成

5.3.1.1 碳同位素

沉积有机质现存生物量的碳同位素组成受碳源同位素组成和生物合成过程中与碳吸收有关的几种同位素效应控制。Fogel 和 Cifuentes（1993）、Hayes（1993）、Farquhar 等（1989）的早期综述确定了控制生物合成物碳同位素组成的最重要因素：（1）主要碳源的同位素组成；（2）与碳吸收相关的同位素效应；（3）由于生物体特定的生物合成和代谢途径而产生的同位素效应；（4）细胞碳收支。Freeman（2001）、Pancost 和 Pagani（2006）的综述进一步完善了这些控制的知识，并讨论了特定化合物方法在生物地球化学和古气候研究中的潜在应用。

正构烷烃的碳同位素组成最明显的特征之一是陆地和海洋来源的有机质（OM）之间的差异。de Leeuw 等（1995）的综述提供了水生和陆生植物的碳同位素分馏特征的摘要，在此我们简要介绍主要观察结果。

陆相高等植物的 $\delta^{13}C$ 值受大气 CO_2 的碳同位素组成控制，并且在很大程度上取决于生物合成途径，即 C_3、C_4 或景天酸代谢（CAM）途径（Deines，1980）。

与其他陆生植物相比，C_4 陆生植物的 ^{13}C 含量通常更高（总 $\delta^{13}C$ 为 -23‰~-6‰；Schidlowski，1988）。C_3 植物的多样性及其生态区的多样性导致 $\delta^{13}C$ 值的范围较大。在地质时期内，与陆地生物合成有关的碳同位素分馏一直相对保守（Arthur 等，1985；Popp 等，1989）。

相反，水生植物的 $\delta^{13}C$ 值主要由溶解的无机碳（DIC）的 $\delta^{13}C$ 值控制。水生植物几乎完全是 C_3 植物，其 $\delta^{13}C$ 值根据生命形式的不同而有很大差异：蓝藻细菌（-24‰~-8‰）；

菌席（-30‰~-8‰）；光合作用细菌（-30‰~-8‰）；绿硫细菌菌席（-25‰~-23‰）；硫氧化细菌（-32‰~-30‰）；和产甲烷的古细菌（-38‰~-18‰）（Schopf，2000）。海藻的特征在于以下 $\delta^{13}C$ 值：绿色（-20‰~-9‰）；棕色（-21‰~-11‰）；消耗 CO_2 的红藻（-35‰~-30‰）；消耗 HCO_3 的红藻（-23‰~-10‰）（Maberly 等，1992）。淡水大型植物的 $\delta^{13}C$ 值介于 -31‰~-23‰（Keeley 和 Sandquist，1992）。此外，水生植物的 $\delta^{13}C$ 值受生物生产力水平的强烈影响。在地质时期内海洋有机质的生产过程中，碳同位素分馏发生了重大变化（高达 10‰；Hayes 等，1999）。

由于这些已知的变化，特定化合物的同位素分析（CSIA）研究可用于比较和对比通常与藻类相关的短 nC_{17} 和 nC_{19} 烷烃，以及同一样品中存在的来自高级植物的 nC_{29} 和 nC_{31} 烷烃。因此，来自单个样品的单个有机化合物的同位素组成可提供有关整个沉积有机质库的多种有机质来源的信息。当具有特定高相对分子质量（HMW）生物标志物（例如萜烯、甾烷）的不同生物体对有机质起作用时，此方法将变得特别有效。Freeman 等（1990）、Hayes 等（1990）和 Rieley 等（1991）的开创性论文，以及 Summons 等（1994）、Grice 等（1998）和 Thiel 等（1999）后续的工作，清楚地证明了特定化合物的同位素分析（CSIA）在确定单一有机质提取物中有机化合物的不同来源（如初级生产者与细菌介导的有机质；藻类与高等植物输入）方面的优势。将这种方法应用于石油勘探，可以对不同的油气来源提供独特的见解。

5.3.1.2　氢同位素

最近的两篇综述全面介绍了有机化合物在生物地球化学中使用特定化合物氢同位素组成的知识状况。Sachse 等（2012）详细讨论了氢同位素系统学在古水文学中的应用，Sessions（2016）评估了沉积环境中控制碳氢化合物氢同位素组成的因素。本文着重讨论有机质合成过程中，与烃源岩有机相有机质氢同位素组成测定特别相关的主要控制因素。在这一阶段，对于水生和陆生衍生有机化合物，包括正构烷烃，有两个关键因素起作用：（1）生物体水源水的 $^2H/^1H$ 组成；（2）将水生氢固定为有机化合物所涉及的生物和生化过程。

植物源水的 δ^2H 值最初由大气降水的 $^2H/^1H$ 组成决定。此外，陆生植物还受到一系列生物和环境因素的影响，这些因素对植物光合作用过程中所用土壤和叶水的氢同位素组成有着重要的影响。虽然人们认为降水同位素组成与湖泊（蒸发）环境的控制有着广泛的了解（Craig 和 Gordon，1965；Gonfiantini，1986；Rozanski 等，1993），降水控制土壤和叶水同位素组成的机制，特别是在多大程度上将信号并入叶蜡中，仍然不清楚（Sessions，2016）。Tipple 等（2014）、Gamarra 等（2016）、Oakes 和 Hren（2016）和耶鲁大学（Dirghangi 和 Pagani，2013；Tipple 和 Pagani，2013）最近也强调了后者的重要性。

值得注意的是，尽管将氢从环境水转移到植物生物化学物质再到有机相再转移到石油流体涉及多个步骤和过程，但原始的大气水氢同位素信号仍然可以对石油的 δ^2H 值产生很大的影响。陆源石油 δ^2H 值的范围广泛（Schimmelmann 等，2004），与海洋系统相比，大陆降水的氢同位素组成比海洋盆地的变化要大得多。高盐与海洋环境的环境水的 δ^2H 值之间也存在相当大的差异，可用于区分石油盆地研究中沉积环境的约束（Santos Neto 和 Hayes，1999）。

生物合成过程中氢同位素的分馏是控制有机化合物 δ^2H 值的另一个主要因素。后来的研究证实了相对于环境水而言，有机质的 ^{2}H 消耗量（以体积计）大得多（Schiegl 和 Vogel, 1970；Smith 和 Epstein, 1970；Estep 和 Hoering, 1980）。随后得到证实并扩展到包括各类类脂化合物的特定化合物氢同位素，例如异戊二烯类（异戊二烯化合物与正烷基脂质）的研究，以及不同的生态（海洋和湖泊的藻类与陆地植物）和营养类（自养生物与异养生物）的研究中（Sessions, 2016）。特定化合物的氢同位素研究表明，生物合成的 ^{2}H/^{1}H 分馏相对于源水而言可导致 ^{2}H 损耗 100‰~250‰，尽管在极少数情况下，分馏可导致 -450‰~200‰ 的损失（Sessions, 2016）。在生物合成过程中导致氢同位素分级分离的过程和机制是多种且复杂的。Hayes（2001）、Schmidt 等（2003）和 Sachse 等（2012）等详细介绍了氢分馏的生物化学和稳定同位素系统学。一些实验室和现场研究，如 Sessions 等（1999）、Chikaraishi 等（2009）和 Zhang 等（2009）证明了脂类中氢同位素分馏过程的复杂性，并强调了在这一快速发展的稳定同位素生物地球化学领域需要进一步研究。我们强调了认识控制现存生物合成的有机化合物 δ^{2}H 值的环境和生物体特有的生理生化过程之间复杂相互作用的重要性。

如上所述，读者可参考图 5.3，以获得控制并随后影响含油气系统中单个有机化合物的氢（和碳）同位素组成的那些过程的摘要简述。根据地质背景和历史，有关来源的高度具体的信息（如降水的同位素组成、古环境和植物生理学）可能保存在沉积记录中，也可能不保存在沉积记录中。烃源岩和储层中的一些成岩作用和成岩后作用可随后被"平均"、改变或完全消除表征特定有机相的"原生"同位素特征。读者需要正确看待这一点，并谨慎解读特定化合物同位素分析（CSIA）数据。

5.3.2　成岩作用和早期成熟过程中的有机质

在成岩作用中，有三种过程影响有机质：（1）生物分子的选择性降解；（2）沉积有机化合物的保存、蚀变、缩合和硫化；（3）土壤/沉积生物合成的新有机化合物的生成和结合。前两个过程有可能通过破坏或分离原干酪根形成过程中的碳和氢同位素来影响正构烷烃浓度及其 δ^{13}C 和 δ^{2}H 值。然而，第三组过程导致同位素不同的有机化合物的加入，如果合成足够多，可能导致原始同位素信号的显著改变。

5.3.2.1　碳同位素

脂类是最具抗性的生物分子之一，在成岩作用和成熟早期阶段是顽抗的。几项早期研究表明，这组生物分子的碳同位素组成几乎没有受到成岩作用的影响。Hayes 等（1990）对卟啉类化合物和类异戊二烯化合物进行了理论上的考虑和特定化合物的 δ^{13}C 数据分析，认为白垩系沉积物中这些化合物缺乏成岩作用的影响。Huang 等（1997）在分解网袋法试验中，高等植物源 nC$_{23}$ 到 nC$_{35}$ 烷烃的碳同位素特征没有明显变化。此外，Freeman 等（1994）从始新世沉积物中提取的成岩多环芳香烃（PAHs）仅表现出轻微的（平均值为1.2）^{13}C 耗尽。

然而，最近的研究表明，关于脂类同位素组成保守性质的假设未必正确，特别是在考虑陆相有机质来源时。陆地来源的脂类在沉积或沉积之前可能在土壤和搬运过程中发生显著的变化。Nguyen Tu 等（2004）基于分解网袋法试验的数据，与鲜叶相比，其正构烷烃约表现为 3‰ 的 ^{13}C 富集。这一观察有趣的方面是，在正烷基脂类中观察到的原始碳同位素信号的成岩变化可以由土壤微生物产生新的生物量而产生，这也可以解释 Chikaraishi 和

Naraoka（2006）报道的土壤正构烷烃和其他正烷基化合物的约 4‰ 的 ^{13}C 富集。显然，有必要进一步研究成岩作用对不同沉积条件下沉积的正烷基化合物 ^{13}C 值的潜在影响。

5.3.2.2 氢同位素

与碳同位素系统学相比，成岩作用对土壤和未成熟沉积物中正构烷烃 δ^2H 值的影响是不确定的。一方面，Yang 和 Huang（2003）认为缺乏氢同位素对中新世湖相沉积物化石叶中回收的正烷基脂类的影响。另一方面，根据分解网袋法试验的结果，Zech 等（2011）论证了叶片降解和季节性对正构烷烃生物标记物 δ^2H 值的显著影响。这里使用 Nguyen Tu 等（2011）提出的论点，即具有不同氢同位素组成的正构烷烃的微生物贡献。需要进一步的工作来更好地约束早期成岩作用和伴随的土壤微生物过程对沉积正烷基脂类氢同位素记录的影响。

有机化合物在有机质形成过程中获得的综合环境和生化氢同位素信号受碳键氢与孔隙/地层水中氢原子的交换以及黏土矿物中氢的影响。Yeh 和 Epstein（1981）、Schoell（1984）对工业油进行的早期氢同位素研究表明了地质时间尺度上碳结合氢的最小原子交换。最近（Sessions 等，2004；Wang 等，2009a，2009b，2013）涉及特定化合物的氢同位素研究表明可以发生氢交换。来自不同化合物类的典型有机化合物具有（正烷基和芳香族结构中的氢原子，氢原子结合到邻近杂原子）宽范围的 δ^2H 值，因此这些化合物对氢交换反应（范围和速率）有不同程度的敏感性，这为调查地质时间尺度上氢同位素交换的程度提供了充足的机会。Sessions 等（2004）、Schimmelmann 等（2006）和 Sessions（2016）详细说明了地质环境中氢交换反应所涉及的过程，例如 ^{2}H/^{1}H 交换的机制和速率，以及平衡 ^{2}H/^{1}H 分馏。

以前的研究清楚地表明，特定化合物的同位素分析（CSIA）方法非常适合于调查在有机质沉积和成岩作用下的氢同位素交换的发生和程度大小。值得注意的是正构烷烃和类异戊二烯类化合物的整体 δ^2H 分析，可以提供关于成岩蚀变程度和有机质转化的早期阶段以及有机质热成熟的更高级阶段的信息（Radke 等，2005；Pedentchouk 等，2006；Dawson 等，2007；Kikuchi 等，2010）。他们提供了关于早期有机质成岩作用中的氢同位素交换的经验数据（由理论和实验动力学数据支持），以表明正构烷烃与异戊二烯类（姥鲛烷和植烷）相比更保守的信息。

5.3.3 有机质成熟和石油生成

在石油生成过程中，正烷基脂类的主要环境/生物碳和氢同位素特征被热成熟和排烃作用进一步修正。至少有两个可能的结果：第一，原始的环境/源信息可以部分地保存在石油烃中；第二，可以获得关于稳定碳和氢同位素新的补充信息。根据二者之间的平衡，这两种类型的信息可用于含油气盆地分析，特别是在有机质来源和有机质成熟度调查方面。

5.3.3.1 碳同位素

石油烃的碳同位素组成主要取决于干酪根类型（即有机质来源物质）和沉积环境的同位素组成。然而，干酪根和排出产物的碳同位素性质受生烃和热演化的影响。这些过程涉及 C—C 键断裂，其动力学效应导致 ^{12}C—^{12}C 键相对于 ^{13}C—^{12}C 键的优先断裂（Peters 等，1981；Lewan，1983）。与残余干酪根相比，排出的气体和油倾向于 ^{13}C 亏损，约为

2‰。尽管对这些影响的认识以及它们对石油全岩 $\delta^{13}C$ 值的控制自 20 世纪 70 年代以来已被用于石油勘探（Stahl，1977；Schoell，1984；Sofer，1991），特定化合物的同位素分析（CSIA）的使用（Chung 等，1994；Rooney 等，1998；Whiticar 和 Snowdon，1999；Odden 等，2002）将受益于进一步了解热成熟对单个碳氢化合物的影响。

许多实验室和现场研究都表明了热成熟对各种石油烃的碳同位素组成的影响（Clayton，1991；Clayton 和 Bjorøy，1994；Cramer 等，1998；Lorant 等，1998）。然而，很少将理论、实验和现场信息联系起来以获得有机化合物碳同位素组成的机械认识。Tang 等（2005）是第一批不仅将基于理论、经验和实验研究的碳同位素研究联系起来，而且还将特定化合物同位素分析中的氢联系起来的人之一（见下面的讨论）。在定量动力学模型和控制封闭系统热解实验的基础上，Tang 等（2005）指出，与未成熟的样品相比，R_o 为 1.5% 的热解产物提取的 $\delta^{13}C$ 值增加了约 4‰（图 5.4）。与氢同位素的观测相反（见以下氢同位素部分），^{13}C 的富集与正构烷烃链长之间没有明确的联系。需要进一步的研究，以充分了解这些过程及其影响。

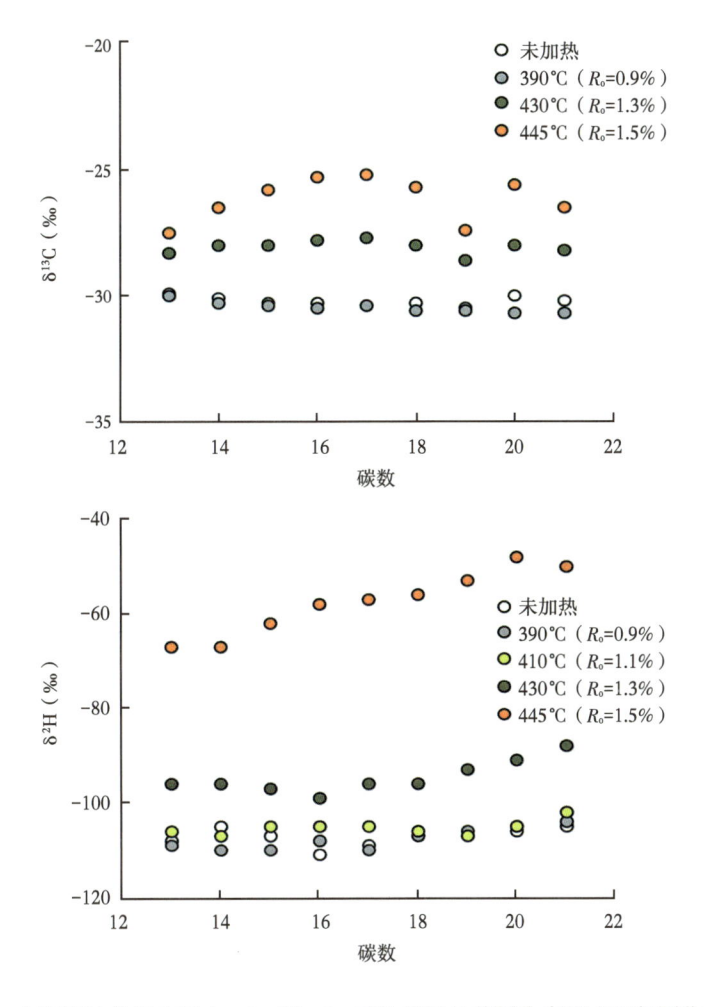

图 5.4 北海原油热解实验中 nC_{13} 到 nC_{21} 正构烷烃的碳同位素组成和氢同位素组成
（据 Tang 等，2005，修改）

5.3.3.2 氢同位素

根据成岩作用中平衡 $^2H/^1H$ 分馏的结构和时间，有机分子可以提供有机质来源／环境的同位素记录和有机质沉积过程中成岩蚀变的程度。然而，从石油地球化学学者的角度来看，关键过程和反应开始于有机质成熟时的干酪根裂解、沥青形成和石油流体的排出。在这些过程中，碳束缚的氢将经历额外的 $^2H/^1H$ 分馏以作为动力学同位素效应的结果。

一些基于现场的研究表明，成熟度较高的石油通常以较高的 δ^2H 值为特征（Li 等，2001；Schimmelmann 等，2004；Dawson 等，2005）。这一观察将意味着导致 ^2H 富集的残余馏分（干酪根、剩余油）的过程可能类似于在裂解过程中导致 ^{13}C 富集在剩余产物的那样。然而，裂解对产物和残余组分的 δ^2H 值的影响很难与地层水平衡氢交换所产生的影响分开。因此，关于裂解在石油生成过程中的作用，严格的实验室调查提供了最佳的信息来源。据我们所知，Tang 等（2005）用理论计算和加热实验相结合的方法，利用动力学同位素效应对特定化合物同位素 δ^2H 值的深入研究是独一无二的。本研究采用一个简单的石油裂解动力学模型，定性地预测了不同链长的烷烃在不同温度下的 δ^2H 富集（图 5.4）。445℃ 时，δ^2H 值增加 60‰。对于链长较长的正构烷烃，这种影响更为明显。本研究的主要结果是，动力学模型可用于定性预测在自然环境下干酪根／石油裂解过程中的 $^2H/^1H$ 分馏。当 R_o 大于 1.5 时，动力学同位素效应可能较为显著。

5.3.4 石油流体运移

流体运移的同位素效应不同于初次运移（即从烃源岩中排出生成的石油的过程）以及二次运移（即排烃后的流体运动过程）。分配系数支配化合物类释放的速率，但是排出的流体成分将接近所生成石油的组成（在稳态条件下）。

然而，似乎溶解（分解）过程不区分中—长链正构烷烃，因此，排出流体的同位素组成应代表生成的流体和烃源岩（Liao 和 Geng，2009）。

有许多使用石油地球化学和气体稳定同位素组成来帮助评估流体运移问题（Seifert 和 Moldowan，1986；Curiale 和 Bromley，1996；Zhang 等，2013），但很少有发表文章使用高分子量（HMW）烷烃的特定化合物同位素分析（CSIA）来评估流体运移。Li 等（2001）比较了来自加拿大西部的同一成因源的两种石油，其中一个靠近烃源岩（Pembina 油田），一个向上运移了 150km（Joarcam 油田）（Creaney 等，1994；Larter 等，1996）。尽管在运移方面存在差异，但单个烷烃的 δ^2H 组成似乎没有受到影响，仅变化了 4‰~8‰。正己烷／苯比值在 Joarcum 油田的石油中可能仅增加约 6 倍，这与沿运移路线与水交换的相对小的量相关，并且可以解释缺少 δ^2H 变化的原因。

汽油范围的烃类连同其他二次运移标志物的使用，如喹啉（Larter 和 Aplin，1995；Li 等，2001），可以创建更详细的运移图片（例如距离和范围），并有助于理解烷烃 δ^2H 在相关研究中的用途，或作为评估运移影响的敏感工具。然而，还需要更多已发表的案例研究。

5.3.5 其他的储集过程

在储集过程中，如蒸发分馏（包括气体洗涤）、脱沥青、重力分离、水洗、生物降解和热化学硫酸盐还原等导致石油在充注期间和之后的次生变化（Wenger 等，2002）。在不同程度上，烃类化合物，包括在 C_5~C_{30} 范围内直链和支链部分的特定化合物的碳和氢同位素组成，可能受储集过程的影响，因此有助于理解。

5.3.5.1 蒸发分馏

Thompson（1987，1988）最初定义蒸发分馏为一个多步骤的过程，涉及气体的积累，随后是气体逸出的相分离，携带基于气—液分配系数（也称为气体洗涤；van Graas 等，2000）的附加组分。剩余的液体通常富含高分子量化合物。蒸发分馏也可能由于溶液气体或气帽的损失而发生（Masterson 等，2001）。使用正构烷烃和 C_7 组分的变化来比较石油，并确定和量化蒸发分馏对流体性质的影响，也可以用来确定含油气系统的历史（Masterson 等，2001；Losh 等，2002a，b；Thompson，2010；Murillo 等，2016）。液相气相分离实验表明，C_6、C_7 和 C_8 正构烷烃的 $\delta^{13}C$ 在气相和原始油中都是相同的。然而，nC_9 到 nC_{14} 以及 1—甲基环戊烷在气相中显示出 1‰ 的 ^{13}C 损耗，这表明储集相划分的同位素效应非常小（Carpentier 等，1996）。因此，在蒸发分馏发生的系统中，$\delta^{13}C$ 值被保存下来，仍然可以用于评价油源对比、油气充注等。

5.3.5.2 生物降解作用

地下生物降解导致具有良好特征的复合化合物损失序列，因为微生物组与厌氧烃降解酶代谢碳氢化合物（Head 等，2003；Aitken 等，2004；Bian 等，2015）导致生成酸性化合物和烃类损失的特征序列（正构烷烃＞单环烷烃＞烷基烷基苯＞类异戊二烯烷烃＞烷基萘＞双环烷烃＞甾烷＞藿烷类化合物）（Peters 等，2005）。生物降解作用优先去除 ^{12}C 和 ^1H，留下 ^{13}C 和 ^2H 富集的有机化合物。生物降解作用对全油 $\delta^{13}C$ 值的影响较小，但随着生物降解程度的增加，正如正构烷烃的消失所证明的那样，饱和馏分中有机化合物的 $\delta^{13}C$ 值将增加。

对七个辽河盆地从原始到重度生物降解的原油样品的分析表明，即使在高浓度的高分子量（C_{19+}）化合物的生物降解过程中，$\delta^{13}C$ 值也相对保守（Sun 等，2005）。然而，低分子量化合物相对于同一系统未改变的油可以显示出高达 4‰ 的 ^{13}C 富集。在生物降解过程中，只有低分子量正构烷烃化合物具有明显的同位素效应。这也意味着，即使在高度生物降解的储层中，高分子量正构烷烃仍应与烃源岩 $\delta^{13}C$ 有很好的相关性，假设化合物仍然存在，并且没有其他显著的次生变化影响原始值。

实验还进行了（Vieth 和 Wilkes，2006）在 Gullfaks 油田（北海）的汽油范围烃类的特定化合物同位素分析（CSIA），以评估生物降解作用如何改变低分子量烃的 $\delta^{13}C$ 组成。生物降解油中丁烷到壬烷为 3‰~7‰ 的 ^{13}C 富集，而甲苯和环己烷则没有。令人惊讶的是，在 Gullfaks 油田的石油中甲苯根本没有被降解，这使得笔者认为这个特殊油田的微生物群不能降解甲苯。实验得出的正己烷同位素分馏因子应用于 Gullfaks 油田的数据，以量化被生物降解的烃类（Vieth 和 Wilkes，2006；Wilkes 等，2008）。

作为生物降解的函数，氢同位素组成变化似乎也很大，已经观察到了高达 35‰ 的变化（Sun 等，2005），因此稳定氢同位素在理解和量化生物降解的影响方面是有意义的。

5.3.5.3 热化学硫酸盐还原作用

随着硫酸盐热化学还原（TSR）破坏有机化合物，剩余的有机化合物变得富含 ^{13}C（Rooney，1995；Whiticar 和 Snowdon，1999）。当硫酸盐热化学还原作用通过一系列极性，挥发性和非挥发性中间体氧化石油成分 CO_2，也有组成方面的变化（Walters 等，2015）。因此，将组分变化与汽油馏分烃的特定化合物同位素分析结合起来，是区分热化学硫酸盐还原影响流体的敏感方法。如 Peters 和 Fowler（2002）所述，Rooney（1995）表明，受热化学硫酸盐还原的影响，油中正构烷烃和支链烃的 $\delta^{13}C$ 增加了 22‰，而仅受热成熟度增加影响的油中 $\delta^{13}C$ 增加了 2‰~3‰。其他化合物，如甲苯，$\delta^{13}C$ 的变化较小。热化学硫酸盐还原中间产物的碳（和硫）同位素组成，有可能用于建立额外相关联和分类的工具。

5.4 正构烷烃化合物特定稳定同位素的应用

正构烷烃和相关化合物的复合特定稳定同位素的应用有助于了解流体运移史的各个方面、储集过程，并提供对油—源对比和油—油对比的见解。对应用程序的注意事项与任何油藏流体研究相同。使用者需要确保样本是有代表性的，承认任何分析的不确定性，并且认识到在地质时间尺度上发生的许多复杂过程可以改变流体性质。

将特定化合物同位素分析（CSIA）与其他地球化学方法集成在储层研究中具有若干优点。CSIA 提供比全岩方法更多的分辨率。它可分离高分子量和低分子量化合物，它们受到不同工艺的不同影响，并有助于将不同来源（如干酪根热解物、石油、烃源岩提取物等）的单独化合物（正构烷烃和其他生物标志物）进行直接比较。CSIA 还可以提供许多额外的信息，用于解决对比的相似性和差异。最终，在其他地质和流体性质的背景下，CSIA 有助于更全面地理解含油气系统。

一些按地区进行的案例研究表明，应用碳和氢同位素组成的正构烷烃支持了石油勘探和开发活动。图 5.5 显示了这些案例研究所展示的 CSIA 的具体应用。每个盆地的完整历史在此不详细介绍，重点介绍正构烷烃 CSIA 提高对流体历史和性质的认识的案例。

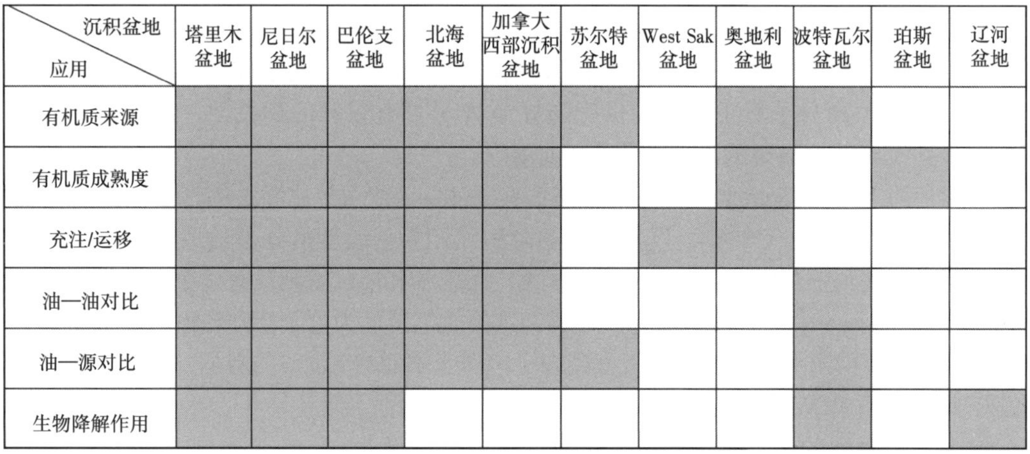

应用\沉积盆地	塔里木盆地	尼日尔盆地	巴伦支盆地	北海盆地	加拿大西部沉积盆地	苏尔特盆地	West Sak盆地	奥地利盆地	波特瓦尔盆地	珀斯盆地	辽河盆地
有机质来源	■	■	■	■	■					■	■
有机质成熟度	■	■	■	■	■					■	■
充注/运移	■	■	■	■	■		■				■
油—油对比	■	■	■	■	■						
油—源对比	■	■	■	■	■						
生物降解作用	■			■							

图 5.5　研究中正构烷烃 CSIA 具体应用的一些案例

Bjorøy 等（1994）和 Odden 等（2002）在北海的研究，是最早使用 CSIA 数据进行对比分析，然后进行后续调查的研究之一；其他盆地（塔里木盆地、尼日尔盆地、巴伦支盆地和加拿大西部沉积盆地）的研究是综合地球化学盆地分析的极好例子（Li 等，2001，2010；Samuel 等，2009；Jia 等，2010，2013；He 等，2012；Murillo 等，2016）；其他盆地研究是专注于特定应用的调查的例子，如充注评估（West Sak 盆地，Masterson 等，2001），烃源岩对比（奥地利盆地，Bechtel，2012；苏尔特盆地，Aboglia 等，2010）以及成熟度和储集过程的相互作用（珀斯盆地，Dawson 等，2005；波特瓦尔盆地，Asif 等，2009；辽河盆地，Sun 等，2005）

5.4.1 欧洲

5.4.1.1 奥地利（有机质来源、有机质成熟度和充注/运移调查中的应用）

阿尔卑斯前陆盆地中，Schöneck 组、Dynow 组和 Eggerding 组的各种渐新统烃源岩具有泥质岩屑，由西向东横向和垂直变化，生成并排出至两个主要储层——白垩系和始新统砂岩。在研究烃源岩和储层流体中正构烷烃的碳和氢同位素组成时，Bechtel 等（2013）指出 ^{13}C 消耗从西向东变化为 2‰~3‰，δ^2H 为约 30‰，流体特定化合物同位素分析（CSIA）的差异反映了烃源岩的贡献变化，从 Schöneck 组 "C" 单元的 ^{13}C 消耗向东方对地层的贡献较大，地层也变厚（Gratzer 等，2011；Bechtel 等，2012）。正构烷烃中 $\delta^{13}C$ 值的趋势也与烃源岩性质的变化相一致，参见流体和烃源岩的 C_{19} 和 C_{26} 平均 $\delta^{13}C$ 值的交会图（图 5.6）。

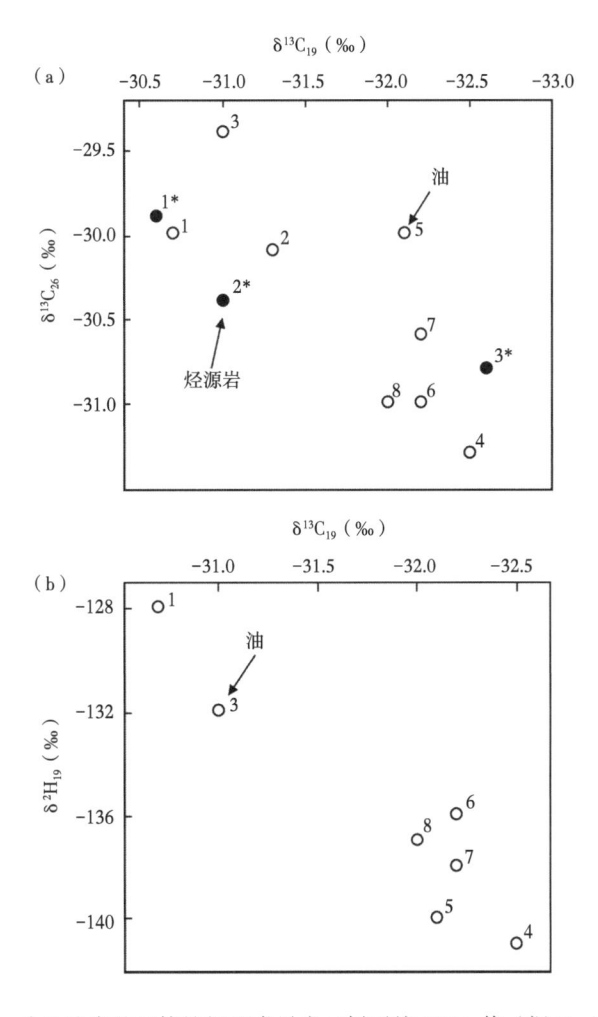

图 5.6 Molasse 盆地油中的正构烷烃和类异戊二烯平均 CSIA 值（据 Bechtel 等，2013）

反映了由西向东的趋势。我们计算了 C_{19} 正构烷烃的 $\delta^{13}C$ 值，并将这些平均值分别在（a）C_{26} 正构烷烃的 $\delta^{13}C$ 值的交会图，包括三个区域烃源岩和（b）C_{19} 正构烷烃的 δ^2H 值的交会图中重新绘制。图上的标签对应于 Bechtel 等（2013）使用的标签。油田：1—K, Ktg, MS, R, St; 2—Li, Sch, W, P; 3—Trat; 4—Gruenau（Alpine subthrust）; 5—Mdf, Sat, Eb, Ob, Ra, Sths, Wels; 6—V.Hier; 7—BH, Ke, En, Pi; 8—Sier, Wir。烃源岩：1*—Obhf Schöneck 组；2*—Mlrt（Rupelian）；3*—Molln chöneck 组。这项研究说明了在比较烃源岩和石油并利用双重同位素系统（$\delta^{13}C$ 和 δ^2H）时可能识别出趋势和相关性

正构烷烃 δ^2H 的变化也反映了源的变化，这归因于在单位"C"中更咸、更少的海洋沉积环境中的 ^2H 亏损。δ^2H 值随烷烃链长的增加而增加，随着成熟度的增加而增加，为成熟度变化提供了更多的证据。该研究还使用苯并咔唑比作为衡量运移的参数，反映了额外的分子特性的有效结合，以进一步解决充注史。这一研究和相关研究表明，阿尔卑斯前陆盆地为研究源和成熟度变化以及运移对特定化合物同位素组成的影响，以及为进一步开发石油勘探中的这些工具提供了一个很好的天然实验室。CSIA 的应用也应延伸到其他盆地，其中烃源岩的横向和垂直变化很重要（例如 Bakken、Eagle Ford）。

5.4.1.2 巴伦支海（综合盆地分析）

Murillo 等（2016）对 16 个流体样品（来自 15 口井）和 10 个烃源岩抽提物进行了全套地球化学分析，研究了巴伦支海—哈默费斯特盆地含油气系统的油—源对比、油—油对比、成熟度评价和储集过程。在这种情况下，正构烷烃的 $\delta^{13}C$（$>C_{15}$）有助于油—源对比，甚至量化不同烃源岩的贡献。这对区分三叠系和侏罗系的烃源贡献尤其有用。例如，油族Ⅲ和油族Ⅳ仅在 $\delta^{13}C$ 基础上是不可区分的。然而，油族Ⅱ明显不同于油族Ⅰ、油族Ⅲ和油族Ⅳ。此外，油族具有独特的姥鲛烷和植烷 $\delta^{13}C$ 值，与同一油中的正烷烃 $\delta^{13}C$ 值相比，油族具有以下特点：

油族Ⅰ：C_{10}~C_{14}=−30‰~−28‰；C_{15+}=−34‰~−30‰；姥鲛烷和植烷 =−32‰~−31‰；支链烷烃随着分子量的增加，^{12}C 略有增加；

油族Ⅱ：C_{10}~C_{14}=−33‰~−31‰；C_{15+}=−36‰~−33‰；姥鲛烷和植烷 =−33.5‰~−32.5‰；

油族Ⅲ：C_{10}~C_{14}=−31‰~−29‰；姥鲛烷和植烷 =−31‰~−30‰；支链烷烃 =−29‰~−28‰；环烷烃 =−29‰~−25‰；

油族Ⅳ：C_{10}~C_{14}=−31‰~−28‰；姥鲛烷和植烷 =−33‰~−32‰；支链烷烃 =−30‰~−28‰。

烃源岩提取的 $\delta^{13}C$ 值也有差异。三叠系 Kobbe 组地层 $\delta^{13}C$ 范围为 −35‰~−32‰。上侏罗统 Hekkingen 组正构烷烃（$>C_{20}$）的 $\delta^{13}C$ 值介于 −31‰~−28‰ 之间，与三叠系 Kobbe 组相比，差异为 4‰~6‰。这些变化使不同油族的来源评价也不同：三叠系是油族Ⅰ、油族Ⅱ和油族Ⅳ的可能来源，而侏罗系则贡献更高的油族Ⅲ。混合模型被用来更精确地计算不同来源对油的贡献。这种类型的分析形成了一个有用的基线，将用于未来的勘探，以及评估随时间变化的生产，这取决于油田和储层性质。

正构烷烃的特定化合物的氢和碳同位素分析也提供了有关热成熟程度和其他物理过程的信息。油的 δ^2H 值随碳数值的增加而增加，反映了热成熟特征。凝析油也表现出相同的趋势，但 δ^2H 值甚至更高，表明受蒸发分馏的影响，随着碳数的增加，^2H 更加富集（Murillo 等，2016）。Murillo 等（2016）利用正构烷烃特定化合物同位素分析（CSIA）的背景下研究其他流体性质是一个全面、完整研究，说明了如何使用 CSIA 来提高对油族来源的认识，以及该方法如何有助于长期的野外勘探、发展规划和潜在的生产监测。

He 等（2012）对巴伦支地区进行了另一项区域研究，重点是 Timan-Pechora 盆地。该研究包括来自 25 个油田的 32 个油样，还包括来自斯匹次卑尔根岛的两个地表样品。将样品分为 6 个油族（使用 20 个生物标志物参数和 2 个同位素参数的化学计量学方法），并推断它们与各自的烃源岩（泥盆系泥灰岩、泥盆系碳酸盐岩、三叠系/泥盆系碳酸盐岩、三叠系、下侏罗统—中侏罗统和上侏罗统）有关。正烷烃 CSIA 用于假定的端元和混合样品的子集，以便更好地鉴定混合油族的烃源岩。上侏罗统油族（Ⅴ）、三叠系油族（Ⅰ）和两个泥盆系油族（泥灰岩、油族Ⅱ和碳酸盐岩、油族Ⅲ）倾向于混合三叠系/泥盆系碳酸盐岩（油族Ⅳ，-32‰~-29‰）的那些值。上侏罗统油族（Ⅴ）^{13}C 值最富集（-29‰~-27‰），泥盆系油族（Ⅱ，Ⅲ）一般为 ^{13}C 亏损（-34‰~-33‰）。因此，该正构烷烃特定化合物同位素分析支持和细化了油—源对比的相互关系，增强了对区域含油气系统的认识。

5.4.2 亚洲和澳大利亚

5.4.2.1 波特瓦尔盆地（在烃源岩沉积环境、烃源岩—油关系、油—油对比和生物降解研究中的应用）

波特瓦尔盆地包含沉积前不同的前寒武系到新近系单元，由于与古近纪—新近纪喜马拉雅造山运动有关的强烈构造作用影响，构造条件复杂。包括寒武系、侏罗系和始新统在内的多个储层目标，流体重度范围为 16~49°API。富含有机质的烃源岩包括前寒武系蒸发岩、碳酸盐岩、碎屑岩相和二叠系页岩和碳酸盐岩单元（Asif 等，2011）。

用 18 种原油样品、生物标志物和全烃、饱和烃和芳香烃的 δ^{13}C 和 δ^2H 对波特瓦尔盆地的石油地球化学进行了研究。在有机质来源的基础上，Asif 等（2011）确定了 3 个不同的油族：陆相源油族和两个海相源油族，它们由次氧化和氧化沉积条件分化而成。

对正构烷烃、姥鲛烷和植烷的特定化合物 δ^2H 同位素进行了更深入的研究，以评价 8 种原油重度在 16~41°API 范围内的生物降解程度（Asif 等，2009）。$\Delta\delta^2$H（δ^2H 异戊二烯类—δ^2H 正构烷烃）与重度呈正相关（δ^2H 随重度的减小而减小），表明正构烷烃中存在优先富集 ^{2}H。因此，$\Delta\delta^2$H 提供了一个有用的工具，用于分类和区分油族，也有可能评估低水平的生物降解。

综上所述，这些研究有助于加深对波特瓦尔盆地含油气系统的潜在烃源岩、油气分类和储集过程的认识。

5.4.2.2 珀斯盆地（在有机质成熟度研究中的应用）

本研究采用 ^{2}H/^{1}H 测量方法对比烃源岩和原油分子性质，揭示热成熟烃类 δ^2H 值与正构烷烃和非环类异戊二烯 δ^2H 值的关系。Dawson 等（2005）研究了从珀斯海盆北部陆上的三叠系 Hovea 组中收集的九个样品，它们代表了未成熟—成熟有机质。他们将正构烷烃和异戊二烯类的 δ^2H 与两种原油的数据进行了比较，这两种原油被认为来自同一地层中富含腐泥质的有机物。一般来说，随着成熟度的增加，正构烷烃 δ^2H 值保持一致，除了在最高成熟度样品中 δ^2H 增加 42‰。然而，姥鲛烷和植烷，即使在较低的成熟度，也富集 ^{2}H。笔者认为，氢同位素交换机制（手性碳原子交换）在类异戊二烯（如含有叔碳中心的化合物）中更迅速。因此，姥鲛烷和植烷的 δ^2H 值与由萜类生物标记物参数 C_{27} 18α（H）-22，29，30-三降藿烷/C_{27} 17α（H）-22，29，30-三降藿烷（Ts/Tm）比值的镜质组反射率当量值和成熟度值有很好的相关性。正构烷烃的 δ^2H 值与异戊二烯的 δ^2H 值之间的偏移量表明，这些化合物的 ^{2}H/^{1}H 含量可用于确定烃源岩的热成熟度。对各种的盆地的姥鲛烷和植烷 δ^2H 的相对简单的研究将扩大本研究的观察领域，并且是标准分子地球化学研究的有用补充。

5.4.2.3 塔里木盆地（综合盆地分析）

塔里木盆地是中国最重要的含油气盆地之一，在文献中已有广泛报道。这里重点介绍几个例子，其中特定化合物同位素分析（CSIA）提供了重要的见解和效用，在塔里木盆地石油勘探，特别是油源对比和充注历史，连通性和储层蚀变。

简单地说，塔里木盆地很大，地质条件复杂、流体类型范围从轻到重，从正常到蜡状，从早成熟到次生裂解天然气。与多次充注事件和生物降解相关的储集过程也影响流体性质。在流体组分中正构烷烃稳定碳同位素组成的巨大变化反映了来自许多不同的烃源岩的混合（Jia 等，2010；Li 等，2010）。最近，使用正构烷烃的特定化合物碳和氢同位素分析，Jia 等（2013）在塔北和塔中隆起区揭示了复杂的烃源贡献，并最终鉴定出不同成熟度下同一烃源岩的油，以及来自不同成熟度水平的不同来源油的贡献（Jia 等，2013）。

根据生物标志物和同位素特征，将塔北油田和塔中隆起的油分为两组。大多数油属于第一组，其 $\delta^{13}C$ 值相对较低（-34.5‰~-31.0‰），正构烷烃 δ^2H 值相对较低（-110‰~-75‰）。第二组仅包含两个重油样品，$\delta^{13}C$ 值为 -30‰ 和 -29‰，而 δ^2H 值为 -145‰ 和 -142‰。正构烷烃的 $\delta^{13}C$ 值一般与生物标志物成熟度指数相关，正相关表明成熟度至少控制了正构烷烃的同位素组成。由于在热成熟过程对 δ^2H 的影响更大（Tang 等，2005），正构烷烃的相对 ^2H 富集被视为石油成熟过程中动力学分馏的结果。

塔中流体的变化幅度远大于塔北，轻质油和蜡质油的 $\delta^{13}C$ 变化幅度较大，为 -36‰~-31‰。此外，分子量方面存在较大的变化——较短的链化合物（C_{10}—C_{16}）为 ^{13}C 亏损，而高分子量化合物（C_{16+}）为 ^{13}C 轻微富集。这些模式，连同独特的生物标志物的相关性，导致笔者提出源和充注历史有几种方案。一套油中含有 25 个正构藿烷，饱和组分正构烷烃和沥青质释放的正构烷烃的 $\delta^{13}C$ 值相对较低（<-33.5‰）。此外，沥青质不含生物降解残留物（Jia 等，2008）。这导致的一个结论是一种生物降解的流体后来被一种非生物降解的流体充注。因此，正构烷烃 $\delta^{13}C$ 值有助于揭示早期的充注历史和油藏生物降解。

另一套油显示了不同成熟度同一个来源油的混合。在这个例子中，使用成熟度参数交会图和正构烷烃的平均 $\delta^{13}C$，提出了一个可能的混合情景，中奥陶世来源的流体在白垩纪到新近纪期间充填了储层。为了进一步解释塔中盆地更复杂的流体性质，笔者使用了正构烷烃的生物标志物和 $\delta^2H/\delta^{13}C$，以显示来自不同来源油的混合，即寒武系—奥陶系和中—上奥陶统。

如 Murillo 等（2016）在巴伦支地区已经证实的那样，塔里木盆地研究还表明，正构烷烃的特定化合物同位素分析在源、成熟度、充注史和储集过程中提供了可变流体史的证据，这可以集成在含油气系统概念和模型中，以帮助油田开发规划和未来勘探工作。

5.4.3 非洲

5.4.3.1 北非（在有机质来源和油—源对比研究中的应用）

利用生物标志物和正构烷烃的 $\delta^{13}C$ 和 δ^2H，在苏尔特盆地含油气系统中进行了油源年龄和亲缘关系的研究。Aboglia 等（2010）分析了苏尔特盆地 7 个地区的 24 个井口采样油，南北横跨约 120km，代表了从前寒武纪到始新世的 6 个不同的储层。两个油族根据成熟度来定义，由几个参数导出：A 族成熟度较高，烃源岩可能具有较高的陆源组分；B 族较不成熟，以海洋来源标志为主。笔者发现，A 族正构烷烃具有较高的 $\delta^{13}C$ 值，这与陆源岩成因和较高的热成熟度是一致的。与 B 族油相比，A 族油的热成熟度更高的证据来自这些油中姥鲛烷和植烷的 δ^2H 值较高。在北非的另一项研究中，Peters 和 Creaney（2004）发现 nC_{17}、nC_{18} 及姥鲛烷和植烷中 $\delta^{13}C$ 有很大的变化，这使得它们能够区分阿尔及利亚志留纪和泥盆纪来源的油。因此，这些观察即是年龄诊断，也可以是长期生产监测以及勘探的有用标记。

5.4.3.2 尼日尔三角洲（综合盆地分析）

Samuel 等（2009）的研究重新评价尼日尔三角洲含油气系统多源油气的证据。他们研究了 58 个来自浅层和深水油田的原油样品和来自尼日利亚西南部白垩纪晚期 Araromi 组的岩心样品。正构烷烃的特定化合物同位素分析（CSIA）有助于区分相对现今储层流体分布不同源的影响。根据烷烃和生物标志物分布，基于来源（陆源、陆相混合陆源和优势海洋源）推断了三个油族。生物标志物分布包括 C_{30} 四环聚戊烯类（TPPs）被用来计算 TPP 指数（Holba 等，2003）、奥利烷指数（Eneogwe 和 Ekundayo，2003；Matava 等，2003）以及三环二萜指数（TTTI）被用来区分海相（主要是西部深水区原油）和陆源烃源岩，并指示湖源和陆源油的混合。

然而，在西部深水和一些西部浅水原油中，正构烷烃的 $\delta^{13}C$ 值呈现出几乎平坦的趋势，范围为 −30‰~−24‰，随碳数的增加而变化不大。其他西部浅水油的 $\delta^{13}C$ 值随着碳数的增加也有相对平缓的趋势，但比西部深水油更富集 $\delta^{13}C$，特别是在 nC_{12}~C_{16} 范围内。Samuel 等（2009）将这些值归因于在沉积过程中具有均匀碳同位素组成的海洋源的影响（例如，良好混合的、缓冲的碳酸盐岩体系）。与此相反，中部、东部和西部的浅水样品均表现出 $\delta^{13}C$ 值随着碳数的增加而降低，nC_{12} 的值从 −28‰ 到 −23‰，nC_{30} 降低到 −34‰ 和 −28‰（nC_{27} 也系统化的 ^{13}C 亏损 0.5‰~1.5‰）。在世界上许多其他盆地，特别是澳大利亚（Murray 等，1994；Wilhelms 等，1994）和南得克萨斯州（Bjorøy 等，1991）古近系—新近系含油气系统中，观察到 ^{13}C 含量随着碳数的增加而减少的现象。

研究发现成熟度与 $\delta^{13}C$ 值之间没有明显的相关性。因此，正构烷烃的特定化合物同位素分析（CSIA）主要反映干酪根源的同位素性质。然而，在本研究中，可用的烃源岩样品是有限的，并且仅从达荷美盆地提取了 Araromi 组样品，与本研究中的油进行了比较。Araromi 组是上白垩统 Abeokuta 群中最年轻的单元，总有机碳（TOC）含量为 0.5%~5%，氢指数（HI）值在 0~400mg/g 之间。生物标志物和正构烷烃分布以及正构烷烃的碳同位素组成证明其与所研究的石油匹配很差。

尼日尔盆地含油气系统的地球化学复杂性超出了本文的研究范围（还未公布），但含特定化合物同位素的烷烃分析提供了一个用于比较和分离油族和排除特定烃源贡献的附加工具。

5.4.4 北美

5.4.4.1 West Sak-Kuparuk-Prudhoe 油田（在充注评估研究中的应用）

采用烃类碳同位素来理解一次充注和二次充注的来源，以及储集过程和对流体性质的影响，最终帮助 West Sak 油藏的油田开发规划（Masterson 等，2001）。生物标志物的相似性被用来表明 West Sak 油气藏与东部 Prudhoe 油气藏主要来自同一油气充注。然而，富含汽油范围的烃类表观二次充注的 $\delta^{13}C$ 值与潜在的下伏的 KuPaluk 油气藏相匹配。在厚层页岩单元中分离出的断层为这一充注提供运移通道。West Sak 上部流体中的汽油馏分组分的 $\delta^{13}C$ 值和分布被进一步生物降解作用影响。生物降解导致更多黏性流体，从而降低了 West Sak 油田的可生产性。因此，轻烃二次充注是降低储层流体黏度的关键，也制约着 West Sak 油田生产的经济可行性。使用汽油馏分碳氢化合物的特定化合物同位素分析（CSIA），了解二次充注的来源，并为识别二次充注的来源提供了工具，从而降低了未来的开发目标的风险。有机化合物 $\delta^{13}C$ 值为理解油气充注史、盆地发育和经济开发提供了重要信息。

5.4.4.2　加拿大西部沉积盆地（综合盆地分析）

加拿大西部沉积盆地（WCSB）包括阿尔伯塔盆地和威利斯顿盆地，正构烷烃和无环类异戊二烯（姥鲛烷和植烷）的氢同位素组成差异很大，可有效地用于油源对比研究（Li 等，2001）。在阿尔伯塔地区分析了 12 个油田的 13 个油样品，其中至少有 8 个来源单元，包括泥盆系、三叠系、侏罗系和上白垩统有机相。在威利斯顿盆地研究了来自 7 个油田的 13 个油样品，它们代表了假定的寒武系、奥陶系、泥盆系和密西西比系有机相。

在这个丰富的数据集中，有一些例子显示了烃源物质的氢同位素组成是如何保存在正构烷烃和非环类异戊二烯化合物的特定氢同位素组成中的，从而使油与烃源岩的对比成为可能。例如，来自寒武系和上白垩统的正构烷烃的 δ^2H 范围为 -190‰~-160‰，而阿尔伯塔和威利斯顿盆地中的密西西比系—泥盆系烃源油表现为更多的 ^2H 亏损（-160‰~ -80‰）。此外，来自威利斯顿盆地泥盆系—密西西比系石油的正构烷烃的 δ^2H 值介于 Lodgepole 和 Bakken 端员之间的中间特征（来自同一井的不同垂直深度的油），这有力地指示了是两个来源的混合。此外，已知的湖相、海相和蒸发岩油显示出不同的 δ^2H 值，这表明来源于水的氢同位素组成的保存，例如来自蒸发物的油显示出更多的 ^2H 富集值。

如珀斯盆地所示（Dawson 等，2005）成熟度对 δ^2H 也有影响，这可能是 δ^2H 值作为热成熟度的证据，特别是当其他成熟度的热成熟率在最高成熟度流体中达到平衡或完全消失时。在这种情况下，^2H 富集导致加权平均 δ^2H 值增加了 40‰。

研究表明，正构烷烃的氢同位素组成为油—油对比和油—源对比的解释能力和分辨率以及它们如何混合和热成熟提供证据。虽然这样的研究可以在国内和国际石油公司的勘探和生产组内部进行，但文献或公布的数据还很少。然而，这样的数据集可以有利于古气候和石油地球化学研究。

5.5　总结

正构烷烃的特定化合物同位素分析（CSIA）提供了流体史的证据，包括来源、成熟度、充注史和储集过程，当结合在含油气系统概念和模型中时，可以支持油田开发规划和勘探工作。对于烃源岩的测定，正构烷烃和相关化合物的碳和氢同位素组成可以在海洋、湖泊和蒸发古环境之间进行区分。这些观测结果可以增加油—油对比以及油—源对比的可信度。

在某些情况下，使用特定化合物同位素分析（CSIA）的目标是确定特定的过程。单一盆地研究具有特定应用的实例，例如充注评价（West Sak 盆地）、烃源岩对比（奥地利盆地、苏尔特盆地、波特瓦尔盆地），以及成熟度和储集过程的相互作用（珀斯盆地、波特瓦尔盆地、加拿大西部沉积盆地）。

在其他情况下，正构烷烃的特定化合物同位素分析（CSIA）用于证实来自综合含油气系统分析的解释提供独特的见解，使用其他方法时可能无法揭示。在塔里木盆地、尼日尔盆地、巴伦支盆地和加拿大西部沉积盆地的研究是综合地球化学盆地分析得很好的例子。

总的来说，正构烷烃和相关的正烷基结构的特定化合物同位素分析（CSIA）可以提供独立的数据来加强从烃源岩到流体的生成和排出、充注史、连通性和储集过程中的含油气系统概念（图5.5）。该研究应充分集成在盆地分析中，CSIA被用来减少不确定性和增强盆地评价的可信度。

正如Curiale（2008）所强调的那样，无论是直接从假定的烃源岩和油中提取有机地球化学数据，还是从石油数据推断可能的烃源岩性质，通过对比和在储集过程中可以不断地更新和改进，因为数据被纳入概念的盆地、地质和储层性质模型。同样，整合各种流体和岩石性质，创建、合并大型数据集，以及使用下一级分析工具（如复合特定化合物同位素组成），可以显著改善和提高对盆地和储层的整体认识，并降低油田开发规划的风险。

感谢Michael Lawson和Michael Formolo邀请我们为本卷撰写这篇综述，并感谢他们对本文所作的编辑工作。感谢斯伦贝谢公司对本文的贡献。衷心感谢匿名审稿人的评论，极大地提高了本文的质量。英国东安格利亚大学环境科学学院为开放期刊提供了资金。

参考文献

ABOGLIA, S., GRICE, K., TRINAJSTIC, K., DAWSON, D. & WILLIFORD, K.H. 2010. Use of biomarker distributions and compound specific isotopes of carbon and hydrogen to delineate hydrocarbon characteristics in the East Sirte Basin（Libya）. *Organic Geochemistry*，41，1249–1258.

AITKEN, C., JONES, D.M. & LARTER, S.R. 2004. Anaerobic hydrocarbon biodegradation in deep subsurface oil reservoirs. *Nature*，431，291–294.

ARTHUR, M.A., DEAN, W.E. & CLAYPOOL, G.E. 1985. Anomalous ^{13}C enrichment in modern marine organic carbon. *Nature*，315，216–218.

ASIF, M., GRICE, K. & FAZEELAT, T. 2009. Assessment of petroleum biodegradation using stable hydrogen isotopes of individual saturated hydrocarbon and polycyclic aromatic hydrocarbon distributions in oils from the Upper Indus Basin, Pakistan. *Organic Geochemistry*，40，301–311.

ASIF, M., FAZEELAT, T. & GRICE, K. 2011. Petroleum geochemistry of the Potwar Basin, Pakistan：1. Oil–oil correlation using biomarkers, δ^{13}C and δD. *Organic Geochemistry*，42，1226–1240.

BECHTEL, A., HAMOR-VISO, M., GRATZER, R., SACHSENHOFER, R. & PUTTMANN, W. 2012. Facies evolution and stratigraphic correlation in the early Oligocene Tard Clay of Hungary as revealed by maceral, biomarker and stable isotope composition. Marine and Petroleum Geochemistry，35，55–74.

BECHTEL, A., GRATZER, R., LINZER, H.-G. & SACHSENHOFER, R. 2013. Influence of migration distance, maturity and facies on the stable isotopic composition of alkanes and on carbazole distributions in oils and source rocks of the Alpine Foreland Basin of Austria. *Organic Geochemistry*，62，74–85.

BENSON, S., LENNARD, C., MAYNARD, P. & ROUX, C. 2006. Forensic applications of isotope ratio mass spectrometry – a review. *Forensic Science International*，157，1–22.

BIAN, X.Y., MBADINGA, S.M. ET AL. 2015. Insights into the anaerobic biodegradation pathway of *n*-alkanes in oil reservoirs by detection of signature metabolites. *Scientific Reports*，5，98-101.

BJORØY, M., HALL, K., GILLYON, P. & JUMEAU, J. 1991. Carbon isotope variations in *n*-alkanes and isoprenoids of whole oils. *Chemical Geology*，93，13–20.

BJORØY, M., HALL, P.&MOE, R. 1994. Variation in the isotopic composition of single components in the

C$_4$–C$_{20}$ fraction of oils and condensates. *Organic Geochemistry*, 21, 761–776.

CARPENTIER, B., UNGERER, P., KOWALEWSKI, I., MAGNIER, C., COURCY, J.P.&HUC, A.Y. 1996. Molecular and isotopic fractionation of light hydrocarbons between oil and gas phases. *Organic Geochemistry*, 24, 1115–1139.

CHIKARAISHI, Y. & NARAOKA, H. 2006. Carbon and hydrogen isotope variation of plant biomarkers in a plant–soil system. *Chemical Geology*, 231, 190–202.

CHIKARAISHI, Y., TANAKA, R., TANAKA, A. & OHKOUCHI, N. 2009. Fractionation of hydrogen isotopes during phytol biosynthesis. *Organic Geochemistry*, 40, 569–573.

CHUNG, H.M., CLAYPOOL, G.E., ROONEY, M.A. & SQUIRES, R.M. 1994. Source characteristics of marine oils as indicated by carbon isotopic ratios of volatile hydrocarbons. *AAPG Bulletin*, 78, 396–408.

CLAYTON, C. 1991. Effect of maturity on carbon isotope ratios of oils and condensates. *Organic Geochemistry*, 17, 887–899.

CLAYTON, C.J. & BJORØY, M. 1994. Effect of maturity on ratios of individual compounds in North Sea oils. *Organic Geochemistry*, 21, 737–750.

CRAIG, H. & GORDON, L.I. 1965. Deuterium and oxygen 18 variations in the ocean and the marine atmosphere. In: TONGIORGI, E.(ed.) *Stable Isotopes in Oceanographic Studies and Paleotemperatures*. Consiglio Nazionale Delle Richerche, Laboratorio de Geologia Nucleare, Spoleto, Italy, 9–131.

CRAMER, B., KROOSS, B.M. & LITTKE, R. 1998. Modelling isotope fractionation during primary cracking of natural gas: a reaction kinetic approach. *Chemical Geology*, 149, 235–250.

CREANEY, S., ALLAN, J. ET AL. 1994. Petroleum generation and migration in the Western Canada Sedimentary Basin. In: MOSSOP, G. & SHETSON, I.(eds) *Geological Atlas of the Western Canada Sedimentary Basin*. Canadian Society of Petroleum Geologists and Alberta Research Council, Canada, 455–468.

CURIALE, J.A. 2008. Oil-source rock correlations – limitations and recommendations. *Organic Geochemistry*, 39, 1150–1161.

CURIALE, J.A. & BROMLEY, B.W. 1996. Migration induced compositional changes in oils and condensates of a single field. *Organic Geochemistry*, 24, 1097–1113.

DAWSON, D., GRICE, K. & ALEXANDER, R. 2005. Effect of maturation on the indigenous δD signatures of individual hydrocarbons in sediments and crude oils from the Perth Basin(Western Australia). *Organic Geochemistry*, 36, 95–104.

DAWSON, D., GRICE, K., ALEXANDER, R. & EDWARDS, D. 2007. The effect of source and maturity on the stable isotopic compositions of individual hydrocarbons in sediments and crude oils from the Vulcan Sub-basin, Timor Sea, Northern Australia. *Organic Geochemistry*, 38, 1015–1038.

DEINES, P. 1980. The isotopic composition of reduced organic carbon. In: FRITZ, P. & FONTES, J.C.(eds) *Handbook of Environmental Geochemistry*. Elsevier, New York, 1, 239–406.

DE LEEUW, J.W., FREWIN, N.L., VAN BERGEN, P.F., SINNINGHE DAMSTÉ, J.S. & COLLINSON, M.E. 1995. Organic carbon as a palaeoenvironmental indicator in the marine realm. In: BOSENCE, D.W.J. & ALLISON, P.A.(eds) *Marine Palaeoenvironmental Analysis from Fossils*. Geological Society, London, Special Publications, 83, 43–71, https://doi.org/10.1144/GSL.SP.1995.083.01.04

DIRGHANGI, S.S. & PAGANI, M. 2013. Hydrogen isotope fractionation during lipid biosynthesis by Tetrahymena thermophila. *Organic Geochemistry*, 64, 105–111.

ENEOGWE, C. & EKUNDAYO, O. 2003. Geochemical correlation of crude oils in the NW Niger Delta, Nigeria. *Journal of Petroleum Geology*, 26, 95–103.

ESTEP, M.F. & HOERING, T.C. 1980. Biogeochemistry of the stable hydrogen isotopes. *Geochimica et Cosmochimica Acta*, 44, 1197–1206.

EVERSHED, R.P., BULL, I.D. ET AL. 2007. Compound-specific stable isotope analysis in ecology and paleoecology. In: MICHENER, R. & LAJTHA, K. (eds) *Stable Isotopes in Ecology and Environmental Science*. Blackwell, Oxford, 480–540.

FARQUHAR, G.D., EHLERINGER, J.R. & HUBICK, K.T. 1989. Carbon isotope discrimination and photosyntheis. *Annual Review of Plant Physiology and Plant Molecular Biology*, 40, 503–537.

FOGEL, M.L. & CIFUENTES, L.A. 1993. Isotope fractionation during primary production. In: ENGEL, M.H. & MACKO, S.A. (eds) *Organic Geochemistry*. Plenum Press, New York, 73–98.

FREEMAN, K.H. 2001. Isotopic biogeochemistry of marine organic carbon. *In*: VALLEY, J.W. & COLE, D.R. (eds) *Stable Isotope Geochemistry*. Reviews in Mineralogy & Geochemistry, 43. The Mineralogical Society of America, Washington, DC, 579–605.

FREEMAN, K.H., HAYES, J.M., TRENDEL, J.M. & ALBRECHT, P. 1990. Evidence from carbon isotope measurements for diverse origins of sedimentary hydrocarbons. *Nature*, 343, 254–256.

FREEMAN, K.H., BOREHAM, C.J., SUMMONS, R.E. & HAYES, J.M. 1994. The effect of aromatization on the isotopic compositions of hydrocarbons during early diagenesis. *Organic Geochemistry*, 21, 1037–1049.

GAMARRA, B., SACHSE, D. & KAHMEN, A. 2016. Effects of leaf water evaporative ^{2}H-enrichment and biosynthetic fractionation on leaf wax n-alkane δ^2H values in C$_3$ and C$_4$ grasses. *Plant, Cell & Environment*, 39, 2390–2403.

GLASER, B. 2005. Compound-specific stable-isotope (δ^{13}C) analysis in soil science. *Journal of Plant Nutrition and Soil Science*, 168, 633–648.

GONFIANTINI, R. 1986. Environmental isotopes in lake studies. In: FRITZ, P. & FONTES, J.CH. (eds) *Handbook of Environmental Isotope Geochemistry, The Terrestrial Environment B*. Elsevier, Amsterdam, II, 113–168.

GRATZER, R., BECHTEL, A., SACHSENHOFER, R.F., LINZER, H.-G., REISCHENBACHER, D. & SCHULZ, H.-M. 2011. Oil-oil and oil-source rock correlations in the Alpine Foreland basin of Austria: insights from biomarker and stable carbon isotope studies. *Marine and Petroleum Geology*, 28, 1171–1186.

GRICE, K., SCHOUTEN, S., NISSENBAUM, A., CHARRACH, J. & SINNINGHE DAMSTÉ, J.S. 1998. Isotopically heavy carbon in the C$_{21}$ to C$_{25}$ regular isoprenoids in halite-rich deposits from the Sdom Formation, Dead Sea Basin, Israel. *Organic Geochemistry*, 28, 349–359.

GRICE, K., MESMAY, R., GLUCINA, A. & WANG, S. 2008. An improved and rapid 5Å molecular sieve method for gas chromatography isotope ratio mass spectrometry of n-alkanes (C$_8$–C$_{30+}$). *Organic Geochemistry*, 39, 284–288.

HAYES, J.M. 1993. Factors controlling ^{13}C contents of sedimentary organic compounds: principles and evidence. *Marine Geology*, 113, 111–125.

HAYES, J.M. 2001. Fractionation of carbon and hydrogen isotopes in biosynthetic processes. *In*: VALLEY, J.W. & COLE, D.R. (eds) *Stable Isotope Geochemistry*. Reviews in Mineralogy & Geochemistry, 43. The Mineralogical Society of America, Washington, DC, 225–277.

HAYES, J.M., FREEMAN, K.H. & POPP, B.N. 1990. Compound-specific isotopic analyses: a novel tool for reconstruction of ancient biogeochemical processes. *Organic Geochemistry*, 16, 1115–1128.

HAYES, J.M., STRAUSS, H. & KAUFMAN, A.J. 1999. The abundance of ^{13}C in marine organic matter and isotopic fractionation in the global biogeochemical cycle of carbon during the past 800 Ma. *Chemical Geology*, 161, 103–125.

HE, M., MOLDOWAN, J.M., NEMCHENKO-ROVENSKAYA, A. & PETERS, K.E. 2012. Oil families and their inferred source rocks in the Barents Sea and northern Timan–Pechora basin, Russia. *AAPG Bulletin*, 96, 1121–1146.

HEAD, I.M., JONES, D.M. & LARTER, S.R. 2003. Biological activity in the deep subsurface and the origin of heavy oil. *Nature*, 426, 344–352.

HOLBA, A.G., DZOU, L.I. ET AL. 2003. Application of tetracyclic polyprenoids as indicators of input from freshbrackish water environments. *Organic Geochemistry*, 34, 441–469.

HUANG, Y., EGLINTON, G., INESON, P., LATTER, P.M., BOL, R. & HARKNESS, D.D. 1997. Absence of carbon isotope fractionation of individual *n*-alkanes in a 23-year field decomposition experiment with Calluna vulgaris. *Organic Geochemistry*, 26, 497–501.

JIA, W.L., PENG, P.A. & XIAO, Z.Y. 2008. Carbon isotopic compositions of 1, 2, 3, 4-tetramethylbenzene in marine oil asphaltenes from the Tarim Basin: evidence for the source formed in a strongly reducing environment. *Science in China*, Series D: *Earth Sciences*, 51, 509–514.

JIA, W.L., PENG, P.A., YU, C.L. & XIAO, Z.Y. 2010. Molecular and isotopic compositions of bitumens in Silurian tar sands from the Tarim Basin, NW China: characterizing biodegradation and hydrocarbon charging in an old composite basin. *Marine and Petroleum Geology*, 27, 13–25.

JIA, W., WANG, Q., PENG, P., XIAO, Z. & LI, B. 2013. Isotopic compositions and biomarkers in crude oils from the Tarim basin: oil maturity and oil mixing. *Organic Geochemistry*, 57, 95–106.

JONES, D.M., HEAD, I.M. ET AL. 2008. Crude-oil biodegradation via methanogenesis in subsurface petroleum reservoirs. *Nature*, 451, 176–180.

KEELEY, J.E. & SANDQUIST, D.R. 1992. Carbon: freshwater plants. *Plant, Cell & Environment*, 15, 1021–1035.

KIKUCHI, T., SUZUKI, N. & SAITO, H. 2010. Change in hydrogen isotope composition of *n*-alkanes, pristane, phytane, and aromatic hydrocarbons in Miocene siliceous mudstones with increasing maturity. *Organic Geochemistry*, 41, 940–946.

LARTER, S.R. & APLIN, A.C. 1995. Reservoir geochemistry: methods, applications and opportunities. In: CUBITT, J. M. & ENGLAND, W.A. (eds) *The Geochemistry of Reservoirs*. Geological Society, London, Special Publications, 86, 5–32, https://doi.org/10.1144/GSL.SP.1995.086.01.02

LARTER, S.R., BOWLER, B.F.J. ET AL. 1996. Molecular indicators of secondary oil migration distances. *Nature*, 383, 593–597.

LETELLIER, M. & BUDZINSKI, H. 1999. Microwave assisted extraction of organic compounds. *Analusis*, 27, 259–270.

LEWAN, M.D. 1983. Effects of thermal maturation on stable organic carbon isotopes as determined by hydrous pyrolysis of Woodford Shale. *Geochimica et Cosmochimica Acta*, 47, 1471–1479.

LI, M., HUANG, Y., OBERMAJER, M., JIANG, C., SNOWDON, L. & FOWLER, M. 2001. Hydrogen isotopic compositions of individual alkanes as a new approach to petroleum correlation: case studies from the Western Canada Sedimentary Basin. *Organic Geochemistry*, 32, 1387–1399.

LI, S.M., PANG, X.Q., JIN, Z.J., YANG, H.J., XIAO, Z.Y., GU, Q.Y. & ZHANG, B.S. 2010. Petroleum source in the Tazhong Uplift, Tarim Basin: new insights from geochemical and fluid inclusion data. *Organic Geochemistry*, 41, 531–553.

LIAO, Y. & GENG, A. 2009. Stable carbon isotopic fractionation of individual *n*-alkanes accompanying primary migration: evidence from hydrocarbon generation-expulsion simulations of selected terrestrial source rocks. *Applied Geochemistry*, 24, 2123–2132.

LORANT, F., PRINZHOFER, A., BEHAR, F. & HUC, A.Y. 1998. Carbon isotopic and molecular constraints on the formation and the expulsion of thermogenic hydrocarbon gases. *Chemical Geology*, 147, 249–264.

LOSH, S., CATHLES, L. &MEULBROEK, P. 2002a. Gas washing of oil along a regional transect, offshore Louisiana. *Organic Geochemistry*, 33, 655–663.

LOSH, S., WALTER, L., MEULBROEK, P., MARTINI, A., CATHLES, L. &WHELAN, J. 2002b. Reservoir fluids and their migration into the south Eugene Island block 330 reservoirs, offshore Louisiana. *AAPG Bulletin*, 86, 1463–1488.

LUNDANES, E. & GREIBROKK, T. 1994. Separation of fuels, heavy fractions, and crude oils into compound classes: a review. *Journal of High Resolution Chromatography*, 17, 197–202.

MABERLY, S.C., RAVEN, J.A. & JOHNSTON, A.M. 1992. Discrimination between ^{12}C and ^{13}C by marine plants. *Oecologia*, 91, 481–492.

MARCANO, N., LARTER, S. & MAYER, B. 2013. The impact of severe biodegradation on the molecular and stable (C, H, N, S) isotopic compositions of oils in the Alberta Basin, Canada. *Organic Geochemistry*, 59, 114–132.

MASTERSON, W.D., DZOU, L.I.P., HOLBA, A.G., FINCANNON, A.L. & ELLIS, L. 2001. Evidence for biodegradation and evaporative fractionation in West Sak, Kuparuk and Prudhoe Bay field areas, North Slope, Alaska. *Organic Geochemistry*, 32, 411–441.

MATAVA, T., ROONEY, M.A., CHUNG, H.M., NWANKWO, B.C. & UNOMAH, G.I. 2003. Migration effects on the composition of hydrocarbon accumulations in the OML 67–70 areas of the Niger Delta. *AAPG Bulletin*, 87, 1193–1206.

MEIER-AUGENSTEIN, W. 1999. Applied gas chromatography coupled to isotope ratio mass spectrometry. *Journal of Chromatography A*, 842, 351–371.

MURILLO, W., VIETH-HILLEBRAND, A., HORSFIELD, B. & WILKES, H. 2016. Petroleum source, maturity, alteration and mixing in the southwestern Barents Sea: new insights from geochemical and isotope data. *Marine and Petroleum Geology*, 70, 119–143.

MURRAY, A., SUMMONS, R., BOREHAM, C. & DOWLING, L. 1994. Biomarker and *n*-alkane isotope profiles for Tertiary oils: relationship to source rock depositional setting. *Organic Geochemistry*, 22, 521–542.

NGUYEN TU, T.T., DERENNE, S., LARGEAU, C., BARDOUX, G. & MARIOTTI, A. 2004. Diagenesis effects on specific carbon isotope composition of plant *n*-alkanes. *Organic Geochemistry*, 35, 317–329.

NGUYEN TU, T.T., EGASSE, C. ET AL. 2011. Early degradation of plant alkanes in soils: a litterbag experiment using ^{13}C-labelled leaves. *Soil Biology and Biochemistry*, 43, 2222–2228.

OAKES, A.M. & HREN, M.T. 2016. Temporal variations in the δD of leaf *n*-alkanes from four riparian plant species. *Organic Geochemistry*, 97, 122–130.

ODDEN, W., BARTH, T. & TALBOT, M.R. 2002. Compound-specific carbon isotope analysis of natural and artificially generated hydrocarbons in source rocks and petroleum fluids from offshore Mid-Norway. *Organic Geochemistry*, 33, 47–65.

PANCOST, R. & PAGANI, M. 2006. Controls on the carbon isotopic composition of lipids in marine environments. In: VOLKMAN, J.(ed.) *Marine Organic Matter: Biomarkers, Isotopes and DNA*. Springer-Verlag, Berlin, 209–249.

PEDENTCHOUK, N., FREEMAN, K.H. & HARRIS, N.B. 2006. Different response of δD values of *n*-alkanes, isoprenoids, and kerogen during thermal maturation. *Geochimica et Cosmochimica Acta*, 70, 2063–2072.

PÉRES, V.F., SAFFI, J. *ET AL.* 2006. Comparison of soxhlet, ultrasound-assisted and pressurized liquid extraction of terpenes, fatty acids and Vitamin E from Piper gaudichaudianum Kunth. *Journal of Chromatography A*, 1105, 115–118.

PETERS, K.E. & CREANEY, S. 2004. Geochemical differentiation of Silurian from Devonian crude oils in eastern Algeria. In: HILL, R., LEVENTHAL, J. *ET AL.* (eds) *Geochemical Investigations in Earth and Space Science*. The Geochemical Society Special Publications, 9, Elsevier Science, 287–301, https://doi.org/10.1016/S1873-9881(04)80021-X

PETERS, K.E. & FOWLER, M. 2002. Applications of petroleum geochemistry to exploration and reservoir management. *Organic Geochemistry*, 33, 5–36.

PETERS, K.E., ROHRBACK, B.G. & KAPLAN, I.R. 1981. Carbon and hydrogen stable isotope variations in kerogen during laboratory-simulated thermal maturation. *AAPG Bulletin*, 65, 501–508.

PETERS, K.E., WALTERS, C.C. & MOLDOWAN, J.M. 2005. *The Biomarker Guide: Volume 1, Biomarkers and Isotopes in Environment and Human History*. Cambridge University Press, Cambridge.

PHILP, R.P. 2006. The emergence of stable isotopes in environmental and forensic geochemistry studies: a review. *Environmental Chemistry Letters*, 5, 57–66.

POPP, B.N., TAKIGIKU, R., HAYES, J.M., LOUDA, J.M. & BAKER, E.W. 1989. The post-Paleozoic chronology and mechanism of ^{13}C depletion in primary marine organic matter. *American Journal of Science*, 289, 436–454.

RADKE, J., BECHTEL, A., GAUPP, R., PÜTTMANN, W., SCHWARK, L., SACHSE, D. & GLEIXNER, G. 2005. Correlation between hydrogen isotope ratios of lipid biomarkers and sediment maturity. *Geochimica et Cosmochimica Acta*, 69, 5517–5530.

RIELEY, G. 1994. Derivatization of organic compounds prior to gas chromatographic-combustion-isotope ratio mass spectrometric analysis: identification of isotope fractionation processes. *The Analyst*, 119, 915–919.

RIELEY, G., COLLIER, R., JONES, D., EGLINTON, G., EAKIN, P. & FALLICK, A. 1991. Sources of sedimentary lipids deduced from stable carbon-isotope analyses of individual compounds. *Nature*, 352, 425–427.

ROONEY, M.A. 1995. Carbon isotopic ratios of light hydrocarbons as indicators of thermochemical sulfate reduction. In: GRIMALT, J.O. (ed.) *Organic Geochemistry: Applications to Energy, Climate, Environment and Human History*. AIGOA, San Sebastian, 523–525.

ROONEY, M., VULETICH, A. & GRIFFITH, C. 1998. Compound-specific isotope analysis as a tool for characterizing mixed oils: an example from the West of Shetlands area. *Organic Geochemistry*, 29, 241–254.

ROZANSKI, K., ARAGUÁS-ARAGUÁS, L. & GONFIANTINI, R. 1993. Isotopic patterns in modern global precipitation. In: SWART, P.K., LOHMANN, K.C., MCKENZIE, J. & SAVIN, S. (eds) *Climate Change in Continental Isotopic Records*. Geophysical Monograph 78, American Geophysical Union, Washington, DC, 1–36.

SACHSE, D., BILLAULT, I. *ET AL.* 2012. Molecular palaeohydrology: interpreting the hydrogen-isotopic composition of lipid biomarkers from photosynthesizing organisms. *Annual Reviews of Earth and Planetary Science*, 40, 221–249.

SAMUEL, O.J., CORNFORD, C., JONES, M., ADEKEYE, O.A. & AKANDE, S.O. 2009. Improved understanding of the petroleum systems of the Niger delta basin, Nigeria. *Organic Geochemistry*, 40, 461–483.

SANTOS NETO DOS, E.V. & HAYES, J.M. 1999. Use of hydrogen and carbon stable isotopes characterizing oils from the Potiguar Basin (Onshore), northeastern Brazil. *AAPG Bulletin*, 83, 496–518.

SCHIDLOWSKI, M. 1988. A 3800-million-year isotopic record of life from carbon in sedimentary rocks. *Nature*, 333, 313–318.

SCHIEGL, W.E. & VOGEL, J.C. 1970. Deuterium content of organic matter. *Earth and Planetary Science Letters*, 7, 307–313.

SCHIMMELMANN, A., SESSIONS, A., BOREHAM, C., EDWARDS, D., LOGAN, G. & SUMMONS, R. 2004. D/H ratios in terrestrially sourced petroleum systems. *Organic Geochemistry*, 35, 1169–1195.

SCHIMMELMANN, A., SESSIONS, A.L. & MASTALERZ, M. 2006. Hydrogen isotopic (D/H) composition of organic matter during diagenesis and thermal maturation. *Annual Review of Earth and Planetary Sciences*, 34, 501–533.

SCHMIDT, H.L., WERNER, R.A. & EISENREICH, W. 2003. Systematics of ^{2}H patterns in natural compounds and its importance for the elucidation of biosynthetic pathways. *Phytochemistry Reviews*, 2, 61–85.

SCHMIDT, T., ZWANK, L., ELSNER, M., BERG, M., MECKENSTOCK, R. & HADERLEIN, S. 2004. Compound-specific stable isotope analysis of organic contaminants in natural environments: a critical review of the state of the art, prospects, and future challenges. *Analytical and Bioanalytical Chemistry*, 378, 283–300.

SCHOELL, M. 1984. Recent advances in petroleum isotope geochemistry. *Organic Geochemistry*, 6, 645–663.

SCHOPF, J.W. 2000. The fossil record: tracing the roots of the cyanobacterial lineage. In: WHITTON, B.A. & POTTS, M. (eds) *The Ecology of Cyanobacteria*. Kluwer, Dordrecht, 13–35.

SEIFERT, W.K. & MOLDOWAN, J.M. 1986. Use of biological markers in petroleum exploration. In: JOHNS, R.B. (ed.) *Biological Markers in the Sedimentary Record*. Elsevier, Amsterdam, 261–290.

SESSIONS, A. 2006. Isotope-ratio detection for gas chromatography. *Journal of Separation Science*, 29, 1946–1961.

SESSIONS, A. 2016. Factors controlling the deuterium contents of sedimentary hydrocarbons. *Organic Geochemistry*, 96, 43–64.

SESSIONS, A.L., BURGOYNE, T.W. & SCHIMMELMANN, A. 1999. Fractionation of hydrogen isotopes in lipid biosynthesis. *Organic Geochemistry*, 30, 1193–1200.

SESSIONS, A., BURGOYNE, T. & HAYES, J. 2001a. Correction of H_3^+ contributions in hydrogen isotope ratio monitoring mass spectrometry. *Analytical Chemistry*, 73, 192–199.

SESSIONS, A., BURGOYNE, T. & HAYES, J. 2001b. Determination of the H_3 factor in hydrogen isotope ratio monitoring mass spectrometry. *Analytical Chemistry*, 73, 200–207.

SESSIONS, A.L., SYLVA, S.P., SUMMONS, R.E. & HAYES, J.M. 2004. Isotopic exchange of carbon-bound hydrogen over geologic timescales. *Geochimica et Cosmochimica Acta*, 68, 1545–1559.

SMITH, B.N. & EPSTEIN, S. 1970. Biogeochemistry of the stable isotopes of hydrogen and carbon in salt marsh biota. *Plant Physiology*, 46, 738–742.

SMITH, R. 2003. Before the injection–modern methods of sample preparation for separation techniques. *Journal of Chromatography A*, 1000, 3–27.

SOFER, Z. 1984. Stable carbon isotope compositions of crude oils: application to source depositional environments and petroleum alteration. *AAPG Bulletin*, 68, 31–49.

SOFER, Z. 1991. Stable isotopes in petroleum exploration. In: MERRILL, R.K. (ed.) *Source and Migration Processes and Evaluation Techniques*. Amoco Production, Tulsa, 103–106.

STAHL, W. 1977. Carbon and nitrogen isotopes in hydrocarbon research and exploration. *Chemical Geology*, 20, 121–149.

STAHL, W. 1980. Compositional changes and $^{13}C/^{12}C$ fractionations during the degradation of hydrocarbons by bacteria. *Geochimica et Cosmochimica Acta*, 44, 1903–1907.

SUMMONS, R.E., JAHNKE, L.L. & ROKSANDIC, Z. 1994. Carbon isotopic fractionation in lipids from methanotrophic bacteria: Relevance for interpretation of the geochemical record of biomarkers. *Geochimica et Cosmochimica Acta*, 58, 2853–2863.

SUN, Y., CHEN, Z., XU, S. & CAI, P. 2005. Stable carbon and hydrogen isotopic fractionation of individual *n*-alkanes accompanying biodegradation: evidence from a group of progressively biodegraded oils. *Organic Geochemistry*, 36, 225–238.

TANG, Y., HUANG, Y. *ET AL*. 2005. A kinetic model for thermally induced hydrogen and carbon isotope fractionation of individual *n*-alkanes in crude oil. *Geochimica et Cosmochimica Acta*, 69, 4505–4520.

THIEL, V., PECKMANN, J., SEIFERT, R., WEHRUNG, P., REITNER, J. & MICHAELIS, W. 1999. Highly isotopically depleted isoprenoids: molecular markers for ancient methane venting. *Geochimica et Cosmochimica Acta*, 63, 3959–3966.

THOMPSON, K.F.M. 1987. Fractionated aromatic petroleum and the generation of gas-condensates. *Organic Geochemistry*, 11, 573–590.

THOMPSON, K.F.M. 1988. Gas-condensate migration and oil fractionation in deltaic systems. *Marine and Petroleum Geology*, 5, 237–246.

THOMPSON, K.F.M. 2010. Aspects of petroleum basin evolution due to gas advection and evaporative fractionation. *Organic Geochemistry*, 41, 370–385.

TIPPLE, B.J. & PAGANI, M. 2013. Environmental control on eastern broadleaf forest species' leaf wax distributions and D/H ratios. *Geochimica et Cosmochimica Acta*, 111, 64–77.

TIPPLE, B.J., BERKE, M.A., HAMBACH, B., RODEN, J.S. & EHLREINGER, J.R. 2014. Predicting leaf wax *n*-alkane $^2H/^1H$ ratios: controlled water source and humidity experiments with hydroponically grown trees confirm predictions of Craig-Gordon model. *Plant, Cell &Environment*, 38, 1035–1047.

VAN GRAAS, G., ELIN GILJE, A., ISOM, T.P. & AASE TAU, L. 2000. The effects of phase fractionation on the composition of oils, condensates and gases. *Organic Geochemistry*, 31, 1419–1439.

VIETH, A. & WILKES, H. 2006. Deciphering biodegradation effects on light hydrocarbons in crude oils using their stable carbon isotopic composition: a case study from the Gullfaks oil field, offshore Norway. *Geochimica et Cosmochimica Acta*, 70, 651–665.

WALTERS, C.C., WANG, F.C., QIAN, K., WU, C., MENNITO, A.S. & WEI, Z. 2015. Petroleum alteration by thermochemical sulfate reduction – a comprehensive molecular study of aromatic hydrocarbons and polar compounds. *Geochimica et Cosmochimica Acta*, 153, 37–71.

WANG, Y., SESSIONS, A.L., NIELSEN, R.J. & GODDARD, W.A., III 2009a. Equilibrium $^2H/^1H$ fractionations in organic molecules: I. Experimental calibration of ab initio calculations. *Geochimica et Cosmochimica Acta*, 73, 7060–7075.

WANG, Y., SESSIONS, A.L., NIELSEN, R.J. & GODDARD, W.A., III 2009b. Equilibrium $^2H/^1H$ fractionations in organic molecules: II. Linear alkanes, alkenes, ketones, carboxylic acids, esters, alcohols and ethers. *Geochimica et Cosmochimica Acta*, 73, 7076–7086.

WANG, Y., SESSIONS, A.L., NIELSEN, R.J. & GODDARD, W.A., III 2013. Equilibrium $^2H/^1H$ fractionations in organic molecules: III. Cyclic ketones and hydrocarbons. *Geochimica et Cosmochimica Acta*, 107, 82–95.

WENGER, L., DAVIS, C.L. & ISAKSEN, G.H. 2002. Multiple controls on petroleum biodegradation and impact on oil quality. *SPE Reservoir Evaluation & Engineering*, 5, 375–383.

WHITICAR, M.J. & SNOWDON, L.R. 1999. Geochemical characterization of selected Western Canada oils by C_5–C_8 Compound Specific Isotope Correlation (CSIC). *Organic Geochemistry*, 30, 1127–1161.

WILHELMS, A., LARTER, S.R. & HALL, K. 1994. A comparative study of the stable carbon isotopic composition of crude oil alkanes and associated crude oil asphaltene pyrolysate alkanes. *Organic Geochemistry*, 21, 751–759.

WILKES, H., VIETH, A. & ELIAS, R. 2008. Constraints on the quantitative assessment of in-reservoir biodegradation using compound-specific stable carbon isotopes. *Organic Geochemistry*, 39, 1215–1221.

YANG, H. & HUANG, Y. 2003. Preservation of lipid hydrogen isotope ratios in Miocene lacustrine sediments and plant fossils at Clarkia, northern Idaho, USA. *Organic Geochemistry*, 34, 413–423.

YEH, H.-W. & EPSTEIN, S. 1981. Hydrogen and carbon isotopes of petroleum and related organic matter. *Geochimica et Cosmochimica Acta*, 45, 753–762.

ZECH, M., PEDENTCHOUK, N., BUGGLE, B., LEIBER, K., KALBITZ, K., MARKOVIĆ, S.B. & GLASER, B. 2011. Effect of leaf litter degradation and seasonality on D/H isotope ratios of *n*-alkane biomarkers. *Geochimica et Cosmochimica Acta*, 75, 4917–4928.

ZHANG, L., LI, M., WANG, Y., YIN, Z. & ZHANG, W. 2013. A novel molecular index for secondary oil migration distance. *Scientific Reports*, 3, 2487.

ZHANG, X., GILLESPIE, A.L. & SESSIONS, A.L. 2009. Large D/H variations in bacterial lipids reflect central metabolic pathways. *Proceedings of the National Academy of Sciences*, 106, 12580–12586.

6 常规和非常规含油气系统中的稀有气体

David J. Byrne P. H. Barry M. Lawson C. J. Ballentin

摘要：含油气系统代表复杂的多相态地下环境。稀有气体作为保守物理示踪剂的性质使它们能够被用来了解油气系统中发生的物理作用。这可以用来更好地理解油气迁移机制、流体停留时间，以及测量涉及烃类相态的转变和俘获的地下流体系统的规模。地下稀有气体来源不同，同位素组成不同，可以在任何地壳流体中得到分解。我们讨论了含油气系统内部的过程，这些过程包括各种来源的稀有气体进入油气聚集中。控制大气中稀有气体进入石油系统的主要机制是通过地下地下水，这记录了含油气系统与水文地质条件相互作用的关键信息。放射性稀有气体随时间累积，记录了有关含油气系统内过程的年代和相对时间的信息。我们回顾了描述这些过程的概念框架和定量模型，并结合以往的研究实例，讨论了它们目前在非常规含油气系统中的局限性和应用潜力。

6.1 概况

沉积盆地烃源岩及其生烃史的研究一直是学术界和工业界研究的热点。许多研究试图更好地理解或描述特定含油气系统内发生的作用或过程（Waples，1994；Hindle，1997）。在未开发的盆地，初步研究可能侧重于预测特定的地壳中是否具有足够质量和分布的必要元素，以便在地质时间尺度上生成和储存油气（Blanc 和 Connan，1994；Whiticar，1994）。在研究深入的盆地中，可能会集中精力确定关键油气成藏要素的稳健性。地球化学技术的应用一直是这些研究的前沿：（1）为盆地演化提供时间和温度约束（Sweeney 和 Burnham，1990；Crowhurst 等，2002；Stolper 等，2014）；（2）确定关键烃源岩层段的沉积环境、年代、热成熟度和有机质类型（Hughes 等，1995）；（3）将储层中的油气与导致其生成的烃源岩联系起来（Dow，1974；Stahl，1978；Philp，1993）。然而，事实证明，油气聚集的物理历史更加难以理解。

作为物理示踪剂的稀有气体在广泛的地球化学领域具有很强的应用性（Porcelli 等，2002；Ozima 和 Podosek，2002；Burnard 等，2013）。由于其化学惰性，它们不受生物活动、化学变化或氧化还原反应的影响，这些反应使其他许多示踪系统变得复杂。这意味着稀有气体只记录物理过程，如混合、溶解、相分配和扩散。再者，地球上稀有气体的不同组成部分（大气来源、地壳来源和地幔来源）在同位素上是不同的，并且受到很好的约束，这意味着可以准确地推断任何给定系统的输入和发生在任何给定系统内的过程。鉴于这些性质，稀有气体地球化学在理论上有助于限定与油气流体生成、运移和存储有关的物理过程和时间尺度。

在含油气系统典型的稀有气体调查中，从产出的油气中取样，并测量其稀有气体成分。从这里，可以应用一系列不同的模型（从天然气、石油和水的相互作用到运移和聚集的时间）来研究含油气系统的不同特征。随着分析技术的改进，这些定量稀有气体模型也得到了发展，从而能够更精确地测量更多的稀有气体同位素，由此加深了对地下稀有气体影响过程的认识。因此，稀有气体提供了一个强大的工具，可以揭示地下无法通过其他分析技术获得的有关信息。有关补充信息，请读者参阅 Ballentine 和 Burnard（2002）及 Holland 和 Gilfillan（2013）全面的综述，以进行详细讨论。

6.2 定义

我们使用 Magoon 和 Dow（1994）定义的术语"含油气系统"，稀有气体来源的概念模型如图 6.1 所示。包括一个活动烃源岩单元、所有相关的油气聚集以及油气聚集所必需的地质要素和过程。其中，要素包括烃源岩、运移通道、储层和圈闭；过程包括生烃、运移和影响含油气系统的地质过程。因此，含油气系统可以覆盖大的地理、地层和时间范围，并且在不同的系统之间可能存在显著的差异。

接下来讨论常规和非常规含油气系统。常规含油气系统包括：（1）具有足够质量和分布的烃源岩，其埋藏温度和压力足以导致烃源岩的生成和排出；（2）油气沿输导层二次运移至地层圈闭或构造圈闭的储层岩石；（3）导致油气在储层岩石内聚集的上覆低渗透性盖层。虽然"非常规"一词已应用于从油砂到超深水生产的石油开采环境，但在这里使用的术语在更严格意义上适用于天然页岩气等烃源岩储层（Curiale 和 Curtis，2016）。传统上称之为"非常规"，是因为它们直接从产生石油的烃源岩中产出，很少发生二次运移。这些岩石的低孔隙度和低渗透性意味着通常需要先进的生产技术（如水力压裂或定向钻井）才能经济的生产。常规和非常规生产的关系如图 6.1 所示。

稀有气体同位素比值测量通常简单地记录为原始比值，不同于大多数其他地球化学同位素比值使用千分（‰）表示法（Hoefs，1997）。当同位素变化相对较大时，使用原始比值更为方便（Porcelli 等，2002）。尽管使用原始比率消除了对通用标准的要求，但自然界中的样品与大气相比较，大气是充分混合和明确的（表 6.1，表 6.2）。在地下流体系统中，通常使用大气饱和水（ASW）作为标准，在一定的温度和盐度范围内明确良好（表 6.3）。由于溶解作用不会发生同位素分馏，因此大气饱和水（ASW）中的同位素比率等于大气中的同位素比率（表 6.2）。大气中氦同位素比值（^{3}He/^{4}He）用 R_a 来表示。由于地球化学系统中通常存在少量稀有气体，稀有气体的数量通常记录为 cm^3 标准温度和压力（cm^3 STP 或 cc STP）。cm^3 STP 单位可以使用摩尔气体体积（在标准温度和压力时为 22400cm^3）直接转换成摩尔数（Burnard 等，2013）。

表 6.1 干燥空气中稀有气体的体积混合比（数据引自 Procelli 等，2002）

元素	体积混合比
氦（He）	$5.24\,(\pm 0.05)\times 10^{-6}$
氖（Ne）	$1.818\,(\pm 0.004)\times 10^{-5}$
氩（Ar）	$9.34\,(\pm 0.01)\times 10^{-3}$
氪（Kr）	$1.14\,(\pm 0.01)\times 10^{-6}$
氙（Xe）	$8.7\,(\pm 0.1)\times 10^{-8}$

表 6.2 空气中稀有气体的同位素比值（数据引自 Porcelli 等，2002；Lee 等，2006）

同位素	相对丰度
^{3}He	$1.399\,(\pm 0.013)\times 10^{-6}$
^{4}He	$\equiv 1$
^{20}Ne	9.80 ± 0.08
^{21}Ne	0.0290 ± 0.0003
^{22}Ne	$\equiv 1$
^{36}Ar	$\equiv 1$
^{38}Ar	0.1885 ± 0.0003
^{40}Ar	298.56 ± 0.31
^{78}Kr	0.6087 ± 0.0020
^{80}Kr	3.9599 ± 0.0020
^{82}Kr	20.217 ± 0.004
^{83}Kr	20.136 ± 0.021
^{84}Kr	$\equiv 100$
^{86}Kr	30.524 ± 0.025
^{124}Xe	2.337 ± 0.008
^{126}Xe	2.180 ± 0.011
^{128}Xe	47.15 ± 0.07
^{129}Xe	649.6 ± 0.9
^{130}Xe	$\equiv 100$
^{131}Xe	521.3 ± 0.8
^{132}Xe	660.7 ± 0.5
^{134}Xe	256.3 ± 0.4
^{136}Xe	217.6 ± 0.3

表 6.3　一定盐度和温度的大气压下大气饱和水中稀有气体的平衡浓度

元素	丰度（cm³/g，STP）		
	淡水 （10℃）	淡水 （20℃）	海水 （10℃）
氦（He）	4.73×10^{-8}	4.65×10^{-8}	4.04×10^{-8}
氖（Ne）	2.06×10^{-7}	1.93×10^{-7}	1.70×10^{-7}
氩（Ae）	3.91×10^{-4}	3.23×10^{-4}	3.11×10^{-4}
氪（Ke）	9.21×10^{-8}	7.27×10^{-8}	7.26×10^{-8}
氙（Xe）	1.34×10^{-8}	9.29×10^{-9}	1.04×10^{-8}

注：根据 Fernández-Prini 等（2003）的 Henry 常数方程以及 Smith 和 Kennedy（1983）中的 Setschenow 系数方程计算。

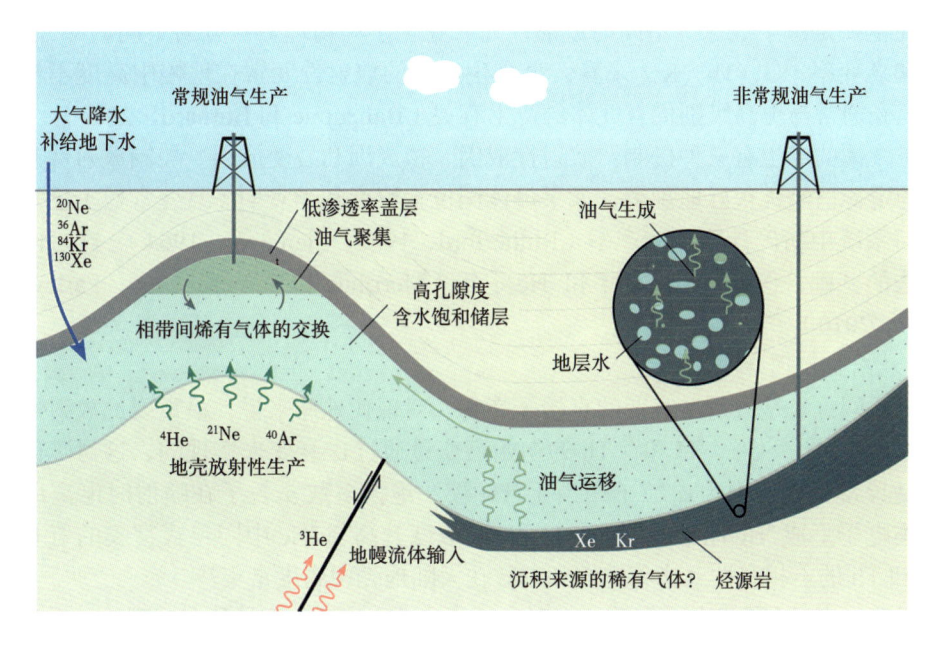

图 6.1　含油气系统中稀有气体来源的概念模型（据 Ballentine 和 O'Nions，1992，修改）

对于每个输入，显示了主要特征同位素，尽管在现实中每种来源将有来自一系列同位素的不同贡献；地下水通常被认为是在地下普遍存在的，尽管水的来源（大气补给或地层水）和不同来源的连通性可以变化；大气地下水补给具有大气饱和水（ASW）组成和类似大气同位素比值，显示的同位素没有明显的地幔或放射性来源，因此被认为是地下稀有气体组分的特征；地壳放射性生成发生在整个地壳，产生的同位素可以通过地下水输送；地下水与任何油气藏的相平衡在地质时间尺度上是快速的，这是将稀有气体引入油气相的主要通道

6.3　地球上稀有气体的来源

6.3.1　原始稀有气体

原始元素是指那些在行星形成过程中融入地球的原生元素。稀有气体具有高度挥发性，因此在行星聚集过程中很难保存（Pepin，1991）。这导致了与形成行星的原始太阳星云相比，地球上大量的稀有气体被消耗了几个数量级（Wieler，2002；Grimberg 等，2006）。一些稀有气体同位素（如 ^{20}Ne、^{36}Ar、^{84}Kr、^{130}Xe）在地球上没有大量产生，因此

它们在陆相储层中的来源被认为是100%原始的（Burnard等，1997；Moreira等，1998）。将原始太阳星云和碳质球粒陨石等可能的增生初期形式的同位素组成与地球上原始气体的总量进行了比较，以重建挥发分形成时向地球输送的来源和过程（Ballentine等，2005；Ballentine和Holland，2008；Holland等，2009；Marty，2012；Halliday，2013）。这些行星稀有气体获取模型成功地解释了除了Xe以外所有原始稀有气体的现代地球含量，Xe在地球上的明显亏损仍然是许多争论的主题（Sanloup等，2005；Lee和Steinle-Neumann 2006；Pepin和Porcelli，2006；Pujol等，2011）。

6.3.2 稀有气体的产生

稀有气体是由地球内部发生的放射性过程直接或间接产生的。地球上稀有气体储量的非均质性主要是由于地球上不同的放射性元素在化学和物理上被分为不同的部分造成的。从丰度和衰变率（U，Th，K）来看，最具生产力的放射性元素在地幔中高度不相容，这意味着地壳通常与更高级别稀有气体的产生有关（Ballentine和Burnard，2002）。

稀有气体的产生有三种机制：放射性成因、核成因和裂变成因。控制放射性衰变途径和速率的定律已经被很好地理解，如果母体同位素浓度和半衰期（衰变常数）已知，允许其在任何系统中精确计算理论产率（Rutherford，1906；Pierce等，1964）。这是许多成功定年方法的基础，例如Ar/Ar定年和 ^{4}He定年（Merrihue和Turner，1966；Farley，2002；Renne等，2010）。

6.3.2.1 放射性成因

放射性同位素是放射性衰变的直接子产物。对现代地球来说，最重要的放射性衰变途径是U-Th系列。^{235}U、^{238}U和^{232}Th的初始衰变是通过α衰变来实现的，这对于稀有气体的产生是异常重要，因为α粒子相当于 ^{4}He核。绝大多数α粒子在喷射时电离周围的物质以收集电子形成 ^{4}He原子。因此，U和Th浓度升高与 ^{4}He中同位素富集的氦有关。地幔中U和Th的不相容性意味着它们和 ^{4}He在大陆地壳中高度富集。

类似地，当^{40}K通过电子俘获衰减时，地壳中^{40}K的高浓度导致^{40}Ar升高。放射性^{40}Ar随后释放到大气中，极大地改变了地球历史上大气氩的同位素组成。虽然大部分原始氩是^{36}Ar（原太阳星云的^{40}Ar/^{36}Ar值约为3.0×10^{-4}），但由于放射性成因的^{40}Ar富集作用，现代大气中的^{40}Ar/^{36}Ar比值为298.6（Göbel等，1978；Anders和Grevesse，1989；Lee等，2006）。

6.3.2.2 核成因

除了α粒子外，中子的发射也是放射性的直接结果。核成因稀有气体的产生是这些粒子与附近原子核的相互作用，导致在Wetherill反应中形成新的元素（Wetherill，1954）。

最常见的情况是，α粒子撞击原子核后，在(α, n)反应中会发射一个中子，有效地将两个质子和一个中子加到受影响的原子核中。以这种方式形成的可测量的稀有气体包括^{21}Ne，它来自^{18}O$[^{18}$O$(\alpha, n)^{21}$Ne$]$的(α, n)反应，以及^{22}Ne，后者是通过(α, n)反应与^{19}F$[^{19}$F$(\alpha, n)^{22}$Na$(\beta^+)^{22}$Ne$]$产生的短寿命^{22}Na的β^+衰变间接形成。

或者，入射中子可以引起核发射α粒子，有效地去除(n, α)反应中的两个质子和一个中子。该途径进一步提供了^{24}Mg$(\alpha, n)^{21}$Ne反应产生的^{21}Ne的来源，以及^{6}Li$(\alpha, n)^3$He反应产生的少量 ^{3}He的来源。

由于核反应需要α粒子和中子来源，它们的产生率与附近的放射性（主要是U和Th）

密切相关。α 粒子和中子从母核喷出后在典型地壳岩石中的射程有限，分别为 15~45μm 和 10~100cm（Ziegler，1977；Martel 等，1990）。因此，在矿物尺度上的非均质性可以对不同同位素的相对产量具有显著的影响。值得注意的是，现代地壳的放射性 $^{21}Ne/^{22}Ne$ 值与平均地壳 ^{18}O 和 ^{19}F 浓度的预测值不一致。这导致了这样的推论：现代地壳中的 O/F 浓度系统低于与高 U 和 Th 浓度相关的阶段（Kennedy 等，1990；Hiyagon 和 Kennedy，1992）。

6.3.2.3 裂变成因

另一种稀有气体产生的来源是重的、不稳定的原子核裂变的结果。这个过程的系统性比简单的放射性衰变更复杂，但不同同位素的产生率仍然相对较好地受到限制（Wieler 和 Eikenberg，1999）。稀有气体产生的主要裂变过程是 ^{238}U 的自发裂变，产生 $^{129, 131, 132, 134, 136}Xe$，以及少量的 $^{83, 84, 86}Kr$。^{232}Th 的自发裂变和 ^{238}U、^{235}U 和 ^{232}Th 的中子诱发裂变，也对产生这些裂变的 Xe 和 Kr 同位素作出了微小贡献（Ballentine 和 Burnard，2002）。

裂变成因同位素的产生率远低于放射性成因或核成因同位素的产生率（表 6.4）。因此，只在分离了很长一段时间的样品中才能观察到裂变成因的过量 Xe（Reynolds，1963；Holland 等，2013）。

表 6.4 典型大陆地壳放射性成因稀有气体的现今生产率（数据引自 Ballentine 和 Burnard，2002）

同位素	现今生产率 [cm^3/（kg·a），STP]
^{3}He	2.49×10^{-18}
^{4}He	3.31×10^{-10}
^{20}Ne	1.47×10^{-18}
^{21}Ne	1.51×10^{-17}
^{22}Ne	3.03×10^{-17}
^{36}Ar	2.38×10^{-18}
^{38}Ar	1.09×10^{-18}
^{40}Ar	6.05×10^{-11}
^{83}Kr	5.86×10^{-21}
^{84}Kr	2.12×10^{-20}
^{86}Kr	1.39×10^{-19}
^{131}Xe	7.89×10^{-20}
^{132}Xe	5.24×10^{-19}
^{134}Xe	7.50×10^{-19}
^{136}Xe	9.09×10^{-19}

6.4 流体中稀有气体的物理化学性质

6.4.1 亨利（Henry）定律

Ballentine 等（2002）综述了稀有气体在流体（水、油和气）中的溶解。溶解遵循亨利定律，即溶液中气体的浓度与气相气体的分压成正比。这可以适用于任何稀有气体 i，假设气体和流体相中的理想气体行为：

$$p_i = K_i x_i \tag{6.1}$$

式中，p_i 是分压，x_i 是溶液中的摩尔分数，K_i 是亨利常数。亨利常数是特定于溶质的，并且与温度和盐度有关；它们的单位取决于用于测量液相分压和浓度的单位。

在水中稀有气体的亨利常数是从冰点到水的临界点温度范围内根据经验确定的（Crovetto 等，1982；Smith，1985），方程式通过经验数据汇编而成，这些数据允许计算任何温度下的亨利常数（Fernández-Prini 等，2003）。确定石油的亨利常数面临着石油成分自然变化的复杂性。这项工作仅限于对两种重度分别为 25°API 和 31°API 的石油进行一次研究（Kharaka 和 Specht，1988）。稀有气体的溶解度受到原油重度的影响，但溶解度也可能受体积密度以外的性质（如极性化合物的浓度、微量元素浓度）的控制。因此，在应用这些约束的模型中，石油的亨利常数仍然是一个关键的不确定性。

6.4.2 非理想型

通过考虑气相逸度系数和液相活度系数，可以修改亨利定律来解释气体和流体相中的非理想行为：

$$\Phi_i p_i = \gamma_i K_i x_i \tag{6.2}$$

式中，Φ_i 是逸度系数，γ_i 是活度系数；其中任何一个偏离单位表示非理想行为。逸度是与压力和温度相关的，并且可以通过实际摩尔体积的经验测量来计算（Dymond 和 Smith，1980）。活性取决于温度和盐度，其关系可用 Setschenow 方程式表示为：

$$\gamma_i = e^{Ck_i(T)} \tag{6.3}$$

式中，C 是溶液中盐的浓度，k_i 是与温度有关的 Setschenow 系数。Ar 对盐度变化的响应与电解质种类无关，这种关系被认为适用于其他稀有气体（Ben-Naim 和 Egel-Thal，1965）。在 270~340K 的温度范围内，用经验方法确定了稀有气体的 Setschenow 系数（Smith 和 Kennedy，1983）。然而，在地下环境中遇到的温度往往大大超过这个范围，在大约 350 K 的温度下开始形成石油，在 420K 以上二次裂解成气体（Waples，1980）。因此，为了估计大多数含油气系统中与盐水相关的 Setschenow 系数，必须将拟合到经验数据的曲线外推到感兴趣的温度范围内。这代表了任何衍生产物中潜在的不确定性来源。最近关于二氧化碳—水系统中稀有气体分配的研究表明，在高压环境中，稀有气体的分配与预测存在明显的偏差（Warr 等，2015）。在大多数含油气系统研究中，这些偏离理想的情况不太可能影响任何模型的一般结果，但在考虑其应用精度时必须小心。在未来完善这些模型的过程中，进一步的工作将涉及经验数据和模型数据的结合。

6.5 地球上的稀有气体

6.5.1 大气

尽管与固体地球相比体积较小，但地球上大部分原始稀有气体都存在于大气中

(Porcelli 和 Ballentine，2002）。大气的形成和演变是复杂的，至今尚未完全了解。虽然地球等陆地天体很可能在形成过程中以引力的方式捕捉到原太阳星云的挥发物（Pepin，2006），但其大气成分显然不同于太阳成分（Brown，1949；Porcelli 和 Ballentine，2002）。获得稀有气体的替代方法包括吸附在积聚的灰尘上（Marrocchi 等，2005），或者太阳风的注入（Podosek 等，2000）。在后期重轰击期间引入的富挥发性彗星物质也被认为是大气稀有气体的来源（Owen 等，1992；Dauphas，2003；Holland 等，2009）。

大气中稀有气体成分明显的原因可能是地球在其早期历史中经历的大气损失。这究竟是由于灾难性的总损失，还是由于挥发物的逐渐逸出，至今仍有争议（Pepin，2006；Pepin 和 Porcelli，2006；Tucker 和 Mukhopadhyay，2014）。然而，稀有气体的大气成分在地质时间尺度上是非常恒定的。虽然在火山和大洋中脊的固体地球脱气释放出地幔稀有气体到大气中，但它的数量很小，甚至在数十亿年内都是微不足道的。然而，这方面的例外情况包括具有高放射性生成的同位素，例如 ^{40}Ar，其在地球内产生固体地球脱气会影响大气浓度（Allègre 等，1996；Ballentine 和 Burnard，2002）。氦在大气中不受引力的束缚。然而，进入太空的损失量由来自大洋中脊、洋岛和与俯冲相关火山活动的火山脱气通量所平衡，从而导致了大气中假设的稳态氦浓度的存在（Torgersen，1989；Lupton 和 Evans，2013）。当考虑到地壳中的大多数流体，特别是地下水时，有理由假设大气中的稀有气体成分进入地下在时间尺度上是恒定的。

6.5.2 水

当水与大气直接接触时，根据前一小节详述的过程，水将迅速与空气平衡。稀有气体的溶解度因元素而异；这意味着在平衡状态下，水的元素组成不像空气（Kipfer 等，2002）。然而，个别稀有气体的同位素比值不受平衡分配的显著影响。由于控制这种分配的规则以及温度、压力和盐度的变化是众所周知的，因此可以计算任何给定环境中的大气饱和水成分。这种成分对油气藏稀有气体分析至关重要，可作为建模和分析中的一个常见假设，地下所有大气来源的稀有气体将通过油气—水相互作用和稀有气体分配以大气饱和水（ASW）形式输送。

这方面的一个复杂问题来自对大气中稀有气体浓度的经验测量，这些大气中的稀有气体浓度通常被发现高于亨利定律平衡所预测的值。这种现象通常被称为"过量空气"（Herzberg 和 Mazor，1979；Heaton 和 Vogel，1981）。过量空气成分上通常是一致的，其中氖受到的影响最大，而较重的稀有气体的影响相对较小（Heaton 和 Vogel，1981）。描述这种可能发生过程的理论模型随着时间的推移已经发展和细化，以更紧密地匹配观察（Stute 等，1995；Ballentine 和 Hall，1999；Aeschbach-Hertig 等，2000）。虽然这些模型略有不同，但它们的基础是在地下水位波动期间，由于气泡的截留，多余的空气被引入地下水。通过对这些气泡的封闭系统进行平衡建模，发现与实验观测结果非常吻合（Aeschbach-Hertig 等，2008）。在海洋条件下沉积的含油气系统中，地下水可能含有海洋稀有气体成分（Kipfer 等，2002），预计这些系统内不会有过量空气。

6.5.3 地幔

地球的地幔中含有高比例的原始稀有气体。它被引入富含 CO_2 的火山气体中，这些气体可以透过地壳或在大洋中脊和火山中释放。这些气体的测量成分具有非常高且可变的 $^3He/^4He$ 比值。例如，由大洋中脊玄武岩（MORB）地幔取样的软流圈上地幔的范围为 7~9R_a（Graham，2002），其中次大陆岩石圈地幔被定义为 6.1R_a±2.1R_a（Day 等，2015）。相反，许多地幔热柱区域延伸至高约 50R_a（Stuart 等，2003）。同样，地幔具有高 $^{20}Ne/^{22}Ne$ 和 $^{40}Ar/^{36}Ar$ 比值（Sarda 等，1988；Staudacher 等，1989；Holland 等，2009）。将地幔稀有气体添加到地下油气藏中，虽然对油气的来源和历史没有帮助，但可能有助于确定在某些情况下同时在地下积聚的非烃类气体的来源，特别是 CO_2 和 N_2（Ballentine 和 Sherwood Lollar，2002；Ballentine 等，2005；Gilfillan 等，2009）。

6.5.4 地壳

由于它们在地幔中的不相容性，在行星形成过程中，与稀有气体产生有关的主要放射性元素被分配到地壳中。这些元素，包括 U、Th 和 K，引发产生放射成因稀有气体同位素的衰变链，主要是 ^4He、^{40}Ar、^{21}Ne、^{22}Ne，以及在较小程度上一些 Xe 和 Kr 同位素。虽然地壳是一个复杂的非均质系统，有许多来源的输入，但地壳流体往往是以具有这些高浓度的放射性同位素为特征。

这些同位素是在构成地壳的矿物中产生的，但可以释放到周围的流体系统中（Bach 等，1999）。这种释放的程度由许多因素控制，包括粒度、温度和矿物蚀变（Honda 等，1982；Brooker 等，1998；Baxter 等，2002）。较轻的同位素在较低的温度下更容易释放，因此，放射性同位素的比值（如 $^4He/^{21}Ne^*$、$^4He/^{40}Ar^*$）可用于确定释放温度（Torgersen 等，1992；Baxter 等，2002）。

一般来说，放射性产生的稀有气体同位素浓度较高，则反映了分离时间较长的较老系统。来自前寒武系矿井中裂缝流体的数据显示，浓度的累积需要数十亿年的时间才能完成（Holland 等，2013）。

6.6 将稀有气体引入含油气系统

6.6.1 烃源岩的形成

含油气系统的成因始于富含有机碳沉积岩的沉积。通常，大于1%的总有机碳（TOC）被认为足以作为烃源岩（Gluyas 和 Swarbrick，2013），尽管这可能有所不同。由于有机碳以多种形式存在，每种形式在油气系统中都具有不同的化学行为，因此这些烃源岩通常根据其干酪根组成进行分类，见表 6.5。构成烃源岩的有机质的类型是特别重要的，因为它最终决定了烃源岩倾向于油气的可能性，以及烃源岩每克产生的碳氢化合物体积（van Krevelen，1961；Dow，1977；Peters 和 Cassa，1994）。对这一自然发生过程的实验室模拟得到了在含水热解实验中广泛的研究，其中未成熟烃源岩在受控条件下加热，以模拟石油形成的自然发生过程（Peters，1986；Peters 等，2015）。这些和其他实验研究表明，在后生作用和生烃过程中，可能需要水的存在才能产生我们在自然界观察到的成分（Lewan，1993）。稀有气体在油中比在水中更易溶解，因此，在烃源岩中形成液态石油相将导致稀有气体在烃源岩和残留在岩石中的周围水相之间的分配（Ballentine 等，1991）。

考虑到烃源岩先前的压实和岩化作用，这种情况下的水可能没有很大的体积。如果在油气生成过程中产生足够的压力，石油可能从烃源岩逸出，因此，逸出流体中的稀有气体将单独演化（如下所述）为任何留存石油的稀有气体特征。干酪根分解的程度可以进一步影响稀有气体的分配，因为稀有气体的溶解度已被证明与石油的相对密度（重度）呈正相关（Kharaka 和 Specht，1988）。如果继续埋藏和温度升高，残留的石油本身将开始裂解成气态烃。气体的生成使这种相态分配更加复杂，因为当稀有气体存在时，它对气相有很强的亲和力。此外，还不清楚烃源岩成分的变化将如何影响储存在其中的稀有气体；吸附在有机碳上的任何成分都有可能在热降解过程中释放出来。

迄今为止，大多数稀有气体研究都集中在描述或模拟常规储层中稀有气体在运移和聚集过程中的继承和演化。然而，我们对烃源岩生烃和排烃的认识还存在着重大的空白，截至目前，研究生烃过程中稀有气体演化的研究还很少。水在生烃过程中的作用、排出的残余油气的相对体积、烃源岩内部的储存机制（孔隙或裂缝中的吸附或游离气）等问题仍然很难解决。

表 6.5 烃源岩的分类（据 Gluyas 和 Swarbrick，2013，修改）

干酪根类型	原始有机质来源	沉积环境	主要生成的烃类
Ⅰ型（腐泥型）	藻类	湖相	石油
Ⅱ型（浮游生物）	浮游生物	海相	石油 + 天然气
Ⅲ型（腐殖型）	植物	陆相	天然气（+ 煤）

6.6.2 初始运移

初次运移是烃源岩中生成的烃向周围地壳的初次排烃。这是由于烃类通过残余有机物网络的热激活扩散（Stainforth 和 Reinders，1990）。初次运移速率是控制烃源岩产烃总量和二次裂解程度的重要因素。初次运移对烃相稀有气体组成的影响尚不清楚。尽管热扩散释放机制可能会在稀有气体上产生一个与质量相关的动力学分馏特征，但在实际样品中尚未发现。与其他地下过程相比，这种影响可能很小。地下过程包括稀有气体与其他流体的相互作用，或与烃类共同输送的相互作用，或与烃类在地壳内运动有关的机制和时间尺度。

6.6.3 二次运移

驱动二次运移的主要机制是石油与周围水体密度差产生的浮力。这种驱动力通过毛细入口压力提供的阻力来平衡，毛细入口压力是周围孔隙大小和渗透率的函数（Schowalter，1979）。这一过程的经验研究表明，二次迁移可能沿限制性路径发生，通常沿构造边界发生，并在地质时间尺度上迅速进行（Dembicki 和 Anderson，1989）。图 6.1 显示了烃类通过地下水饱和的储层中的运移，以及稀有气体源向同一地下水的潜在输入。一旦接触，相对地质时间尺度而言，稀有气体预计将在两个相之间迅速平衡（Ballentine 和 Burnard，2002）。

二次运移可以在数百千米的水平方向上发生，也可以垂直穿过数千米的地下水饱和地层（Demaison 和 Huizinga，1991），并对系统中的稀有气体产生深远影响。运移的油气可以与周围的地下水进行相分离，由于稀有气体在油气中比在水中更易溶解，这可以吸附地下水中的大部分稀有气体（Ballentine 等，1996）。这是通过定义明确的亨利定律溶解度相关分配来实现的，并形成了一系列模型基础，这些模型利用稀有气体的不同溶解度来研究油气的运移（Zartman 等，1961；Bosch 和 Mazor，1988；Ballentine 等，1991，1996）。尽管迄今为止的研究尚未对此进行讨论或测试，但常规含油气系统油气中稀有气体特征的演化可能取决于运移的机制和距离尺度。在短距离发生运移的系统中，油气可能遇到相对有限的水，与之相互作用和分配稀有气体（Ballentine 等，1996）。相反，例如加拿大西部前陆盆地含油气系统内的运移，可能发生在数十千米或数百千米的范围内，因此，将遇到大量的水。然而，截至目前，还没有对二次运移距离对稀有气体组成的影响进行彻底的调查，如果存在任何此类模式，它可能证明是一个追溯评估运移距离和路径的宝贵工具。

二次运移对稀有气体的一般影响可以通过比较常规含油气系统与不发生二次运移的非常规含油气系统来考虑。图 6.2 显示了关于 [^{4}He] 浓度的常规和非常规含油气系统的重叠但不同的分组。常规含油气系统往往具有较高的 [^{4}He] 浓度，我们推测这可能是由于在二次运移过程中与大型含水层系统的相互作用所导致的。以前对常规含油气系统的研究表明有些系统的放射源稀有气体浓度远远高于局部生产的可能浓度，需要区域系统的输入（Ballentine 等，1991，1996）。

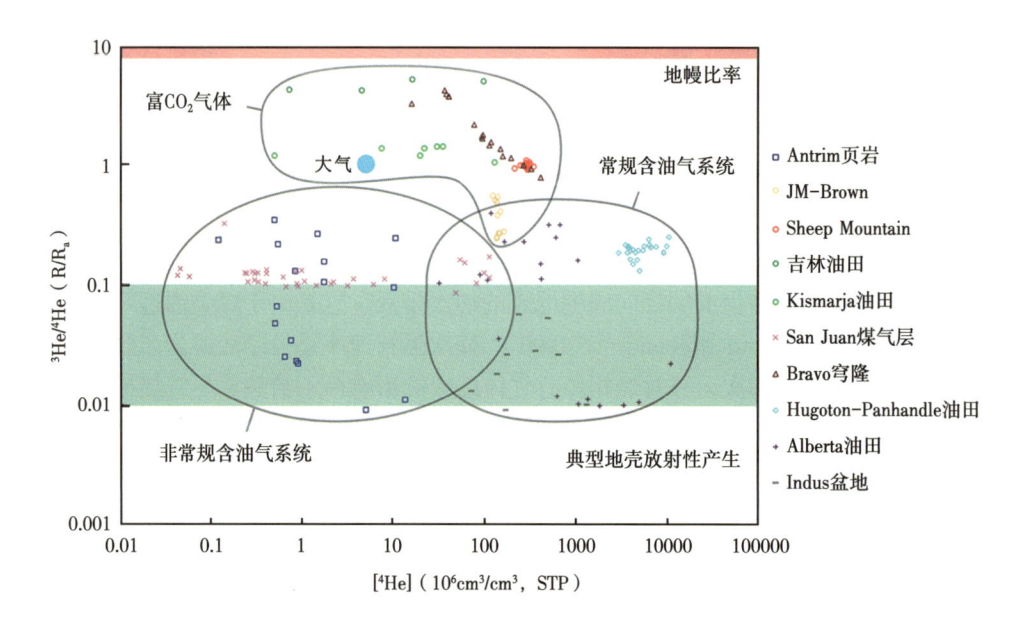

图 6.2 含油气系统稀有气体研究中氦同位素比值和浓度的测量

大气中氦同位素比值（^{3}He/^{4}He）用 R_a 来表示。^{3}He/^{4}He 比值和 ^{4}He 浓度的观测范围受区域地质和含油气系统构造体制的控制。一个含油气系统的 ^{3}He/^{4}He 比值通常被认为包括地壳流体（比值为 0.01~0.02）和地幔流体（比值大于 8）之间的"两端元"混合。因此，地幔流体的贡献即使很小，也会使 ^{3}He/^{4}He 比值高于正常地壳值，这是伸展构造体制的一个特征（Marty 等，1993）。^{4}He 浓度受几个因素的影响：随着时间的推移放射性成因的 ^{4}He 生成，这意味着古老的含油气系统将积累更多的 ^{4}He；区域水文地质学也可以运输溶解在地下水中的 ^{4}He 到油气藏；所有稀有气体的浓度都会受到油气二次裂解程度的影响，因为这会有效地增加样品中油气气体的相对体积并稀释氦浓度。从数据中可以明显看出，不同的体系显示出不同的比率和浓度，不同的散量显示出均匀性的变化。混合线在某些系统中很明显，例如地幔富二氧化碳的 Bravo 穹隆；其他系统显示很少或没有模式。数据根据系统类型（常规或非常规）进行了广泛的聚类，并且富含二氧化碳。数据来源：Antrim 页岩（Wen 等，2015）；San Juan 煤层气（Zhou 等，2005）；JM-Brown，Sheep Mountain，吉林油田和 Kismarja 油田（Gilfillan 等，2009）；Alberta 油田（Hiyagon 和 Kennedy，1992）；Indus 盆地（Battani 等，2000）；Hugoton-Panhandle 油田（Ballentine 和 Sherwood Lollar，2002）；Bravo 穹隆（Ballentine 等，2005）

6.6.4 油气聚集

常规含油气系统的最后阶段是油气运移到合适的构造或地层圈闭中,形成低孔隙度的盖层,从而形成油气聚集(Downey,1984)。在油气聚集中,仍然有几个过程可以进一步改变稀有气体成分。油气向圈闭运移的构造和流体流动路径可能使来自其他来源的流体也到达同一位置。因此,与富含二氧化碳的幔源流体混合和相互作用并不罕见,特别是在构造活动区(Hooker 等,1985;Gilfillan 等,2008,2009)。这些地幔流体具有明显升高的 $^3He/^4He$ 比值,因此它们存在于油气聚集中,尽管不总是能见到,但是却很容易识别。地幔流体持续的流动和与地下水的相互作用也可以从地壳的其他地方输送稀有气体。在许多情况下,这可能形成高浓度的地壳放射性成因稀有气体,需要来自大采集区的贡献(Ballentine 等,1991,1996;Ballentine 和 Sherwood Lollar,2002)

6.6.5 三次运移

一旦聚集,油气就有可能通过盖层或断层等构造逐渐泄漏(Downey,1984;Wiprut 和 Zoback,2000)。在陆上和海底发现的许多天然油气渗漏中都可以明显看出这一点(Bojesen-Koefoed 等,1999;Hornafius 等,1999;Holzner 等,2008)。如果稀有气体的输入受到很好的限制,则可以使用质量平衡方法在稀有气体特征中识别出油气的这种损失。这在充注至构造溢出的含油气系统中尤为显著。Barry 等(2016)的最近一项以挪威北海 Sleipner Vest 储层为例的研究证明了稀有气体对确定通过三次运移损失的相对油气体积的敏感性。

6.6.6 非常规含油气系统

由于对非常规含油气系统的广泛商业开发是一个相对较新的现象,因此描述这些系统地球化学行为的文献汇编相对较少(Curtis,2002)。由于烃源岩储层通常具有低孔隙度,并且这些系统产生的油气未经历任何先前的运移,我们可能认为稀有气体特征是烃源岩所特有的。然而很明显,这些并非完全封闭的系统,因为许多烃源岩储层生成了油气,这些油气已迁移形成常规含油气系统(Curiale 和 Curtis,2016)。

因此,非常规含油气系统中稀有气体的行为很可能与烃源岩中稀有气体的行为相似,除非存在任何与钻探或生产相关的影响。因为可以消除关于运移的时间和速率的未知数,二次运移的缺乏简化了影响稀有气体组成的因素。

6.7 利用稀有气体分析含油气系统

关于早期稀有气体研究,在 100 年前首次观察到天然气中存在大量氦(Cady 和 McFarland,1906)。在近 50 年后进行了稀有气体的第一次同位素测量,并用 $^4He/^{40}Ar$ 比值建立天然气中高浓度放射性成因 ^4He 的存在不是由于局部 ^4He 生成增加所致,而是由于流体迁移将 He 从构造区之外运移到油气藏导致的(Zartman 等,1961)。Wasserburg 等(1963)还利用对天然气的测量,对通过地壳的 ^4He 脱气通量以及因此在大气中的停留时间进行了早期估计。这些开创性的研究突出了稀有气体在研究沉积盆地油气和非油气流体的起源和历史方面的潜在用途，为今后针对众多含油气系统的多种元素和过程的研究奠定基础。

与传统的烃类地球化学分析样品采集相比，稀有气体分析样品的制备需要专门的设备和技术，主要是为了避免大气污染。大气中稀有气体种类的浓度明显高于典型的地壳样品（特别是 Ar 和 Ne），因此即使是非常小的大气混合物对测量值也有很大的影响，即便是仅存在于 ppm 级的水平（Barry 等，2016）。此外，稀有气体原子的小尺寸意味着它们更容易在足以容纳油气化合物的盖层上缓慢泄漏。阀门高压钢瓶在长期保持稀有气体分析所需的样品完整性方面认为是无效的。通常，含稀有气体的油气样品在低压条件下收集在制冷级铜管中，铜管在运输和储存过程中被卷曲或夹紧以使氦密封有效。

6.7.1 端元混合模型

稀有气体从几个不同的地球化学储层进入含油气系统，每个储层都有不同的元素和同位素组成。在开始了解任何含油气系统的地下环境和任何油气藏的组成时，反褶积不同端元组分的贡献是一个关键步骤。地幔富集流体的检测可以用来洞察地质历史和任何油气聚集的连通性。由图 6.2 所示，氦同位素数据揭示了一组富含二氧化碳的油气藏，这些油气藏与较高的 $^3He/^4He$ 同位素比值有关，其中二氧化碳被假定来自穿过含油气系统的岩浆流体（Gilfillan 等，2009；Prinzhofer，2013）。

为了通过端元混合分解对稀有气体来源进行稳健性分析，首先必须确定端元本身。对于某些系统，例如大气情况肯定如此；然而，其他系统可能更复杂。饱和大气地下水的元素组成取决于补给条件的温度和盐度，这些往往很难进行约束。然而，每个元素的同位素组成不受溶解度分配的影响，并且对于 He 和 Ne，其溶解度是足够相似的，因此它们在某些情况下可以被认为是等价的。对于平均地壳，放射性成因稀有气体的生成率是众所周知的，虽然局部的母体同位素浓度可能会导致一些同位素比值的显著偏差（Ballentine 和 Burnard，2002）。对于地幔，同位素比值（如 $^3He/^4He$）对于不同的地幔成分，如大洋中脊玄武岩（MORB）、洋岛玄武岩（OIB），具有相当好的约束条件，而且这些元素与地壳端元元素的数量级不同，这使得它们的不确定性不太显著。

必须对同位素气体进行同位素或元素分馏的过程（如以下各部分详细说明的过程）加以识别和考虑。因此，在计算混合组分时，最好使用相同元素的同位素比值，而不是元素比值，因为它们受溶解度或质量相关分馏的影响较小。因此，地幔来源稀有气体对含油气系统的贡献通常由 $^3He/^4He$ 比值［式（6.4）］推导，而放射性成因稀有气体的贡献则由 $^{20}Ne/^{22}Ne$ 和 $^{21}Ne/^{22}Ne$ 比值推导：

$$R_{sample} = f_{mantle} R_{mantle} + f_{radiogenic} R_{radiogenic} \quad (6.4)$$

式（6.4）是一个反褶积地幔氦贡献的示例方程，其中 R 表示 $^3He/^4He$ 比值，f 表示对测量样品的分数贡献。

计算的另一个重要用途是识别样品中的任何大气污染，因为样品内即使是 ppm 级别的大气来源稀有气体都会影响测量结果。由于典型地壳样品和大气中稀有气体的浓度不同，某些同位素对大气污染更为敏感。例如，$^4He/^{20}Ne$ 比值通常用于识别大气中的 He 污染，因为所有的 ^{20}Ne 都假定是最初的大气来源。$^4He/^{20}Ne$ 为 0.288（接近空气值）表明大气污染，因为地壳样品的数值通常要高出许多个数量级（Ballentine 等，1996）。然而，由于 Ar 在大气中比 He 丰富得多，因此大气污染量越小，其对 $^{40}Ar/^{36}Ar$ 比值的影响也越小。

6.7.2 油气—水相互作用模型

水是所有含油气系统的关键组成部分。它存在于埋藏期间的沉积物中（称为"连通水"或"地层水"），然而，地下水也可以通过系统运移，这取决于储层岩性或输导层的渗透性和结构配置。了解油气和水相之间的相互作用有助于深入了解油气本身的形成和运移历史，以及它们目前的水接触形式。目前的水接触为油井生产油气提供压力支持方面可能特别重要，并可能对水进产生影响（Toth，1980）。

稀有气体在液体中的溶解度不同，较重的稀有气体通常更易溶解。这一现象在地下水稀有气体研究中得到了经验证明，在地下水中，Xe（氙）和 Kr（氪）相对其大气丰度更加富集（Mazor，1972）。理论上，应该可以预测地下任何流体相（如水和油气）之间稀有气体的分配行为。这导致了描述地下水中和油气相之间稀有气体分配的模型的发展。

这些模型做出了一系列假设。首先，他们假设烃相最初没有稀有气体，并且仅通过与烃源岩排出后地下的大气饱和水（ASW）相互作用来继承大气中的稀有气体（即烃源岩中的烃不含任何稀有气体）。这些模型还通常假设地下水中存在大气来源稀有气体的初始成分，地下水在一定温度和盐度范围内受到很好的约束（Kipfer 等，2002）。为每种气体选择的同位素在地下没有显著的放射性成因产物（^{20}Ne、^{36}Ar、^{84}Kr、^{130}Xe），因此系统中存在的每种同位素的总量是恒定的。这些同位素以前曾被用作地下水循环模式调查的示踪剂（Castro 等，1998a，b）。在这些模型中通常不考虑氦，因为 ^4He 是大量放射产生的，而大气在地下产生的 ^3He 可以忽略不计。此外，在地壳压力和温度下，He（氦）和 Ne（氖）的溶解度通常是不可区分的，这意味着无论怎样都不会获得新的信息。在含可忽略的裂变成因 Xe 的系统中，通常使用 ^{132}Xe 而不是 ^{130}Xe，因为它在大气比率下以更高的数量存在。这些假设的结果是，测量地下系统一个阶段的大气来源稀有气体同位素，可以重建整个系统的体积比和分配。

这种方法的基本原理最初是由 Bosch 和 Mazor（1988）提出的，他们利用大气中 Ne/Ar、Kr/Ar 和 Xe/Ar 的同位素比值来预测水—油和水—气系统的分配模式。Ballentine 等（1996）在北海马格努斯油田测定大气中 $^{20}Ne/^{36}Ar$ 比值，定量估算油/水体积比（V_o/V_w）。该技术同样适用于预测以天然气为主的含油气系统中的气/水体积比（V_g/V_w），如下式所示：

$$\frac{V_g}{V_w} = \frac{\left(\frac{^{20}Ne}{^{36}Ar}\right)_{ASW}}{\left(\frac{^{20}Ne}{^{36}Ar}\right)_g} - \frac{K^{Ar}}{K^{Ne}} \quad (6.5)$$

式中，K^i 是储层条件下水中稀有气体 i 的亨利系数，ASW 是地下水补给的大气饱和水组成。对于油—水系统，V_o/V_w 的计算与式（6.5）类似，但使用的是油和水亨利系数的比值，而不是简单的水。

这一概念被 Zaikowski 和 Spangler（1990）修正，他使用 Ne/Ar 比和绝对 ^{36}Ar 浓度来预测与不同气体体积接触的地下水的演化。与使用比率相比，使用绝对浓度不确定性的复杂性，这些不确定性是由 STP 处的浓度储层温度和压力所引起的，但会给水/气体积比产生附加约束。此外，在气水比大于 0.01 时，有效地将 100% 的稀有气体分为气相，使比值对 V_g/V_w 的变化不敏感。然而，通过添加更多的油气，浓度仍然会被稀释，从而使它们在这些情况下更有效地确定 V_g/V_w。利用浓度计算 V_g/V_w 的公式如下：

$$\frac{V_g}{V_w} = \frac{C_{ASW}^i}{C_g^i} - \frac{1}{K_i} \tag{6.6}$$

式中，C 是某一特定相稀有气体 i 的浓度，K_i 是储层条件下水的亨利系数。亨利系数的单位必须被选择来补充用于水和气相浓度的单位。对于油—水系统，同样使用亨利系数的比值。

所描述的模型和方程适用于简单的两相静态封闭系统。实际上，含油气系统往往更为复杂，表现出以储层渗漏、先前运移的油气逐渐剥离稀有气体和双烃相聚集（如带气顶的油气藏形式）的开放系统行为。这些更复杂的情况可以通过使用油气损失和分区的质量平衡，或使用 Rayleigh 分馏来描述渐进过程来解释（Zhou 等，2005）。特定系统将决定哪个模型最合适。例如，Barry 等（2016）用复合模型描述北海 SeliPner 油田开放和闭合系统的体积比相互作用。

该方法的模型如图 6.3 所示，说明了气—水和油—水系统中大气来源稀有气体的不同分布。先前研究的数据如图 6.4 所示，该图显示了实际含油气系统 $^{20}Ne/^{36}Ar$ 的观测范围。

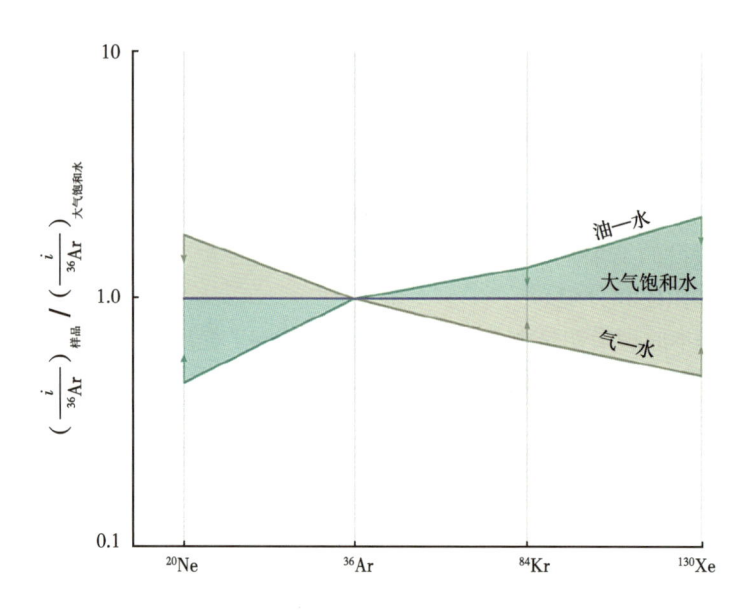

图 6.3 大气来源稀有气体（ANG）在水和油/气相地下分配中的分布模型（据 Bosch 和 Mazor，1988，修改）
所有数值均被标准化为大气饱和水参考值，该参考值假定为地下水的初始成分；当初次与小体积气体（$V_g/V_w \approx 0$）相互作用时，稀有气体的不同溶解度导致气中溶解的量不同；$V_g/V_w=0$ 时气体体积的组成将是由气—水相互作用线定义的；随着气体体积以及 V_g/V_w 的增加，稀有气体在气体体积中的比例增加，气体的组成将向初始大气饱和水值发展，如箭头所示；在一个封闭的系统中，气体与水保持接触，随着 V_g/V_w 的增加，稀有气体最终将在气相中约为 100%，从而使气相具有初始大气饱和水成分；在一个开放的系统中，气体能够逸出，剩余的水可以被高度分馏，最终从水中逸出的稀有气体将演化成大气饱和水线以外的成分；以这种方式，大气来源稀有气体可用于评估系统在何种程度上打开或关闭（即有多少气体可能从系统逸出）；此外，定量的 V_g/V_w 比值可以从该方法计算（参见正文）；在油系统中，同样的方法也适用；初始气—水和油—水相互作用线是针对标准温度和压力下零盐度的初始大气饱和水组分计算的（Kipfer 等，2002），在 100℃ 的储层温度下发生的相分离，选择不同的初始大气饱和水和储层条件可基本上影响分馏时的分馏量

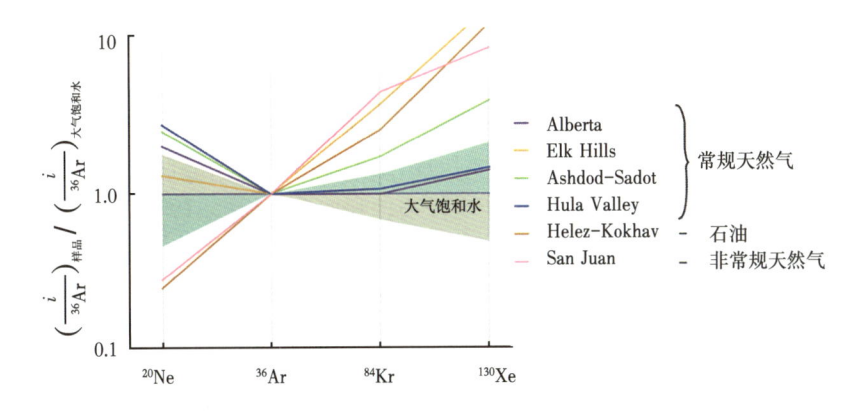

图 6.4　所选数据显示在图 6.5 所述的大气来源稀有气体合成图上

阴影区域对应于图 6.5 中描述的气—油和水—油分界线，尽管这些界线对储层和初始地下水补给条件中的温度、压力和盐度都很敏感，每个系统的实际分区线都会有所不同；Hula Valley 和 Ashdod-Sadot 系统（Bosch 和 Mazor，1988）显示出相似的偏高的 $^{20}Ne/^{36}Ar$ 比值，表明有少量 V_g/V_w 的气—水分配，尽管 Kr 和 Xe 的富集程度不同；Helez-Kokhav 石油系统（Kennedy 等，1990）显示了油—水界线方向的划分，表明 V_o/V_w 较低；San Juan 煤层气（Zhou 等，2005）显示了一个分馏强烈远离气—水界线且超过大气饱和水（ASW）参考的气体系统；这可能预示着一个具有显著气体损失的开放系统，或是其他一些分离稀有气体的机制；Elk Hills 系统（Torgersen 和 Kennedy，1999）显示了天然气系统预期的 $^{20}Ne/^{36}Ar$ 比值，尽管 $^{84}Kr/^{36}Ar$ 和 $^{130}Xe/^{36}Ar$ 高度富集；Alberta 系统（Hiyagon 和 Kennedy，1992）如图 6.2 所示；不同系统之间的一个共同观察结果是，与 $^{20}Ne/^{36}Ar$ 分配预测值相比，大气中的 Kr 和 Xe 富集；这种富集程度是可变的，尽管人们通常认为它来自烃源岩中的吸附组分

很明显，许多含油气系统的 $^{84}Kr/^{36}Ar$ 和 $^{130}Xe/^{36}Ar$ 超过了其 $^{20}Ne/^{36}Ar$ 比值的预测值。这种"过量"的 Kr 和 Xe 通常出现在石油相中。这种过量的成因尚不清楚，尽管人们认为它可能来源于烃源岩中的吸附组分（Zhou 等，2005）。因此，$^{84}Kr/^{36}Ar$ 和 $^{130}Xe/^{36}Ar$ 通常不用于定量体积比计算。

该方法的实际应用包括测量地下水与已知油气相的相互作用程度，这可以提供对运移模式和区域地下流体流动状态的洞察（Bosch 和 Mazor，1988；Ballentine 等，1996）。地下水相互作用的程度也影响到目前油气的质量。溶解的油气通过持续地下水流动（也称为"水洗"）的溶解和去除可以对累积石油的质量产生负面影响（Lafargue 和 Barker，1988）。此外，地下水通过该系统的运动可以引入和维持微生物群落，其可以生物降解石油或产生微生物甲烷气（Leahy 和 Colwell，1990；Horstad 等，1992）

这种技术的应用所产生的准确性和精确度在一定程度上受到其输入参数的限制。如前几小节所述，稀有气体的亨利定律溶解度取决于温度、压力、盐度（对于水）和重度（对于油）。这些关系是非线性的，必须通过经验推导得出，有些参数往往需要从经验数据中外推以匹配储层条件。此外，当大气饱和地下水在含水层补给过程中在地表形成时，其初始成分同样取决于温度和盐度条件。由于与含油气系统相关的地下水可以有数百万年的历史，所以很难预测这些地表条件是什么，但一般假设是由含油气系统处理引起的稀有气体组成的变化远远大于初始成分的任何不确定性。值得注意的是，随着来自案例研究的高质量数据集的增加，数据反演技术开始被用来重建地表条件，并证明一些含油气系统可以保存这些信号超过几百万年（Barry 等，2016）。

6.7.3 放射性成因定年

尽管有许多假设，利用稀有气体同位素的衰变和产生对地下水进行定年仍是一项公认的技术。虽然存在几种不同的方法，每种方法都适用于不同的时间尺度或系统，但研究最广泛、最适用于典型的盆地底部流体时间尺度的方法是稳定放射性成因 ^{4}He 和 ^{40}Ar 的积累（Torgersen 和 Clarke，1985；Marty 等，1993；Tolstikhin 等，1996；Castro 等，1998a，b；Mahara 等，2009）。类似的技术也可以使用裂变成因产生的 Xe，但由于积累速度慢，仅适用于年代非常老的样品（>100 Ma）（Holland 等，2013）。通过使用上一小节中描述的分配规律，可以通过测量烃相中的稀有气体间接确定与含油气系统相关的地下水的年代（Zhou 和 Ballentine，2006）。地下水参与含油气系统的重要性在上述小节中有详细说明，确定年龄是解决地下水—油气相互作用的关键步骤。

所有这些模型的基础是将系统内原位产生的稀有气体从最初存在于地下水中的稀有气体和从外部通量引入的稀有气体中分离出来。然后将原位浓度与理论生产速率（根据母体同位素浓度和衰变常数计算）进行比较，以给出该浓度累积所需的时间：

$$[^4\text{He}]_{\text{total}} = [^4\text{He}]_{\text{ASW}} + [^4\text{He}]_{\text{in situ production}} + [^4\text{He}]_{\text{external flux}} \tag{6.7}$$

式中，$[^4\text{He}]_{\text{total}}$ 是伴生地下水的总重建浓度；$[^4\text{He}]_{\text{ASW}}$ 是大气饱和地下水补给的初始浓度；$[^4\text{He}]_{\text{in situ production}}$ 是指在系统寿命期间就地生产的数量；$[^4\text{He}]_{\text{external flux}}$ 是指从外部来源引入的数量。在 Torgersen（1980）之后，可以使用以下参数化计算系统的年龄：

$$[^4\text{He}]_{\text{in situ production}} = \frac{\rho J \Lambda (1-\phi)}{\phi} t \tag{6.8}$$

式中，ρ 是岩石密度；J 是 ^{4}He 的原位产物；Λ 是描述 ^{4}He 从矿物向周围流体传输效率的参数，$0 < \Lambda < 1$；ϕ 是孔隙度；t 是地下水在系统中的停留时间。J 是根据 Craig 和 Lupton（1976）的研究结果，根据围岩中 U 和 Th 的浓度计算得出：

$$J = 0.2355 \times 10^{-12} [\text{U}] \left\{ 1 + 0.123 \left(\frac{[\text{U}]}{[\text{Th}]} - 4 \right) \right\} \tag{6.9}$$

类似的方程可用于计算 ^{40}Ar 的生成，或任何其他放射性同位素。

地下水测年的主要不确定性是解释放射性同位素的术语。在地下水和含油气系统中经常观察到放射性同位素浓度超过那些可以通过原位生产合理解释的放射性浓度（Torgersen 和 Clarke，1985；Ballentine 等，1996；Takahata 和 Sano，2000）。一些研究表明，这是由于来自深部地壳的普遍大陆脱气通量，而另一些研究则表明，在蚀变过程中，来自古老孤立流体或矿物脱气的输入更为多变（Torgersen 和 Clarke，1985；Solomon 等，1996；Tolstikhin 等，1996；Patriarche 等，2004），或者由于古老大陆地壳的热驱动（Ballentine 等，2002；Lowenstern 等，2014）。这些因素的确切影响可能取决于盆地尺度的水文地质行为，因此，在这些计算和随后的解释过程中，对盆地结构和历史的了解至关重要。

Zhou 和 Ballentine（2006）考虑了之前三项研究的数据，以调查与油气有关的地下水的 ^{4}He 年龄。在 San Juan 盆地生物成因煤层气含油气系统中，发现 ^{4}He 年龄取决于距盆地边缘的距离。提出煤的生物降解与地下水年龄有关的论点，可以计算生物成因气产量，并与在美国伊利诺伊盆地 Antrim 页岩采用类似方法估算的生物气产量合理一致（Schlegel 等，2011）。从北海 Magnus 油田 ^{4}He 年龄得到的值约为 2Ma，与油藏年龄（约 150Ma）相比，地层水的影响相对较小。美国南部富含 He 的 Hugoton-Panhandle 气田产生的 ^{4}He 地下水年龄稍早，约为 4Ma。与含油气系统的估计年龄相比，这一年龄仍然相对较年轻，并被解释为更具代表性年龄的地下水带来了高浓度的氦，这表明最近注入了商业氦。

McMahon 等（2013）还对美国科罗拉多州 Piceance 盆地与天然气有关的地下水进行了测年。他们能够通过 ^{4}He 定年和 ^{14}C 定年确定一系列地下水年龄，用来将气田划分成不同年代的区域，不同区域的天然气组成有所不同。类似地，在伊利诺伊盆地由 Schlegel 等（2011）确定的 ^{4}He 年龄显示了与热成因甲烷有关的年代较老地下水的年龄，而较年轻地下水的年龄与微生物产生的甲烷有关。这表明稀有气体年龄有可能限制微生物甲烷生成的开始和程度。

6.7.4 非常规含油气系统

近十年来，非常规烃源岩储层油气产量的迅速扩大，为开发新的稀有气体技术创造了机会，使我们进一步了解非常规油气的生成、存储机制，以及生产（Curiale 和 Curtis，2016）。由于非常规油气是在原地生成和生产的，没有二次运移，系统的压力—温度历史受到更好的约束，稀有气体特征可能受盆地规模流体流动状态的影响较小。此外，油气在烃源岩中的保留允许直接测量油气中的初始稀有气体成分。这可能对研究常规含油气系统具有重要意义，在常规含油气系统中，通常认为初始油气稀有气体成分可以忽略不计。

Zhou 等（2005）在对 San Juan 含油气系统生物成因煤层气的调查中，发现了令人激动的烃源岩中稀有气体潜在行为的见解。所产生的气体被观察到高度富集大气来源的 Xe 和少量的 Kr。这种效应被认为是由于在有机碳富集沉积物上优先吸附大量的稀有气体，在实验室模拟中已经观察到这种现象（Fanale 和 Cannon，1971；Podosek 等，1981），之前在其他含油气系统中也观察到（Torgersen 和 Kennedy，1999）。在 ^{20}Ne/^{22}Ne 和 ^{38}Ar/^{36}Ar 同位素比中也观察到了可变分馏，这与动力学质量相关分馏一致。这是由于天然气生产过程中产生的浓度梯度对采出的天然气产生扩散效应所致。

Hunt 等（2012）对 Marcellus 页岩气的研究表明，根据放射性稀有气体的含量，这些气体可以分为不同热成熟度的不同组。^{4}He/^{40}Ar* 和 ^{21}Ne*/^{40}Ar* 比值均显示出与热成熟度相关的明显组。表明烃源岩所经历的温度影响了放射性产生的稀有气体向周围流体的释放（Ballentine 等，1996）。虽然有更实际的方法来确定天然气的成熟度，但这表明了利用稀有气体示踪天然气释放的温度范围的可能性，而不受化学或生物效应的影响。

Wen 等（2015）还对 Antrim 页岩气区块进行了调查。利用 ^{3}He/^{4}He 同位素比值检测到微量地幔流体，^{4}He 地下水年龄相对较年轻（<250ka），与过去的冰期一致。这两个发现

都表明，尽管岩石的孔隙度很低，但地下水和其他流体仍然能够渗透到系统中。然而，与典型的非常规页岩气系统相比，Antrim页岩天然裂缝的发育程度要大得多，这可能会人为地增加渗透率，从而增加局部流体流动（Apotria等，1994；Ryder，1996）。从这项研究的进一步观察包括变化的Ne同位素表现出散射的质量相关分馏，类似于San Juan盆地，这是否是所有非常规含油气系统共同的信号尚不清楚。

　　图6.2、图6.5和图6.6显示了非常规含油气系统研究的测量数据和常规含油气系统的测量数据。氦同位素显示，与常规含油气系统相比，非常规含油气系统的 ^{4}He 浓度较低，并且没有明显的地幔贡献。两组数据中的氖同位素均未显示出显著的放射性成因贡献，但沿质量相关的分馏轨迹有高水平的散射。^{40}Ar/^{36}Ar 同位素比值在非常规含油气系统中变化不大，但与常规含油气系统相比，^{36}Ar 浓度变化范围较大。这种模式可能反映了生产的非均质性，与常规油气聚集相比，这是由于烃源岩储层中的低渗透性和连通性造成。然而，需要更多的数据集才能得出可靠的结论。同样重要的是，要注意San Juan和Antrim页岩气系统还不能被认为是典型的非常规烃源岩生产。San Juan页岩气系统是一种生物成因煤层气，而不是一种更常见的热成因页岩气，Antrim页岩气系统也有一个重要的生物成因组成部分，并被最近的冰川事件高度破坏。有关非常规含油气系统的命名和分类的详细讨论，请参见Curiale和Curtis（2016）。

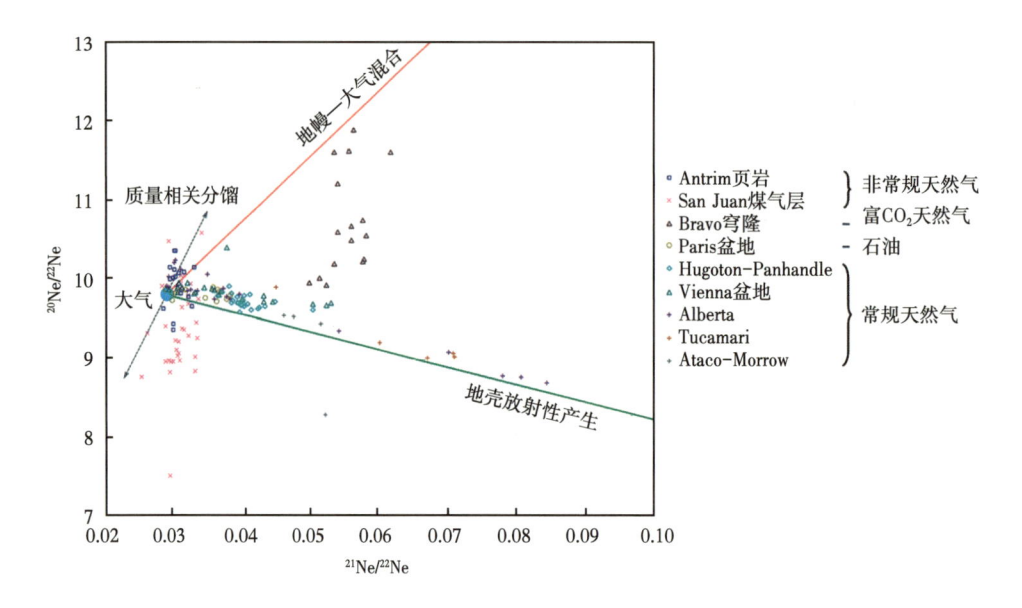

图6.5　含油气系统稀有气体研究的氖三同位素图

氖同位素通常被认为是一个"三端元"混合系统，显示了地壳放射性成因生产和地幔混合线。在地壳系统中，^{21}Ne和^{22}Ne都是放射性成因的，导致了同位素比值沿Kennedy等（1990）、Ballentine和Burnard（2002）定义的地壳演化线变化。Bravo穹隆系统除了显示地幔来源Ne端元外，还显示放射性成因的生长（Ballentine等，2005）。此外，系统的质量相关分馏可以导致同位素沿着质量分馏线在任一方向上演化，与在Antrim和San Juan系统中观察到的数据一致。这两个系统都是非常规的，San Juan是一个煤层气系统，Antrim是一个更典型的页岩气系统，Bravo穹隆系统富含二氧化碳，这被解释为来自地幔流体；氖同位素清楚地显示出与地幔端元的混合。数据来源：Antrim页岩（Wen等，2015）；San Juan煤层气（Zhou等，2005）；Bravo穹隆（Ballentine等，2005）；Paris盆地（Pinti和Marty，1995）；Vienna盆地（Ballentine和O'Nions，1992）；Alberta，Tucamari和Ataco-Morrow（Kennedy等，1990）

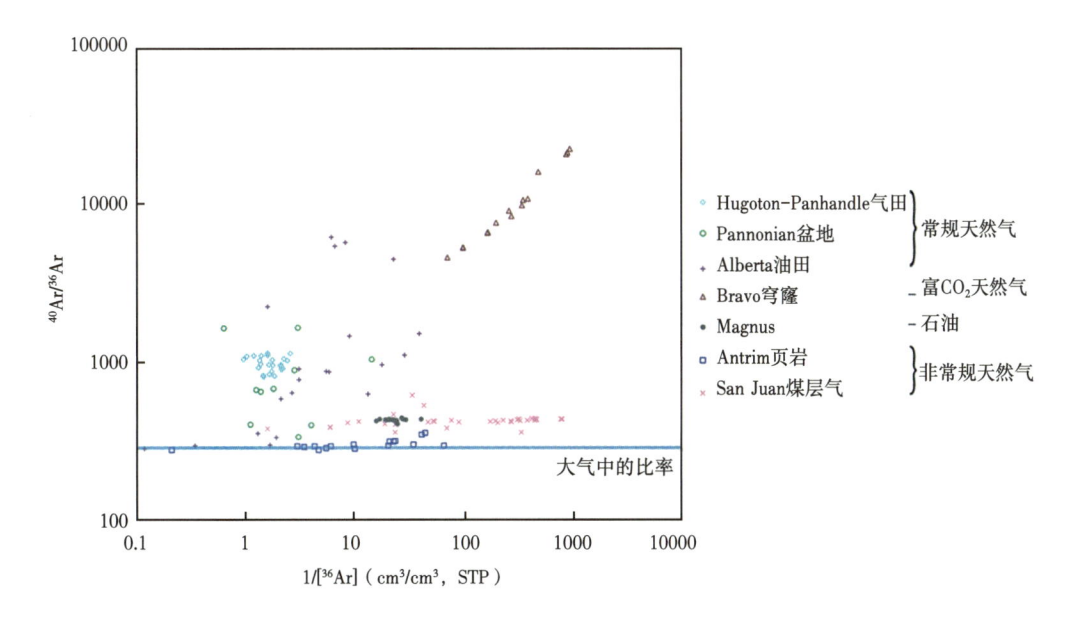

图 6.6 先前研究的 Ar 同位素比值和浓度测量实例

^{40}Ar/^{36}Ar 与 1/[^{36}Ar] 作为纵横轴,以便清楚地看到混合轨迹。Ar 同位素系统是一个类似大气来源(^{40}Ar/^{36}Ar 比率为 298.6;Lee 等,2006)和由 ^{40}K 衰变在地壳中产生的放射性成因 ^{40}Ar 添加组成的混合系统。从所示数据可以明显看出,观察到的 ^{40}Ar/^{36}Ar 比值通常不低于大气的 ^{40}Ar/^{36}Ar 比值。^{40}Ar/^{36}Ar 比值的升高既可归因于地壳内放射性成因 ^{40}Ar 的生成,也可归因于与具有高水平放射性成因 ^{40}Ar 的地幔流体混合。Ar 同位素系统对样品中任何大气污染的检测也很重要;大气中 Ar 浓度相对较高,即使是少量的污染,也会严重影响测量的 Ar 浓度和同位素比值。数据来源:Magnus(Ballentine 等,1996);Pannonian 盆地(Ballentine 和 O'Nions,1993);Hugoton-Panhandle 气田(Ballentine 和 Sherwood Lollar,2002);Alberta 油田(Hiyagon 和 Kennedy,1992);Bravo 穹窿(Ballentine 等,2005);Antrim 页岩(Wen 等,2015);San Juan 煤层气(Zhou 等,2005)

对产出在非常规油气中稀有气体的研究仍然相对较少,对与非常规含油气系统有关的地下水进行了几项稀有气体研究,主要用于评估对含水层的环境影响。其中,Jackson 等(2013)和 Darrah 等(2014,2015)表明了稀有气体在区分饮用水含水层的人为油气污染和地下卤水中的天然油气运移方面的用途。

6.8 总结

尽管进行了多年的调查,并在这一领域发表了一些著名的出版物,但稀有气体仍然没有作为常规的地球化学分析工具以碳或氢同位素的方式用于含油气系统研究。这在一定程度上是由于测量本身的成本和难度,但也由于解释稀有气体结果的复杂性和必须有一个适当的上下文背景。在计算绝对 V_g/V_w 比值以及 ^{4}He 和 ^{40}Ar 年龄时,表明在量化系统内流体交换和聚集方面取得了重大进展,但这些数字实际上代表的并不总是直观的。对于 V_g/V_w 和 V_o/V_w 比值,它不一定是油气藏本身的气水比,而是系统内油气水相互作用的整个历史(如从烃源岩到油气藏的运移过程)。这样,它们不应被视为地质观测的替代品,而应被视为补充现有技术的附加约束条件。

地球化学在油气系统中的应用

利用稀有气体作为工具包的一个关键步骤是继续获取和汇编案例研究。虽然含油气系统可被广泛分类，但它们都是独一无二的，这可能为识别油气藏的来源和历史提供了巨大的帮助。不同系统之间的比较将允许从特定于该位置的局部效果中识别相似系统之间的通用模式。反过来，这将允许从新的研究中以更直接的方式得出更有力的结论。

在研究非常规含油气系统时，稀有气体最适合回答哪些问题仍不清楚。现有常规含油气系统的研究工具的应用是否适当，或者是否需要完全制定新的方法，分离任何富含 Xe 的沉积组分并控制这一过程应该是一个初步目标。这可能有助于深入了解富含有机质沉积物中天然气储存的控制机制和吸附的重要性，储存在孔隙中的游离天然气有助于解释天然气的生成程度和可采收性。如前所述，限制烃源岩的稀有气体特征也有助于改进常规含油气系统中的地下水模型。事实上，流体相互作用模型在非常规含油气系统中也有一定的实用价值。先前的研究表明，尽管它们的渗透率很低，但产出的气体中仍然存在地下水来源的稀有气体和地幔流体。众所周知，非常规含油气系统会排出一些生成的油气，其中许多同时充当常规油气藏的烃源岩（Robison，1997）。稀有气体可以用来阐明控制气体释放的机制，而不是在烃源岩中的滞留，有效地帮助预测烃源岩中存在的油气体积，同时对相关常规油气藏的潜在体积提供约束。

对含油气系统的物理结构和历史进行地球化学解码具有可观的前景。尽管理论上很简单，但这个目标因自然系统的任何变幻莫测而变得复杂。应通过改进实验技术，协助完成对各种不同系统的进一步丰富数据的研究。过去的研究通常集中在一些特定的同位素上，现在可以常规测量单个样品中所有天然稀有气体同位素。为研究较少的同位素（如 Kr 和 Xe 同位素）获得准确的数据，可能会导致新的研究技术的进步，以及对现有想法的证实。这些数据的集成将有助于将个别系统的研究推广到适用于所有含油气系统的总体模式，此时稀有气体分析可以变得不那么具有描述性而更具预测性。

该项研究是英国自然环境研究理事会（NERC）石油和天然气领域博士生培养研究中心的一部分，由 NERC 博士生奖学金以及埃克森美孚上游研究公司共同资助。感谢两位匿名审稿人提出的建设性和有益的评论，以及 Mike Formolo 的编辑工作。还要感谢 Jennifer Mabry 和 Oliver Warr 对论文讨论主题所提出的宝贵意见和建议，感谢 Melissa Murphy 在撰写论文初稿方面提供的帮助。

参 考 文 献

AESCHBACH-HERTIG, W., PEETERS, F., BEYERLE, U. & KIPFER, R. 2000. Palaeotemperature reconstruction from noble gases in ground water taking into account equilibration with entrapped air. *Nature*, 405, 1040–1044, https://doi.org/10.1038/35016542

AESCHBACH-HERTIG, W., EL-GAMAL, H., WIESER, M. & PALCSU, L. 2008. Modeling excess air and degassing in groundwater by equilibrium partitioning with a gas phase: modeling gas partitioning. *Water Resources Research*, 44, W08449, https://doi.org/10.1029/2007WR006454

ALLÈGRE, C.J., HOFMANN, A. & O'NIONS, K. 1996. The argon constraints on mantle structure. *Geophysical Research Letters*, 23, 3555–3557, https://doi.org/10.1029/96GL03373

ANDERS, E. & GREVESSE, N. 1989. Abundances of the elements: meteoritic and solar. *Geochimica et*

Cosmochimica Acta, 53, 197–214, https://doi.org/10.1016/0016-7037（89）90286-X

APOTRIA, T., KAISER, C.J. & CAIN, B.A. 1994. Fracturing and stress history of the Devonian Antrim Shale, Michigan Basin. *In*: *1st North American Rock Mechanics Symposium*. American Rock Mechanics Association, Alexandria, VA.

BACH, W., NAUMANN, D. & ERZINGER, J. 1999. A helium, argon, and nitrogen record of the upper continental crust (KTB drill holes, Oberpfalz, Germany): implications for crustal degassing. *Chemical Geology*, 160, 81–101, https://doi.org/10.1016/S0009-2541（99）00058-3

BALLENTINE, C.J. & BURNARD, P.G. 2002. Production, release and transport of noble gases in the continental crust. *Reviews in Mineralogy and Geochemistry*, 47, 481–538, https://doi.org/10.2138/rmg.2002.47.12

BALLENTINE, C.J. & HALL, C.M. 1999. Determining paleotemperature and other variables by using an error-weighted, nonlinear inversion of noble gas concentrations in water. *Geochimica et Cosmochimica Acta*, 63, 2315–2336, https://doi.org/10.1016/S0016-7037（99）00131-3

BALLENTINE, C.J. & HOLLAND, G. 2008. What CO_2 well gases tell us about the origin of noble gases in the mantle and their relationship to the atmosphere. *Philosophical Transactions of the Royal Society of London A*: *Mathematical, Physical and Engineering Sciences*, 366, 4183–4203, https://doi.org/10.1098/rsta.2008.0150

BALLENTINE, C.J. & O'NIONS, R.K. 1992. The nature of mantle neon contributions to Vienna Basin hydrocarbon reservoirs. *Earth and Planetary Science Letters*, 113, 553–567, https://doi.org/10.1016/0012-821X（92）90131-E

BALLENTINE, C.J. & O'NIONS, R.K. 1993. The use of natural He, Ne and Ar isotopes as constraints on hydrocarbon transport. *In*: PARKER, J.R. (ed.) *Petroleum Geology of Northwest Europe*: *Proceedings of the 4th Conference*. Geological Society, London, 1339–1345, https://doi.org/10.1144/0041339

BALLENTINE, C.J. & SHERWOOD LOLLAR, B. 2002. Regional groundwater focusing of nitrogen and noble gases into the Hugoton–Panhandle giant gas field, USA. *Geochimica et Cosmochimica Acta*, 66, 2483–2497, https://doi.org/10.1016/S0016-7037（02）00850-5

BALLENTINE, C.J., O'NIONS, R.K., OXBURGH, E.R., HORVATH, F. & DEAK, J. 1991. Rare gas constraints on hydrocarbon accumulation, crustal degassing and groundwater flow in the Pannonian Basin. *Earth and Planetary Science Letters*, 105, 229–246, https://doi.org/10.1016/0012-821X（91）90133-3

BALLENTINE, C.J., O'NIONS, R.K. & COLEMAN, M.L. 1996. A Magnus opus: Helium, neon, and argon isotopes in a North Sea oilfield. *Geochimica et Cosmochimica Acta*, 60, 831–849, https://doi.org/10.1016/0016-7037（95）00439-4

BALLENTINE, C.J., BURGESS, R. & MARTY, B. 2002. Tracing fluid origin, transport and interaction in the crust. *Reviews in Mineralogy and Geochemistry*, 47, 539–614, https://doi.org/10.2138/rmg.2002.47.13

BALLENTINE, C.J., MARTY, B., SHERWOOD LOLLAR, B. & CASSIDY, M. 2005. Neon isotopes constrain convection and volatile origin in the Earth's mantle. *Nature*, 433, 33–38, https://doi.org/10.1038/nature03182

BARRY, P.H., LAWSON, M., MEURER, W.P., WARR, O., MABRY, J.C., BYRNE, D.J. & BALLENTINE, C.J. 2016. Noble gases solubility models of hydrocarbon charge mechanism in the Sleipner Vest Gas Field. *Geochimica et Cosmochimica Acta*, 194, 291–309, https://doi.org/10.1016/j.gca.2016.08.021

BATTANI, A., SARDA, P. & PRINZHOFER, A. 2000. Basin scale natural gas source, migration and trapping traced by noble gases and major elements: the Pakistan Indus basin. *Earth and Planetary Science Letters*, 181, 229–249, https://doi.org/10.1016/S0012-821X（00）00188-6

BAXTER, E.F., DEPAOLO, D.J. & RENNE, P.R. 2002. Spatially correlated anomalous $^{40}Ar/^{39}Ar$ 'age' variations in biotites about a lithologic contact near Simplon Pass, Switzerland: a mechanistic explanation for excess Ar. *Geochimica et Cosmochimica Acta*, 66, 1067–1083, https://doi.org/10.1016/S0016-7037（01）00828-6

BEN-NAIM, A. & EGEL-THAL, M. 1965. Thermodynamics of aqueous solutions of noble gases. Ⅲ. Effect of electrolytes. *The Journal of Physical Chemistry*, 69, 3250–3253, https://doi.org/10.1021/j100894a005

BLANC, P. & CONNAN, J. 1994. Preservation, degradation, and destruction of trapped oil. *In*: MAGOON, L.B. & DOW, W.G.（eds）*The Petroleum System – From Source to Trap*. American Association of Petroleum Geologists, Memoirs, 60, 237–247.

BOJESEN-KOEFOED, J.A., CHRISTIANSEN, F.G., NYTOFT, H.P. & PEDERSEN, A.K. 1999. Oil seepage onshore West Greenland: evidence of multiple source rocks and oil mixing. *In*: FLEET, A.J. & BOLDY, S.A.R.（eds）*Petroleum Geology of North-West Europe: Proceedings of the 5th Conference*. Geological Society, London, 305–314, https://doi.org/10.1144/0050305

BOSCH, A. & MAZOR, E. 1988. Natural gas association with water and oil as depicted by atmospheric noble gases: case studies from the southeastern Mediterranean Coastal Plain. *Earth and Planetary Science Letters*, 87, 338–346, https://doi.org/10.1016/0012-821X（88）90021-0

BROOKER, R.A., WARTHO, J.-A., CARROLL, M.R., KELLEY, S.P. & DRAPER, D.S. 1998. Preliminary UVLAMP determinations of argon partition coefficients for olivine and clinopyroxene grown from silicate melts. *Chemical Geology*, 147, 185–200, https://doi.org/10.1016/S0009-2541（97）00181-2

BROWN, H. 1949. Rare gases and the formation of the Earth's atmosphere. *In*: KUIPER, G.P.（ed.）*The Atmospheres of the Earth and Planets*. Chicago Press, Chicago, IL, 258.

BURNARD, P., GRAHAM, D. & TURNER, G. 1997. Vesicle-specific noble gas analyses of 'popping rock': implications for primordial noble gases in Earth. *Science*, 276, 568–571, https://doi.org/10.1126/science.276.5312.568

BURNARD, P., ZIMMERMANN, L. & SANO, Y. 2013. The noble gases as geochemical tracers: history and background. *In*: BURNARD, P.（ed.）*The Noble Gases as Geochemical Tracers*. Advances in Isotope Geochemistry. Springer, Berlin, 1–15.

CADY, H.P. & MCFARLAND, D.F. 1906. Helium in natural gas. *Science*, 24, 344–344.

CASTRO, M.C., GOBLET, P., LEDOUX, E., VIOLETTE, S. & DE MARSILY, G. 1998a. Noble gases as natural tracers of water circulation in the Paris Basin: 2. Calibration of a groundwater flow model using noble gas isotope data. *Water Resources Research*, 34, 2467–2483, https://doi.org/10.1029/98WR01957

CASTRO, M.C., JAMBON, A., DEMARSILY, G. & SCHLOSSER, P. 1998b. Noble gases as natural tracers of water circulation in the Paris Basin: 1. Measurements and discussion of their origin and mechanisms of vertical transport in the basin. *Water Resources Research*, 34, 2443–2466, https://doi.org/10.1029/98WR01956

CRAIG, H. & LUPTON, J.E. 1976. Primordial neon, helium, and hydrogen in oceanic basalts. *Earth and Planetary Science Letters*, 31, 369–385, https://doi.org/10.1016/0012-821X（76）90118-7

CROVETTO, R., FERNÁNDEZ-PRINI, R. & JAPAS, M.L. 1982. Solubilities of inert gases and methane in H_2O and in D_2O in the temperature range of 300 to 600 K. *The Journal of Chemical Physics*, 76, 1077–1086, https://doi.org/10.1063/1.443074

CROWHURST, P.V., GREEN, P.F. & KAMP, P.J.J. 2002. Appraisal of（U–Th）/He apatite thermochronology as a thermal history tool for hydrocarbon exploration: an example from the Taranaki Basin, New Zealand. *AAPG Bulletin*, 86, 1801–1819.

CURIALE, J.A. & CURTIS, J.B. 2016. Organic geochemical applications to the exploration for source-rock reservoirs – A review. *Journal of Unconventional Oil and Gas Resources*, 13, 1–31, https://doi.org/10.1016/j.juogr.2015.10.001

CURTIS, J.B. 2002. Fractured shale-gas systems. *AAPG Bulletin*, 86, 1921–1938.

DARRAH, T.H., VENGOSH, A., JACKSON, R.B., WARNER, N.R. & POREDA, R.J. 2014. Noble gases identify the mechanisms of fugitive gas contamination in drinking-water wells overlying the Marcellus and Barnett Shales. *Proceedings of the National Academy of Sciences of the United States of America*, 111, 14076–14081, https://doi.org/10.1073/pnas.1322107111

DARRAH, T.H., JACKSON, R.B. ET AL. 2015. The evolution of Devonian hydrocarbon gases in shallow aquifers of the northern Appalachian Basin: insights from integrating noble gas and hydrocarbon geochemistry. *Geochimica et Cosmochimica Acta*, 170, 321–355, https://doi.org/10.1016/j.gca.2015.09.006

DAUPHAS, N. 2003. The dual origin of the terrestrial atmosphere. *Icarus*, 165, 326–339, https://doi.org/10.1016/S0019-1035(03)00198-2

DAY, J.M.D., BARRY, P.H., HILTON, D.R., BURGESS, R., PEARSON, D.G. & TAYLOR, L.A. 2015. The helium flux from the continents and ubiquity of low-3He/4He recycled crust and lithosphere. *Geochimica et Cosmochimica Acta*, 153, 116–133, https://doi.org/10.1016/j.gca.2015.01.008

DEMAISON, G. & HUIZINGA, B.J. 1991. Genetic classification of petroleum systems (1). *AAPG Bulletin*, 75, 1626–1643.

DEMBICKI, H.J. & ANDERSON, M.J. 1989. Secondary migration of oil: Experiments supporting efficient movement of separate, buoyant oil phase along limited conduits: geologic note. *AAPG Bulletin*, 73, 1018–1021.

DOW, W.G. 1974. Application of oil-correlation and source-rock data to exploration in Williston Basin. *AAPG Bulletin*, 58, 1253–1262.

DOW, W.G. 1977. Kerogen studies and geological interpretations. *Journal of Geochemical Exploration*, 7, 79–99, https://doi.org/10.1016/0375-6742(77)90078-4

DOWNEY, M.W. 1984. Evaluating seals for hydrocarbon accumulations. *AAPG Bulletin*, 68, 1752–1763.

DYMOND, J.H. & SMITH, E.B. 1980. *Virial Coefficients of Pure Gases and Mixtures. A Critical Compilation*. Oxford Science Research Papers, 2. Clarendon Press, Oxford.

FANALE, F.P. & CANNON, W.A. 1971. Physical adsorption of rare gas on terrigenous sediments. *Earth and Planetary Science Letters*, 11, 362–368, https://doi.org/10.1016/0012-821X(71)90195-6

FARLEY, K.A. 2002. (U–Th)/He dating: techniques, calibrations, and applications. *Reviews in Mineralogy and Geochemistry*, 47, 819–844, https://doi.org/10.2138/rmg.2002.47.18

FERNÁNDEZ-PRINI, R., ALVAREZ, J.L. & HARVEY, A.H. 2003. Henry's constants and vapor–liquid distribution constants for gaseous solutes in H_2O and D_2O at high temperatures. *Journal of Physical and Chemical Reference Data*, 32, 903–916, https://doi.org/10.1063/1.1564818

GILFILLAN, S.M.V., BALLENTINE, C.J. ET AL. 2008. The noble gas geochemistry of natural CO_2 gas reservoirs from the Colorado Plateau and Rocky Mountain provinces, USA. *Geochimica et Cosmochimica Acta*, 72, 1174–1198, https://doi.org/10.1016/j.gca.2007.10.009

GILFILLAN, S.M.V., LOLLAR, B.S. ET AL. 2009. Solubility trapping in formation water as dominant CO_2 sink in natural gas fields. *Nature*, 458, 614–618, https://doi.org/10.1038/nature07852

GLUYAS, J. & SWARBRICK, R. 2013. Petroleum Geoscience. John Wiley & Sons, Chichester, UK. GÖBEL, R., OTT, U. & BEGEMANN, F. 1978. On trapped noble gases in ureilites. *Journal of Geophysical Research: Solid Earth*, 83, 855–867, https://doi.org/10.1029/JB083iB02p00855

GRAHAM, D.W. 2002. Noble gas isotope geochemistry of mid-ocean ridge and ocean island basalts: characterization of mantle source reservoirs. *Reviews in Mineralogy and Geochemistry*, 47, 247–317, https://doi.org/10.2138/rmg.2002.47.8

GRIMBERG, A., BAUR, H. *ET AL*. 2006. Solar wind neon from genesis: implications for the lunar noble gas record. *Science*, 314, 1133–1135, https://doi.org/10.1126/science.1133568

HALLIDAY, A.N. 2013. The origins of volatiles in the terrestrial planets. *Geochimica et Cosmochimica Acta*, 105, 146–171, https://doi.org/10.1016/j.gca.2012.11.015

HEATON, T.H.E. & VOGEL, J.C. 1981. 'Excess air' in groundwater. *Journal of Hydrology*, 50, 201–216, https://doi.org/10.1016/0022-1694（81）90070-6

HERZBERG, O. & MAZOR, E. 1979. Hydrological applications of noble gases and temperature measurements in underground water systems: examples from Israel. *Journal of Hydrology*, 41, 217–231, https://doi.org/10.1016/0022-1694（79）90063-5

HINDLE, A.D. 1997. Petroleum migration pathways and charge concentration: a three-dimensional model. *AAPG Bulletin*, 81, 1451–1481.

HIYAGON, H. & KENNEDY, B.M. 1992. Noble gases in CH_4-rich gas fields, Alberta, Canada. *Geochimica et Cosmochimica Acta*, 56, 1569–1589, https://doi.org/10.1016/0016-7037（92）90226-9

HOEFS, J. 1997. *Stable Isotope Geochemistry*. Springer, Berlin.

HOLLAND, G. & GILFILLAN, S.M.V. 2013. Application of noble gases to the viability of CO2 storage. In: BURNARD, P. (ed.) *The Noble Gases as Geochemical Tracers*. Advances in Isotope Geochemistry. Springer, Berlin, 177–223.

HOLLAND, G., CASSIDY, M. & BALLENTINE, C.J. 2009. Meteorite Kr in Earth's mantle suggests a late accretionary source for the atmosphere. *Science*, 326, 1522–1525, https://doi.org/10.1126/science.1179518

HOLLAND, G., LOLLAR, B.S., LI, L., LACRAMPE-COULOUME, G., SLATER, G.F. & BALLENTINE, C.J. 2013. Deep fracture fluids isolated in the crust since the Precambrian era. *Nature*, 497, 357–360, https://doi.org/10.1038/nature12127

HOLZNER, C.P., MCGINNIS, D.F., SCHUBERT, C.J., KIPFER, R. & IMBODEN, D.M. 2008. Noble gas anomalies related to high-intensity methane gas seeps in the Black Sea. *Earth and Planetary Science Letters*, 265, 396–409, https://doi.org/10.1016/j.epsl.2007.10.029

HONDA, M., KURITA, K., HAMANO, Y. & OZIMA, M. 1982. Experimental studies of He and Ar degassing during rock fracturing. *Earth and Planetary Science Letters*, 59, 429–436, https://doi.org/10.1016/0012-821X（82）90144-3

HOOKER, P.J., O'NIONS, R.K. & OXBURGH, E.R. 1985. Helium isotopes in North Sea gas fields and the Rhine rift. *Nature*, 318, 273–275, https://doi.org/10.1038/318273a0

HORNAFIUS, J.S., QUIGLEY, D. & LUYENDYK, B.P. 1999. The world's most spectacular marine hydrocarbon seeps (Coal Oil Point, Santa Barbara Channel, California): quantification of emissions. *Journal of Geophysical Research: Oceans*, 104, 20703–20711, https://doi.org/10.1029/1999JC900148

HORSTAD, I., LARTER, S.R. & MILLS, N. 1992. A quantitative model of biological petroleum degradation within the Brent Group reservoir in the Gullfaks Field, Norwegian North Sea. *Organic Geochemistry*, 19, 107–117, https://doi.org/10.1016/0146-6380（92）90030-2

HUGHES, W.B., HOLBA, A.G. & DZOU, L.I.P. 1995. The ratios of dibenzothiophene to phenanthrene and pristane to phytane as indicators of depositional environment and lithology of petroleum source rocks. *Geochimica et Cosmochimica Acta*, 59, 3581–3598, https://doi.org/10.1016/0016-7037（95）

00225-O

HUNT, A.G., DARRAH, T.H. & POREDA, R.J. 2012. Determining the source and genetic fingerprint of natural gases using noble gas geochemistry: a northern Appalachian Basin case study. *AAPG Bulletin*, 96, 1785–1811, https://doi.org/10.1306/03161211093

JACKSON, R.B., VENGOSH, A. ET AL. 2013. Increased stray gas abundance in a subset of drinking water wells near Marcellus shale gas extraction. *Proceedings of the National Academy of Sciences of the United States of America*, 110, 11 250–11 255, https://doi.org/10.1073/pnas.1221635110

KENNEDY, B.M., HIYAGON, H. & REYNOLDS, J.H. 1990. Crustal neon: a striking uniformity. *Earth and Planetary Science Letters*, 98, 277–286, https://doi.org/10.1016/0012-821X（90）90030-2

KHARAKA, Y.K. & SPECHT, D.J. 1988. The solubility of noble gases in crude oil at 25–100°C. *Applied Geochemistry*, 3, 137–144, https://doi.org/10.1016/0883-2927（88）90001-7

KIPFER, R., AESCHBACH-HERTIG, W., PEETERS, F. & STUTE, M. 2002. Noble gases in lakes and ground waters. *Reviews in Mineralogy and Geochemistry*, 47, 615–700, https://doi.org/10.2138/rmg.2002.47.14

LAFARGUE, E. & BARKER, C. 1988. Effect of water washing on crude oil compositions. *AAPG Bulletin*, 72, 263–276.

LEAHY, J.G. & COLWELL, R.R. 1990. Microbial degradation of hydrocarbons in the environment. *Microbiological Reviews*, 54, 305–315.

LEE, J.-Y., MARTI, K., SEVERINGHAUS, J.P., KAWAMURA, K., YOO, H.-S., LEE, J.B. & KIM, J.S. 2006. A redetermination of the isotopic abundances of atmospheric Ar. *Geochimica et Cosmochimica Acta*, 70, 4507–4512, https://doi.org/10.1016/j.gca.2006.06.1563

LEE, K.K.M. & STEINLE-NEUMANN, G. 2006. High-pressure alloying of iron and xenon: 'Missing' Xe in the Earth's core? *Journal of Geophysical Research: Solid Earth*, 111, B02202, https://doi.org/10.1029/2005JB003781

LEWAN, M.D. 1993. Laboratory simulation of petroleum formation. *In*: ENGEL, M.H. & MACKO, S.A.（eds） *Organic Geochemistry*. Topics in Geobiology, 11. Springer, New York, 419–442.

LOWENSTERN, J.B., EVANS, W.C., BERGFELD, D. & HUNT, A.G. 2014. Prodigious degassing of a billion years of accumulated radiogenic helium at Yellowstone. *Nature*, 506, 355–358, https://doi.org/10.1038/nature12992

LUPTON, J. & EVANS, L. 2013. Changes in the atmospheric helium isotope ratio over the past 40 years: Atmospheric Helium Isotope ratio. *Geophysical Research Letters*, 40, 6271–6275, https://doi.org/10.1002/2013GL057681

MAGOON, L.B. & DOW, W.G. 1994. The petroleum system. *In*: MAGOON, L.B. & DOW, W.G.（eds）*The Petroleum System: From Source to Trap*. American Association of Petroleum Geologists, Memoirs, 60, 3–24.

MAHARA, Y., HABERMEHL, M.A. ET AL. 2009. Groundwater dating by estimation of groundwater flow velocity and dissolved ^{4}He accumulation rate calibrated by ^{36}Cl in the Great Artesian Basin, Australia. *Earth and Planetary Science Letters*, 287, 43–56, https://doi.org/10.1016/j.epsl.2009.07.034

MARROCCHI, Y., RAZAFITIANAMAHARAVO, A., MICHOT, L.J. & MARTY, B. 2005. Low-pressure adsorption of Ar, Kr, and Xe on carbonaceous materials（kerogen and carbon blacks）, ferrihydrite, and montmorillonite: implications for the trapping of noble gases onto meteoritic matter. *Geochimica et Cosmochimica Acta*, 69, 2419–2430, https://doi.org/10.1016/j.gca.2004.09.016

MARTEL, D.J., O'NIONS, R.K., HILTON, D.R. & OXBURGH, E. R. 1990. The role of element distribution in production and release of radiogenic helium: the Carnmenellis Granite, southwest England. *Chemical Geology*, 88, 207–221, https://doi.org/10.1016/0009-2541（90）90090-T

MARTY, B. 2012. The origins and concentrations of water, carbon, nitrogen and noble gases on Earth. *Earth and Planetary Science Letters*, 313–314, 56–66, https://doi.org/10.1016/j.epsl.2011.10.040

MARTY, B., TORGERSEN, T., MEYNIER, V., O'NIONS, R.K. & DE MARSILY, G. 1993. Helium isotope fluxes and groundwater ages in the Dogger Aquifer, Paris Basin. *Water Resources Research*, 29, 1025–1035, https://doi.org/10.1029/93WR00007

MAZOR, E. 1972. Paleotemperatures and other hydrological parameters deduced from noble gases dissolved in groundwaters: Jordan Rift Valley, Israel. *Geochimica et Cosmochimica Acta*, 36, 1321–1336, https://doi.org/10.1016/0016-7037（72）90065-8

MCMAHON, P.B., THOMAS, J.C. & HUNT, A.G. 2013. Groundwater ages and mixing in the Piceance Basin natural gas province, Colorado. *Environmental Science & Technology*, 47, 13 250–13 257, https://doi.org/10.1021/es402473c

MERRIHUE, C. & TURNER, G. 1966. Potassium–argon dating by activation with fast neutrons. *Journal of Geophysical Research*, 71, 2852–2857.

MOORE, M.T., VINSON, D.S., WHYTE, C.J., EYMOLD, W.K., WALSH, T.B. & DARRAH, T.H. In press. Differentiating between biogenic, thermogenic sources of natural gas in coalbed methane reservoirs from the Illinois Basin using noble gas, hydrocarbon geochemistry. *In*: LAWSON, M., FORMOLO, M.J. & EILER, J.M.（eds）*From Source to Seep: Geochemical Applications in Hydrocarbon Systems*. Geological Society, London, Special Publications, 468, https://doi.org/10.1144/SP468.8

MOREIRA, M., KUNZ, J. & ALLÈGRE, C. 1998. Rare gas systematic in popping rock: isotopic and elemental compositions in the upper mantle. *Science*, 279, 1178–1181, https://doi.org/10.1126/science.279.5354.1178

OWEN, T., BAR-NUN, A. & KLEINFELD, I. 1992. Possible cometary origin of heavy noble gases in the atmospheres of Venus, Earth and Mars. *Nature*, 358, 43–46, https://doi.org/10.1038/358043a0

OZIMA, M. & PODOSEK, F.A. 2002. *Noble Gas Geochemistry*. Cambridge University Press, Cambridge.

PATRIARCHE, D., CASTRO, M.C. & GOBLET, P. 2004. Large-scale hydraulic conductivities inferred from three-dimensional groundwater flow and ^{4}He transport modeling in the Carrizo aquifer, Texas. *Journal of Geophysical Research: Solid Earth*, 109, B11202, https://doi.org/10.1029/2004JB003173

PEPIN, R.O. 1991. On the origin and early evolution of terrestrial planet atmospheres and meteoritic volatiles. *Icarus*, 92, 2–79, https://doi.org/10.1016/0019-1035（91）90036-S

PEPIN, R.O. 2006. Atmospheres on the terrestrial planets: clues to origin and evolution. *Earth and Planetary Science Letters*, 252, 1–14, https://doi.org/10.1016/j.epsl.2006.09.014

PEPIN, R.O. & PORCELLI, D. 2006. Xenon isotope systematics, giant impacts, and mantle degassing on the early Earth. *Earth and Planetary Science Letters*, 250, 470–485, https://doi.org/10.1016/j.epsl.2006.08.014

PETERS, K.E. 1986. Guidelines for evaluating petroleum source rock using programmed pyrolysis. *AAPG Bulletin*, 70, 318–329.

PETERS, K.E. & CASSA, M.R. 1994. Applied source rock geochemistry: Chapter 5: Part II. Essential elements. *In*: MAGOON, L.B. & DOW, W.G.（eds）*The Petroleum System – From Source to Trap*. American Association of Petroleum Geologists, Memoirs, 60, 93–120.

PETERS, K.E., BURNHAM, A.K. & WALTERS, C.C. 2015. Petroleum generation kinetics: single v. multiple heating-ramp open-system pyrolysis. *AAPG Bulletin*, 99, 591–616, https://doi.org/10.1306/11141414080

PHILP, R.P. 1993. Oil–oil and oil–source rock correlations: Techniques. *In*: ENGEL, M.H. & MACKO, S.A.（eds）*Organic Geochemistry*. Topics in Geobiology, 11. Springer, New York, 445–460.

PIERCE, A.P., GOTT, G.B. & MYTTON, J.W. 1964. Uranium and Helium in the Panhandle Gas Field, Texas, and Adjacent Areas. United States Geological Survey, Professional Papers, 454-G.

PINTI, D.L. & MARTY, B. 1995. Noble gases in crude oils from the Paris Basin, France: implications for the origin of fluids and constraints on oil-water-gas interactions. *Geochimica et Cosmochimica Acta*, 59, 3389–3404, https://doi.org/10.1016/0016-7037（95）00213-J

PODOSEK, F.A., BERNATOWICZ, T.J. & KRAMER, F.E. 1981. Adsorption of xenon and krypton on shales. *Geochimica et Cosmochimica Acta*, 45, 2401–2415, https://doi.org/10.1016/0016-7037（81）90094-6

PODOSEK, F.A., WOOLUM, D.S., CASSEN, P.&NICHOLS, R.H. 2000. Solar gases in the Earth by solar wind irradiation. 10th annual Goldschmidt Conference, Oxford. *Journal of Conference Abstracts*, 5, 804, https://goldschmidtabstracts.info/abstracts/abstractView?id=2000000804

PORCELLI, D. & BALLENTINE, C.J. 2002. Models for distribution of terrestrial noble gases and evolution of the atmosphere. *Reviews in Mineralogy and Geochemistry*, 47, 411–480, https://doi.org/10.2138/rmg.2002.47.11

PORCELLI, D., BALLENTINE, C.J.&WIELER, R. 2002. An overview of noble gas geochemistry and cosmochemistry. *Reviews in Mineralogy and Geochemistry*, 47, 1–19, https://doi.org/10.2138/rmg.2002.47.1

PRINZHOFER, A. 2013. Noble gases in oil and gas accumulations. In: BURNARD, P.(ed.) *The Noble Gases as Geochemical Tracers*. Advances in Isotope Geochemistry. Springer, Berlin, 225–247.

PUJOL, M., MARTY, B. & BURGESS, R. 2011. Chondritic-like xenon trapped in Archean rocks: a possible signature of the ancient atmosphere. *Earth and Planetary Science Letters*, 308, 298–306, https://doi.org/10.1016/j.epsl.2011.05.053

RENNE, P.R., MUNDIL, R., BALCO, G., MIN, K. & LUDWIG, K.R. 2010. Joint determination of 40K decay constants and $^{40}Ar*/^{40}K$ for the Fish Canyon sanidine standard, and improved accuracy for $^{40}Ar/^{39}Ar$ geochronology. *Geochimica et Cosmochimica Acta*, 74, 5349–5367, https://doi.org/10.1016/j.gca.2010.06.017

REYNOLDS, J.H. 1963. Xenology. *Journal of Geophysical Research*, 68, 2939–2956, https://doi.org/10.1029/JZ068i010p02939

ROBISON, C.R. 1997. Hydrocarbon source rock variability within the Austin Chalk and Eagle Ford Shale (Upper Cretaceous), East Texas, U.S.A. *International Journal of Coal Geology*, 34, 287–305, https://doi.org/10.1016/S0166-5162（97）00027-X

RUTHERFORD, E. 1906. *Radioactive Transformations*. Yale University Press, New Haven, CT.

RYDER, R.T. 1996. *Fracture Patterns and Their Origin in the Upper Devonian Antrim Shale Gas Reservoir of the Michigan Basin; A Review*. United States Geological Survey, Open-File Report, 96-23.

SANLOUP, C., SCHMIDT, B.C., PEREZ, E.M.C., JAMBON, A., GREGORYANZ, E. & MEZOUAR, M. 2005. Retention of xenon in quartz and Earth's missing xenon. *Science*, 310, 1174–1177, https://doi.org/10.1126/science.1119070

SARDA, P., STAUDACHER, T. & ALLEGRE, C. 1988. Neon isotopes in submarine basalts. *Earth and Planetary Science Letters*, 91, 73–88, https://doi.org/10.1016/0012-821X（88）90152-5

SCHLEGEL, M.E., ZHOU, Z., MCINTOSH, J.C., BALLENTINE, C.J. & PERSON, M.A. 2011. Constraining the timing of microbial methane generation in an organic-rich shale using noble gases, Illinois Basin, USA. *Chemical Geology*, 287, 27–40, https://doi.org/10.1016/j.chemgeo.2011.04.019

SCHOWALTER, T.T. 1979. Mechanics of secondary hydrocarbon migration and entrapment. *AAPG Bulletin*, 63, 723–760.

SMITH, S. 1985. Noble gas solubility in water at high temperature. *Eos, Transactions of the American Geophysical Union*, 66, 397.

SMITH, S.P. & KENNEDY, B.M. 1983. The solubility of noble gases in water and in NaCl brine. *Geochimica et Cosmochimica Acta*, 47, 503–515, https://doi.org/10.1016/0016-7037（83）90273-9

SOLOMON, D.K., HUNT, A. & POREDA, R.J. 1996. Source of radiogenic helium 4 in shallow aquifers: implications for dating young groundwater. *Water Resources Research*, 32, 1805–1813, https://doi.org/10.1029/96WR00600

STAHL, W.J. 1978. Source rock–crude oil correlation by isotopic type-curves. *Geochimica et Cosmochimica Acta*, 42, 1573–1577, https://doi.org/10.1016/0016-7037（78）90027-3

STAINFORTH, J.G. & REINDERS, J.E.A. 1990. Primary migration of hydrocarbons by diffusion through organic matter networks, and its effect on oil and gas generation. *Organic Geochemistry*, 16, 61–74, https://doi.org/10.1016/0146-6380（90）90026-V

STAUDACHER, T., SARDA, P., RICHARDSON, S.H., ALLÈGRE, C.J., SAGNA, I. & DMITRIEV, L.V. 1989. Noble gases in basalt glasses from a Mid-Atlantic Ridge topographic high at 14°N: geodynamic consequences. *Earth and Planetary Science Letters*, 96, 119–133, https://doi.org/10.1016/0012-821X（89）90127-1

STOLPER, D.A., LAWSON, M. ET AL. 2014. Formation temperatures of thermogenic and biogenic methane. *Science*, 344, 1500–1503, https://doi.org/10.1126/science.1254509

STUART, F.M., LASS-EVANS, S., GODFREY FITTON, J. & ELLAM, R.M. 2003. High ^{3}He/^{4}He ratios in picritic basalts from Baffin Island and the role of a mixed reservoir in mantle plumes. *Nature*, 424, 57–59, https://doi.org/10.1038/nature01711

STUTE, M., FORSTER, M. ET AL. 1995. Cooling of Tropical Brazil（5°C）during the Last Glacial Maximum. *Science*, 269, 379–383, https://doi.org/10.1126/science.269.5222.379

SWEENEY, J.J. & BURNHAM, A.K. 1990. Evaluation of a simple model of Vitrinite Reflectance based on chemical kinetics（1）. *AAPG Bulletin*, 74, 1559–1570.

TAKAHATA, N. & SANO, Y. 2000. Helium flux from a sedimentary basin. *Applied Radiation and Isotopes*, 52, 985–992, https://doi.org/10.1016/S0969-8043（99）00159-1

TOLSTIKHIN, I., LEHMANN, B.E., LOOSLI, H.H. & GAUTSCHI, A. 1996. Helium and argon isotopes in rocks, minerals, and related ground waters: a case study in northern Switzerland. *Geochimica et Cosmochimica Acta*, 60, 1497–1514, https://doi.org/10.1016/0016-7037（96）00036-1

TORGERSEN, T. 1980. Controls on pore-fluid concentration of ^{4}He and ^{222}Rn and the calculation of ^{4}He/^{222}Rn ages. *Journal of Geochemical Exploration*, 13, 57–75, https://doi.org/10.1016/0375-6742（80）90021-7

TORGERSEN, T. 1989. Terrestrial helium degassing fluxes and the atmospheric helium budget: implications with respect to the degassing processes of continental crust. *Chemical Geology: Isotope Geoscience Section*, 79, 1–14, https://doi.org/10.1016/0168-9622（89）90002-X

TORGERSEN, T. & CLARKE, W.B. 1985. Helium accumulation in groundwater, I: an evaluation of sources and the continental flux of crustal ^{4}He in the Great Artesian Basin, Australia. *Geochimica et Cosmochimica Acta*, 49, 1211–1218, https://doi.org/10.1016/0016-7037（85）90011-0

TORGERSEN, T. & KENNEDY, B.M. 1999. Air-Xe enrichments in Elk Hills oil field gases: role of water in migration and storage. *Earth and Planetary Science Letters*, 167, 239–253, https://doi.org/10.1016/S0012-821X（99）00021-7

TORGERSEN, T., HABERMEHL, M.A. & CLARKE, W.B. 1992. Crustal helium fluxes and heat flow in the Great Artesian Basin, Australia. *Chemical Geology*, 102, 139–152, https://doi.org/10.1016/0009-2541（92）

90152-U

TOTH, J. 1980. Cross-formational gravity-flow of groundwater: a mechanism of the transport and accumulation of petroleum (The Generalized Hydraulic Theory of Petroleum Migration). In: ROBERTS, W.H., III & CORDELL, R.J. (eds) *Problems of Petroleum Migration*. American Association of Petroleum Geologists, Studies in Geology, 10, 121–167.

TUCKER, J.M. & MUKHOPADHYAY, S. 2014. Evidence for multiple magma ocean outgassing and atmospheric loss episodes from mantle noble gases. *Earth and Planetary Science Letters*, 393, 254–265, https://doi.org/10.1016/j.epsl.2014.02.050

VAN KREVELEN, D.W. 1961. *Coal*. Elsevier, Amsterdam.

WAPLES, D.W. 1980. Time and temperature in petroleum formation: application of Lopatin's method to petroleum exploration. *AAPG Bulletin*, 64, 916–926.

WAPLES, D.W. 1994. Maturity modeling: thermal indicators, hydrocarbon generation, and oil cracking. In: MAGOON, L.B. & DOW, W.G. (eds) *The Petroleum System – From Source to Trap*. American Association of Petroleum Geologists, Memoirs, 60, 285–306.

WARR, O., BALLENTINE, C.J., MU, J. & MASTERS, A. 2015. Optimizing Noble Gas–water interactions via Monte Carlo simulations. *The Journal of Physical Chemistry B*, 119, 14 486–14 495, https://doi.org/10.1021/acs.jpcb.5b06389

WASSERBURG, G.J., MAZOR, E. & ZARTMAN, R.E. 1963. Isotopic and chemical composition of some terrestrial natural gases. In: GEISS, J. & GOLDBERG, E.D. (eds) *Earth Science and Meteoritics*. North-Holland, Amsterdam, 219–240.

WEN, T., CASTRO, M.C., ELLIS, B.R., HALL, C.M. & LOHMANN, K.C. 2015. Assessing compositional variability and migration of natural gas in the Antrim Shale in the Michigan Basin using noble gas geochemistry. *Chemical Geology*, 417, 356–370, https://doi.org/10.1016/j.chemgeo.2015.10.029

WETHERILL, G.W. 1954. Variations in the isotopic abundances of neon and argon extracted from radioactive minerals. *Physical Review*, 96, 679–683, https://doi.org/10.1103/PhysRev.96.679

WHITICAR, M.J. 1994. Correlation of natural gases with their sources. In: MAGOON, L.B. & DOW, W.G. (eds) *The Petroleum System – From Source to Trap*. American Association of Petroleum Geologists, Memoirs, 60, 261–283.

WIELER, R. 2002. Noble gases in the solar system. *Reviews in Mineralogy and Geochemistry*, 47, 21–70, https://doi.org/10.2138/rmg.2002.47.2

WIELER, R. & EIKENBERG, J. 1999. An upper limit on the spontaneous fission decay constant of ^{232}Th derived from xenon in monazites with extremely high Th/U ratios. Geophysical Research Letters, 26, 107–110.

WIPRUT, D. & ZOBACK, M.D. 2000. Fault reactivation and fluid flow along a previously dormant normal fault in the northern North Sea. *Geology*, 28, 595–598, https://doi.org/10.1130/0091-7613(2000)282.0.CO;2

ZAIKOWSKI, A. & SPANGLER, R.R. 1990. Noble gas and methane partitioning from ground water: an aid to natural gas exploration and reservoir evaluation. *Geology*, 18, 72–74, https://doi.org/10.1130/0091-7613(1990)0182.3.CO;2

ZARTMAN, R.E., WASSERBURG, G.J. & REYNOLDS, J.H. 1961.

Helium, argon, and carbon in some natural gases. *Journal of Geophysical Research*, 66, 277–306, https://doi.org/10.1029/JZ066i001p00277

ZHOU, Z. & BALLENTINE, C.J. 2006. ^{4}He dating of groundwater associated with hydrocarbon reservoirs. *Chemical Geology*, 226, 309–327, https://doi.org/10.1016/j.chemgeo.2005.09.030

ZHOU, Z., BALLENTINE, C.J., KIPFER, R., SCHOELL, M.&THIBODEAUX, S. 2005. Noble gas tracing of groundwater/coalbed methane interaction in the San Juan Basin, USA. *Geochimica et Cosmochimica Acta*, 69, 5413–5428, https://doi.org/10.1016/j.gca.2005.06.027

ZIEGLER, J.F. 1977. *Helium: Stopping Powers and Ranges in All Elemental Matter*. Pergamon, Oxford.

7 利用稀有气体和油气地球化学鉴别天然气的生物成因和热成因

——以伊利诺伊州盆地煤层气储层中的天然气为例

Myles T. Moore David S. Vinson Colin J. Whyte William K. Eymold, Talor B. Walsh Thomas H. Darrah

摘要：尽管煤层气（CBM）是全球天然气生产的重要来源，但煤层气储层中生物成因气和热成因气的比例仍存在不确定性。我们将来自20个正在生产的煤层气（CBM）井的流体中的主要气体烃成分、烃稳定同位素和稀有气体整合在一起，以更准确地约束美国伊利诺伊盆地东部的天然气的成因来源。先前的研究表明，甲烷主要为生物成因（>99.6%），来自热成因天然气的贡献可忽略不计。但是，通过整合稀有气体，我们确定了Springfield煤层和Seelyville煤层产出气中可量化的外生热成因气贡献（高达19.2%）。热成因气的特征在于甲烷、乙烷和 ^{4}He之间的正相关关系，具有较低的 C_1/C_{2+}，较重的甲烷碳同位素 $\delta^{13}C\text{-}CH_4$，较高的放射性稀有气体（^{4}He、^{21}Ne*、^{40}Ar*）含量和较低丰度的大气来源气体（^{20}Ne、^{36}Ar）。生物成因气显示出更轻的甲烷碳同位素 $\delta^{13}C\text{-}CH_4$，较高的 C_1/C_{2+}，较高的大气气体含量和较低的放射性稀有气体含量。数据表明，来自更深的外生热成因天然气可能会在未知的时间迁移到宾夕法尼亚年代的煤层中，然后与生物成因甲烷混合，从而稀释了Springfield煤层和Seelyville煤层中热成因甲烷的地球化学特征。

在过去十年中，随着对清洁燃料需求的不断增加，人们对从非常规储层中提取天然气作为煤电的替代品重新产生了兴趣（USEIA 2013）。自19世纪50年代以来，美国已将煤层气（CBM）开发作为一种非常规的天然气来源，从19世纪80年代后期到现在，利用率不断提高（Strapoć等，2010；Golding等，2013）。美国拥有仅次于俄罗斯和中国的全球第三大煤层气储量，目前是世界上最大的煤层气生产国（Ahmed等，2009；Moore 2012；Pashin等，2014）。与页岩气开发相比，由于含煤层气煤田的典型浅层性质，煤层气的开采成本明显降低。例如，为煤层气（CBM）开采钻探一口井的平均成本为450000~550000美元，而用于水平钻井和水力压裂的页岩气井的价格约为每口井 500 万美元（Ritter 等，2015）。

近几十年来，煤层气的开发已从以热成因甲烷为主的高成熟度煤田开发转变到为具有重要生物成因的低品位、相对较高渗透率的煤田（Zhou 等，2005；Zhou 和 Ballentine 2006；Bates 等，2011；Schlegel 等，2011a，b；Strapoć 等，2011；McIntosh 等，2012；Golding 等，2013；Vinson 等，2017）。如今，美国煤层气的天然气产量约为每天 $1.1×10^8 m^3$，约占国内天然气总产量的 8%~10%，预计未来几年全球煤层气产量将增加。

在煤层气储层中，天然气混合物可来自各种成因途径，包括烃源层有机物的生物降解产生的主要生物成因气、热成因烃类的二次生物降解和有机物的热催化降解形成的天然气。天然气的热成因和生物成因混合物固有的复杂性，使得来自煤层气储层的天然气来源的一些基本问题尚未解决（Strapoć 等，2011；Golding 等，2013；Ritter 等，2015；Vinson 等，2017）。一些基本的挑战包括：（1）确定通过生物和热解过程获得的甲烷（CH_4 或 C_1）的比例；（2）煤层气储层中存在外来流体；（3）地层水停留时间，化学、微生物学与生物成因气的关系；（4）更好地确定产生甲烷前体并控制甲烷生成的生物地球化学过程。

我们对天然气的热成因和生物成因混合物反褶积能力也具有重要的经济和环境应用。揭示煤层气储层中甲烷的成因来源，以优化钻探和完井策略，构建准确的大然气地质储量估算，并对提高煤层气储层的天然气产量至关重要。准确估算天然气的热成因和生物成因混合物含量，对于确定来自深地壳、地下水、临界区、地表水和大气中天然烃的作用和规模也至关重要（Etiope 等，2009a；Jackson 等，2013；Darrah 等，2015b；Stolper 等，2015；Douglas 等，2016；Kang 等，2016）。

除了分离热成因—生物成因混合物的问题外，其他关于煤衍生有机物转化为甲烷前体的速率和机制的问题仍然存在（Strapoć 等，2011；Furmann 等，2013；Gao 等，2013；Ritter 等，2015；Vinson 等，2017）。产甲烷的古细菌可以在低于 80℃ 的厌氧条件下，通过乙酰碎裂（乙酸发酵），氢营养（CO_2 还原）和甲基营养途径降解有机物并产生甲烷。在许多情况下，每种生产途径的相对重要性尚不清楚（Whiticar 等，1986；Schlegel 等，2011b；Head 等，2014；Vinson 等，2017）。

传统上，煤层气烃类气体的来源主要是通过以下方式推断：（1）气体的分子组成，如甲烷（C_1）与高级碳氢化合物（C_{2+}）或 C_1/C_{2+}，二氧化碳（CO_2）和氮气（N_2）；（2）在共存的水中溶解的溶质浓度，如氯化物、溶解无机碳（DIC）、硫酸盐；（3）气体（如 $\delta^2H\text{-}CH_4$、$\delta^{13}C\text{-}CH_4$、$\delta^{13}C\text{-}CO_2$）、水（$\delta^2H\text{-}H_2O$、$\delta^{18}O\text{-}H_2O$）和溶解无机碳（$\delta^{13}C\text{-}DIC$）的稳定同位素组成。但是，这些传统的分子和同位素技术在描述热成因—生物成因气混合物时的应用可能会由于端元重叠同位素组成的不确定性、混合的不确定性、运输/迁移的影响和碳氢化合物的二次生物降解等而变得复杂，例如甲烷化的后期阶段的有氧或厌氧氧化（Coleman 等，1981；James 和 Burns，1984；Martini 等，1998；Whiticar 1999；Kinnaman 等，2007；Etiope 等，2009a，2011；Pape 等，2010；Golding 等，2013；Darrah 等，2015b；Stolper 等，2015；Anderson 等，2017；Vinson 等，2017）。

研究甲烷的多取代基同位素的最新开发技术显示出解决以下问题的巨大潜力：（1）生物成因甲烷和热成因甲烷的相对贡献；（2）气体形成的温度条件；（3）氢同位素与水共存过程中生物气生成的速率（Stolper 等，2015；Wang 等，2015；Douglas 等，2016）。这些改进可以更好地确定烃源分配，并可以更准确地估算流体停留时间和甲烷产率。但是，稳定同位素，即碳、氢和氧的同位素的地球化学特征也可能受到碳氢化合物氧化的影响（Wang 等，2016；Whitehill 等，2017）。

因为稀有气体不会被化学反应或微生物氧化所改变，所以它们是天然气地球化学研究的有益补充。仍然有少量的研究试图将稀有气体与传统的烃分子和同位素地球化学结合起来，以研究浅层油气藏或非常规（非运移）煤层气系统中的天然气（如 Zhou 等，2005；Zhou 和 Ballentine，2006；Schlegel 等，2011b；Hunt 等，2012；Darrah 等，2015b；Wen 等，2015，2017；Barry 等，2016，2017）。此外，这些技术的大多数都侧重于估算地下水或烃类气体的停留时间（Zhou 等，2005；Zhou 和 Ballentine，2006；Schlegel 等，2011b；Barry 等，2017）或解决流体传输动力学（Zhou 等，2005；Darrah 等，2014，2015b；Barry 等，2016），而不是确定混合天然气中生物成因和热成因的贡献分配。

近年来，研究大气降水平均滞留时间对煤层气田生物成因甲烷生成时间的制约，测量了天然气和地下水中陆源 ^{4}He 的聚集（Zhou 和 Ballentine 2006；Zhou 等，2005；Schlegel 等，2011b；Barry 等，2017）。尽管这些工作描述了确定平均停留时间的最新方法，但由于烃源岩中铀和钍浓度的可变性与天然气和外源气体的混合，或内源性或外源性热成因源中 ^{4}He 的贡献，使这些方法的实用性也变得复杂（Zhou 和 Ballentine，2006；Zhou 等，2005；Schlegel 等，2011b；Darrah 等，2015b）。较新开发的基于放射性 ^{40}Ar* 和 ^{136}Xe* 或核成因 ^{21}Ne*（* 表示放射性衰变所占比例）的同位素滞留时间的估算方法，而不是仅依靠 ^{4}He 来估算滞留时间，显示了确定古老地壳流体停留时间的巨大潜力（Holland 等，2013；Barry 等，2017）。然而，这些新开发的技术的应用仍然受到外源气体引入引起的混合效应的限制。因此，确定煤层气储层或其他天然气藏是否含有外源放射性稀有气体是至关重要的。

通常认为是从地壳矿物颗粒释放到多孔介质流体中的 ^{4}He 在地质相关的时间框架内几乎是瞬时的，但是 ^{4}He 在煤层固体中的转移速率的数据有限（Pepper 和 Corvi，1995）。此外，释放更重的核源（放射源）稀有气体同位素（如 ^{21}Ne*、^{40}Ar* 和 ^{136}Xe*）需要更高的温度，从而使它们成为更好的热成因气诊断示踪剂（Darrah 等，2014，2015b；Hunt 等，2012）。目的天然气与富含 ^{4}He 的外源热成因气体的相对较小比例的混合，或者将较老的生物成因甲烷（例如产自宾夕法尼亚系）与较新的生物成因甲烷（例如产自更新统）混合，可能会导致高估流体停留时间。由于这些原因，当使用经典的 ^{4}He 或较新发展的 ^{21}Ne*、^{40}Ar* 或 ^{136}Xe* 测年方法时，可能需要在混合气体中准确确定生物成因和热成因比例，以可靠地估算地层水的停留时间。

在这里，我们检查了从美国印第安纳州 Sullivan 县伊利诺伊（Indiana）盆地东部的 Seelyville 煤层和 Springfield 煤层（宾夕法尼亚系）生产的 20 口煤层气井中提取的主要气体（如 N_2、CO_2）、碳氢化合物组成（C_1-C_5）、碳氢化合物气体和溶解无机碳的稳定同位素（δ^{13}C-CH$_4$、δ^2H-CH$_4$、δ^{13}C-DIC）、稀有气体元素及同位素丰度（He、Ne、Ar、Kr、Xe）（图 7.1）。从这些浅层煤层（深度范围为 73~213m，图 7.2；表 7.3）天然气的先前研究推断出几乎完全是生物成因，虽然伊利诺伊盆地东南部地层等效（较高热成熟度）煤层含有热成因天然气（McIntosh 等，2002；Mastalerz 等，2004，2013，2017；Strapoć 等，2007；Schlegel 等，2011a）。在伊利诺伊盆地的印第安纳州部分 New Albany 页岩内也可能含有生物成因气和热成因气的混合物（Schlegel 等，2011b）。

地球化学在油气系统中的应用

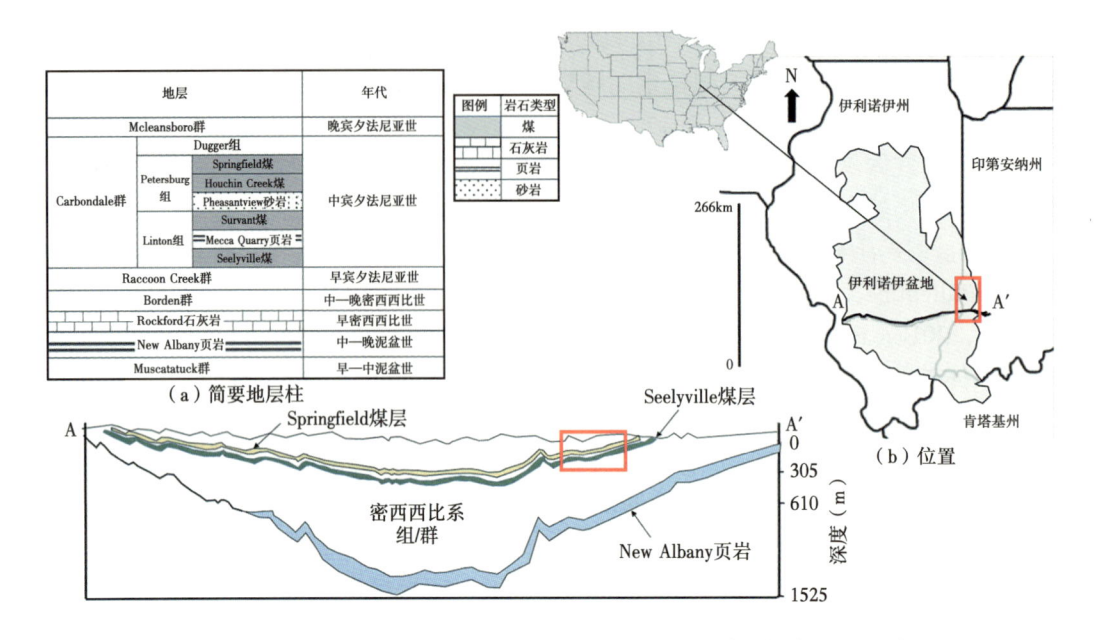

图 7.1 伊利诺伊向斜盆地的简要地层柱状图（a）以及伊利诺伊盆地的位置
（b）和简化的地层剖面图（c）（据 Strapoć 等，2007）

地层柱状图显示了中宾夕法尼亚纪时期的 Seelyville 和 Springfield 煤层（Carbondale 群）以及中—晚泥盆世的 New Albany 页岩单元；伊利诺伊盆地东缘的红色方框表示的区域中为从生产的煤层气井中采集的样品

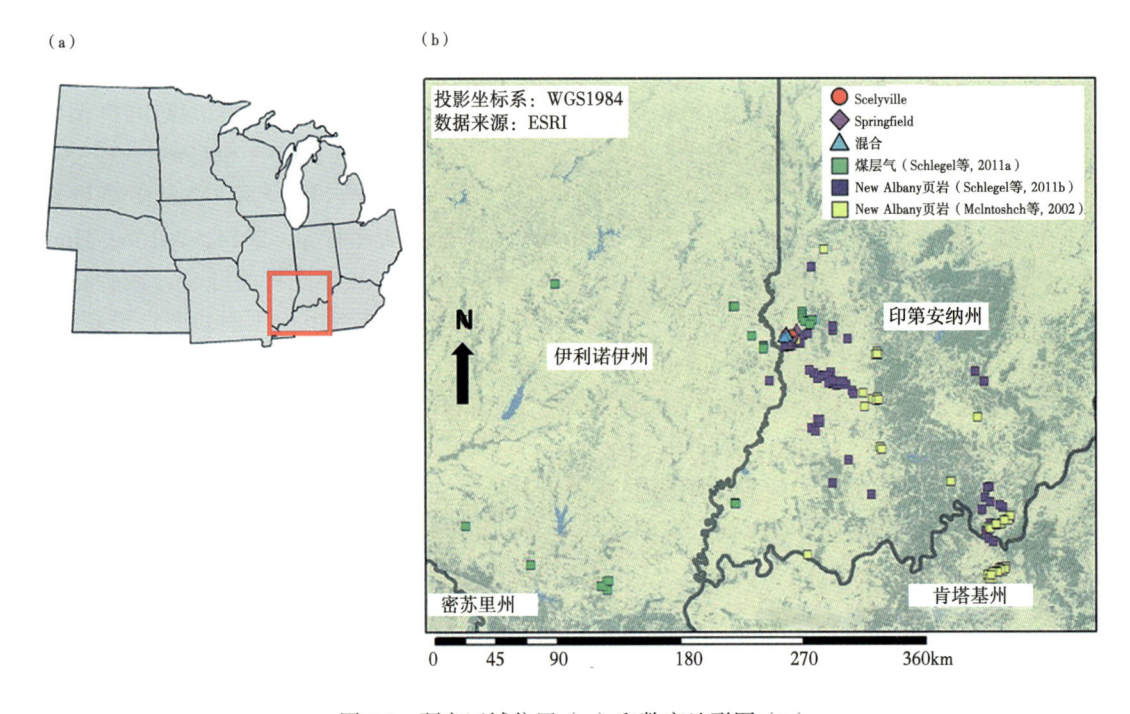

图 7.2 研究区域位置（a）和数字地形图（b）

显示了作为本研究的一部分在印第安纳州 Sullivan 县采样的煤层气生产井的位置，用红色、粉红色和青色符号表示（n=20）；先前研究（Schlegel 等，2011a）的煤层气井位置显示为绿色方块，先前研究（McIntosh 等，2002；Schlegel 等，2011b）的 New Albany 页岩井位置分别显示为紫色和黄色方块；未提供纬度和经度坐标或重新取样的先前油井未显示

180

7 利用稀有气体和油气地球化学鉴别天然气的生物成因和热成因

表 7.1 主要气体成分

样品编号	产气煤层名	最大井深 (m)	CH$_4$ (cm^3/cm^3, STP)	($\pm 1\sigma$)	C$_2$H$_6$ (cm^3/cm^3, STP)	($\pm 1\sigma$)	C$_3$H$_8$ (cm^3/cm^3, STP)	N$_2$ (cm^3/cm^3, STP)	($\pm 1\sigma$)	O$_2$ (cm^3/cm^3, STP)	CO$_2$ (cm^3/cm^3, STP)	($\pm 1\sigma$)
IN-1	Springfield	76	0.922	0.011	1.27×10^{-4}	1.87×10^{-6}	b.d.l.	0.066	7.91×10^{-4}	<0.002	0.012	1.23×10^{-4}
IN-2	Springfield	73	0.961	0.013	2.05×10^{-4}	3.05×10^{-6}	b.d.l.	0.031	4.13×10^{-4}	<0.002	0.008	7.47×10^{-5}
IN-3	Springfield	91	0.965	0.011	4.50×10^{-4}	6.72×10^{-6}	b.d.l.	0.023	3.19×10^{-4}	<0.002	0.013	1.26×10^{-4}
IN-4	Springfield	107	0.953	0.013	5.07×10^{-4}	7.63×10^{-6}	b.d.l.	0.043	5.46×10^{-4}	<0.002	0.004	4.01×10^{-5}
IN-5	Springfield	76	0.950	0.010	1.73×10^{-4}	2.34×10^{-6}	b.d.l.	0.044	4.99×10^{-4}	<0.002	0.006	6.72×10^{-5}
IN-6	Seelyville	173	0.939	0.013	4.85×10^{-4}	4.44×10^{-6}	b.d.l.	0.048	5.35×10^{-4}	<0.002	0.008	7.87×10^{-5}
IN-7	Seelyville	177	0.959	0.012	5.04×10^{-4}	6.83×10^{-6}	b.d.l.	0.034	3.77×10^{-4}	<0.002	0.007	5.64×10^{-5}
IN-8	Seelyville	213	0.943	0.010	4.38×10^{-4}	5.89×10^{-6}	b.d.l.	0.043	4.42×10^{-4}	<0.002	0.008	6.83×10^{-5}
IN-9	Seelyville	171	0.963	0.012	3.73×10^{-4}	4.20×10^{-6}	b.d.l.	0.021	2.22×10^{-4}	<0.002	0.017	1.69×10^{-4}
IN-10	Seelyville	176	0.959	0.010	2.47×10^{-4}	3.03×10^{-6}	b.d.l.	0.032	3.70×10^{-4}	<0.002	0.010	9.82×10^{-5}
IN-11	Seelyville	153	0.961	0.012	3.82×10^{-4}	5.41×10^{-6}	b.d.l.	0.030	3.15×10^{-4}	<0.002	0.009	7.50×10^{-5}
IN-12	Seelyville	167	0.954	0.011	2.38×10^{-4}	3.26×10^{-6}	b.d.l.	0.040	4.30×10^{-4}	<0.002	0.005	5.68×10^{-5}
IN-13	Seelyville	175	0.899	0.011	9.25×10^{-5}	1.35×10^{-6}	b.d.l.	0.085	9.44×10^{-4}	<0.002	0.006	6.11×10^{-5}
IN-14	Seelyville	175	0.942	0.011	1.09×10^{-3}	1.58×10^{-5}	b.d.l.	0.041	4.16×10^{-4}	<0.002	0.007	7.30×10^{-5}
IN-15	混合	158	0.948	0.012	7.15×10^{-4}	9.68×10^{-7}	b.d.l.	0.049	5.80×10^{-4}	<0.002	0.004	4.09×10^{-5}
IN-16	混合	174	0.973	0.012	4.73×10^{-4}	6.41×10^{-6}	b.d.l.	0.021	2.45×10^{-4}	<0.002	0.006	6.53×10^{-5}
IN-17	混合	无信息	0.902	0.010	4.25×10^{-4}	6.18×10^{-6}	b.d.l.	0.075	7.99×10^{-4}	<0.002	0.010	1.10×10^{-4}
IN-18	混合	185	0.875	0.009	7.84×10^{-4}	9.84×10^{-7}	b.d.l.	0.097	1.09×10^{-3}	<0.002	0.009	9.11×10^{-5}
IN-19	混合	无信息	0.938	0.011	3.12×10^{-4}	4.86×10^{-6}	b.d.l.	0.052	6.13×10^{-4}	<0.002	0.011	1.06×10^{-4}
IN-20	混合	无信息	0.971	0.011	5.40×10^{-4}	8.91×10^{-6}	b.d.l.	0.020	2.38×10^{-4}	<0.002	0.009	8.17×10^{-5}
方法的检测极限			1.00×10^{-5}		5.00×10^{-6}		5.00×10^{-6}	1.00×10^{-3}		2.00×10^{-3}	1.00×10^{-3}	

注：b.d.l. 表示低于检测极限。

表 7.2 稀有气体成分

样品编号	产气煤层名称	最大井深 (m)	^{4}He (10^{-6} cm^3/ cm^3, STP)	($\pm 1\sigma$)	^{22}Ne (10^{-6} cm^3/ cm^3, STP)	($\pm 1\sigma$)	Ne (10^{-6} cm^3/ cm^3, STP)	^{36}Ar (10^{-6} cm^3/ cm^3, STP)	($\pm 1\sigma$)	Ar (10^{-6} cm^3/ cm^3, STP)	^{84}Kr (10^{-6} cm^3/ cm^3, STP)	($\pm 1\sigma$)	Kr (10^{-6} cm^3/ cm^3, STP)	^{130}Xe (10^{-6} cm^3/ cm^3, STP)	($\pm 1\sigma$)	Xe (10^{-6} cm^3/ cm^3, STP)
IN-1	Springfield	76	29.6	0.20	0.107	1.20×10^{-3}	1.153	2.717	8.69×10^{-3}	833.4	98.49	1.62	173.10	0.540	1.40×10^{-3}	12.68
IN-2	Springfield	73	74.2	0.42	0.017	2.10×10^{-4}	0.182	0.506	1.62×10^{-3}	166.1	8.49	0.14	14.93	0.050	1.29×10^{-4}	1.12
IN-3	Springfield	91	18.9	0.12	0.012	1.44×10^{-4}	0.127	0.397	1.27×10^{-3}	123.2	8.70	0.14	15.28	0.056	1.46×10^{-4}	1.33
IN-4	Springfield	107	423.4	2.10	0.029	2.95×10^{-4}	0.310	0.439	1.40×10^{-3}	144.6	5.54	0.09	9.74	0.033	8.62×10^{-5}	0.69
IN-5	Springfield	76	244.7	1.31	0.078	9.78×10^{-4}	0.848	1.082	3.46×10^{-3}	334.4	15.82	0.26	27.81	0.070	1.82×10^{-4}	1.57
IN-6	Seelyville	173	421.3	2.01	0.061	7.60×10^{-4}	0.664	0.602	1.93×10^{-3}	201.9	6.61	0.11	11.62	0.032	8.29×10^{-5}	0.69
IN-7	Seelyville	177	460.8	2.38	0.028	3.48×10^{-4}	0.302	0.511	1.64×10^{-3}	166.9	7.70	0.13	13.52	0.039	1.00×10^{-4}	0.82
IN-8	Seelyville	213	23.7	0.12	0.043	4.80×10^{-4}	0.460	2.000	6.40×10^{-3}	581.6	65.91	1.08	115.83	0.384	9.99×10^{-4}	8.17
IN-9	Seelyville	171	174.8	0.90	0.015	1.76×10^{-4}	0.167	0.287	9.18×10^{-4}	96.0	3.26	0.05	5.74	0.024	6.23×10^{-5}	0.47
IN-10	Seelyville	176	1464.6	6.40	0.159	1.83×10^{-3}	1.715	0.528	1.69×10^{-3}	175.9	5.03	0.08	8.85	0.018	4.78×10^{-5}	0.36
IN-11	Seelyville	153	149.6	0.86	0.019	1.95×10^{-4}	0.205	0.376	1.20×10^{-3}	124.8	4.96	0.08	8.71	0.017	4.41×10^{-5}	0.39
IN-12	Seelyville	167	70.3	0.18	0.016	1.95×10^{-4}	0.172	0.343	1.10×10^{-3}	112.8	4.16	0.07	7.31	0.017	4.33×10^{-5}	0.36
IN-13	Seelyville	175	31.3	0.15	0.048	6.80×10^{-4}	0.515	1.597	5.11×10^{-3}	475.6	61.81	1.01	108.62	0.292	7.59×10^{-4}	6.54
IN-14	Seelyville	175	286.7	1.95	0.030	3.05×10^{-4}	0.321	0.705	2.26×10^{-3}	225.9	10.68	0.18	18.77	0.085	2.21×10^{-4}	1.86
IN-15	混合	158	47.0	0.31	0.036	4.02×10^{-4}	0.386	1.203	3.85×10^{-3}	371.4	37.88	0.62	66.57	0.192	5.00×10^{-4}	4.29
IN-16	混合	174	192.0	1.22	0.015	1.95×10^{-4}	0.159	0.405	1.29×10^{-3}	133.6	5.42	0.09	9.52	0.035	9.15×10^{-5}	0.81
IN-17	混合	无信息	11.6	0.09	0.107	1.20×10^{-3}	1.153	3.688	1.18×10^{-2}	1092.4	145.35	2.38	255.45	0.749	1.95×10^{-3}	16.30
IN-18	混合	185	37.2	0.17	0.102	1.04×10^{-3}	1.099	3.420	1.09×10^{-2}	1015.9	139.82	2.29	245.73	0.680	1.77×10^{-3}	15.04
IN-19	混合	无信息	62.5	0.32	0.016	1.80×10^{-4}	0.172	0.343	1.10×10^{-3}	112.7	4.07	0.07	7.15	0.027	7.13×10^{-5}	0.58
IN-20	混合	无信息	96.1	0.59	0.018	2.03×10^{-4}	0.194	0.380	1.21×10^{-3}	126.2	5.15	0.08	9.05	0.032	8.26×10^{-5}	0.71

7 利用稀有气体和油气地球化学鉴别天然气的生物成因和热成因

表7.3 主要气体和稀有气体成分的统计摘要

全部样品		CH$_4$ (cm^3/cm^3, STP)	C$_2$H$_6$ (cm^3/cm^3, STP)	C$_3$H$_6$ (cm^3/cm^3, STP)	N$_2$ (cm^3/cm^3, STP)	O$_2$ (cm^3/cm^3, STP)	CO$_2$ (cm^3/cm^3, STP)	^{2}He (10^{-6} cm^3/cm^3, STP)	^{22}Ne (10^{-6} cm^3/cm^3, STP)	Ne (10^{-6} cm^3/cm^3, STP)	^{36}Ar (10^{-6} cm^3/cm^3, STP)	Ar (10^{-6} cm^3/cm^3, STP)	^{84}Kr (10^{-9} cm^3/cm^3, STP)	Kr (10^{-9} cm^3/cm^3, STP)	^{130}Xe (10^{-9} cm^3/cm^3, STP)	Xe (10^{-9} cm^3/cm^3, STP)
	平均值	0.944	3.60×10^{-4}	b.d.l.	0.045	<0.002	0.009	216.0	0.048	0.515	1.08	330.8	32.2	56.7	0.17	3.74
	最小值	0.875	7.15×10^{-5}	b.d.l.	0.020	<0.002	0.004	11.6	0.012	0.127	0.29	96.0	3.3	5.7	0.02	0.36
	最大值	0.973	1.09×10^{-3}	b.d.l.	0.097	<0.002	0.017	1464.6	0.159	1.715	3.69	1092.4	145.4	255.5	0.75	16.30
	标准偏差	0.026	2.32×10^{-4}	b.d.l.	0.021	<0.002	0.003	327.9	0.041	0.448	1.06	311.6	45.9	80.6	0.23	5.20
Springfield																
	平均值	0.950	2.92×10^{-4}	b.d.l.	0.041	<0.002	0.009	158.2	0.048	0.524	1.03	320.3	27.4	48.2	0.15	3.48
	最小值	0.922	1.27×10^{-4}	b.d.l.	0.023	<0.002	0.004	18.9	0.012	0.127	0.40	123.2	5.5	9.7	0.03	0.69
	最大值	0.965	5.07×10^{-4}	b.d.l.	0.066	<0.002	0.013	423.4	0.107	1.153	2.72	833.4	98.5	173.1	0.54	12.68
	标准偏差	0.017	1.73×10^{-4}	b.d.l.	0.017	<0.002	0.004	173.8	0.042	0.453	0.98	298.8	39.9	70.2	0.22	5.16
Seelyville																
	平均值	0.947	4.27×10^{-4}	b.d.l.	0.041	<0.002	0.009	342.6	0.047	0.502	0.77	240.1	18.9	33.2	0.10	2.18
	最小值	0.899	9.25×10^{-5}	b.d.l.	0.021	<0.002	0.005	23.7	0.015	0.167	0.29	96.0	3.3	5.7	0.02	0.36
	最大值	0.963	1.09×10^{-3}	b.d.l.	0.085	<0.002	0.017	1464.6	0.159	1.715	2.00	581.6	65.9	115.8	0.38	8.17
	标准偏差	0.020	2.80×10^{-4}	b.d.l.	0.018	<0.002	0.003	450.0	0.045	0.485	0.60	170.8	25.6	45.0	0.14	3.00
混合																
	平均值	0.934	3.17×10^{-4}	b.d.l.	0.052	<0.002	0.008	74.4	0.049	0.527	1.57	475.4	56.3	98.9	0.29	6.29
	最小值	0.875	7.15×10^{-5}	b.d.l.	0.020	<0.002	0.004	11.6	0.015	0.159	0.34	112.7	4.1	7.2	0.03	0.58
	最大值	0.973	5.40×10^{-4}	b.d.l.	0.097	<0.002	0.011	192.0	0.107	1.153	3.69	1092.4	145.4	255.5	0.75	16.30
	标准偏差	0.039	2.02×10^{-4}	b.d.l.	0.030	<0.002	0.003	64.1	0.044	0.472	1.57	459.1	68.1	119.7	0.34	7.41
组间方差分析比较值(假定值)		0.569	0.671	—	0.516	—	0.936	0.284	0.993	0.994	0.377	0.379	0.307	0.307	0.342	0.341

注：b.d.l. 表示低于检测极限。

7.1 利用碳氢化合物和稀有气体数据的综合方法

7.1.1 确定天然气来源的常规方法

产甲烷菌几乎只产生甲烷和 CO_2（>99.9%），产生的干燥气体（C_1/C_{2+} > 2000）相对于热成因气体具有轻的碳和氢同位素特征。各个途径的微生物产甲烷被认为具有不同的碳和氢同位素分馏，从而导致氢营养型和乙酸发酵型甲烷化的 $\delta^{13}C\text{-}CH_4$ 和 $\delta^2H\text{-}CH_4$ 特征（但重叠）范围（Whiticar，1999）。据认为，从源有机质（即更多的负 $\delta^{13}C\text{-}CH_4$）中生成的 CH_4 比乙酸发酵型甲烷化反应生成的 CH_4 具有更大的分馏率（Whiticar，1999）。虽然在培养基和野外研究中已经广泛研究了氢营养型和乙酸发酵型甲烷化作用，但对甲基营养型甲烷化作用的了解较少，包括其环境意义以及 CH_4 中碳和氢的同位素特征（Vinson 等，2017）。对于较高阶的脂肪烃（较高的 C_1/C_{2+}），通过这些途径中的任何一个进行的二次甲烷生成将逐渐使天然气混合物甲烷富集，并且相对于热成因端元而言，导致更多的负 $\delta^{13}C\text{-}CH_4$（Schoell，1983；Whiticar 等，1985）。

通过将碳氢化合物分子组成和甲烷的稳定碳氢同位素结合，可以将生物成因气（<-55‰，C_1/C_{2+} >1×10^3）与热成因气（>-55‰，C_1/C_{2+} <200）在 $\delta^{13}C\text{-}CH_4$ 对 C_1/C_{2+} 的图中展示（Bernard 等，1976）。相对于理论上的热成因端元而言，生物成因甲烷与热成因天然气的混合会增加 C_1/C_{2+} 并产生更多的负 $\delta^{13}C\text{-}CH_4$（Jenden 等，1993；Tilley 和 Muehlenbachs，2013），从而导致一些天然气的不确定性，尤其是 $\delta^{13}C\text{-}CH_4$ 在 -55‰~-40‰ 的范围内的天然气（Vinson 等，2017）。

与生物成因甲烷相比，随着温度的升高，干酪根会发生热催化分解，从而生成热成因碳氢化合物，这通常与更大的埋藏深度有关（称为后生作用）（Whiticar 等，1985；Tissot 和 Welte，2012）。随着有机源（例如干酪根或液态烃）的降解，热成因气的烃组成发生变化。通常，CH_4、C_2H_6、C_3H_8 等的氢（δ^2H）和碳（$\delta^{13}C$）同位素之间存在近似线性关系，其中每种化合物的 δ^2H 和 $\delta^{13}C$ 值随着热成熟度的增加而增加（Chung 等，1988；Tang 等，2000）。如果产生的是一代热成因天然气，则可以预期 CH_4、C_2H_6、C_3H_8 的 $\delta^{13}C$ 与烃源岩的 $\delta^{13}C$ 之间存在线性关系。成熟后的热成因气，碳源和伴生烃气之间的分馏比微生物过程中的分馏要小（Faber 等，1992；Whiticar 等，1994）。微生物气体具有最负的 $\delta^{13}C\text{-}CH_4$，其次是相当不成熟的热成因气，高度成熟的热成因气具有最高的 $\delta^{13}C\text{-}CH_4$。因此，生物成因气的 $\delta^{13}C\text{-}CH_4$ 最有可能与早熟的热成因气重叠。热成因过程形成的天然气热成熟度的增加还与早熟的热成因气体（通常始于>20% 的乙烷）中 C_1/C_{2+} 的增加有关（Bernard 等，1976）。因此，C_1/C_{2+} 通常对于确定天然气混合物中生物成因气和热成因气的比例至关重要。对于生物成因和热成因的端元来说，使用 $\delta^{13}C\text{-}CH_4$ 和 C_1/C_{2+} 的挑战大。

在形成生物成因气和热成因气之后，后序过程也可以改变其分子和同位素组成。这些过程包括：（1）二次生物降解，消耗湿（C_{2+} >2%）气体成分，同时通过产烷生物产生 CH_4；（2）与其他生物成因或热成因天然气混合；（3）厌氧氧化，它是由甲烷营养菌介导并与末端电子受体（例如硫酸盐）配对；（4）在氧气（O_2）存在下，通过甲基球菌科细菌家族介导的甲烷单加氧酶的活性，进行无机或微生物的氧化；（5）扩散分馏；（6）在流体迁移过程中通过液相和气相之间的溶解度分配进行分级分离（James 和 Burns，1984；Rowe 和 Muehlenbachs，1999b；Whiticar，1999；Martini 等，2003；Kinnaman 等，2007；Etiope 等，2009a；Pape 等，2010；Valentine 等，2010；Darrah 等，2015b）。这些后生蚀变过程进一步模糊了基于碳和氢稳定同位素以及仅根据 C_1/C_{2+} 的天然气成因解释。

7.1.2 整合碳氢化合物和稀有气体产生的其他制约

相对于地壳中的碳氢化合物，稀有气体以自然低（但易于定量）的丰度存在（Ballentine 等，2002；Ballentine 和 Burnard，2002）。由于其惰性，地壳中的稀有气体组成不会因微生物呼吸、化学反应（例如硫酸盐还原）或氧化而改变（Ballentine 等，2002；Ballentine 和 Burnard，2002；Sherwood Lollar 和 Ballentine，2009）。稀有气体的元素浓度和同位素组成在包括大气、水圈、地壳和地幔在内的所有陆地储层中也受到很好的约束，这进一步增强了它们作为地壳流体地球化学示踪剂及其相互作用的功能（Ballentine 等，2002；Ballentine 和 Burnard，2002）。

大多数地壳流体的稀有气体成分代表了源于大气降水补给的大气同位素（如 ^{20}Ne、^{36}Ar、^{84}Kr）和源于放射性衰变（如 ^{4}He、$^{21}Ne^*$、$^{40}Ar^*$、$^{136}Xe^*$）的放射源/核源同位素的二元混合物（Ballentine 等，2002；Ballentine 和 Burnard，2002）。大气稀有气体（称为大气饱和水或 ASW）按照亨利溶解度定律溶于水中，其中给定气体的溶解度随原子质量的增加而增加（He＜Ne＜Ar＜Kr＜Xe）（Ballentine 和 Burnard 2002）。这些气体随后在补给过程中被掺入地下流体中，或者可以在岩化之前被捕获在占据沉积物孔隙的流体中（分别为地下水和地层水）。由于大气饱和水（ASW）的大气来源在全球范围内是恒定的，因此大气饱和水（ASW）成分的浓度是温度、盐度和大气压力（补给高度）的合理约束函数（Ballentine 和 Burnard，2002）。

在 U（如 ^{4}He 和 $^{21}Ne^*$、$^{136}Xe^*$）、Th（如 ^{4}He 和 $^{21}Ne^*$）和 ^{40}K（$^{40}Ar^*$）的衰变过程中，地壳中会产生放射性和核成因的稀有气体（Ballentine 和 Burnard 2002）。在大陆壳中，放射性成分的典型范围是 U（0.5~10mg/kg）、Th（1~15mg/kg）和 ^{40}K（1mg/kg），其中经历分支衰变，从而 ^{40}K 的 11% 衰变成 $^{40}Ar^*$（Taylor 和 McLennan，1995）。当地壳内部发生流体—岩石相互作用时，地壳流体的稀有气体成分会根据岩石的放射源性质和温度条件而发生变化，在岩石中形成并迁移（Ballentine 等，2002）。由于流体迁移过程（如扩散、单相对流、多相对流）以可预测的方式分馏碳氢化合物和稀有气体（Etiope 等，2009a；Gilfillan 等，2009；Anderson 等，2017），因此气体同位素比（如 $^{3}He/^{4}He$、$^{21}Ne/^{22}Ne$、$^{40}Ar/^{36}Ar$、$^{20}Ne/^{36}Ar$）可用于区分大气饱和水（ASW）、地壳和地幔源，解析热成因和生物成因甲烷的相对贡献，并识别可能会改变碳氢化合物组成的后生过程（Zhou 等，2005；Zhou 和 Ballentine，2006；Schlegel 等，2011b；Hunt 等，2012；Darrah，2014，2015b；Wen 等，2015；Barry 等，2016，2017；Harkness 等，2017）。

原始 ^{3}He 的存在以及氦气与大气中氖气的比率升高（即 He/Ne）可用于分配浅层地下水、天然气或其他地壳流体中幔源流体的少量贡献（约 1%）（Oxburgh 等，1986；Poreda 等，1986）。大气饱和水和过量的大气显示出相对较低的 He/Ne，分别为 0.219~0.247 和约 0.288（Ballentine 等，2002；Ballentine 和 Burnard，2002）。相比之下，地壳流体和地幔流体通常表现为 He/Ne＞1000，但可以通过 $^{3}He/^{4}He$（显示为 R/R_a）来区分（Craig 等，

1978；Hilton，1996）。通常，升高的 R/R_a 值与活跃的构造边缘、岩石圈变薄或高热区有关（Oxburgh 等，1986；Oxburgh 和 Onions，1987；Ballentine 和 Burnard，2002），其中 R 为样品中测得的 $^3He/^4He$ 比，R_a 为全球受约束的空气 $^3He/^4He$ 比为 1.384×10^{-6}。

7.2 研究区

7.2.1 伊利诺伊州东部盆地的宾夕法尼亚系煤层地质环境

伊利诺伊盆地是一个椭圆形盆地，面积为 $1.55\times10^4 km^2$，从伊利诺伊州中部一直延伸到印第安纳州西部和肯塔基州西北部（图 7.1；Buschbach 和 Kolata，1990；Drobniak 等，2004；Mastalerz 等，2013；Karacan 等，2014），其西北面是密西西比河背斜，东北背斜面是坎卡基背斜，西南面是奥扎克穹顶，南部是新马德里裂谷（Buschbach 和 Kolata，1990）。这些结构特征将伊利诺伊盆地与相邻盆地分开，例如东部的阿巴拉契亚盆地，西部的 Forest city 盆地和东北部的密歇根盆地（Buschbach 和 Kolata，1990）。

伊利诺伊盆地主要是一个前渊克拉通内盆地，就像密歇根盆地一样，是在阿巴拉契亚构造运动 530—280 Ma 的演化过程中形成的（McIntosh 等，2002；Strapoć 等，2007）。伊利诺伊盆地的沉积发生在海侵阶段和海退阶段，并导致位于沉积中心附近厚达约 3700m 的填充物，沉积中心位于伊利诺伊州 Clay 县研究区西南方约 100km 处（Strapoć 等，2007；图 7.1）。

在中—晚泥盆世期间，沉积发生在一个半限制性盆地内，形成了分层的缺氧海洋环境，导致了富含有沉积物的堆积（Cluff，1980），最终形成了 New Albany 页岩（Strapoć 等，2010）。目前，New Albany 页岩的深度范围为从伊利诺伊盆地边缘的地表露头到沉积中心的近 1500m。New Albany 页岩的热成熟度范围从盆地边缘 R_o 约为 0.5% 镜质组反射率到沉积中心附近 R_o 约为 1.5% 的镜质组反射率（Cluff，1980；Strapoć 等，2010）。

伊利诺伊盆地上覆的宾夕法尼亚系含煤地层沉积时间为 318—299Ma，可分为三个主要的群：Raccoon Creek 群、Carbondale 群和 McLeansboro 群（Strapoć 等，2007）。如今，伊利诺伊盆地的两个煤层气生产层段分别是 Springfield 煤层和 Seelyville 煤层，它们分别是 Petersburg 组和 Linton 组的层段，并包含在 Carbondale 群内（Strapoć 等，2007；图 7.1 和图 7.2）。

位于盆地东部边缘的研究区中，Springfield 和 Seelyville 的煤层厚度分别为 1.37~1.83m 和 0.3~3.0m（Ruppert 等，2002；Drobniak 等，2004）。二者均沉积在以潮汐沿海平原为特征的近岸至边缘海洋环境中（Mastalerz 等，1999，2004；Strapoć 等，2007）。Springfield 煤层和 Seelyville 煤层都在伊利诺伊盆地的西部和东部地区出露，并在盆地的沉积中心附近分别达到 270m 和 305m 的深度（图 7.1；Ruppert 等，2002；Drobniak 等，2004）。通常，最高的热成熟度发生在盆地的最深处，镜质组反射率值向盆地边缘逐渐降低。例外情况包括经历了与岩墙侵入有关的热变质作用的区域（Green 等，2003；Stewart 等，2005；Strapoć 等，2007，2010；Schimmelmann 等，2009）。这些镜质组反射率值与高挥发分烟煤 A 一致（Green 等，2003；Strapoć 等，2007），与其他地方观察到的一样，向盆地边缘过渡到较低等级煤（例如高挥发性沥青 B 和 C）（Green 等，2003；Strapoć 等，2007）。Springfield 煤层和 Seelyville 煤层的最高热成熟度位于盆地中心附近，镜质组反射率 R_o 为 0.7%~0.8%。在我们的研究区域中，观察到的 R_o 范围为 0.5%~0.65%（Mastalerz 等，2004；Strapoć 等，2007，2008a，2010）。

7 利用稀有气体和油气地球化学鉴别天然气的生物成因和热成因

表 7.4 天然气中的稀有气体以及氢和碳的稳定同位素组成

样品编号	产煤层气单元	最大井深 (m)	^{3}He/^{4}He R/R_a	($\pm 1\sigma$)	^{20}Ne/^{22}Ne	($\pm 1\sigma$)	^{21}Ne/^{22}Ne	($\pm 1\sigma$)	^{38}Ar/^{36}Ar	($\pm 1\sigma$)	^{40}Ar/^{36}Ar	($\pm 1\sigma$)	δ^2H-CH$_4$ (‰)	($\pm 1\sigma$)	δ^{13}C-CH$_4$ (‰)	($\pm 1\sigma$)	δ^{13}C-DIC (‰)	($\pm 1\sigma$)
IN-1	Springfield	76	0.110	9.83×10^{-4}	9.785	6.11×10^{-2}	0.0279	1.74×10^{-4}	0.1887	7.44×10^{-4}	305.61	1.23	−209.74	4.22×10^{-1}	−64.1	9.71×10^{-2}	n.r.	n.a.
IN-2	Springfield	73	0.052	4.64×10^{-4}	9.776	6.20×10^{-2}	0.0314	1.93×10^{-4}	0.1830	6.85×10^{-4}	327.34	1.35	n.r.	n.a.	−58.1	8.69×10^{-2}	17	2.24×10^{-2}
IN-3	Springfield	91	0.051	4.49×10^{-4}	9.771	6.02×10^{-2}	0.0304	1.93×10^{-4}	0.1897	7.64×10^{-4}	308.73	1.16	−202.3	4.29×10^{-1}	−53.9	8.11×10^{-2}	n.r.	n.a.
IN-4	Springfield	107	0.051	4.51×10^{-4}	9.772	6.08×10^{-2}	0.0301	1.85×10^{-4}	0.1849	7.11×10^{-4}	328.61	1.30	−206.4	4.21×10^{-1}	−54.6	8.06×10^{-2}	26	3.40×10^{-2}
IN-5	Springfield	76	0.057	5.12×10^{-4}	9.772	5.91×10^{-2}	0.0312	2.00×10^{-5}	0.1864	6.79×10^{-4}	307.84	1.09	−214.9	3.91×10^{-1}	−59.58	8.80×10^{-2}	n.r.	n.a.
IN-6	Seelyville	173	0.044	3.92×10^{-4}	9.778	6.13×10^{-2}	0.0297	1.71×10^{-4}	0.1934	7.79×10^{-4}	334.35	1.35	−210.6	3.62×10^{-1}	−55.31	5.06×10^{-2}	27	3.44×10^{-2}
IN-7	Seelyville	177	0.043	3.89×10^{-4}	9.780	6.04×10^{-2}	0.0294	1.75×10^{-4}	0.1920	7.73×10^{-4}	325.14	1.18	−203.9	3.92×10^{-1}	−55.2	5.31×10^{-2}	24	3.30×10^{-2}
IN-8	Seelyville	213	0.901	7.92×10^{-3}	9.771	6.06×10^{-2}	0.0298	1.72×10^{-4}	0.1863	7.16×10^{-4}	289.61	1.00	−208.66	4.20×10^{-1}	−63.14	8.31×10^{-2}	n.r.	n.a.
IN-9	Seelyville	171	0.045	4.02×10^{-4}	9.776	5.93×10^{-2}	0.0310	1.67×10^{-4}	0.2060	8.12×10^{-4}	333.38	1.21	−202.6	3.89×10^{-1}	−55.87	7.13×10^{-2}	26	3.29×10^{-2}
IN-10	Seelyville	176	0.044	3.83×10^{-4}	9.765	6.00×10^{-2}	0.0316	1.86×10^{-4}	0.1874	7.74×10^{-4}	331.80	1.34	n.r.	n.a.	−57.3	7.94×10^{-2}	27	3.79×10^{-2}
IN-11	Seelyville	153	0.058	5.01×10^{-4}	9.761	5.89×10^{-2}	0.0303	1.60×10^{-4}	0.1902	7.31×10^{-4}	331.18	1.31	−201.4	3.81×10^{-1}	−54.68	6.92×10^{-2}	21	2.87×10^{-2}
IN-12	Seelyville	167	0.061	5.30×10^{-4}	9.769	5.43×10^{-2}	0.0292	1.57×10^{-4}	0.1828	6.26×10^{-4}	327.40	1.23	−203.5	3.65×10^{-1}	−58.64	6.31×10^{-2}	24	3.25×10^{-2}
IN-13	Seelyville	175	0.103	9.28×10^{-4}	9.786	5.05×10^{-2}	0.0289	1.46×10^{-4}	0.1837	7.58×10^{-4}	296.66	1.17	−203.1	3.90×10^{-1}	−63.24	9.29×10^{-2}	n.r.	n.a.
IN-14	Seelyville	175	0.055	5.03×10^{-4}	9.777	5.24×10^{-2}	0.0313	1.98×10^{-4}	0.1859	9.80×10^{-4}	319.33	1.23	−203.6	3.85×10^{-1}	−49.87	6.85×10^{-2}	n.r.	n.a.
IN-15	混合	158	0.094	8.53×10^{-4}	9.787	5.64×10^{-2}	0.0291	1.68×10^{-4}	0.1895	6.87×10^{-4}	307.50	1.21	−209.8	3.55×10^{-1}	−62.32	8.95×10^{-2}	23	3.30×10^{-2}
IN-16	混合	174	0.045	4.01×10^{-4}	9.778	4.85×10^{-2}	0.0305	1.79×10^{-4}	0.1870	7.53×10^{-4}	328.98	1.00	n.r.	n.a.	−54.77	8.05×10^{-2}	27	3.96×10^{-2}
IN-17	混合	无信息	0.318	2.77×10^{-3}	9.785	5.05×10^{-2}	0.0282	1.52×10^{-4}	0.1885	7.03×10^{-4}	294.99	1.22	−213.55	3.59×10^{-1}	−65.67	9.95×10^{-2}	n.r.	n.a.
IN-18	混合	185	0.115	9.85×10^{-4}	9.786	5.91×10^{-2}	0.0289	1.34×10^{-4}	0.1855	6.71×10^{-4}	295.87	1.19	−208.7	4.01×10^{-1}	−69.8	1.02×10^{-1}	n.r.	n.a.
IN-19	混合	无信息	0.050	4.36×10^{-4}	9.762	6.28×10^{-2}	0.0317	1.38×10^{-4}	0.1861	6.41×10^{-4}	327.58	1.23	−208.63	4.20×10^{-1}	−56.8	8.15×10^{-2}	n.r.	n.a.
IN-20	混合	无信息	0.049	4.29×10^{-4}	9.766	6.00×10^{-2}	0.0320	1.80×10^{-4}	0.1889	6.12×10^{-4}	331.29	1.21	−208.9	4.18×10^{-1}	−54.9	8.05×10^{-2}	n.r.	n.a.
大气饱和水 (ASW)			0.985		9.780		0.0289		0.188		295.50							

7.2.2 天然气生产

伊利诺伊盆地煤层气储层的天然气生产始于2000年，并且在过去十年中显著增加。目前，伊利诺伊盆地的煤层气产量约为$1100×10^4m^3/d$，估计总储量为$(15\sim60)×10^8m^3$（Drobniak 等，2004；Mastalerz 等，2004，2013；Karacan 等，2014）。

几条证据表明，Springfield 煤层和 Seelyville 煤层产生的气体主要是微生物成因。先前的工作表明，当前研究区域中超过99%的天然气甲烷是由微生物产生的。这些结论是基于大量产甲烷的古生菌（Strapoć 等，2008b；Schlegel 等，2011a）、煤中脂肪的降解和脂肪族化合物的生物降解产生（Furmann 等，2013；Gao 等，2013；Schlegel 等，2013），C_1/C_{2+}升高，甲烷碳同位素$\delta^{13}C-CH_4$负值更小（<-55‰），溶解总无机碳同位素$\delta^{13}C-DIC$正值更大（Strapoć 等，2008a；Schlegel 等，2011b；表7.4至表7.7）。基于这些发现，似乎在生物成因上的重大贡献是无可辩驳的。此外，生物降解的证据表明，支持微生物甲烷生成的部分或全部有机原料均来自煤的一次生物降解，而不是运移的碳氢化合物。

表7.5 甲烷中稀有气体以及氢和碳稳定同位素组成的统计摘要

全部样品	$^3He/^4He$ R/R_a	$^{20}Ne/^{22}Ne$	$^{21}Ne/^{22}Ne$	$^{38}Ar/^{36}Ar$	$^{40}Ar/^{36}Ar$	δ^2H-CH_4 (‰)	$\delta^{13}C-CH_4$ (‰)	$\delta^{13}C-DIC$ (‰)
平均值	0.117	9.775	0.0301	0.1883	317.66	−207.08	−58.39	24.20
最小值	0.043	9.761	0.0279	0.1828	289.61	−214.90	−69.80	17.00
最大值	0.901	9.787	0.0320	0.2060	334.35	−201.40	−49.87	27.00
标准偏差	0.194	0.008	0.0012	0.0050	15.10	4.09	4.89	3.22
Springfield								
平均值	0.064	9.775	0.0302	0.1865	315.63	−208.34	−58.06	21.50
最小值	0.051	9.771	0.0279	0.1830	305.61	−214.90	−64.10	17.00
最大值	0.110	9.785	0.0314	0.1897	328.61	−202.30	−53.90	26.00
标准偏差	0.026	0.006	0.0014	0.0027	11.34	5.33	4.13	6.36
Seelyville								
平均值	0.150	9.774	0.0301	0.1897	320.98	−204.67	−57.03	24.83
最小值	0.043	9.761	0.0289	0.1828	289.61	−210.60	−63.24	21.00
最大值	0.901	9.786	0.0316	0.2060	334.35	−201.40	−49.87	27.00
标准偏差	0.282	0.008	0.0010	0.0070	16.55	3.20	4.23	2.32
混合								
平均值	0.112	9.777	0.0301	0.1876	314.37	−209.92	−60.71	25.00
最小值	0.045	9.762	0.0282	0.1855	294.99	−213.55	−69.80	23.00
最大值	0.318	9.787	0.0320	0.1895	331.29	−208.63	−54.77	27.00
标准偏差	0.105	0.011	0.0016	0.0016	16.97	2.08	6.23	2.83
组间方差分析比较（假定值）	0.748	0.728	0.989	0.500	0.690	0.167	0.375	0.468

7 利用稀有气体和油气地球化学鉴别天然气的生物成因和热成因

表 7.6 分子和同位素气体比率

样品编号	产煤层气单元	最大井深 (m)	$CO_2/^3He$	$CH_4/^3He$	$CH_4/^{36}Ar$ (10^6)	$^4He/CH_4$ (10^{-6})	N_2/Ar	CH_4/C_2H_{6+}	CH_4/CO_2	CO_2/CH_4	$^4He/^{20}Ne$	$^{20}Ne/^{36}Ar$	$^4He/^{36}Ar$	$^{84}Kr/^{36}Ar$	$^{130}Xe/^{84}Kr$	$^4He/^{21}Ne*$ (10^6)	$^4He/^{40}Ar*$
IN-1	Springfield	76	1.24×10^{10}	2.03×10^{11}	0.34	32.1	79.6	7256.6	74.3	0.0135	28.4	0.384	10.9	0.036	5.48×10^{-3}	n.a.	1.1
IN-2	Springfield	73	8.38×10^9	1.81×10^{11}	1.90	77.2	185.2	4687.6	114.6	0.0087	451.4	0.325	146.7	0.017	5.86×10^{-3}	1.77	4.6
IN-3	Springfield	91	1.30×10^{10}	7.21×10^{11}	2.43	19.5	184.5	2145.6	74.0	0.0135	164.3	0.289	47.4	0.022	6.47×10^{-3}	1.10	3.6
IN-4	Springfield	107	3.95×10^9	3.19×10^{10}	2.17	444.3	299.2	1879.6	241.5	0.0041	1510.4	0.639	965.5	0.013	5.97×10^{-3}	12.17	29.2
IN-5	Springfield	76	6.48×10^9	4.91×10^{10}	0.88	257.6	131.3	5489.4	146.5	0.0068	319.2	0.709	226.1	0.015	4.42×10^{-3}	1.38	18.3
IN-6	Seelyville	173	8.10×10^9	3.69×10^{10}	1.56	448.7	235.4	1935.1	115.9	0.0086	700.8	0.999	700.1	0.011	4.82×10^{-3}	9.12	18.0
IN-7	Seelyville	177	6.95×10^9	3.48×10^{10}	1.88	480.6	201.0	1901.1	137.9	0.0073	1685.9	0.535	901.2	0.015	5.01×10^{-3}	35.41	30.4
IN-8	Seelyville	213	7.50×10^9	3.18×10^{10}	0.47	25.1	74.2	2154.6	125.7	0.0080	56.9	0.208	11.8	0.033	5.83×10^{-3}	0.60	n.a.
IN-9	Seelyville	171	1.67×10^{10}	8.74×10^{10}	3.35	181.6	217.4	2578.9	57.7	0.0173	1158.2	0.526	609.2	0.011	7.34×10^{-3}	5.34	16.1
IN-10	Seelyville	176	1.00×10^{10}	1.08×10^{11}	1.82	1527.6	179.2	3879.6	95.8	0.0104	944.4	2.936	2773.1	0.010	3.65×10^{-3}	3.37	76.4
IN-11	Seelyville	153	9.25×10^9	8.01×10^{10}	2.56	155.6	237.8	2513.6	103.9	0.0096	807.2	0.494	398.5	0.013	3.42×10^{-3}	5.56	11.2
IN-12	Seelyville	167	5.46×10^9	1.60×10^{11}	2.78	73.7	358.5	4002.1	174.8	0.0057	452.8	0.452	204.8	0.012	4.01×10^{-3}	13.38	6.4
IN-13	Seelyville	175	5.90×10^9	2.01×10^{11}	0.56	34.8	178.4	9725.6	152.4	0.0066	67.0	0.292	19.6	0.039	4.72×10^{-3}	n.a.	16.9
IN-14	Seelyville	175	7.11×10^9	4.28×10^{10}	1.34	304.3	179.6	867.6	132.5	0.0075	986.0	0.413	406.8	0.015	4.01×10^{-3}	4.04	17.1
IN-15	混合	158	3.91×10^9	1.54×10^{11}	0.79	49.6	130.9	13256.6	242.3	0.0041	134.5	0.290	39.1	0.031	5.07×10^{-3}	7.31	3.3
IN-16	混合	174	6.30×10^9	8.18×10^{10}	2.41	197.4	155.2	2057.9	154.3	0.0065	1335.8	0.355	474.6	0.013	6.49×10^{-3}	7.94	14.2
IN-17	混合	无信息	1.04×10^{10}	1.76×10^{11}	0.24	12.9	68.9	2124.5	86.7	0.0115	11.1	0.283	3.1	0.039	5.15×10^{-3}	n.a.	n.a.
IN-18	混合	185	8.70×10^9	1.48×10^{11}	0.26	42.5	95.0	11164.4	100.6	0.0099	37.4	0.291	10.9	0.041	4.86×10^{-3}	29.4	5.7
IN-19	混合	无信息	1.05×10^{10}	2.15×10^{11}	2.74	66.7	464.3	3001.6	89.2	0.0112	401.6	0.454	182.4	0.012	6.74×10^{-3}	1.39	5.7
IN-20	混合	无信息	8.97×10^9	1.49×10^{11}	2.56	99.0	161.0	1796.6	108.2	0.0092	547.0	0.463	253.1	0.014	6.16×10^{-3}	1.73	7.1
ASW (10°C)							37.03				0.255	0.156	0.036	0.045	0.010		

189

表 7.7 分子和同位素气体比率的统计摘要

全部样品	$CO_2/^3He$	$CH_4/^3He$	$CH_4/^{36}Ar$ (10^6)	$^4He/CH_4$ (10^{-6})	N_2/Ar	CH_4/C_2H_{6+}	CH_4/CO_2	CO_2/CH_4	$^4He/^{21}Ne$	$^{20}Ne/^{36}Ar$	$^4He/^{36}Ar$	$^{84}Kr/^{36}Ar$	$^{130}Xe/^{84}Kr$	$^4He/^{21}Ne^*$ (10^6)	$^4He/^{40}Ar^*$
平均值	8.50×10^9	1.40×10^{11}	1.65	226.5	190.8	4220.9	126.5	9.01×10^{-3}	590.0	0.567	419.3	0.021	0.005	6.57	16.25
最小值	3.91×10^9	1.08×10^{10}	0.24	12.9	68.9	867.6	57.7	4.13×10^{-3}	11.1	0.208	3.1	0.010	0.003	0.00	0.00
最大值	1.67×10^{10}	7.21×10^{11}	3.35	1527.6	464.3	13256.6	242.3	1.73×10^{-2}	1685.9	2.936	2773.1	0.041	0.008	35.41	76.38
标准偏差	3.13×10^9	1.53×10^{11}	0.98	342.2	97.2	3474.1	49.7	3.29×10^{-3}	529.2	0.587	630.2	0.011	0.001	8.47	17.40
Springfield															
平均值	8.85×10^9	2.37×10^{11}	1.54	166.2	176.0	4291.7	130.2	9.33×10^{-3}	494.7	0.469	279.3	0.020	0.006	4.10	11.35
最小值	3.95×10^9	3.19×10^{10}	0.34	19.5	79.6	1879.6	74.0	4.14×10^{-3}	28.4	0.289	10.9	0.013	0.004	1.10	1.08
最大值	1.30×10^{10}	7.21×10^{11}	2.43	444.3	299.2	7256.6	241.5	1.35×10^{-2}	1510.4	0.709	965.5	0.036	0.006	12.17	29.17
标准偏差	3.88×10^9	2.81×10^{11}	0.89	182.4	81.6	2280.7	69.3	4.13×10^{-3}	589.7	0.192	392.8	0.009	0.001	5.38	12.01
Seelyville															
平均值	8.55×10^9	7.62×10^{10}	1.81	359.1	206.9	3284.2	121.8	9.01×10^{-3}	762.1	0.762	669.4	0.018	0.005	9.60	24.05
最小值	5.46×10^9	1.08×10^{10}	0.47	25.1	74.2	867.6	57.7	5.72×10^{-3}	56.9	0.208	11.8	0.010	0.003	0.60	6.42
最大值	1.67×10^{10}	2.01×10^{11}	3.35	1527.6	358.5	9725.6	174.8	1.73×10^{-2}	1685.9	2.936	2773.1	0.039	0.008	35.41	76.38
标准偏差	3.37×10^9	6.46×10^{10}	0.97	469.4	74.8	2605.3	34.0	3.44×10^{-3}	521.5	0.845	843.8	0.011	0.002	11.12	22.22
混合															
平均值	8.13×10^9	1.54×10^{11}	1.50	78.0	179.2	5566.9	130.2	8.75×10^{-3}	411.2	0.356	160.6	0.025	0.006	4.59	11.92
最小值	3.91×10^9	8.18×10^{10}	0.24	12.9	68.9	1796.6	86.7	4.13×10^{-3}	11.1	0.283	3.1	0.012	0.005	1.39	3.26
最大值	1.05×10^{10}	2.15×10^{11}	2.74	197.4	464.3	13256.6	242.3	1.15×10^{-2}	1335.8	0.463	474.6	0.041	0.007	7.94	29.42
标准偏差	2.57×10^9	4.36×10^{10}	1.19	65.0	144.1	5204.3	60.1	2.90×10^{-3}	499.9	0.084	184.2	0.014	0.001	3.51	10.59
组间方差分析比较(假定值)	0.94	0.164	0.81	0.281	0.817	0.483	0.939	0.963	0.429	0.408	0.275	0.478	0.393	0.217	0.304

7 利用稀有气体和油气地球化学鉴别天然气的生物成因和热成因

尽管如此，最近发表的密歇根盆地Antrim页岩的二元同位素测温法和稀有气体数据（Stolper等，2015；Wen等，2015）发现存在比以前估计明显更大的热成因。这些几乎纯净的生物成因的原始解释基于传统的烃分子和同位素组成以及地球微生物学（Martini等，1996，1998；Schlegel等，2013）。因此，尽管预计当前研究领域的天然气具有重要的生物成因组成，但我们仍将进一步研究碳氢化合物的分子和同位素组成以及稀有气体的元素和同位素组成，以检验Springfield煤层和Seelyville煤层超过99%的天然气是生物成因的假设。

7.3 方法

7.3.1 样品收集和数据汇编

从位于印第安纳州Sullivan县的20口活跃生产的煤层气井中，使用厚壁0.95cm（3/8in）外径和40.6cm（16in）长的冷藏级铜管收集了可忽略不计空气污染的气体样品。铜管与煤层气井连接，并用生产液冲洗约10min。然后使用间隙为0.762mm（0.030in）的黄铜制冷夹具密封铜管（Darrah等，2015b；Kang等，2016）。

沿伊利诺伊盆地东缘从煤层气井中采集天然气样品的筛查深度范围为73~213m（图7.1c；表7.1和表7.2）。五口井从Springfield煤层生产天然气，九口井从Seelyville煤层生产天然气。6口井混合了两个煤层的天然气产量（图中的"混合"产量；表7.1和表7.2）。

这项研究的数据以红色、粉红色和青色符号表示，符号的形状和颜色表示产生样品的煤层。粉色菱形和红色圆圈分别代表从Springfield煤层和Seelyville煤层中生产煤层气井中采集的样品，而图7.2至图7.12中用青色三角形表示混合井。

在伊利诺伊盆地内活跃生产的煤层气井（$n=41$）（Strapoć等，2007；Schlegel等，2011b；Mastalerz等，2017）和New Albany页岩（$n=62$）的页岩气井（McIntosh等，2002，2004）的天然气数据已发表的背景下，笔者也提供了他们研究区域的数据。Springfield煤层和Seelyville煤层的已发表报告中的数据用蓝色方块（Strapoć等，2007）、绿色方块（Mastalerz等，2017）和黑色方块（Mastalerz等，2017）表示。New Albany页岩天然气井的已发布天然气数据用黄色方块（McIntosh等，2002）和紫色方块（Schlegel等，2011a）表示（图7.2）。

7.3.2 样品分析

7.3.2.1 气体样品

制备铜管中的气体样品，以便通过冷焊进行分析。使用不锈钢夹钳将铜管分开2.5（约1in）。然后将铜管连接到超高真空钢管上[总压力为$(1~3)\times10^{-9}$ Torr]，并使用0~20Torr MKS电容单向仪（精确到千分之一）进行连续监测，并使用0.64cm（1/4in）VCR连接的隔离式离子计将等分试样的气体样品引入真空管线以进行稀有气体分析；依次在相似的真空引入线上重复该过程，以进行气相色谱和同位素比质谱分析。

稀有气体的同位素分析是在俄亥俄州立大学稀有气体实验室的Thermo Fisher Helix SFT质谱仪上进行的。Darrah和Poreda（2012）总结了用于分析和纯化样品的稀有气体程序。根据"已知—未知"标准，稀有气体同位素浓度的平均外部精度在±1.72%以内（括号中表示具体值）：^{4}He浓度（0.69%）、^{22}Ne浓度（1.27%）、^{36}Ar浓度（0.32%）、^{84}Kr

（浓度 1.64%）、^{130}Xe 浓度（1.72%）。这些值是通过测量参考标准和经过交叉验证的实验室标准而确定的，包括建立的大气标准（伊利湖，俄亥俄州空气），黄石 MM 标准以及从普莱克斯获得的一系列合成天然气标准，包括已知的和交叉验证的 $C_1 \sim C_5$ 碳氢化合物及 N_2、CO_2、O_2 和每种稀有气体（Tedesco 等，2010；Harkness 等，2017）。稀有气体同位素标准误差是（^{3}He/^{4}He 比率）空气比率（1.384×10^{-6}）的 ±0.0091 倍，^{20}Ne/^{22}Ne 和 ^{21}Ne/^{22}Ne 比率分别小于 ±0.402% 和 ±0.689%，且小于 ^{38}Ar/^{36}Ar 和 ^{40}Ar/^{36}Ar，分别为 ±0.643% 和 ±0.427% 的比率（高于典型值，因为来自 C_3H_8 的质量数为 36 和 38）。

使用 ^{21}Ne/^{22}Ne（0.0289）和 ^{40}Ar/^{36}Ar（295.5）的大气比，过量的 ^{21}Ne（^{21}Ne*，主要来源于核成因反应）和过量的 ^{40}Ar（^{40}Ar*，主要来源于放射性成因，尽管地幔贡献很小但不一定可以打折扣），从式（7.1）和式（7.2）的测量值中减去大气贡献来计算：

$$^{21}\text{Ne}^* = \left(^{21}\text{Ne}/^{22}\text{Ne}_{测量} - 0.0289\right) \times {}^{22}\text{Ne}_{测量} \tag{7.1}$$

$$^{40}\text{Ar}^* = \left(^{40}\text{Ar}/^{36}\text{Ar}_{测量} - 295.5\right) \times {}^{36}\text{Ar}_{测量} \tag{7.2}$$

主要气体成分在俄亥俄州立大学稀有气体实验室的 SRS Quadrupole MS 和配备了火焰离子化检测器和热导检测器的 SRI 8610C Multi-Gas 3+ 气相色谱仪上进行了测量（Darrah 和 Poreda，2012；Hunt 等，2012；Kang 等，2016）。对于高于检测极限的主要气体浓度，标准分析误差均小于 ±3.41%。通过测量已建立的大气标准（伊利湖，俄亥俄州空气）和一系列从普莱克斯获得的合成天然气标准，可以确定平均外部精度。基于分析期间的每日重复测量，平均外部精度分析的结果如下：CH_4（1.46%）、C_2H_6（1.61%）、C_3H_8（1.97%）、N_2（1.25%）、CO_2（1.06%）、O_2（1.39%）和 Ar（0.59%）。

先前已描述了甲烷中碳和氢的稳定同位素值的分析程序（Darrah 等，2013，2015b；Jackson 等，2013；Harkness 等，2017）。使用 Thermo Finnigan Trace Ultra 气相色谱分离，然后使用 Thermo Fisher Delta V Plus 进行燃烧和双入口同位素比质谱分析，δ^{13}C-CH_4 和 δ^2H-CH_4 的检出线分别为 0.001cm^3/cm^3 和 0.005cm^3/cm^3（STP，标准温度和压力分别为 22℃，1atm）。δ^2H-CH_4 值以维也纳标准平均海水（Vienna Standard Mean Ocean Water，VSMOW）的千分数表示，可重复性为 ±0.5‰。δ^{13}C-CH_4 值以 Vienna Peedee belemnite 的千分数表示，标准偏差为 ±0.1‰。

7.3.2.2 煤层固体样品

分析了 6 个煤层固体样品，包括 2 个来自 Springfield 煤层（$n=2$）和 4 个 Seelyville 煤层（$n=4$）的 U、Th、^{4}He 和 ^{21}Ne 丰度。Springfield 煤层和 Seelyville 煤层固体是从印第安纳州 Sullivan 县获得的岩心样品中收集的，深度依次为地表以下 73~213m。

通过使用金刚石锯切煤层固体样品，可以制备分析出 U 和 Th 浓度的样品。按照以前开发的方法，在俄亥俄州立大学微量元素研究实验室使用 Thermo Finnigan Element 2 ICP-Sector Field MS 和光子机激发激光器完成了 U 和 Th 浓度的分析（Cuoco 等，2013）。

通过取每种样品约 50g 制备分析 ^{4}He 和 ^{21}Ne 丰度的样品。轻轻粉碎，在 25℃的烤箱中干燥过夜，通过 63μm 筛子过筛。保留大于 63μm 的馏分、干燥、称重，用去离子水充分冲洗，在 25℃下再次干燥过夜。将样品放置在真空室中，并使用外部真空箱在 400℃下加热 90min，按照 Hunt（2000）的方法。释放的稀有气体使用 Thermo Fisher Helix SFT 稀有气体质谱仪与校准空气标准（伊利湖，俄亥俄州空气）的峰高比较分析。为了纠正空气泄漏的氦气浓度，假设所有 ^{3}He 来自空气，并从总氦气浓度中减去空气成分（Hunt，2000；Darrah 等，2015b）。

7.3.3 数值模拟

使用数值模型来研究和约束地下条件和将气体输送到浅层含水层的可行机制，其中包括：（1）富甲烷盐水（溶解在水中的气体）的单相对流；（2）气相天然气的"漂浮"对流或两相对流（即游离气+盐水）；（3）与贫氦生物成因端元混合。机理1（灰色箭头）、机理2（蓝色虚线）和机理3（紫色箭头）如图7.5、图7.11和图7.12所示。

所有模型都有两个假设。首先是大气饱和水（ASW）稀有气体的初始成分与最近补充的大气水一致。假定在这些条件下补给的地下水盐度为零，并且平衡在约10℃、海拔200 m（即该区域浅层地下水的当前平衡条件）。在这些条件下，大气饱和水（ASW）中的 ^{20}Ne 和 ^{36}Ar 分别为 201×10^{-6} cm^3/kg（STP）和 1394×10^{-6} cm^3/kg（STP）。第二个假设是，迁移的烃气的起始天然气成分与 New Albany 页岩气一致：^{20}Ne/^{36}Ar=0.156、^{4}He/CH$_4$=125×10^{-6}、C$_1$/C$_{2+}$=16，以及在初始储层深度约1000 m和约1mol/L的NaCl时产生的 δ^{13}C-CH$_4$=-49‰（图7.11和图7.12）。由于临时观察到 ^{4}He 和热成因天然气的外源性物质，因此使用了一种类似于 New Albany 的原料。研究中缺乏油相烃的经验或基于现场的证据，因此没有将油气分配纳入数值模型。同样，也没有将水热循环纳入数值或物理传输模型。

对机理1（单相对流；图7.11中的灰色趋势）进行建模，假设气体和盐水以单相流体的形式迁移（即不存在自由气相），并且生成的流体没有经历任何气相分配。在 $V_{气}/V_{液}=0$、没有多相（如气体+盐水）的情况下，大气饱和水（ASW）稀有气体（如 ^{20}Ne/^{36}Ar）不会经历大气饱和水（ASW）组分的任何定量分馏（Ballentine 等，2002）。但是，迁移的流体会从围岩中积累放射性 ^{4}He，导致 ^{4}He/CH$_4$ 的增加。

机理2（图7.1中的蓝色虚线）假定自由气相或双相流体（即游离气体+盐水）在地壳内迁移，该地壳基质包含静态毛细结合或原生孔隙流体（如地壳水）。在这种情况下，气体将根据其各自的溶解度进行分配（Smith 和 Kennedy，1982；Ballentine 等，2002）。使用 Smith 和 Kennedy（1982）及 Weiss（1971a，b）确定稀有气体的本森（Bunsen）溶解度（β）常数，而分配系数（称为 α，$\alpha=\beta_X/\beta_Y$）是根据 Ballentine 等（2002）及 Smith 和 Kennedy（1982）计算所得。由于天然气迁移的时间和热历史不确定，因此我们在假设标准地热梯度（即 25℃/km）的情况下对一定范围的温度条件（代表埋藏深度）进行建模。建模温度范围为 10~200℃。由于所有天然气井的采样深度均小于213m，因此没有针对地热梯度校正本森溶解度常数（β 值，如 β_{Ne} 或 β_{Ar}）。溶解度分级模型适应了为二氧化碳开发的地下水气提和再溶解模型（GGS-R）（Gilfillan 等，2008，2009；Zhou 等，2012），以前适用于碳氢化合物（Darrah 等，2014）以评估大气（如 ^{20}Ne/^{36}Ar）和地壳衍生成分（如 ^{4}He/CH$_4$、C$_1$/C$_{2+}$ 和 δ^{13}C-CH$_4$）的分馏。

GGS-R 模型假设微量气体组分通过"气提"从水相中提取，与气相平衡。当所有溶解气体的分压之和（但通常有少数主要成分，如二氧化碳或甲烷）超过静水压力（通常称为饱和点或"气泡点"）时，地下水中出现单独气相。在溶解甲烷分压占主导地位的情况下，它控制微量气体（He、Ne、Ar）的分配，因为即使在靠近包气带的相对较低静水压力下，这些微量组分本身也无法获得（或维持）足够的分压，使其成核或保持在气泡相。

对 GGS-R 碳氢化合物模型的适应性进行假设，碎裂作用产生足够高的天然气浓度，从而产生游离气相或"气泡",导致碳氢化合物气体的一次运移和后来的二次运移。然后,气相(或两相)流体包含地壳和大气饱和水(ASW)稀有气体,气相和水相之间微量气体组分的相对分配取决于:(1)每个相各自的本森溶解度系数(β_X,当 X 的分压为1个大气压时,在标准温度和压力条件下溶解气体体积 X 与单位体积溶液平衡时的比率);(2)气体与水(即 $V_气/V_水$)的原位体积比(Aeschbach-Heritg 等,1999;Ballentine 等,2002;Holocher 等,2003;Aeschbach-Hertig 等,2008)。这一初始阶段在运移烃流体中将显著富集 [^{4}He] 和 [^{20}Ne],提高 ^{4}He/CH$_4$ 和 ^{20}Ne/^{36}Ar 比值。当气体迁移到含有低于甲烷饱和度的上覆地下水中,甲烷和先前已溶解的组分部分重新溶解回地下水中(Gilfillan 等,2008,2009)。在这种情况下,更可溶的微量气体组分(如 C_2H_6 的溶解度大于 CH_4,等于 ^{36}Ar)根据其相对分配系数 α 优先重新溶解到静态、毛细束缚或连通的孔隙流体中,而较难溶的组分(如 ^{4}He 和 ^{20}Ne)优先保留在气相中。

在较低的气—水条件下(即 $V_气/V_水$ 接近0),具有不同溶解度的微量气体会随从地下水分配到气相中而强烈分馏(Gilfillan 等,2009)。在这种情况下,分子分级增加并且可以接近各个本森系数比率的最大分级值。假设单级分馏是因为多级分馏大大超过 α。例如,在相同温度下,^{20}Ne 与 ^{36}Ar(β_{Ne}/β_{Ar})的本森系数比约为3.7,而 ^{4}He 与 CH_4(β_{He}/β_{CH_4})的本森系数比为4.4。对于具有相似溶解度的组分[如 CH_4 与 ^{36}Ar(β_{CH_4}/β_{Ar})],在10℃时 α 值约为1(Ballentine 等,1991;Sherwood Lollar 和 Ballentine 2009),而在相同温度下,^{4}He 与 ^{20}Ne(β_{He}/β_{Ne})α 值约为1.2(Weiss,1971a,b)。这些气体将根据 $V_气/V_水$ 划分为气相,但彼此之间不会发生明显的分子或同位素分馏。随着 $V_气/V_水$ 的增加,分配到气相中的溶解气体量会增加,而具有不同溶解度的气体之间的分子(或同位素)分馏程度会降低。因此,在高 $V_气/V_水$ 条件下,几乎所有的微量气体都会分配到气相中。在这种情况下,即使溶解度差异较大的组分也不会在气相或残留水相中经历分子或同位素比率的变化。我们的模型使用最大的 α 分馏值,因为假设当相对少量的气体通过水饱和的地壳迁移时(即低 $V_气/V_水$)会发生气体置换。还要注意,靠经验观察需要广泛的分馏(接近最大 α),以适应在富含甲烷的样品中观察到的 ^{20}Ne/^{36}Ar。

7.4 结果

Springfield 煤层和 Seelyville 煤层的采出气体以及混合气体数据被视为一组,原因有三个。首先,注意到两个地层之间的水力连通性(Larry Neely,个人通信;Maverick Energy Drilling Co.);其次,该地区过去的工作将这些地层视为液压连接单元(Mastalerz 等,2004;Schlegel 等,2011a;Mastalerz 等,2017);最后,尽管对研究领域进行了全面统计的评估,但我们发现三个小组之间均没有统计学意义的差异(表7.1至表7.7)。例如,通过方差同时分析(ANOVA)、甲烷丰度或其他参数的均值(p=0.569)或中位数(p=0.613)又或95%置信区间(p=0.514)的差异均无统计学意义。

7.4.1 碳氢化合物和主要气体

甲烷是所有样品中的主要气体成分,浓度范围为 0.875~0.973 cm^3/cm^{-3}(STP)(表7.1

7 利用稀有气体和油气地球化学鉴别天然气的生物成因和热成因

至表7.3)。较不丰富的气体包括氮气（0.020~0.097 cm³/cm³，STP）、二氧化碳（0.004~0.017 cm³/cm³，STP）和乙烷[（0.15×10⁻⁵~1.09×10⁻³）cm³/cm³，STP]。所有样品中的氧气、丙烷、正丁烷（nC₄）、异丁烯（i-C₄）、正戊烷（nC₅）和异戊烷（i-C₅）均低于检测极限（<1×10⁻⁵ cm³/cm³，STP）（表7.1）。在我们的研究中，C₁/C₂₊的比例在867~13256之间（表7.6和表7.7）。

尽管几乎所有气体样品均主要由 CH₄ 和 N₂ 组成，但 CH₄ 和乙烷的丰度（$r^2=0.51$，$p=0.025$）、N₂（$r^2=-0.98$，$p\leq0.001$）、^{36}Ar（$r^2=-0.85$，$p\leq0.001$）和 ^{4}He（显示为 ^{4}He/^{20}Ne：$r^2=0.57$，$p=0.009$）之间存在显著相关性，C₁/C₂₊的比率（$r^2=-0.54$，$p=0.014$）与 ^{36}Ar 和 N₂ 之间存在负相关（图7.3）。我们没有发现[CO₂]与其他气体组分（如 CH₄、C₂H₆、N₂、^{4}He）

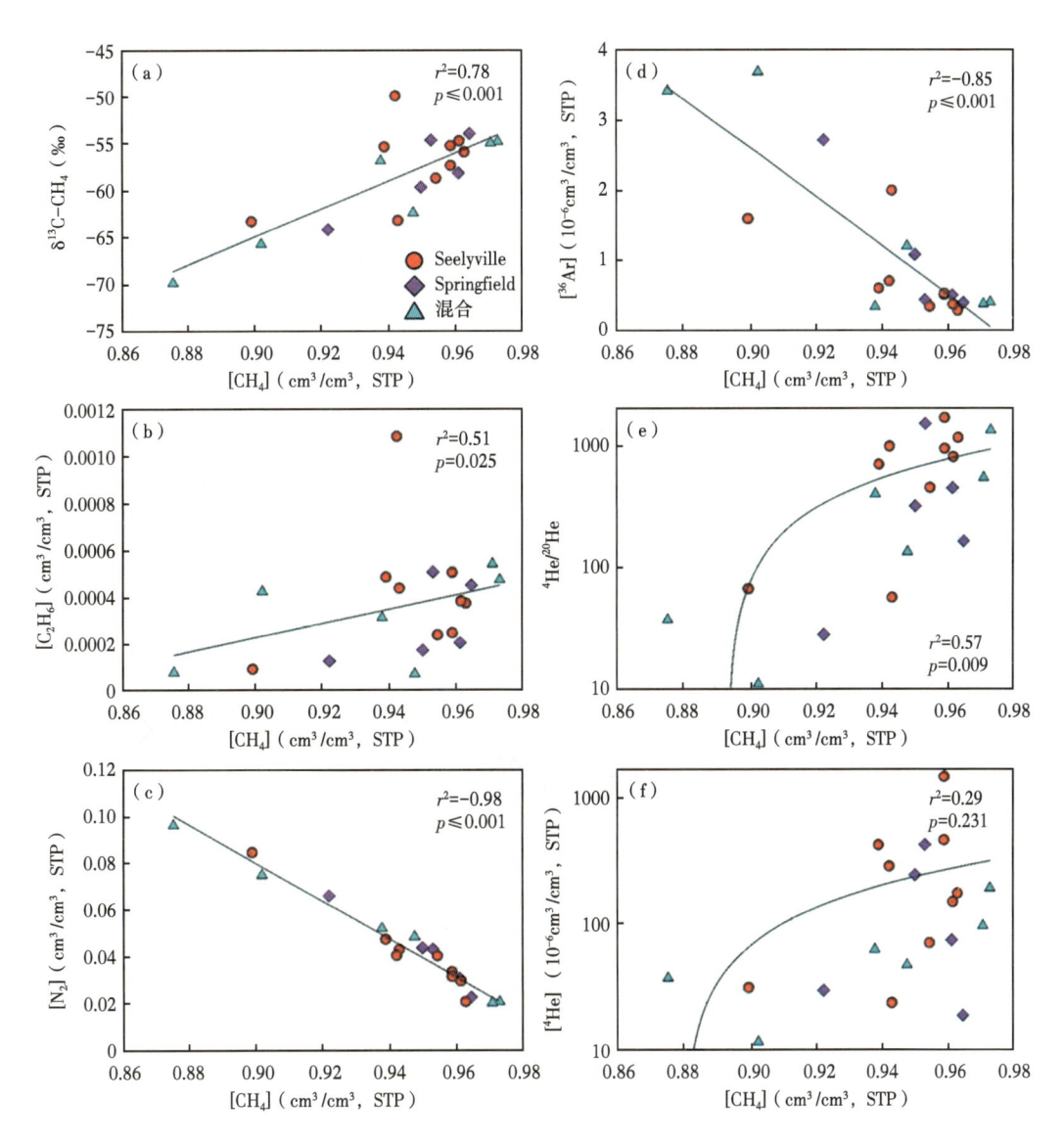

图7.3 甲烷中碳的稳定同位素值（δ^{13}C-CH₄）（a）、C₂H₆的浓度（b）、N₂的浓度（c）、^{36}Ar 的浓度（d）、^{4}He/^{20}Ne 的比率（e）、对数刻度 ^{4}He 浓度（f）与本研究中采样的煤层气井中甲烷的浓度的相关关系；图中显示了所有数据的线性回归线、r^2 值和回归的 p 值

之间的显著相关性，这可能表明 CO_2 气体的丰度通过溶解到地层水中作为溶解无机碳（DIC）或碳酸盐矿物的沉淀或通过微生物活动调节而得到缓冲。

7.4.2 碳氢化合物气体的同位素组成

甲烷的稳定同位素组成（即 δ^2H-CH_4 和 $\delta^{13}C-CH_4$）范围为 $-69.80‰\sim-49.87‰$（图 7.3 至图 7.5；表 7.4 和表 7.5）。甲烷中氢的稳定同位素值介于 $-214.9‰\sim-201.4‰$ 之间（图 7.4；表 7.4 和表 7.5）。$\delta^{13}C-CH_4$ 和 δ^2H-CH_4 与甲烷浓度呈正相关（分别为 $r^2=0.78$，$p\leqslant0.001$ 和 $r^2=0.32$，$p=0.213$），与乙烷浓度呈正相关（分别为 $r^2=0.66$，$p=0.002$ 和 $r^2=0.16$，$p=0.563$），

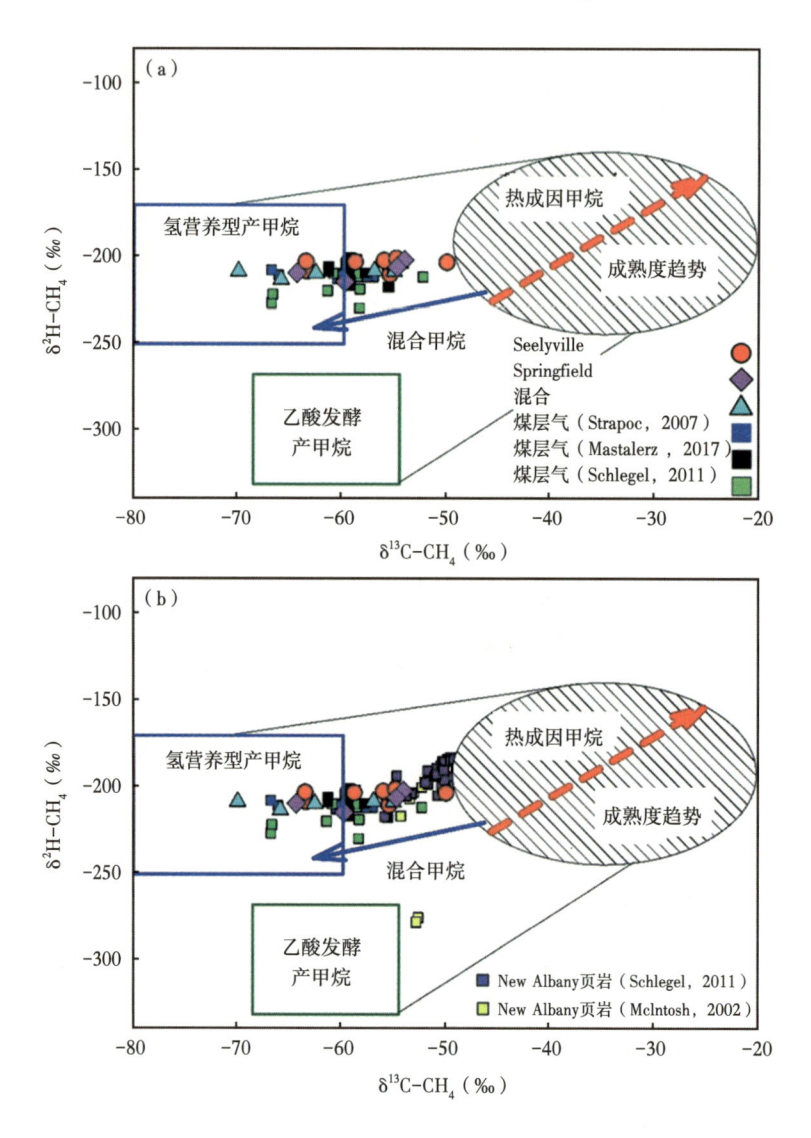

图 7.4 本研究（红色、粉红色和青色符号）与先前发表的伊利诺伊盆地煤层气研究结果之间的甲烷中氢（δ^2H-CH_4）和碳（$\delta^{13}C-CH_4$）的稳定同位素值的比较阴影线的椭圆形代表典型的热成因天然气范围，红色虚线表示向上和向右热成熟度增加的趋势（Schoell，1980；Whiticar 等，1986），蓝色框代表氢营养型甲烷，绿色框代表乙酸发酵型甲烷（Schoell，1980；Whiticar 等，1986）

相互之间呈正相关（$r^2=0.48$，$p=0.051$；图 7.3 和图 7.4）。重要的是，这些值在统计学上无法与先前公布的同一油田的数据区分（$p \geqslant 0.694$），而在每项研究之间，对同一井的分析也在统计学上无法区分（配对 t 检验 $p \geqslant 0.576$；Strapoć 等，2007，2008a；Mastalerz 等，2017）。

$\delta^{13}C_{CH_4}$ 与 N_2 浓度（$r^2=-0.80$，$p \leqslant 0.001$）之间呈负相关，^{36}Ar 浓度（$r^2=-0.87$，$p \leqslant 0.001$）与 C_1/C_{2+}（$r^2=-0.70$，$p=0.001$）之间呈负相关（表 7.1 至表 7.5；图 7.5 和图 7.6），表明随着大气饱和水（ASW）气体贡献的增加，$\delta^{13}C_{CH_4}$ 的贡献增加。这些结果也与具有相对较高的

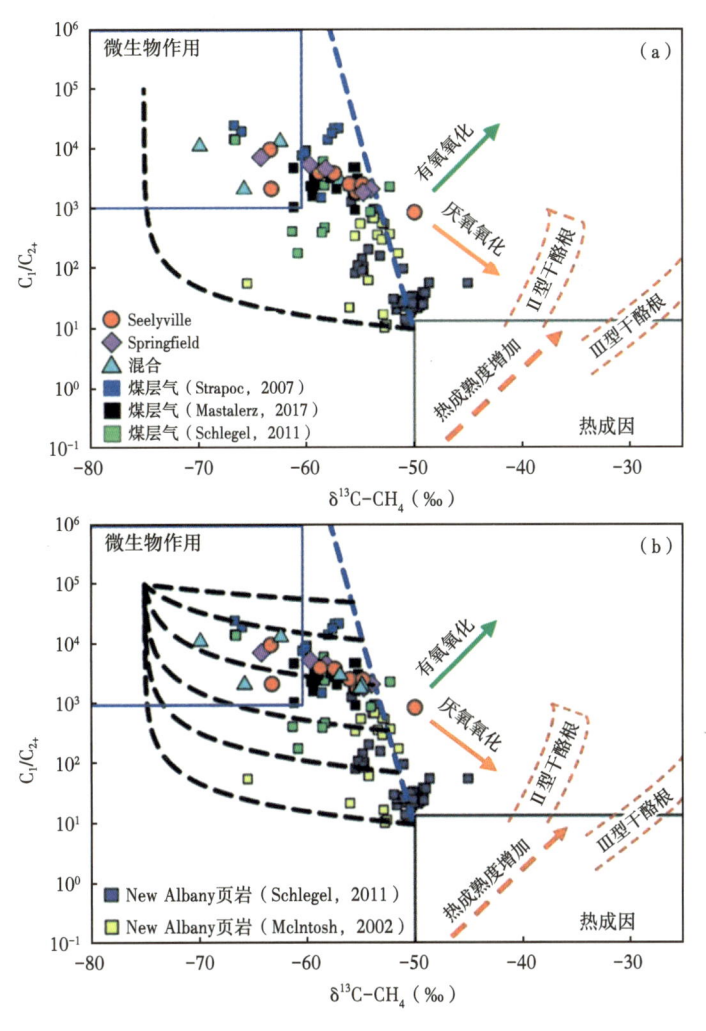

图 7.5　伊利诺伊盆地煤层气研究中甲烷与高级脂肪烃（C_1/C_{2+}）的丰度与来自该生产的煤层气（CBM）井（红、色粉红色和青色符号）的甲烷碳稳定同位素组成（$\delta^{13}C\text{-}CH_4$）的关系图版

黑色和蓝色框分别显示了热成因甲烷和生物成因甲烷的典型组成范围（Bernard 等，1976）；黑色趋势线表明了生物成因和 New Albany 页岩端元之间的假想混合；热成因框内的红色虚线箭头反映了热成熟度增加的趋势，红色虚线框表示由 II 型或 III 型干酪根产生的气体的热成熟趋势；绿色和橙色箭头分别显示了有氧和厌氧氧化后的微生物变化；蓝色趋势线显示了 New Albany 页岩的后生改变，之后通过 GGS-R 模型对甲烷、乙烷和丙烷进行了溶解度分配分离（改编自 Gilfillan 等，2009；Darrah 等，2014）；(b) 中的黑色混合线描述了一种类似 New Albany 页岩样气体（该混合气体通过沿溶解度分馏趋势线的各个点开始的相分配进行而改变）和一种生物成因气之间的假设混合

ASW含量的生物成因甲烷的比例增加相一致，这表明在Springfield煤层和Seelyville煤层中，生物成因甲烷的产生可能与更大比例的ASW流体有关。

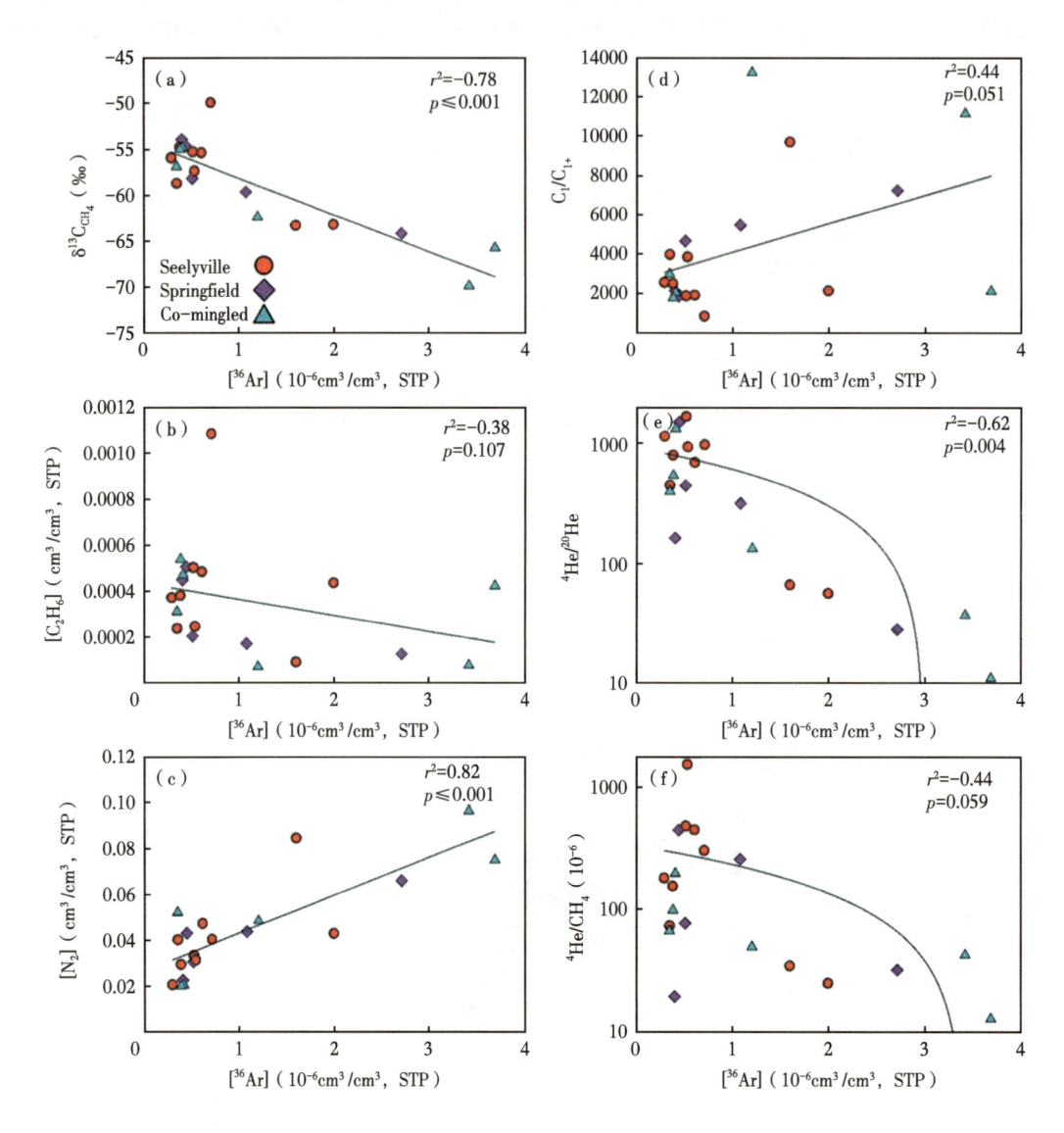

图7.6 甲烷中的碳的稳定同位素值（$\delta^{13}C_{CH_4}$）(a)、乙烷[C_2H_6]的浓度（b）、氮气[N_2]的浓度（c）、甲烷与高级碳氢化合物的比率（C_1/C_{2+}）(d)、$^4He/^{20}Ne$之比（e；注意对数刻度）、$^4He/CH_4$之比（f；注意对数刻度）与生产煤层气（CBM）井的氩气[^{36}Ar]浓度相关关系研究；^{36}Ar浓度可以代替地壳中大气饱和水（ASW）的贡献；图中显示了所有数据的线性回归线、r^2值和回归的p值

7.4.3 稀有气体

^4He的浓度范围为（11.6~1460）$\times 10^{-6}$ cm^3/cm^3（STP）。以R/R_a比率显示的$^3He/^4He$范围为0.043~0.901 R_a，相应的$^4He/^{20}Ne$和$^4He/^{36}Ar$值分别为11.1~1686和3.1~2773。

这些数据主要反映了氦的地壳来源，与地壳产出值相比，溶解了过量的^3He（0.02

R_a；Craig 等，1978；Oxburgh 等，1986）。这些过量的 ^{3}He 表示少量的源自地幔的氦气（高达约 10% 的大洋中脊玄武岩，其中纯大洋中脊玄武岩（MORB）的 ^{3}He/^{4}He 比为 $8R_a$；Poreda 等，1992；表 7.4 和 7.5；图 7.7）。

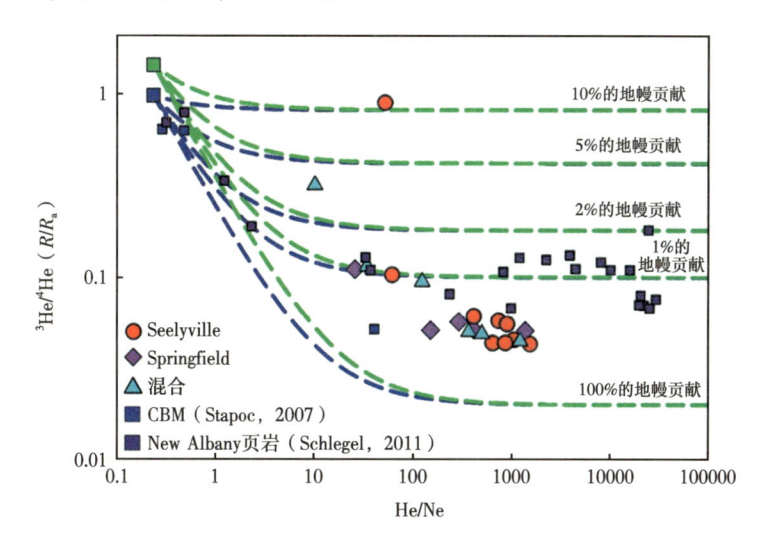

图 7.7 氦同位素比 ^{3}He/^{4}He（R/R_a）与产煤层气（CBM）井的 He/Ne 之比
R_a 是大气中 ^{3}He/^{4}He 的比，$R_a=1.384\times10^{-6}$；蓝色和绿色框分别表示大气饱和水（ASW）和含氮的大气饱和水（ASW）的全局约束值；蓝色和绿色虚线分别表示大气饱和水（ASW）和含氮的大气饱和水（ASW）流体与地壳端元的混合，地幔贡献量在增加

^{22}Ne 和 ^{36}Ar 的浓度范围分别为（0.01~0.16）$\times10^{-6}$cm^3/cm^3（STP）和（0.29~3.69）$\times10^{-6}$cm^3/cm^3（STP）（表 7.1 至表 7.3）。^{20}Ne/^{22}Ne 和 ^{21}Ne/^{22}Ne 值分别在 9.761~9.787 和 0.0286~0.0317 之间（表 7.4 和表 7.5）。^{38}Ar/^{36}Ar 值的范围为 0.1828~0.2060，而 ^{40}Ar/^{36}Ar 值的范围为 294.61~334.36（表 7.4 和表 7.5）。这些范围表明，氖和氩同位素均由大气饱和水（ASW）贡献控制（^{20}Ne/^{22}Ne=9.78，^{21}Ne/^{22}Ne=0.0289，^{40}Ar/^{36}Ar=295.5），但在核成因（^{21}Ne*）和放射成因（^{40}Ar*）中溶解了过量的稀有气体。

数据集显示了大范围的大气稀有气体（如 ^{36}Ar、^{22}Ne）和 N$_2$ 组成。大气中稀有气体的丰度与 N$_2$ 浓度呈正相关（^{36}Ar 和 ^{22}Ne，与 N$_2$ 浓度的相关性分别为 $r^2=0.82$，$p\leq0.001$ 和 $r^2=0.51$，$p=0.021$；表 4-7）。^{36}Ar 浓度（$r^2=0.44$，$p=0.051$）和 N$_2$ 浓度（$r^2=0.62$，$p=0.004$）均与 C$_1$/C$_{2+}$ 呈显著正相关（图 7.6；表 7.4 至表 7.7）。由于 [N$_2$] 和 [CH$_4$] 呈极强的负相关（图 7.3），因此饱和大气水（ASW）组分的 ^{36}Ar 和 N$_2$ 也与 CH$_4$ 浓度呈负相关（$r^2=-0.85$，$p\leq0.001$ 和 $r^2=-0.98$，$p\leq0.001$ 分别对应 ^{36}Ar 和 N$_2$），C$_2$H$_6$ 浓度（$r^2=-0.38$，$p=0.107$ 和 $r^2=-0.57$，$p\leq0.010$ 分别对应 ^{36}Ar 和 N$_2$），δ^{13}C-CH$_4$（$r^2=-0.87$，$p\leq0.001$ 和 $r^2=-0.80$，$p\leq0.001$ 分别对应 ^{36}Ar 和 N$_2$）和 ^{4}He/CH$_4$（$r^2=-0.44$，$p=0.059$ 和 $r^2=-0.29$，$p=0.223$ 分别对应 ^{36}Ar 和 N$_2$）（图 7.3，图 7.6）。

放射性稀有气体同位素与碳氢化合物气体（如 CH$_4$、C$_2$H$_6$）、N$_2$ 和碳氢稳定同位素（δ^{13}C-CH$_4$）的比例显著相关（图 7.8 至图 7.10）。甲烷和乙烷浓度分别与 ^{4}He/^{20}Ne 呈正相关（分别为 $r^2=0.57$，$p=0.009$ 和 $r^2=0.56$，$p=0.012$）；与 ^{4}He/^{36}Ar 呈正相关（分别为 $r^2=0.33$，$p=0.150$ 和 $r^2=0.18$，$p=0.450$）；与 ^{21}Ne/^{22}Ne 呈正相关（分别为 $r^2=0.63$，$p=0.003$ 和 $r^2=0.29$，

$p=0.226$）；与 $^{40}Ar/^{36}Ar$ 呈正相关（分别为 $r^2=0.70$，$p=0.001$ 和 $r^2=0.42$，$p=0.072$）（表7.1至表7.7）。同样地，N_2 浓度与 $^4He/^{20}Ne$（$r^2=-0.57$，$p=0.009$）、$^{21}Ne/^{22}Ne$（$r^2=-0.66$，$p=0.001$）和 $^{40}Ar/^{36}Ar$（$r^2=-0.69$，$p=0.001$）呈负相关（表7.1至表7.7）。$\delta^{13}C\text{-}CH_4$ 数据与 $^4He/^{20}Ne$（$r^2=0.70$，$p=0.001$）、$^{21}Ne/^{22}Ne$（$r^2=0.66$，$p=0.002$）和 $^{40}Ar/^{36}Ar$（$r^2=0.76$，$p=0.001$）呈显著正相关（图7.5、图7.8和图7.9；表7.4至表7.7）。

还有其他重要的气体同位素比，它们为地下的输运机理和气水相互作用提供了重要线索。例如，$CH_4/^{36}Ar$ 值可替代天然气和大气饱和水（ASW）的相对丰度（即天然气与水的比例），而与可能发生的气水分配无关（图7.10），即 $^4He/CH_4$ 比是生物成因与热成因贡献和水—气相互作用的敏感指标，$^{20}Ne/^{36}Ar$ 和 $^{84}Kr/^{36}Ar$ 比的分馏记录了流体输送过程中气相和水相之间的诊断性分配（图7.11和图7.12），以及 $^{130}Xe/^{84}Kr$ 比记录了与富有机质沉积物广泛相互作用的证据（Zhou等，2005；Gilfillan等，2009；Darrah等，2015b）。

$CH_4/^{36}Ar$（气水比）范围为 $2.4×10^5$~$3.35×10^6$，与 $[N_2]$（$r^2=-0.76$，$p\leq0.001$）和 C_1/C_{2+}（$r^2=-0.54$，$p=0.014$）呈负相关（表7.1至表7.3；表7.6至表7.7；图7.8）。$^4He/CH_4$ 比值在（12.9~1528）×10^{-6} 之间，与 $\delta^{13}C\text{-}CH_4$（$r^2=0.57$，$p=0.011$）和 $^{20}Ne/^{36}Ar$（$r^2=0.77$，$p=0.001$）显著相关。总的趋势是，随着大气饱和水（ASW）的丰度降低，$^4He/CH_4$ 升高（$[^{36}Ar]$ 为 $r^2=-0.44$，$p=0.059$ 和 $[N_2]$ 为 $r^2=-0.29$，$p=0.223$；图7.6），与较重的 $\delta^{13}C\text{-}CH_4$（$r^2=0.57$，$p=0.011$；图7.11）正相关。除去明显的异常值（$^{20}Ne/^{36}Ar=2.936$）后，$^{20}Ne/^{36}Ar$ 的比值在 0.208~0.999 之间（图7.11；表7.6和表7.7）。由于该气井已经关闭了两年以上，因此排除了以异常值表示的气井。$^{84}Kr/^{36}Ar$ 比的范围为 0.0095~0.0409（图7.12），而 $^{130}Xe/^{84}Kr$ 比的范围为 0.00342~0.00796（表7.6和表7.7）。

7.4.4 煤层固体

从煤层固体中测得的铀（U）和钍（Th）浓度分别为 0.85~1.54μg/g 和 2.95~4.15μg（表7.8）；这些值产生的 Th/U 比范围为 2.53~4.16。煤层固体中 ^4He 和 ^{21}Ne 的浓度代表先前累积的 U 和 Th 衰减产物，范围分别为（2.17~44100）×$10^{-6}cm^3/kg$（STP）、（1.21~3.04）×$10^{-12}cm^3/kg$（STP）。使用式（7.1），$^4He/^{21}Ne^*$ 比值范围为 9.61~21.2（表7.8）。

表7.8 煤层固体中的铀、钍、氦和氖浓度

样品编号	产煤层位	U (mg/kg)	(±1σ)	Th/(mg/kg)	(±1σ)	Th/U	测量的 ^4He ($10^{-6}cm^3/$kg, STP)	(±1σ)	测量的 $^{21}Ne^*$ ($10^{-12}cm^3/$kg, STP)	(±1σ)	$^4He/^{21}Ne^*$
IN-2	Springfield	1.06	0.027	3.65	0.090	3.44	27861.42	2.64×10^3	1548.00	2.22×10	18.00
IN-5	Springfield	1.24	0.029	4.15	0.094	3.34	34335.41	2.60×10^3	1619.90	1.48×10	21.20
IN-7	Seelyville	0.85	0.022	2.95	0.064	3.48	21748.97	2.22×10^3	1211.70	1.61×10	17.95
IN-8	Seelyville	0.98	0.022	4.06	0.096	4.16	35079.36	3.33×10^3	2081.90	2.94×10	16.85
IN-10	Seelyville	1.47	0.036	5.35	0.136	3.65	23649.14	2.86×10^3	2460.90	3.77×10	9.61
IN-14	Seelyville	1.54	0.035	3.90	0.093	2.53	44060.81	4.14×10^3	3040.80	3.77×10	14.49
平均值		1.19		4.01		3.43	31122.52		1993.86		16.35

7.5 讨论

碳氢化合物分子和同位素组成，主要气体和稀有气体的整合对美国伊利诺伊州东部盆地 Springfield 地层和 Seelyville 地层煤层气储层中发现的生物成因和热成因天然气的成因来源和比例提供了重要约束。此外，我们的研究结果对于未来确定伊利诺伊盆地和其他沉积盆地中与生物成因甲烷生成有关的大气降水补给时间和流体运移历史具有重要意义。

7.5.1 Springfield 组和 Seelyville 组天然气的成因

伊利诺伊盆地煤层气井的大多数生产数据显示，与大多数原生热成因气相比，C_1/C_{2+} 比值更高，并且具有中等 $\delta^{13}C-CH_4$ 值（$<-49‰$），可解释为早期成熟热成因气或生物成因—热成因气混合物（图 7.4 和图 7.5；Schoell，1988；Whiticar，1999）。由于这些原因，以前的研究人员只使用传统的碳氢化合物技术（如 C_1/C_{2+}、$\delta^{13}C$、$\delta^2H_{CH_4}$），而不考虑外源热成因端元的可能性，他们将这些天然气解释为主要是生物成因，热成因贡献小于 0.4%（Strapoć 等，2007，2008a；Mastalerz 等，2017）。

在该研究区域中，对几乎纯净的生物成因来源的解释中最令人困惑的问题是乙烷含量低但持续存在 [乙烷浓度高达 $1.09×10^{-3}$ cm^3/cm^3（STP）；表 7.1 至表 7.3]，即使在非常浅的煤层气井中（深度范围为 73~213 m；表 7.1 至表 7.3）。由于无论产甲烷的途径如何，都不是通过生物过程在地下产生足够数量的乙烷（Bernard 等，1976；Schoell，1980；Rowe 和 Muehlenbachs，1999a；Jackson 等，2013），这些数据表明所有样品中可分离的组分均存在热成因气。考虑到早成熟热成因气通常包含大于 20% 的乙烷，因此此处观察到的乙烷丰度可能与微不足道的热成因贡献相一致。值得注意的是，乙烷浓度随大气中气体的比例增加而降低（如 $[N_2]$、$[^{20}Ne]$ 和 $[^{36}Ar]$；图 7.6；表 7.1 至表 7.3）。大气中气体含量的增加是大气降水影响增加的指示标志（Ballentine 等，2002；Ballentine 和 Burnard，2002）。大气中衍生气体含量较高的样品也似乎与生物成因天然气的比例增加相对应（即更高的 C_1/C_{2+} 和更大的 $\delta^{13}C-CH_4$ 负值；图 7.3 和图 7.6）。尽管当前的研究并未解决 Springfield 煤层和 Seelyville 煤层中地下水的平均滞留时间，但大气衍生气体与生物成因的联系在很大程度上以下假设一致：新鲜的地下水会补给水，然后稀释高盐度的地层水可能会刺激煤层中的甲烷生成（Scott 等，1994；Martini 等，1996；McIntosh 等，2002；Schlegel 等，2011b；Pashin 等，2014）。

除乙烷浓度外，大多数烃稳定同位素数据并非仅落在微生物来源的预期范围内（图 7.4 和图 7.5）。取而代之的是，在稳定碳与氢同位素的关系图上（图 7.4），数据沿氢营养型微生物来源的成分与可量化的热成因天然气成分之间表现出混合趋势下降。来自当前研究区域的数据还显示出更多的乙烷，以 C_1/C_{2+} 表示，低至 867.6，并且比纯的（未混合的）微生物端元具有更丰富的 $\delta^{13}C-CH_4$ 值（$\delta^{13}C-CH_4$ 高达 $-49.87‰$）。天然气藏中的天然气一般 $\delta^{13}C-CH_4<-55‰$、$C_1/C_{2+}>2000$（Bernard 等，1976；图 7.5）。重要的是，这些数据的解释由于复杂混合物或二次氧化过程和溶解分配而显得复杂难懂。例如，单独氧化可以增加（好氧氧化）或减少（无氧氧化）C_1/C_{2+}，并导致剩余 $\delta^{13}C\text{-}CH_4$ 的更大正值。

7.5.2 使用稀有气体约束来源和迁移

虽然仅靠烃类的分子和稳定同位素可能无法完全描绘出气体来源，但放射源（^4He、$^{40}Ar*$）和核成因（$^{21}Ne*$）稀有气体可以为天然气的热成熟度、Springfield 地层和 Seelyville 地层中外生流体的存在提供重要线索。像乙烷一样，^4He 和更重的地壳稀有气体（$^{21}Ne*$、$^{40}Ar*$）以较高的水平出现在热成因天然气中，而最近形成的微生物气体几乎不含乙烷和放射性稀有气体（Hunt 等，2012；Darrah 等，2015b；Wen 等，2015；Harkness 等，2017）。

我们的数据显示，随着温度的升高，C_2H_6 的含量相应增加（即较低的 C_1/C_{2+}），更大的 $\delta^{13}C\text{-}CH_4$ 正值，较低的大气衍生气体（N_2、^{20}Ne、^{36}Ar）水平和随着地壳稀有气体含量（^4He、$^{21}Ne*$ 和 $^{40}Ar*$；图 7.6，图 7.8 至图 7.10；表 7.1 至表 7.3）不断增加的较高的气—水比（$CH_4/^{36}Ar$）。上述趋势均与热成因天然气的输入一致，最近在附近的阿巴拉契亚盆地和密歇根盆地以及 Dallas-Fort Worth 盆地都观察到了这种趋势（Hunt 等，2012；Darrah 等，2015a，b；Wen 等，2015，2016，2017；Harkness 等，2017）。

放射性稀有气体的相对丰度也为天然气形成的温度条件提供了重要线索（Hunt 等，2012；Darrah 等，2015b）。富氧的硅酸盐/碳酸盐矿物中 ^4He 和 $^{21}Ne*$ 的产生是相互联系的，并且几乎是恒定的（$^4He/^{21}Ne* = 22 \times 10^6$；Kennedy 等，1990；Yatsevich 和 Honda 1997；Ballentine 和 Burnard，2002）。结果是没有经历大量流体运移的地壳矿物和相关流体中 $^4He/^{21}Ne*$ 的范围相对较窄（Kennedy 等，1990；Hunt 等，2012）。同样地，基于全大陆壳中烃源岩的 K/U 比值，$^4He/^{40}Ar*$ 产生在相当小的范围（5~8）内（Ballentine 和 Burnard，2002；Hunt 等，2012）。一旦在地壳中形成放射性成因气体，它们就可以根据地层温度以可预测和可量化的速率从不同岩性中释放出来（Ballentine 和 Burnard，2002；Hunt 等，2012；Darrah 等，2014）。

由于氦原子的原子半径较小，因此它可以在短短数十年的地质时间尺度上通过石英扩散，特别是在烃源层温度升高的情况下，因此可以与地壳流体达到平衡（Cook 等，1996；Hunt 等，2012）。地壳中的微生物甲烷将从 α 衰变或先前沉积在沉积颗粒中的 ^4He 的释放获得少量的 ^4He，但天然气的微生物产生本身与 ^4He 的产生无关（Darrah 等，2014，2015b；Wen 等，2015）。像 ^4He 一样，核成因的 $^{21}Ne*$ 和放射性成因的 $^{40}Ar*$ 也与生物成因天然气无关。

但与 ^4He 相比，核成因的 $^{21}Ne*$ 或放射性成因的 $^{40}Ar*$ 仅在较高温度下（分别约为 80℃ 和 220℃；Hunt 等，2012）从地壳硅酸盐矿物颗粒释放到迁移流体中，因此可以为温度高于 80℃ 时形成的热成因天然气的存在提供更多诊断指标。由于产生微生物 CH_4 的微生物联合体不能在 80℃ 以上发挥作用（Schlegel 等，2011a；Head 等，2014），因此 ^4He、$^{21}Ne*$ 和 $^{40}Ar*$ 的释放提供了地层温度和潜在产气温度的指纹。

地壳稀有气体比率表明，储层温度高于目前研究区域内 Springfield 煤层和 Seelyville 煤层的镜质组反射率值所反映的温度（$R_o = 0.5\% \sim 0.8\%$，相当于 60~90℃）（Green 等，2003；Strapoć 等，2007）。本研究报告的 $^4He/^{21}Ne*$ 和 $^4He/^{40}Ar*$ 比率分别为（0.6~35.4）$\times 10^6$ 和 1.1~76.4（表 7.6 和表 7.7）。这些范围与地壳产出率重叠（分别为 22×10^6 和 5~8；Ballentine

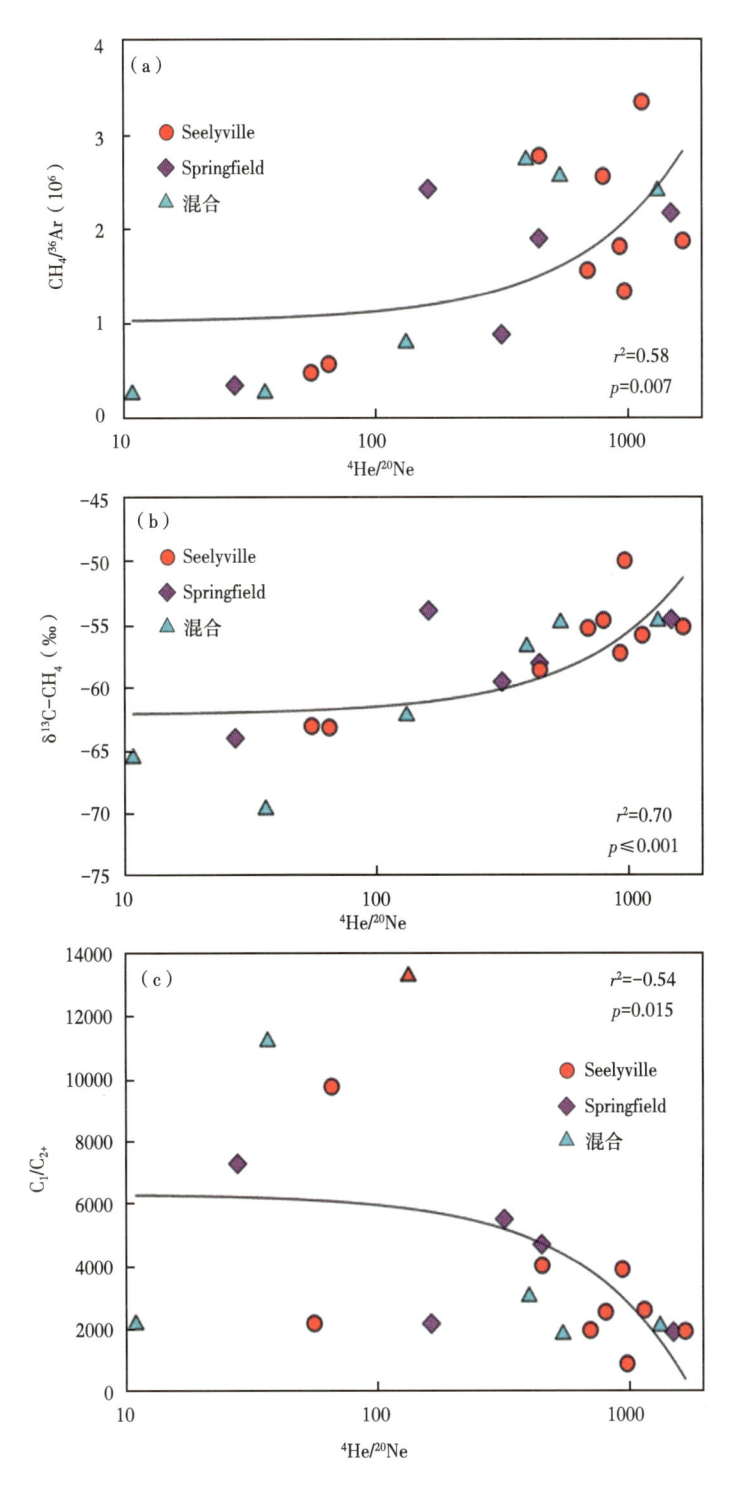

7 利用稀有气体和油气地球化学鉴别天然气的生物成因和热成因

图 7.8 （a）$CH_4/^{36}Ar$ 比（代表气水比）；（b）甲烷中碳的稳定同位素值（$\delta^{13}C\text{-}CH_4$）；（c）甲烷与高级碳氢化合物（C_1/C_{2+}）的比值与在本研究中采样的生产煤层气井中为 $^4He/^{20}Ne$ 比率的相关关系（放射性 He 与大气饱和水的替代物 ^{36}Ar；注意对数刻度）。图中显示了所有数据的线性回归线、r^2 值和回归的 p 值

203

和 Burnard，2002），这表明在许多样品中，大多数地壳稀有气体是从矿物相转移到流体中的，而没有明显的质量依赖性元素分馏（Ballentine 等，1994；Hunt 等，2012）。地壳稀有气体的地壳生产比率缺乏可观测的分馏，特别是在 ^{4}He 和 ^{40}Ar* 之间，这表明放射性同位素的转移发生在高温下，基于 He 的比率观察，显然超过约 150℃ 时，硅质矿物中的 Ne 和 Ar 扩散（Ballentine 等，1994；Hunt 等，2012；Darrah 等，2014）。这些值与大于 R_o=2.0% 的镜质组反射率值的温度一致，这在 Springfield 煤层或 Seelyville 煤层中没有观察到。假设 ^{4}He/^{40}Ar* 值与热成因端元中的地壳生产率平衡，并且地壳稀有气体的丰度增加对应于较低的 C_1/C_{2+}，较低的 δ^{13}C-CH$_4$ 负值，较低的大气衍生气体（N$_2$、^{20}Ne、^{36}Ar）和更高的气—水比（CH$_4$/^{36}Ar），根据 Springfield 煤层或 Seelyville 煤层的镜质组反射率值（天然气的外源或二者兼而有之），我们推断这些数据表明存在明显高于预期温度的热成因天然气。

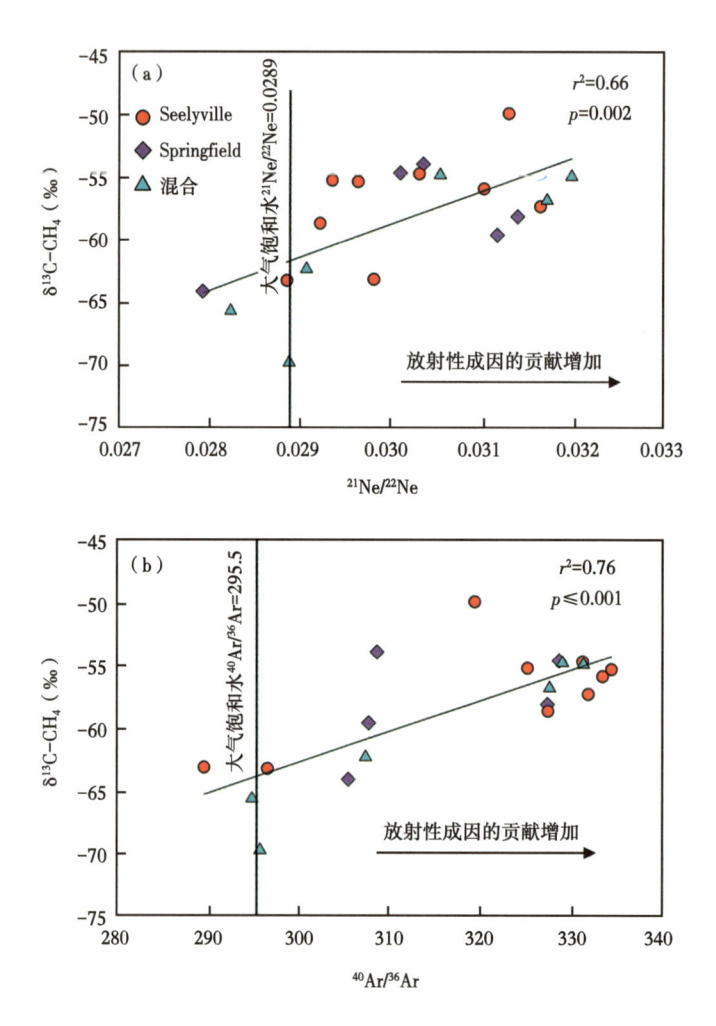

图 7.9 研究中甲烷（δ^{13}C-CH$_4$）中的碳同位素组成与煤层气井中 ^{21}Ne/^{22}Ne 和 ^{40}Ar/^{36}Ar 的相关关系
注意放射性成因的增加（代表更深的地壳流体）与更多热成因气井（甲烷中相对较重的碳同位素）之间的相关性；图中显示了所有数据的线性回归线、r^2 值和回归的 p 值

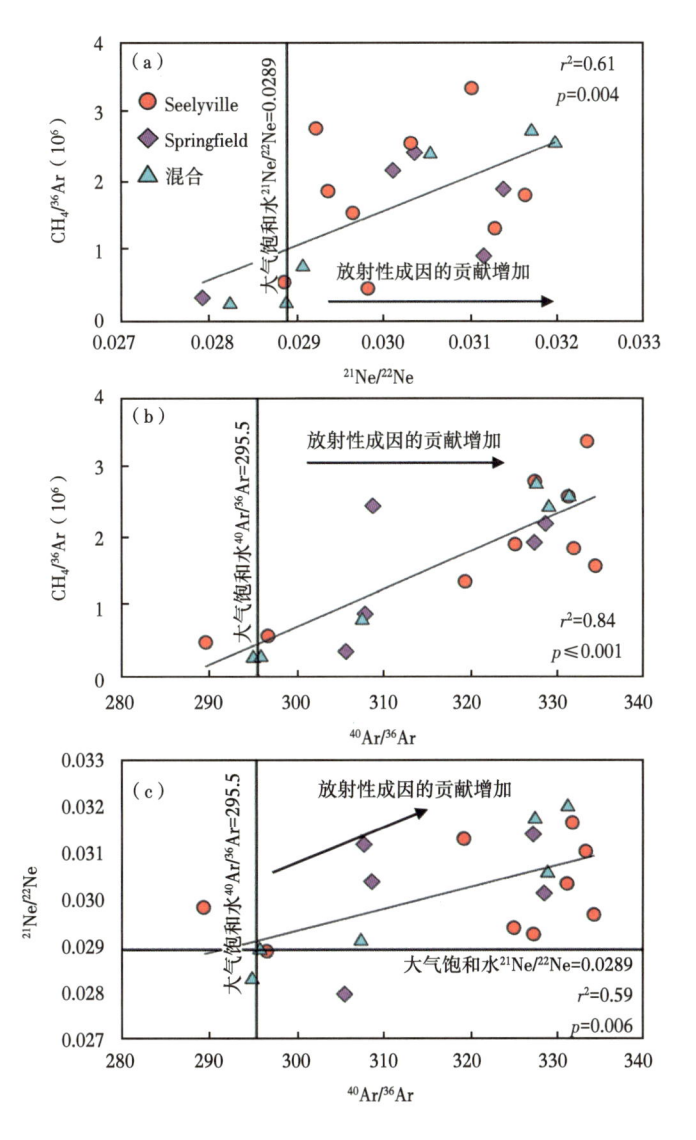

图 7.10 研究中煤层气井中 $CH_4/^{36}Ar$ 与 $^{21}Ne/^{22}Ne$、$^{40}Ar/^{36}Ar$ 以及 $^{21}Ne/^{22}Ne$ 与 $^{40}Ar/^{36}Ar$ 的相关关系

注意样品中地壳稀有气体的比例随着气体与水的比例（即 $CH_4/^{36}Ar$）的增加而增加；图中显示了所有数据的线性回归线、r^2 值和回归的 p 值

7.5.3 内源性与外源性热成因气

尽管乙烷是热源天然气的指示指标，但仅乙烷的存在并不能区分热成因烃是内源性生成还是在所有样品中都存在外源性的热成因气。稀有气体还可以作为一套强大的示踪剂，用于确定煤层气储层中天然气的时间和运移，确定天然气是煤层中内生演化还是源自外生地层。在确定研究区天然气混合物的热成因贡献之前，我们必须更好地将可能的热成因源限制在 Springfield 煤层和 Seelyville 煤层中。虽然升高的 ^4He 主要

代表较老的深层流体，但 ^{4}He 的几种独特来源也是可能的。任何地壳流体中的 ^{4}He 都来自以下各项的组合：（1）大气输入；（2）过多的空气含量；（3）由 U-Th 系列核素的 α 衰变原位产生 ^{4}He；（4）释放先前积累在碎屑颗粒中的 ^{4}He；（5）来自外源的流体（Solomon 等，1996；Ballentine 等，2002；Ballentine 和 Burnard，2002；Zhou 和 Ballentine，2006）。

由于 ^{20}Ne 完全是大气中衍生的，并且具有与 ^{4}He 相似的溶解度（10℃下，β_{He}/β_{Ne}=1.2），因此我们可以使用 ^{20}Ne 的丰度来估算 ^{4}He 的大气贡献。即使在 [^{4}He] 最低的样品中，大气饱和水（ASW）保守地也可以占总 [^{4}He] 的 0.042% 以下。使用 Springfield 煤层和 Seelyville 煤层的平均测得的 [U] 为 1.2µg/g、[Th] 为 4.0µg/g（表 7.8）来估计潜在的 [^{4}He] 原位稳态生产量，并以每年少于 1.030×10^{-9} cm^3/L（STP）在水中积聚，即使假设流体停留时间等于煤的沉积年龄，在目前的研究中，^{4}He 的测量浓度所占比例很小。以前被束缚在碎屑矿物颗粒中的 ^{4}He 从煤层固体中转移到煤层水中可能会大大超过稳态产量（Solomon 等，1996）。但是，根据测得的煤扩散系数和岩石中煤的平均初始 [^{4}He] 为 31122×10^{-6} cm^3/kg（STP）（表 7.8），计算出的最大释放率最高可达约每年 0.2×10^{-7} cm^3/L（STP），相当于当前研究中测得的最大 ^{4}He 浓度（$< 10^{-3}$%）（方法见 Darrah 等，2015b）。

因此，我们观察到的 ^{4}He 水平 [气相中为 0.15%，在水相中高达 0.33 cm^3/L（STP）] 大大超过了大气饱和水 [^{4}He] 中的可行组合浓度，即最大 [^{4}He] 原位生产和 ^{4}He 的释放，这是以前在 Springfield 或 Seelyville 的煤层固体中累积的，时间跨度超过了数千万年。实际上，这些数据暗示着地下水在这些系统中的表观停留时间高达 18.9Ma，以便确保从煤层中的碎屑颗粒释放出内源性氦累积 ^{4}He 的水平。考虑到采样井的深度较浅（地表以下 73~213m），且及先前的报道表明在最后的 1.2Ma 内将冰川融化的水大量补充到下面的 New Albany 页岩中，这种地下水的停留时间似乎是难以置信的（McIntosh 等，2004，2012；Schlegel 等，2011b）。因此，根据 ^{4}He、CH$_4$、C$_2$H$_6$、δ^{13}C-CH$_4$ 与较重的地壳稀有气体之间的相关性，我们建议，在当前研究区域，从生产中的煤层气（CBM）井中观察到的过量 ^{4}He 浓度不是 Springfield 煤层和 Seelyville 煤层的内源性，与外生热气源向 Springfield 煤层和 Seelyville 煤层的迁移一致。结果表明氦气水平升高可能表明 ^{4}He（可能还有 ^{21}Ne* 和 ^{40}Ar*）迁移并被束缚在 Springfield 煤层和 Seelyville 煤层中。在这种气体迁移之后，本研究中的样品具有生物成因甲烷的混合成分，该甲烷相对缺乏 ^{4}He。

地壳流体的深源与大气成分的比率（如 ^{4}He/CH$_4$、^{20}Ne/^{36}Ar、^{84}Kr/^{36}Ar；图 7.11 和图 7.12）对于评估地下气体的迁移过程（如通过扩散或溶解分馏；Darrah 等，2014，2015a，2015b）特别有效。地壳流体中外源 ^{4}He 的相对浓度（如 ^{4}He/CH$_4$）是由原始热成因天然气源中释放的 ^{4}He 混合以及在后生过程中发生的后续改变（如流体迁移、氧化、甲烷的输入；Ballentine 等，2002；Hunt 等，2012；Darrah 等，2014，2015b）组合而成的。如 ^{4}He/CH$_4$、^{20}Ne/^{36}Ar 和 C$_1$/C$_{2+}$ 的增加，同时 ^{84}Kr/^{36}Ar 减少，可诊断为两相（游离气体＋盐水）溶解度分级，而单相（溶解于盐水中的气体）热成因气和生物成因气之间的迁移或混合将仅与 ^{4}He 的富集有关，因此与 ^{4}He/CH$_4$ 的富集有关（Darrah 等，2014，2015b）。这些分馏过程会显著影响正在迁移的天然气的成分，并导致敏感参数（如 ^{4}He 或 ^{20}Ne）的显著增加，这些参数可诊断地下流体的迁移（Zhou 等，2005；Zhou 和 Ballentine，2006；Darrah 等，2014，2015b）。

许多样品显示出 $^{20}Ne/^{36}Ar$ 明显高于大气饱和水平衡值 0.156（最高达 0.999），而 $^{84}Kr/^{36}Ar$ 明显低于大气饱和水平衡值（0.045）端元（明显是热成因的，如富含乙烷，升高的 $\delta^{13}C\text{-}CH_4$ 值）（图 7.11、图 7.12，表 7.1 至表 7.3、表 7.6 至表 7.7）。我们注意到 $^{20}Ne/^{36}Ar$ 的增加几乎完全与 [^{20}Ne] 和 [CH_4]、[C_2H_6] 和 [^4He] 的增加有关，而与 [^{36}Ar] 无关。相对于大气饱和水平衡值升高的 $^{20}Ne/^{36}Ar$ 和较低的 $^{84}Kr/^{36}Ar$ 比值，所以得出热成因天然气的来源是外源的，并且在流体运移过程中经历了多阶段，从来源到宾夕法尼亚煤层气藏的流体运移（二次烃运移）过程中经历了两相分配（图 7.11 和图 7.12）。

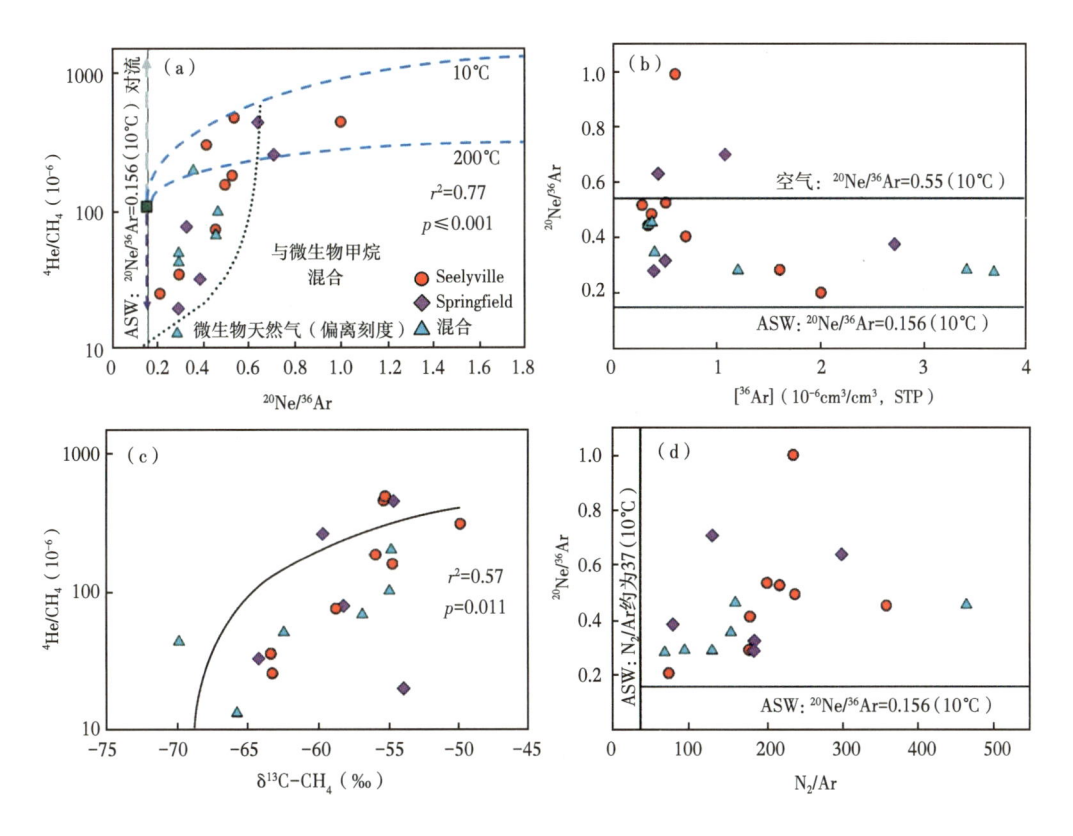

图 7.11 （a）$^4He/CH_4$ 的比值与 $^{20}Ne/^{36}Ar$ 的比值；（b）$^{20}Ne/^{36}Ar$ 的比值与氩 [^{36}Ar] 的浓度；（c）$^4He/CH_4$ 的比值与甲烷的碳同位素组成（$\delta^{13}C\text{-}CH_4$）；以及（d）$^{20}Ne/^{36}Ar$ 的比值与 N_2/Ar 的比值的相关关系

来自研究区煤层气（CBM）生产井。(a) 中，深绿色正方形代表先前报道的 New Albany 页岩气的平均成分（Schlegel 等，2011a），灰色虚线箭头代表类似 New Albany 页岩的单相对流，紫色虚线箭头表示 New Albany 页岩气与"年轻"生物成因源的混合，蓝色虚线表示通过将 New Albany 页岩气两相平流到 Springfield 煤层和 Seelyville 煤层的模型分馏，黑色虚线表示先前经历过相分配的迁移端元与"年轻"微生物源之间的假设混合线。两阶段溶解度分馏和对流趋势是基于 Gilfillan 等（2008，2009）和 Zhou 等（2012）等开发的两阶段地下水气提和再溶解模型（GGS-R）。图中显示了所有数据的线性回归线、r^2 值和回归的 p 值

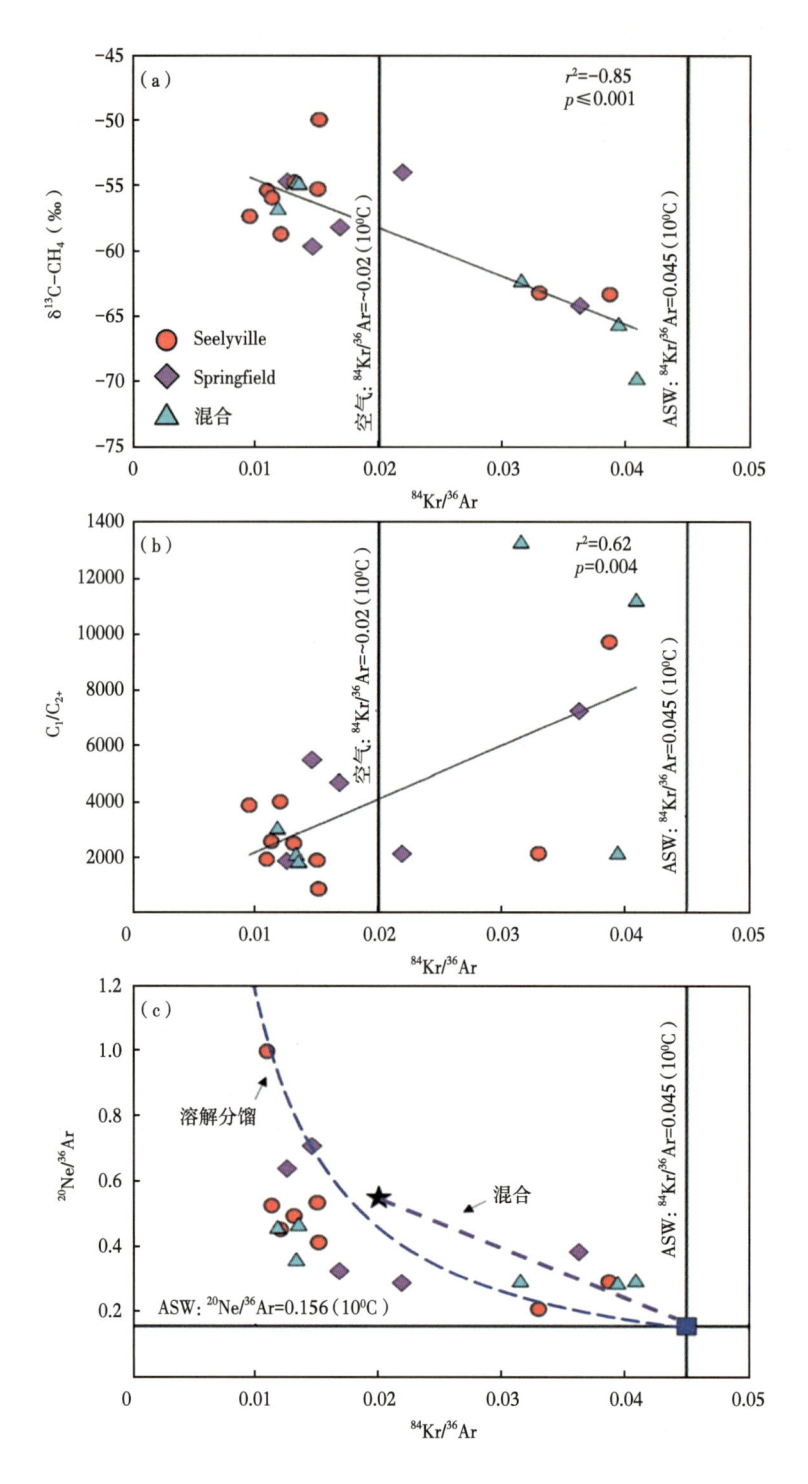

图7.12 （a）本研究中煤层气井甲烷的碳同位素组成（δ^{13}C-CH$_4$）；（b）甲烷与高级脂肪烃（C$_1$/C$_{2+}$）的比值；（c）^{20}Ne/^{36}Ar 的比值与 ^{84}Kr/^{36}Ar 的比值相关关系。（c）中的蓝框和黑星分别表示大气饱和水和空气的全局约束比率 ^{20}Ne/^{36}Ar 和 ^{84}Kr/^{36}Ar；蓝色趋势线表明了通过两相溶解度迁移进行分馏时气体成分的变化；紫色虚线表示了大气饱和水流体和空气之间的混合

尽管在多阶段流体迁移过程中的相分异可以解释表面生热端元中 ^{4}He/CH$_4$ 和 ^{20}Ne/^{36}Ar 的升高（图7.11），但它不能解释具有相对较低 ^{4}He/CH$_4$ 的样品的子集。本次研究与前人基于热成因气 ^{4}He/CH$_4$ 与 ^{20}Ne/^{36}Ar 相关性研究的重要差别在于（Darrah 等，2014，2015a，2015b）：我们所得到的 ^{4}He/CH$_4$ 结果低于建模盆地中通过煤和页岩的铀、铅含量（表7.8）测量所得热成因气的所有可能来源值。从富含微生物的端元分子中，δ^{13}C-CH$_4$ 最负，C_1/C_{2+} 值较高的样品也显示出相对较低的 ^{4}He/CH$_4$，并且在大气饱和水（ASW）附近显示出 ^{20}Ne/^{36}Ar（图7.4、图7.6、图7.8、图7.11和图7.12）。因此，这里记录非常低的 ^{4}He/CH$_4$ 值与天然气热成因的运移不一致，而是与纯 ^{4}He 的生物成因甲烷的混合源相一致。为了评估该过程，我们在运移的富含热成因端元和富含大气衍生气体且缺乏 ^{4}He 的微生物源之间建立了一条假设的混合线（图7.11a 中的黑色虚线）。

尽管在图7.11a 中选择的富含热成因端元是临时的，但注意到混合线已近似了大多数数据的轨迹。得出的结论是，与图7.4 和图7.5 中显示的碳氢化合物数据和趋势形成互补，图7.11a 中显示的数据趋势还表明运移的热成因天然气与内源性生物成因甲烷之间存在混合。

7.5.4　New Albany 页岩是潜在的外生热成因气来源

在伊利诺伊盆地的含油气系统范围内寻找热成因天然气运移来源的过程中，我们将已出版的数据与本次研究中从 Springfield 煤层和 Seelyville 煤层获得的数据以及来自下伏 New Albany 页岩（位于 Springfield 煤层和 Seelyville 煤层下方约1200m）的先前发表的数据结果进行了比较（McIntosh 等，2002；Schlegel 等，2011a）。我们注意到富含热成因的煤层气样品沿着 New Albany 页岩和生物成因端元数据之间明显混合线下降（图7.4 和图7.5）。检查已发表的 New Albany 页岩数据表明页岩气的成因来源不明确。基于 New Albany 页岩的已公布的 δ^{13}C-CH$_4$、δ^2H-CH$_4$ 和 C_1/C_{2+} 数据（McIntosh 等，2002；Schlegel 等，2011b），我们认识到 New Albany 页岩本身可能含有未量化的微生物成分（图7.4 和图7.5；McIntosh 等，2002；Schlegel 等，2011b）。与从较浅的宾夕法尼亚纪煤层气生产的天然气相比，New Albany 页岩气明显具有更多的热成因特征，尤其是乙烷含量更高。虽然 New Albany 页岩气的成因来源仍不确定，但有趣的是，Darrah 等（2014，2015b）使用适用于碳氢化合物的 GGS-R 气体分馏模型解释了 New Albany 页岩天然气数据中观察到的趋势（尽管成分范围相对较大），并使能够表征可能的热成因天然气，该热成因促成了 Springfield 煤层和 Seelyville 煤层天然气中混合的生物成因—热成因气体（图7.4 和图7.5）。基于在 Springfield 地层和 Seelyville 地层中观察到的目前未确定的外源天然气的地球化学特征，以及伊利诺伊盆地含油气系统中泥盆纪/密西西比年代的 New Albany 页岩和宾夕法尼亚年代的煤层的相对地层位置，我们认为 New Albany 页岩是 Springfield 煤层和 Seelyville 煤层的潜在外生热成因天然气源。尽管 New Albany 页岩气与假设的宾夕法尼亚纪煤的迁移是一致的，但也应注意，伊利诺伊盆地可能还有其他未表征的气源，其属性可能与 New Albany 页岩相似。

7.5.5　热成因端元的迁移后改变

在确定 New Albany 页岩为 Springfield 煤层和 Seelyville 煤层贡献外生热成因天然气之

前，必须考虑后成因过程如何改变天然气的原始组成。已知在双相运移、厌氧氧化和好氧氧化过程中的溶解度分异会导致各种烃类储层发生显著的后成因改变（Whiticar 1999；Kinnaman 等，2007；Etiope 等，2009a；Darrah 等，2015b）。除了混合（上面已讨论过），我们认为有两个可能以可预测的方式影响热成因气的 $^4He/CH_4$ 和碳同位素比值。

7.5.5.1 厌氧氧化

厌氧氧化将甲烷与末端电子受体（例如硫酸盐）耦合，产生与被生物降解的碳氢化合物相关比例的 CO_2 和 H_2。在硫酸盐含量丰富的海底环境中，有据可查的文献最多（Alperin 和 Hoehler，2009，2010）。甲烷氧化菌的厌氧氧化只会影响甲烷，因此会降低残留天然气混合物中的 C_1/C_{2+}（即甲烷优先被氧化为高阶脂肪烃），导致甲烷的 $\delta^{13}C$ 值和 δ^2H 值更正（Whiticar，1999；Kinnaman 等，2007；Pape 等，2010），最终产生了一种看似"更好"的天然气，被称为次生生物成因气（Scott 等，1994；Pallasser，2000；Etiope 等，2009b）。

最初贫乙烷的生物成因天然气的厌氧氧化会优先将甲烷转化为 CO_2，剩下的未氧化甲烷富含 ^{13}C（Whiticar，1999；Etiope 等，2009b；Pape 等，2010）。尽管此过程可以解释 $^4He/CH_4$ 升高（图 7.11），较低的 C_1/C_{2+} 比值和更重的 $\delta^{13}C-CH_4$（对于生物成因气而言是预期的）（图 7.5 中的右下方），但厌氧甲烷氧化不能解释 $\delta^{13}C-CH_4$ 和 $^4He/^{20}Ne$ 与气-水比（$CH_4/^{36}Ar$）之间的相关性，以及升高的 $^4He/CH_4$ 与 $^{20}Ne/^{36}Ar$ 或 $\delta^{13}C-CH_4$ 的相关性，也不能解释同一样品中甲烷的比例。因此，我们得出的结论是，仅甲烷厌氧氧化并不能说明数据中的所有趋势。

7.5.5.2 好氧氧化与混合

好氧氧化可降解甲烷、乙烷、丙烷和其他高级脂肪烃。由于较重的脂肪烃优先被氧化为甲烷（James 和 Burns，1984；Etiope 等，2009a；Harkness 等，2017），因此，好氧氧化可导致 C_1/C_{2+} 增加，甲烷中的 $\delta^{13}C$ 和 δ^2H 负值降低以及残留天然气混合物中的 $^4He/CH_4$ 更高。如果不引入最近的含氧地下水，则认为在地下不可能发生好氧氧化。煤中含氧地下水的持久性甚至更不可能发生，因为在煤层等富含有机物的环境中，溶解氧将被迅速消耗掉（Martini 等，2003；Vinson 等，2017）。

我们设想了一种可能导致 Springfield 煤层和 Seelyville 煤层中的烃类发生广泛的好氧氧化的情况。众所周知，伊利诺伊盆地在最近的 1.2Ma 内经历了广泛的冰川均衡剥削，新构造压裂和冰川融水补给，特别是在盆地边缘附近（McIntosh 等，2004，2012；Schlegel 等，2011b）。在这种情况下，冰川融水在间冰期的大量补给可能引起好氧氧化。虽然几乎不可能仅通过冰川融化水向 Springfield 煤层和 Seelyville 煤层的浸渗（或与补给脉冲相关的 O_2 的渗透深度）就能对气体成分的影响进行量化，但 C_1/C_{2+} 最高的样品中大气饱和水（ASW）气体（N_2、^{36}Ar、^{20}Ne）与这种情况大体一致。浅层的 Springfield 煤层和 Seelyville 煤层（73~213m）可能更容易受到有氧淡水的渗透，特别靠近盆地边缘研究区域。例如 San Juan 盆地好氧氧化发生在其他煤层气储层的盆地边缘（Scott 等，1994）。

因为好氧氧化会去除乙烷和更高阶的烃类气体，并减少残留的热成因甲烷量，所以在以前氧化的热成因气体中添加恒定体积的生物成因甲烷将产生一种混合物，基于混合物中氢化合物的组成，其生物成因贡献的比例似乎在增加。因此认为，由于过去的好氧氧化事件，Springfield 和 Seelyville 天然气的现代组成似乎包括了较低比例的热成因天然气。但是，如果好氧氧化确实改变了碳氢化合物的组成，那么也会在氧化程度最高的 $\delta^{13}C$-CH_4 重质端元中观察到最高的 $^4He/CH_4$ 值，因为氧化会去除甲烷而不会改变氦气的浓度。取而代之的是具有最低 $^4He/CH_4$ 值的样本显示了最大的 $\delta^{13}C$-CH_4 负值（图 7.11）。因此，尽管不能排除好氧氧化改变了外生热成因天然气的初始组成，但最容易解释的是外生热成因天然气具有明显的热成熟度范围，后来被混合，并且由贫氦和贫乙烷的内源性生物成因端元"叠印"而成。

7.5.6 地幔贡献

除了上面讨论的数据外，氦同位素组成升高的样品（$^3He/^4He$ 记录为 R/R_a）的存在也支持了对 Springfield 煤层和 Seelyville 煤层中天然气外来来源的解释（图 7.7）。值得关注是，在伊利诺伊盆地东南缘的露头和采矿作业中发现了二叠纪的超镁铁质（即地幔来源的）火成岩岩墙（约 270Ma）（Reynolds 等，1997；Stewart 等，2005；Schimmelmann 等，2009）。地幔来源的流体（例如 ^3He 和 CO_2）可以从侵入体中脱气，并存储在诸如构造或地层油气藏等沉积储层中持续较长的地质时间，然后可以与局部产生的流体混合或迁移到这些流体中（Ballentine 等，2001）。尽管 ^3He 是保守的示踪剂可以保留地幔贡献的证据，但 CO_2 可以轻松溶解在地层水中并形成溶解无机碳（DIC），以碳酸盐形式沉淀或被微生物活动所改变。尽管伊利诺伊盆地的研究区域内没有在岩屑或岩心中发现明确的岩浆侵入，但在所有样品中均观察到了地壳端元上方的氦同位素值（R/R_a）。观测到的高 He/Ne 值（图 7.7）与存在少量但可量化的地幔来源气体一致，大部分样品位于地壳端元和 1% 的地幔贡献之间（Hilton，1996；Darrah 等，2015b）。令人感兴趣的是，$^3He/^4He$ 比最高的样品是大气饱和水（ASW）比例最高的样品（$^3He/^4He$ 最大为 0.901 或约 10% 的地幔贡献，He/Ne 比为 51.5），这可能表明充当岩浆流体迁移路径的通道也有助于大气降水的向下迁移。

人们可能会认为，由于侵入岩浆体伴生的热量增加，岩浆侵入体可能在煤层内产生高的热成熟度。因此，我们无法完全消除与岩浆侵入有关的可变加热煤的潜力。但以前在伊利诺伊盆地南部的研究表明，接触变质作用对镜质组反射率值增加的空间影响仅限于岩墙厚度的约 1.2 倍（Stewart 等，2005；Schimmelmann 等，2009）。因为我们没有观察到 $^3He/^4He$ 和 $\delta^{13}C$-CH_4 之间显著相关性，并且由于缺乏局部岩墙侵入的证据，所以得出结论，是来自地幔的 ^3He 与热成因天然气的产生无关。但是，^3He 确实提供了进一步的证据表明在过去的不确定时间内，存在外源性流体与研究区域的煤层气（CBM）气井产生的天然气混合的情况。

7.6 结论

尽管生物成因甲烷在位于伊利诺伊盆地东部研究区宾夕法尼亚系煤的天然气组成中占主导地位，但量化了在当前研究的大多数气体中的热成因天然气的贡献。通过整合碳氢化合物和稀有气体数据，确定了生物成因甲烷和外源热成因之间的相关混合物。我们确定热成因端元的特征在于乙烷、^4He、外源性 ^{20}Ne、富集的 $^{20}Ne/^{36}Ar$ 和富集的 $\delta^{13}C$-CH_4 之间呈正相关。相比之下，具有更多生物成因源的端元包含更多的 $\delta^{13}C\text{-}CH_4$ 负值，明显更富集源自大气饱和水（ASW）的气体（如 ^{36}Ar），并包含较低浓度的乙烷。

解决生物成因—热成因气体混合物是一个具有挑战性的问题，由于缺乏传统的稳定同位素比率方面的特定端元鉴定而变得更加困难。没有以稀有气体同位素比率中编码的信息，该研究领域先前发布的混合模型没有解决外源热成因天然气的贡献，而是将数据与假设的生物成因和热成因端元进行了比较。这些研究得出的结论是，热成因气的贡献量仅占体积的 0.1%~0.4%（Strapoć 等，2007；Mastalerz 等，2017）。相比之下，将 New Albany 页岩样气源作为热成因的碳氢化合物混合模型，其热成熟度高于宾夕法尼亚系煤，对外生热成因的贡献率估计在 4.6%~17.1% 之间。类似地，利用保守的稀有气体（即 $^4He/CH_4$、$^{20}Ne/^{36}Ar$）的混合模型产生了 6.3%~19.2% 的外生热成因气体的估计值，这在考虑内源性端元的潜力时与我们估计的烃类混合值大致一致。稀有气体比率提供了证据证明这些煤层气比先前认为的更为热成因（或至少更为外源性），但没有看到任何迹象表明大量的热成因气体是在研究区域内宾夕法尼亚系煤自身加热产生的。这一解释与最近密歇根盆地附近 Antrim 页岩的同位素测量结果一致。

我们的解释总结如下：

（1）根据甲烷、乙烷和 ^4He 之间的相关性认为是一种热成因天然气，其 $\delta^{13}C\text{-}CH_4$ 值相对富集，$^4He/CH_4$、^4He、$^{21}Ne^*$ 和 $^{40}Ar^*$ 较高，而 C_1/C_{2+} 较低（与生物成因甲烷相比较）存在于 Springfield 煤层和 Seelyville 煤层中并且可量化。

（2）低热成熟度气体的一部分可能是由内生热成烃产生的。然而，这项研究中的大多数气体样品都需要来自深埋更大单元的外源热源才能解释 [He] 的升高。出于说明目的，使用像 New Albany 页岩这样的端元作为更深、更热成因（但可能不是纯热成因）的气体的示例，以检验外源天然气的假设。地幔来源的 ^3He 的存在进一步支持了对外源天然气源的解释。

（3）需要更深、更高热成熟度的地层单元，如 New Albany 页岩，以解释外生热成因。我们假设热成因气的两相（自由气体 + 盐水）迁移将根据溶解度分馏天然气成分，增加 C_1/C_{2+}、$^4He/CH_4$ 和 $^{20}Ne/^{36}Ar$ 并降低 $^{84}Kr/^{36}Ar$。最终，这些热成因天然气的一部分迁移并充注到 Springfield 煤层和 Seelyville 煤层的地层圈闭中，显然这些气体仍留在研究区域内的 Springfield 煤层和 Seelyville 煤层中。

（4）假设随后形成的干燥生物成因气降低了 $\delta^{13}C\text{-}CH_4$ 的含量，并提高了所得混合物的 C_1/C_{2+} 比率，这稀释了迁移的热成因甲烷的地球化学特征。不幸的是，目前的数据集无法解决主要和次要生物成因来源的贡献。应当开展包括乙烷和丙烷的碳同位素在内的未来工作，以进一步检验该假设。

这项研究表明，与单独进行烃类分析相比，稀有气体和油气地球化学的结合可以更有力地评价地壳中天然气的来源和运移过程。正确认识这些过程对于认识煤层气藏中烃类气体的成因来源、微生物的作用和地下的后成因改造过程是十分必要的。此外，这些发现意味着，应在其他盆地重新评估已建立的技术，例如仅使用碳氢化合物的同位素和分子含量。

参 考 文 献

AESCHBACH-HERITG, W., PEETERS, F., BEYERLE, U. & KIPFER, R. 1999. Interpretation of dissolved atmospheric noble gases in natural waters. *Water Resources Research*, 35, 2779-2792.

AESCHBACH-HERTIG, W., EL-GAMAL, H., WIESER, M. & PALCSU, L. 2008. Modeling excess air and degassing in groundwater by equilibrium partioning with a gas phase. *Water Resources Research*, 44, W08449.

AHMED, A.J., JOHNSTON, S., BOYER, C., LAMBERT, S.W., BUSTOS, O.A., PASHIN, J.C. & WRAY, A. 2009. Coalbed methane: clean energy for the world. *Oilfield Review*, 21, 4-13.

ALPERIN, M.J. & HOEHLER, T.M. 2009. Anaerobic methane oxidation by archaea/sulfate-reducing bacteria aggregates: thermodynamic and physical constraints. *American Journal of Science*, 309, 869-957.

ALPERIN, M. & HOEHLER, T. 2010. Biogeochemistry: the ongoing mystery of sea-floor methane. *Science*, 329, 288-289.

ANDERSON, J.S., ROMANAK, K.D., YANG, C., LU, J., HOVORKA, S.D. & YOUNG, M.H. 2017. Gas source attribution techniques for assessing leakage at geologic CO_2 storage sites: evaluating a CO_2 and CH_4 soil gas anomaly at the Cranfield CO_2-EOR site. *Chemical Geology*, 454, 93-104.

BALLENTINE, C.J. & BURNARD, P.G. 2002. Production, release and transport of noble gases in the continental crust. *Reviews in Mineralogy and Geochemistry*, 47, 481-538.

BALLENTINE, C.J., ONIONS, R.K., OXBURGH, E.R., HORVATH, F. & DEAK, J. 1991. Rare-gas constraints on hydrocarbon accumulation, crustal degassing, and groundwater-flow in the Pannonian Basin. *Earth and Planetary Science Letters*, 105, 229-246.

BALLENTINE, C.J., MAZUREK, M. & GAUTSCHI, A. 1994. Thermal constraints on crustal rare-gas release and migration-evidence from Alpine fluid inclusions. *Geochimica et Cosmochimica Acta*, 58, 4333-4348.

BALLENTINE, C.J., SCHOELL, M., COLEMAN, D. & CAIN, B.A. 2001. 300-Myr-old magmatic CO_2 in natural gas reservoirs of the west Texas Permian basin. *Nature*, 409, 327-331.

BALLENTINE, C.J., BURGESS, R. & MARTY, B. 2002. Tracing fluid origin, transport and interaction in the crust. *Reviews in Mineralogy and Geochemistry*, 47, 539-614.

BARRY, P., LAWSON, M., MEURER, W., DANABALAN, D., BYRNE, D., MABRY, J. & BALLENTINE, C.J. 2017. Determining fluid migration and isolation times in multiphase crustal domains using noble gases. *Geology*, 45, 775-778, https://doi.org/10.1130/G38900.1

BARRY, P.H., LAWSON, M., MEURER, W.P., WARR, O., MABRY, J.C., BYRNE, D.J. & BALLENTINE, C.J. 2016. Noble gases solubility models of hydrocarbon charge mechanism in the Sleipner Vest gas field. *Geochimica et Cosmochimica Acta*, 194, 291-309.

BATES, B.L., MCINTOSH, J.C., LOHSE, K.A. & BROOKS, P.D. 2011. Influence of groundwater flowpaths, residence times and nutrients on the extent of microbial methanogenesis in coal beds: Powder River Basin, USA. *Chemical Geology*, 284, 45-61.

BERNARD, B.B., BROOKS, J.M. & SACKETT, W.M. 1976. Natural-gas seepage in Gulf of Mexico. *Earth and Planetary Science Letters*, 31, 48-54.

BUSCHBACH, T.C. & KOLATA, D.R. 1990. Regional setting of the Illinois Basin. *In*: LEIGHTON, M.W., KOLATA, D.R., OLTZ, D.F. & EIDEL, J.(eds) *Interior Cratonic Basins*. AAPG, Memoirs, 51, 29-55.

CHUNG, H.M., GORMLY, J.R. & SQUIRES, R.M. 1988. Origin of gaseous hydrocarbons in subsurface environments-theoretical considerations of carbon isotope distribution. *Chemical Geology*, 71, 97-103.

CLUFF, R.M. 1980. Paleoenvironment of the New Albany Shale Group (Devonian-Mississippian) of Illinois. *Journal of Sedimentary Petrology*, 50, 767-780.

COLEMAN, D.D., RISATTI, J.B. & SCHOELL, M. 1981. Fractionation of carbon and hydrgoen isotopes by methane-oxidizing bacteria. *Geochimica et Cosmochimica Acta*, 45, 1033-1037.

COOK, P.G., SOLOMON, D.K., SANFORD, W.E., BUSENBERG, L.N., PLUMMER, L.N. & POREDA, R. J. 1996. Inferring shallow groundwater flow in saprolite and fractured rock using environmental tracers. *Water Resources Research*, 32, 1501-1509.

CRAIG, H., LUPTON, J.E. & HORIBE, Y. 1978. A mantle component in circum Pacific volcanic glasses; Hakone, the Marianas, and Mt. Lassen. *In*: ALEXANDER, E.C. & OZIMA, M. (ed.) *Terrestrial Rare Gases*. Japan Science Society Press, Tokyo, 3-16.

CUOCO, E., TEDESCO, D., POREDA, R.J., WILLIAMS, J.C., DE FRANCESCO, S., BALAGIZI, C. & DARRAH, T.H. 2013. Impact of volcanic plume emissions on rain water chemistry during the January 2010 Nyamuragira eruptive event: implications for essential potable water resources. *Journal of Hazardous Materials*, 244, 570-581.

DARRAH, T.H. & POREDA, R.J. 2012. Evaluating the accretion of meteoritic debris and interplanetary dust particles in the GPC-3 sediment core using noble gas and mineralogical tracers. *Geochimica et Cosmochimica Acta*, 84, 329-352.

DARRAH, T.H., TEDESCO, D., TASSI, F., VASELLI, O., CUOCO, E. & POREDA, R.J. 2013. Gas chemistry of the Dallol region of the Danakil Depression in the Afar region of the northern-most East African Rift. *Chemical Geology*, 339, 16-29.

DARRAH, T.H., VENGOSH, A., JACKSON, R.B., WARNER, N.R. & POREDA, R.J. 2014. Noble gases identify the mechanisms of fugitive gas contamination in drinking-water wells overlying the Marcellus and Barnett Shales. *Proceedings of the National Academy of Sciences of the United States of America*, 111, 14076-14081.

DARRAH, T.H., JACKSON, R.B., VENGOSH, A., WARNER, N.R. & POREDA, R.J. 2015a. Noble gases: a new technique for fugitive gas investigation in groundwater. *Groundwater*, 53, 23-28.

DARRAH, T.H., JACKSON, R.B. *ET AL*. 2015b. The evolution of Devonian hydrocarbon gases in shallow aquifers of the northern Appalachian Basin: insights from integrating noble gas and hydrocarbon geochemistry. *Geochimica et Cosmochimica Acta*, 170, 321-355.

DOUGLAS, P.M.J., STOLPER, D.A. *ET AL*. 2016. Diverse origins of Arctic and Subarctic methane point source emissions identified with multiply-substituted isotopologues. *Geochimica et Cosmochimica Acta*, 188, 163-188.

DROBNIAK, A., MASTALERZ, M., RUPP, J. & EATON, N. 2004. Evaluation of coalbed gas potential of the Seelyville Coal Member, Indiana, USA. *International Journal of Coal Geology*, 57, 265-282.

ETIOPE, G., FEYZULLAYEV, A. & BACIU, C.L. 2009a. Terrestrial methane seeps and mud volcanoes: a global perspective of gas origin. *Marine and Petroleum Geology*, 26, 333-344.

ETIOPE, G., FEYZULLAYEV, A., MILKOV, A.V., WASEDA, A., MIZOBE, K. & SUN, C.H. 2009b. Evidence of subsurface anaerobic biodegradation of hydrocarbons and potential secondary methanogenesis in terrestrial mud volcanoes. *Marine and Petroleum Geology*, 26, 1692-1703.

ETIOPE, G., BACIU, C.L. & SCHOELL, M. 2011. Extreme methane deuterium, nitrogen and helium enrichment in natural gas from the Homorod seep (Romania). *Chemical Geology*, 280, 89-96.

FABER, E., STAHL, W. & WHITICAR, M. 1992. *Distinction of Bacterial and Thermogenic Hydrocarbon*

Gases. R. Vially, Paris.

FURMANN, A., SCHIMMELMANN, A., BRASSELL, S.C., MASTALERZ, M. & PICARDAL, F. 2013. Chemical compound classes supporting microbial methanogenesis in coal. *Chemical Geology*, 339, 226-241.

GAO, L., BRASSELL, S.C., MASTALERZ, M. & SCHIMMELMANN, A. 2013. Microbial degradation of sedimentary organic matter associated with shale gas and coalbed methane in eastern Illinois Basin(Indiana), USA. *International Journal of Coal Geology*, 107, 152-164.

GILFILLAN, S.M., BALLENTINE, C.J. *ET AL.* 2008. The noble gas geochemistry of natural CO_2 gas reservoirs from the Colorado Plateau and Rocky Mountain provinces, USA. *Geochimica et Cosmochimica Acta*, 72, 1174-1198.

GILFILLAN, S.M.V., SHERWOOD LOLLAR, B. *ET AL.* 2009. Solubility trapping in formation water as dominant CO_2 sink in natural gas fields. *Nature*, 458, 614-618.

GOLDING, S.D., BOREHAM, C.J. & ESTERLE, J.S. 2013. Stable isotope geochemistry of coal bed and shale gas and related production waters: a review. *International Journal of Coal Geology*, 120, 24-40.

GREEN, T.W., WOLFE, S.R. & TEDESCO, S.A. 2003. Pilot tests in the Illinois and western interior basins to determine commercial productivity from Pennsylvanian-aged coals. Society of Petroleum Engineers SPE-84430-MS.

HARKNESS, J.S., DARRAH, T.H. *ET AL.* 2017. The geochemistry of naturally occurring methane and saline groundwater in an area of unconventional shale gas development. *Geochimica et Cosmochimica Acta*, 208, 302-334.

HEAD, I.M., GRAY, N.D. & LARTER, S.R. 2014. Life in the slow lane: biogeochemistry of biodegraded petroleum containing reservoirs and implications for energy recovery and carbon management. *Frontiers in Microbiology*, 5, 1-23.

HILTON, D.R. 1996. The helium and carbon isotope systematic of a continental geothermal system: results from monitoring studies at Long Valley caldera(California, USA). *Chemical Geology*, 127, 269-295.

HOLLAND, G., SHERWOOD LOLLAR, B., LI, L., LACRAMPECOULOUME, G., SLATER, G.F. & BALLENTINE, C.J. 2013. Deep fracture fluids isolated in the crust since the Precambrian era. *Nature*, 497, 357.

HOLOCHER, J., PEETERS, F., AESCHBACH-HERTIG, W., KINZELBACH, W. & KIPFER, R. 2003. Kinetic model of gas bubble dissolution in groundwater and its implications for the dissolved gas composition. *Environmental Science and Technology*, 37, 1337-1343.

HUNT, A.G. 2000. *Diffusional Release of Helium-4 from Mineral Phases as Indicators of Groundwater Age and Depositional History*. University of Rochester, Department of Earth and Environmental Sciences.

HUNT, A.G., DARRAH, T.H. & POREDA, R.J. 2012. Determining the source and genetic fingerprint of natural gases using noble gas geochemistry: a northern Appalachian Basin case study. *AAPG Bulletin*, 96, 1785-1811.

JACKSON, R.B., VENGOSH, A. *ET AL.* 2013. Increased stray gas abundance in a subset of drinking water wells near Marcellus shale gas extraction. *Proceedings of the National Academy of Sciences of the United States of America*, 110, 11250-11255.

JAMES, A.T. & BURNS, B.J. 1984. Microbial alteration of subsurface natural-gas accumulations. *AAPG Bulletin*, 68, 957-960.

JENDEN, P.D., DRAZAN, D.J. & KAPLAN, I.R. 1993. Mixing of thermogenic natural gases in northern Appalachian Basin. *AAPG Bulletin*, 77, 980-998.

KANG, M., CHRISTIAN, S. *ET AL.* 2016. Identification and characterization of high methane-emitting abandoned oil and gas wells. *Proceedings of the National Academy of Sciences of the United States of*

America, 113, 13636-13641.

KARACAN, C.O., DROBNIAK, A. & MASTALERZ, M. 2014. Coal bed reservoir simulation with geostatistical property realizations for simultaneous multi-well production history matching: a case study from Illinois Basin, Indiana, USA. *International Journal of Coal Geology*, 131, 71-89.

KENNEDY, B.M., HIYAGON, H. & REYNOLDS, J.H. 1990. Crustal neon – a striking uniformity. *Earth and Planetary Science Letters*, 98, 277-286.

KINNAMAN, F.S., VALENTINE, D.L. & TYLER, S.C. 2007. Carbon and hydrogen isotope fractionation associated with the aerobic microbial oxidation of methane, ethane, propane and butane. *Geochimica et Cosmochimica Acta*, 71, 271-283.

MARTINI, A.M., BUDAI, J.M., WALTER, L.M. & SCHOELL, M. 1996. Microbial generation of economic accumulations of methane within a shallow organic-rich shale. *Nature*, 383, 155-158.

MARTINI, A.M., WALTER, L.M., BUDAI, J.M., KU, T.C.W., KAISER, C.J. & SCHOELL, M. 1998. Genetic and temporal relations between formation waters and biogenic methane: Upper Devonian Antrim Shale, Michigan Basin, USA. *Geochimica et Cosmochimica Acta*, 62, 1699-1720.

MARTINI, A.M., WALTER, L.M., KU, T.C., BUDAI, J.M., MCINTOSH, J.C. & SCHOELL, M. 2003. Microbial production and modification of gases in sedimentary basins: a geochemical case study from a Devonian shale gas play, Michigan basin. *AAPG Bulletin*, 87, 1355-1375.

MASTALERZ, M., KVALE, E.P., STANKIEWICZ, B.A. & PORTLE, K. 1999. Organic geochemistry in Pennsylvanian tidally influenced sediments from SW Indiana. *Organic Geochemistry*, 30, 57-73.

MASTALERZ, M., DROBNIAK, A., RUPP, J.A. & SHAFFER, N.R. 2004. *Characterization of Indiana's Coal Resource: Availability of the Reserves, Physical and Chemical Properties of Coal, and Present and Potential Uses.* Indiana Geological Survey, Indianapolis, IN.

MASTALERZ, M., SCHIMMELMANN, A., DROBNIAK, A. & CHEN, Y. 2013. Porosity of Devonian and Mississippian New Albany Shale across a maturation gradient: insights from organic petrology, gas adsorption, and mercury intrusion. *AAPG Bulletin*, 97, 1621-1643.

MASTALERZ, M., DROBNIAK, A. & SCHIMMELMANN, A. 2017. Characteristics of microbial coalbed gas during production; example from Pennsylvanian Coals in Indiana, USA. *Geosciences*, 7, 26-44.

MCINTOSH, J.C., WALTER, L.M. & MARTINI, A.M. 2002. Pleistocene recharge to midcontinent basins: effects on salinity structure and microbial gas generation. *Geochimica et Cosmochimica Acta*, 66, 1681-1700.

MCINTOSH, J.C., WALTER, L.M. & MARTINI, A.M. 2004. Extensive microbial modification of formation water geochemistry: case study from a Midcontinent sedimentary basin, United States. *Geological Society of America Bulletin*, 116, 743-759.

MCINTOSH, J.C., SCHLEGEL, M.E. & PERSON, M. 2012. Glacial impacts on hydrologic processes in sedimentary basins: evidence from natural tracer studies. *Geofluids*, 12, 7-21.

MOORE, T.A. 2012. Coalbed methane: a review. *International Journal of Coal Geology*, 101, 36-81.

OXBURGH, E.R. & ONIONS, R.K. 1987. Helium loss, tectonics, and the terrestrial heat-budget. *Science*, 237, 1583-1588.

OXBURGH, E., O'NIONS, R. & HILL, R. 1986. Helium isotopes in sedimentary basins. *Nature*, 324, 632-635.

PALLASSER, R.J. 2000. Recognising biodegradation in gas/oil accumulations through the delta C-13 compositions of gas components. *Organic Geochemistry*, 31, 1363-1373.

PAPE, T., BAHR, A. *ET AL.* 2010. Molecular and isotopic partitioning of low-molecular-weight hydrocarbons during migration and gas hydrate precipitation in deposits of a high-flux seepage site. *Chemical Geology*,

269, 350-363.

PASHIN, J.C., MCINTYRE-REDDEN, M.R., MANN, S.D., KOPASKA-MERKEL, D.C., VARONKA, M. & OREM, W. 2014. Relationships between water and gas chemistry in mature coalbed methane reservoirs of the Black Warrior Basin. *International Journal of Coal Geology*, 126, 92-105.

PEPPER, A.S. & CORVI, P.J. 1995. Simple kinetic-models of petroleum formation. 3. Modeling an open system. *Marine and Petroleum Geology*, 12, 417-452.

POREDA, R.J., JENDEN, P.D., KAPLAN, I.R. & CRAIG, H. 1986. Mantle helium in Sacramento Basin Natural-gas wells. *Geochimica et Cosmochimica Acta*, 50, 2847-2853.

POREDA, R.J., CRAIG, H., ARNÓRSSON, S. & WELHAN, J.A. 1992. Helium isotopes in Icelandic geothermal systems: I. ^{3}He, gas chemistry, and ^{13}C relations. *Geochimica et Cosmochimica Acta*, 56, 4221-4228.

REYNOLDS, R.L., GOLDHABER, M.B. & SNEE, L.W. 1997. Paleomagnetic and ^{40}Ar/^{39}Ar results from the Grant Intrusive Breccia and comparison to the Permian Downeys Bluff Sill - evidence for Permian Igneous Activity at Hicks Dome, Southern Illinois Basin. US Government Printing Office.

RITTER, D., VINSON, D. ET AL. 2015. Enhanced microbial coalbed methane generation: a review of research, commercial activity, and remaining challenges. *International Journal of Coal Geology*, 146, 28-41.

ROWE, D. & MUEHLENBACHS, A. 1999a. Low-temperature thermal generation of hydrocarbon gases in shallow shales. *Nature*, 398, 61-63.

ROWE, D. & MUEHLENBACHS, K. 1999b. Isotopic fingerprints of shallow gases in the Western Canadian Sedimentary Basin: tools for remediation of leaking heavy oil wells. *Organic Geochemistry*, 30, 861-871.

RUPPERT, L.F., KIRSCHBAUM, M.A., WARWICK, P.D., FLORES, R.M., AFFOLTER, R.H. & HATCH, J.R. 2002. The US Geological Survey's national coal resource assessment: the results. *International Journal of Coal Geology*, 50, 247-274.

SCHIMMELMANN, A., MASTALERZ, M., GAO, L., SAUER, P.E. & TOPALOV, K. 2009. Dike intrusions into bituminous coal, Illinois Basin: H, C, N, O isotopic responses to rapid and brief heating. *Geochimica et Cosmochimica Acta*, 73, 6264-6281.

SCHLEGEL, M.E., MCINTOSH, J.C., BATES, B.L., KIRK, M.F. & MARTINI, A.M. 2011a. Comparison of fluid geochemistry and microbiology of multiple organic-rich reservoirs in the Illinois Basin, USA: evidence for controls on methanogenesis and microbial transport. *Geochimica et Cosmochimica Acta*, 75, 1903-1919.

SCHLEGEL, M.E., ZHOU, Z., MCINTOSH, J.C., BALLENTINE, C.J. & PERSON, M.A. 2011b. Constraining the timing of microbial methane generation in an organic-rich shale using noble gases, Illinois Basin, USA. *Chemical Geology*, 287, 27-40.

SCHLEGEL, M.E., MCINTOSH, J.C., PETSCH, S.T., OREM, W.H., JONES, E.J.P. & MARTINI, A.M. 2013. Extent and limits of biodegradation by in situ methanogenic consortia in shale and formation fluids. *Applied Geochemistry*, 28, 172-184.

SCHOELL, M. 1980. The hydrogen and carbon isotopic composition of methane from natural gases of various origins. *Geochimica et Cosmochimica Acta*, 44, 649-661.

SCHOELL, M. 1983. Genetic characterization of natural gases. *AAPG Bulletin*, 67, 2225-2238.

SCHOELL, M. 1988. Multiple origins of methane in the Earth. *Chemical Geology*, 71, 1-10.

SCOTT, A.R., KAISER, W.R. & AYERS, W.B. 1994. Thermogenic and secondary biogenic gases, San Juan Basin, Colorado and New Mexico - implications for coalbed gas producibility. *AAPG Bulletin*, 78, 1186-1209.

SHERWOOD LOLLAR, B. & BALLENTINE, C.J. 2009. Insights into deep carbon derived from noble gases. *Nature Geoscience*, 2, 543-547.

SMITH, S.P. & KENNEDY, B.M. 1982. The solubility of noble gases in water and in NaCl brine. *Geochimica et Cosmochimica Acta*, 47, 503-515.

SOLOMON, D.K., HUNT, A. & POREDA, R.J. 1996. Source of radiogenic helium 4 in shallow aquifers: implications for dating young groundwater. *Water Resources Research*, 32, 1805-1813.

STEWART, A.K., MASSEY, M., PADGETT, P.L., RIMMER, S.M. & HOWER, J.C. 2005. Influence of a basic intrusion on the vitrinite reflectance and chemistry of the Springfield (No. 5) coal, Harrisburg, Illinois. *International Journal of Coal Geology*, 63, 58-67.

STOLPER, D.A., MARTINI, A.M. ET AL. 2015. Distinguishing and understanding thermogenic and biogenic sources of methane using multiply substituted isotopologues. *Geochimica et Cosmochimica Acta*, 161, 219-247.

STRAPOC, D., MASTALERZ, M., EBLE, C. & SCHIMMELMANN, A. 2007. Characterization of the origin of coalbed gases in southeastern Illinois Basin by compound-specific carbon and hydrogen stable isotope ratios. *Organic Geochemistry*, 38, 267-287.

STRAPOC, D., MASTALERZ, M., SCHIMMELMANN, A., DROBNIAK, A. & HASENMUELLER, N.R. 2010. Geochemical constraints on the origin and volume of gas in the New Albany Shale (Devonian-Mississippian), eastern Illinois Basin. *AAPG Bulletin*, 94, 1713-1740.

STRAPOC, D., MASTALERZ, M. ET AL. 2011. Biogeochemistry of microbial coal-bed methane. *Annual Review of Earth and Planetary Sciences*, 39, 617-656.

STRAPOC, D., MASTALERZ, M., SCHIMMELMANN, A., DROBNIAK, A. & HEDGES, S. 2008a. Variability of geochemical properties in a microbially dominated coalbed gas system from the eastern margin of the Illinois Basin, USA. *International Journal of Coal Geology*, 76, 98-110.

STRAPOC, D., PICARDAL, F.W. ET AL. 2008b. Methane-producing microbial community in a coal bed of the Illinois Basin. *Applied and Environmental Microbiology*, 74, 2424-2432.

TANG, Y., PERRY, J.K., JENDEN, P.D. & SCHOELL, M. 2000. Mathematical modeling of stable carbon isotope ratios in natural gases. *Geochimica et Cosmochimica Acta*, 64, 2673-2687.

TAYLOR, S.R. & MCLENNAN, S.M. 1995. The geochemical evolution of the continental crust. *Reviews of Geophysics*, 33, 241-265.

TEDESCO, D., TASSI, F., VASELLI, O., POREDA, R.J., DARRAH, T., CUOCO, E. & YALIRE, M.M. 2010. Gas isotopic signatures (He, C, and Ar) in the Lake Kivu region (western branch of the East African rift system): geodynamic and volcanological implications. *Journal of Geophysical Research - Solid Earth*, 115, B01205, https://doi.org/10.1029/2008JB006227

TILLEY, B. & MUEHLENBACHS, K. 2013. Isotope reversals and universal stages and trends of gas maturation in sealed, self-contained petroleum systems. *Chemical Geology*, 339, 194-204.

TISSOT, B. & WELTE, D. 2012. *Petroleum Formation and Occurrence: A New Approach to Oil and Gas Exploration*. Springer Science & Business Media, Berlin.

USEIA 2013. *Annual Energy Outlook 2013*. Office of Integrated and International Energy Analysis, Washington, DC.

VALENTINE, D.L., KESSLER, J.D. ET AL. 2010. Propane respiration jump-starts microbial response to a deep oil spill. *Science*, 330, 208-211.

VINSON, D.S., BLAIR, N.E., MARTINI, A.M., LARTER, S.R., OREM, W.H. & MCINTOSH, J.C. 2017. Microbial methane from in situ biodegradatoin of coal and shale: a review and reevaluation of hydrogen and carbon isotope signatures. *Chemical Geology*, 453, 128-145.

WANG, D.T., GRUEN, D.S. ET AL. 2015. Non-equilibrium clumped isotope signals in microbial methane. *Science*, 348, 428-431.

WANG, D.T., WELANDER, P.V. & ONO, S. 2016. Fractionation of the methane isotopologues（CH_4）-C-13,（CH3D）-C-12, and（CH3D）-C-13 during aerobic oxidation of methane by Methylococcus capsulatus（Bath）. *Geochimica et Cosmochimica Acta*, 192, 186-202.

WEISS, R. 1971a. Effect of salinity on the solubility of argon in water and seawater. *Deep-Sea Research*, 17, 721.

WEISS, R. 1971b. Solubility of helium and neon in water and seawater. *Journal of Chemical and Engineering Data*, 16, 235.

WEN, T., CASTRO, M.C., ELLIS, B.R., HALL, C.M. & LOHMANN, K.C. 2015. Assessing compositional variability and migration of natural gas in the Antrim Shale in the Michigan Basin using noble gas geochemistry. *Chemical Geology*, 417, 356-370.

WEN, T., CASTRO, M.C., NICOT, J.P., HALL, C.M., LARSON, T., MICKLER, P.J. & DARVARI, R. 2016. Methane sources and migration mechanisms in shallow groundwaters in Parker and Hood Counties, Texas — A heavy noble gas analysis. *Environmental Science & Technology*, 50, 12012-12021, https：//doi.org/10.1021/acs.est.6b01494

WEN, T., CASTRO, M.C. ET AL. 2017. Characterizing the noble gas isotopic composition of the Barnett Shale and Strawn Group and constraining the source of stray gas in the trinity aquifer, North-Central Texas. *Environmental Science & Technology*, 51, 6533-6541.

WHITEHILL, A.R., JOELSSON, L.M.T., SCHMIDT, J.A., WANG, D.T., JOHNSON, M.S. & ONO, S. 2017. Clumped isotope effects during OH and Cl oxidation of methane. *Geochimica et Cosmochimica Acta*, 196, 307-325.

WHITICAR, M.J. 1999. Carbon and hydrogen isotope systematic of bacterial formation and oxidation of methane. *Chemical Geology*, 161, 291-314.

WHITICAR, M., FABER, E. & SCHOELL, M. 1985. Hydrogen and carbon isotopes of C1 to C5 alkanes in natural gases: abstract. *AAPG Bulletin*, 69, 316-316.

WHITICAR, M.J., FABER, E. & SCHOELL, M. 1986. Biogenic methane formation in marine and fresh-water environments - CO_2 reduction v. acetate fermentation isotope evidence. *Geochimica et Cosmochimica Acta*, 50, 693-709.

WHITICAR, M.J., FABER, E., WHELAN, J.K. & SIMONEIT, B.R. 1994. Thermogenic and bacterial hydrocarbon gases（free and sorbed）in Middle Valley, Juan de Fuca Ridge, Leg 139. Proceedings of the Ocean Drilling Progam, Scientific Results, 139. Ocean Drilling Program, College Station, TX.

YATSEVICH, I. & HONDA, M. 1997. Production of nucleogenic neon in the Earth from natural radioactive decay. *Journal of Geophysical Research - Solid Earth*, 102, 10291-10298.

ZHOU, Z. & BALLENTINE, C.J. 2006. He-4 dating of groundwater associated with hydrocarbon reservoirs. *Chemical Geology*, 226, 309-327.

ZHOU, Z., BALLENTINE, C.J., KIPFER, R., SCHOELL, M. & THIBODEAUX, S. 2005. Noble gas tracing of groundwater/coalbed methane interaction in the San Juan Basin, USA. *Geochimica et Cosmochimica Acta*, 69, 5413-5428.

ZHOU, Z., BALLENTINE, C.J., SCHOELL, M. & STEVENS, S.H. 2012. Identifying and quantifying natural CO_2 sequestration processes over geological timescales: the Jackson Dome CO_2 Deposit, USA. *Geochimica et Cosmochimica Acta*, 86, 257-275.

8 二元同位素测温技术与流体包裹体在储层表征应用中的比较

——以埋深 2~4km 的白云岩化碳酸盐岩储层为例

John M. Macdonald Cédric M. Jonh Jean-Pierre Girard

摘要：约束盆地热史是碳酸盐岩储层表征的关键环节。传统的古地温测量方法不能总是被使用：流体包裹体可能被重置或不存在，而 $\delta^{18}O$ 古地温测量需要对母流体成分进行假设。然而，二元同位素古温度计是制约盆地热史的一种很有前途的技术。本研究通过与流体包裹体资料的对比，验证了二元同位素是否记录了深埋藏白云岩储层的重结晶温度。研究的储层来自安哥拉近海白垩系 Pinda 组，为深埋藏白云石化的碳酸盐岩油气藏。它提供了一个理想的测试案例，因为工业井的样品可在海底以下 2000~4000m 的相对较宽的埋深范围内获得，且组成相对均一白云岩。

在这个深度范围内，Pinda 组的流体包裹体均一温度记录了 110~170℃ 的温度范围，且随着深度的增加而增加。这些温度与目前的周围的井温非常吻合，表明流体包裹体的最近重置。然而，二元同位素记录的温度（20~60℃）明显低于流体包裹体和所分析的 7 个样品的井温。最深的 5 个样品（海底以下 2800~3700m）记录了 100~120℃ 的二元同位素温度，解释为代表了导致储层大规模（再）白云石化的深埋藏重结晶事件。较浅（海底以下 2055~2740m）样品的二元同位素温度较低（65℃ 和 82℃），被解释为由于早期浅埋藏白云岩的埋藏重结晶作用不完全，代表了两个白云岩世代的物理混合。通过二元同位素测定温度可以计算母流体的 $\delta^{18}O$ 值。在 5 个最深的样品中，流体 $\delta^{18}O$ 值（3.7‰~6.5‰）在现代孔隙水组分（5‰），接近这表明埋藏白云石化作用发生在有卤水逸出的情况下。矿物 $\delta^{18}O$ 值（-7‰~-4.5‰）低于原始白垩纪海相白云岩，与埋藏重结晶作用一致。因此，二元同位素被解释为记录与开放系统埋藏重结晶事件相对应的温度。研究表明，二元同位素是表征深埋藏（>2000m）碳酸盐岩储层热史的重要工具。

认识油气储层历史的一个关键方面是表征其热史。事实上，热暴露是油气储层退化的主要因素（Nadeau，2011）。例如在埋藏过程中，温度的变化会引起成岩重结晶作用，从而影响储层的物性特征（如孔隙度和渗透率），并影响油气的采收率。热史也会影响油气成熟度。在含碳酸盐岩的盆地中，表征各年代岩石热史的方法主要有两种：流体包裹体（McLimans，1987；Barker 和 Goldstein，1990；Goldstein，2001）和 $\delta^{18}O$（McCrea，1950；Epstein 等，1951）古温度计。这些技术已经很成熟，但也有一些缺点，可能会限制其应用。流体包裹体古测温法可通过测量均一温度（T_h）来推断埋藏温度，从而推断潜在的埋藏重结晶作用。这是通过加热两相包裹体蒸气气泡消失并且剩下的全部是单相液体而获得的（Goldstein 和 Reynolds，1994）。然而，两相流体包裹体并不总是存在，或者可能不够大，无法可靠测量。这严重限制了其在细粒碳酸盐岩中用作为古温度计。另外，在盆地演化的背景下，也许最显著的缺点是它们可能在随后的埋藏期间伸展，导致 T_h 在当前温度下需重新设定（Goldstein 和 Reynolds，1994）。这导致流体包裹体记录了最高埋藏温度，即高于宿主矿物沉淀或再结晶的温度。

$\delta^{18}O$ 古温度计是根据矿物 $\delta^{18}O$、温度与形成矿物的母流体 $\delta^{18}O$ 之间的关系而建立的（McCrea，1950；Epstein 等，1951）。几十年来，碳酸盐岩中 $\delta^{18}O$ 值的测量一直是常规的（Urey 等，1951；Emiliani，1955；Shackleton，1967），但为了计算温度，必须知道母流体的 $\delta^{18}O$ 值。在大多数情况下，该值不受约束，必须进行假设。仅仅 1‰ 的错误假设可能会导致距真正矿物形成温度 10℃ 以上的温度估计值。

二元同位素是一种很有潜力的方法，可以避免其他古温度计的缺陷。这项技术是基于碳酸盐矿物生长温度与单个碳酸盐离子中 ^{13}C 和 ^{18}O 同位素（以 Δ_{47} 表示）之间的化学键丰度（"簇状"）之间的热力学关系建立的（Ghosh 等，2006a；Schauble 等，2006；Eiler，2007）。这种关系导致了碳酸盐岩二元同位素古温度计的应用，以解决一系列地质问题。大多数研究都集中在地表和近地表应用上，其中涉及的温度为 0~35℃，包括古气候（Affek 等，2008；Passey 等，2010；Thiagarajan 等，2014）和古高程（Ghosh 等，2006b；Huntington 等，2010；Lechler 等，2013；Carrapa 等，2014）研究。碳酸盐岩二元同位素古温度计也可应用于 50~300℃ 的温度范围，与成岩作用和白云石化作用等有关的过程（Ferry 等，2011；Passey 和 Henkes，2012；MacDonald 等，2013，2015；Dale 等，2014；Henkes 等，2014；Sena 等，2014；Vandeginste 等，2014；Geske 等，2015；John，2015；Kluge 和 John，2015；Kluge 等，2015；Shenton 等，2015；Stolper 和 Eiler，2016）。

碳酸盐岩二元同位素在 50~300℃ 的埋藏温度下保持原始沉淀或流体驱动重结晶温度的能力尚未完全确定。碳酸盐岩的埋藏可能导致开放系统的重结晶作用，在此之前存在的碳酸盐矿物在与流体接触时溶解并再沉淀。假设完全开放系统重结晶，Δ_{47} 值应反映重结晶过程中的环境温度。然而，最近的研究（Dennis 和 Schrag，2010；Passey 和 Henkes，2012；Henkes 等，2014）表明，埋藏期间达到的温度可能导致封闭系统二元同位素的重置，在那里 O 和 C 发生晶内扩散，Δ_{47} 不一定记录开放系统重结晶作用发生的温度，而是锁定在地层温度和最高埋藏温度之间的温度。原始碳酸盐岩的二元同位素测量给出了广泛的温度范围，许多温度在150~250℃之间，这被解释为冷却过程中的封闭温度（Dennis和Schrag，2010）。在埋藏成岩过程中，未发生再结晶，冷却温度的形成机制是碳酸盐晶格中C—O键的固态封闭系统键重新排序（Dennis和Schrag，2010；Passey和Henkes，2012）。如果方解石暴露在高于约100℃的温度下数百万年，则可能发生键重新排序（Dennis和Schrag，2010；Passey和Henkes，2012；Henkes，等，2014；Stolper和Eiler，2015），使二元同位素温度达到环境温度。

在大于100℃的方解石中，键重新排序可能发生数百万年，这一事实表明，在研究二元同位素在深埋藏储层特征中的应用时，考虑键重新排序是一个关键过程。键重新排序的研究主要集中在方解石上，而本研究则集中在白云岩储层上。白云石中键重新排序的唯一可用动力学数据来自Bonifacie等（2013）出版的会议摘要，这一未公开的实验数据表明白云石在高约300℃的温度下对固态键的重排具有抵抗力。这表明，键的重新排序对白云石中二元同位素记录的温度特征的保存影响较小（如果有的话）。在本次研究中，我们将二元同位素温度与先前获得的大量流体包裹体和周围的井温度（Walgenwitz等，1990；Eichenseer等，1999）进行了比较；研究白云石中的二元同位素是否受键重新排序的影响，或它们是否记录了地质意义事件（如埋藏重结晶作用）的温度。

8.1 样品表征

8.1.1 地质背景

本研究中调查的白云岩样品来自安哥拉近海白垩系Pinda组白云岩（图8.1a）。Pinda组的构造格架始于早白垩世西南冈瓦纳大陆的解体（Reyre，1984）。最初的裂谷作用阶段和相关的沉积主要是湖泊沉积（Eichenseer等，1999），然后是蒸发岩形成（Coajou和Ribeiro，1994）。随着大陆裂谷作用继续向北，海侵发生，在阿尔布阶沉积了Pinda组的海相碳酸盐岩（Koutsoukos等，1991）。阿尔布阶的盐构造作用导致龟背构造和筏状构造，形成油气圈闭（Bremner等，1993；Eichenseer等，1999）。

道达尔公司（TOTAL）对Pinda组埋藏史的建模表明，在厚层Pinda组层序沉积之后，直到渐新世之前，几乎没有或根本没有埋藏（图8.1b）。这一观点受到了Walgenwitz等（1990）的支持，他们指出成岩作用主要发生在渐新世晚期，然后又重新开始沉降。Pinda组碳酸盐岩的初始白云石化被解释为在早期成岩作用期间发生，产生了白云石微菱形体（Eichenseer等，1999）。早期白云石化作用被晚期浅埋藏重结晶作用加强，产生具有清晰外缘的亮晶白云石（Eichenseer等，1999）。认为这种后期重结晶作用是由浅层混合的盐水—大气流体循环（混合水白云石化）触发的，并导致了白云岩原始地球化学特征的重大改变（Eichenseer等，1999）。Eichenseer等，1999）指出没有证据支持晚期深埋藏（高温）白云石化事件，并认为大部分白云石化是早期浅层成因。Pinda组目前的白云石化模式完全依赖于混合水白云石化机制，该机制发生在与海平面下降有关的早期成岩阶段以及任何显著的埋藏之前。

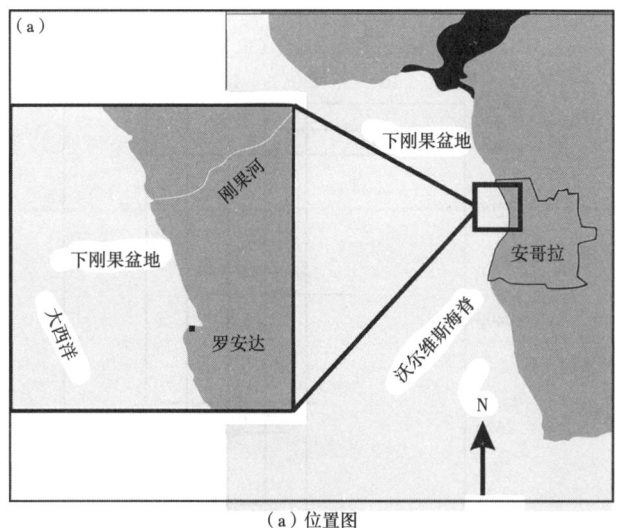

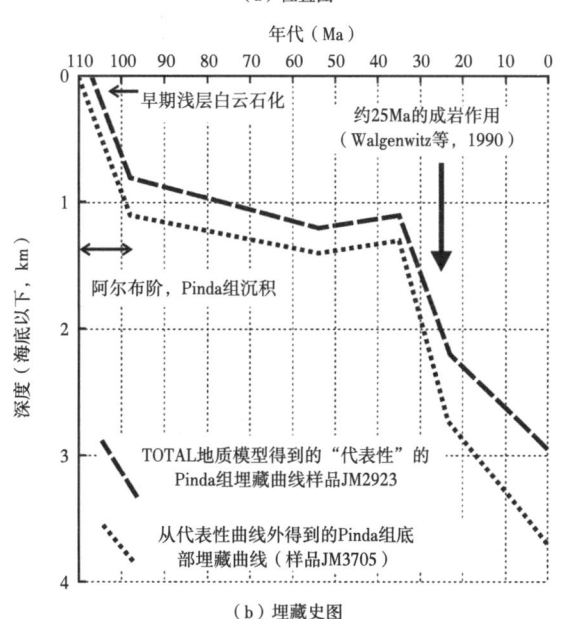

图 8.1 研究样品位置图（安哥拉近海）和 Pinda 组的埋藏史图（据 Eichenseer 等，1999，修改）

8.1.2 流体包裹体

流体包裹体温度测量由道达尔公司（TOTAL）进行，微观温度测量程序和测量详情见 Walgenwitz 等于 1990 年的文章。对位于白云岩晶体和重结晶长石颗粒中的两相流体包裹体进行了包裹体测量。从研究区 Pinda 组大约 40 个样品（13 口井）中获得了一组均一温度，在 110~170℃ 之间（图 8.2）。流体包裹体组合显示出大致线性的温度—深度关系，与一组井下周围井温读数一致（图 8.2）。这是由 Eichenseer 等（1999）解释的，反映了流体包裹体均一温度在埋藏至现今深度期间的逐步重置。然而，其中许多误差条很长，使可靠的解释变得困难（见下面的进一步讨论）。选择用于二元同位素分析的特定岩心塞样品相对应的均一温度（样品平均值）范围为 111~152℃（表 8.1）。

地球化学在油气系统中的应用

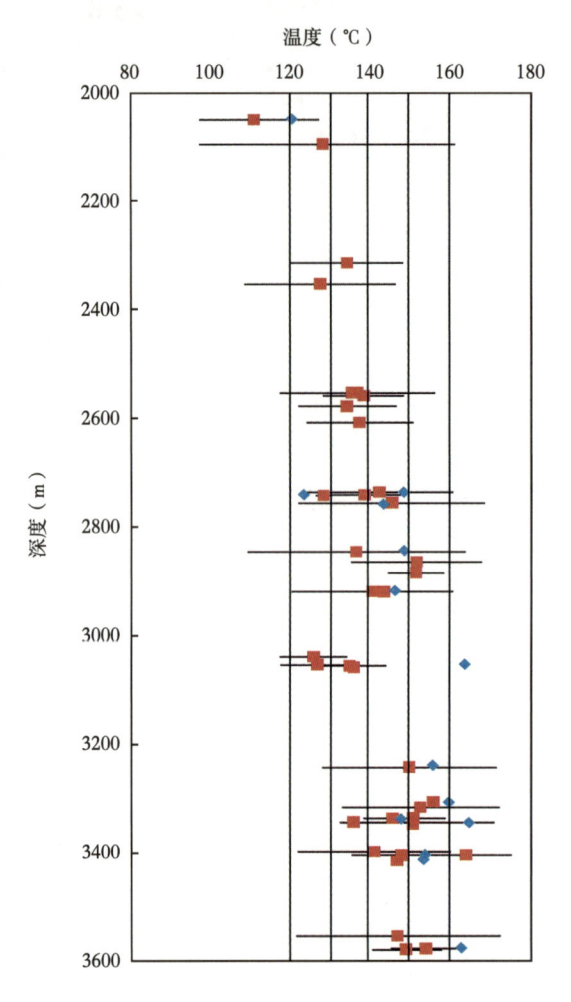

图 8.2　Pinda 组流体包裹体温度（据 Eichenseer 等，1999）

流体包裹体均一温度以红色方块表示样品平均值，而水平黑色条表示单个 T_h 值的范围；目前的环境井温用蓝色菱形表示，与 T_h 平均值非常一致（只有一个例外是在约 3km 的深度）

表 8.1　样品详情、同位素值和温度汇总表

样品	深度（m）	分析次数	矿物 $\delta^{13}C$ (‰, PDB)	标准差（‰）	矿物 $\delta^{13}C$ (‰, PDB)	标准差（‰）	Δ_{47} CDES (‰)	标准误（‰）	T_h（℃）	T_{well}（℃）	$T(\Delta_{47})$（℃）	标准误（‰）	流体 $\delta^{18}O$ (‰, SMOW)	标准误（‰）
JM2055	2055	3	3.18	0.03	−3.57	0.10	0.592	0.001	111	110	65	1	1.7	0.2
JM2740	2740	3	3.05	0.10	−4.74	0.11	0.560	0.005	142	141	82	3	2.7	0.4
JM2848	2848	5	3.12	0.12	−5.75	0.21	0.530	0.011	136	149	99	5	3.7	0.8
JM2923	2923	3	3.26	0.01	−6.94	0.03	0.495	0.003	142	147	122	1	4.8	0.2
JM3319	3319	3	3.47	0.03	−4.72	0.11	0.503	0.010	152	161	117	6	6.5	0.8
JM3637	3637	5	3.06	0.16	−5.69	0.27	0.528	0.004	135	n/a	100	2	4.2	0.4
JM3705	3705	3	3.11	0.15	−6.09	0.52	0.502	0.008	146	n/a	118	7	5.2	0.8

注：CDES—二氧化碳平衡标度（Dennis 等，2011）；T_h—流体包裹体均一温度（样品平均值）；T_{well}—现今环境井温度；T_{cl}—二元同位素温度。

8.2 二元同位素实验方法

　　随后，用乙醇和去离子水（DI 水）清洗处理过的粉末，然后在 50℃ 的烘箱中干燥以蒸发任何剩余的水。碳酸盐岩的二元同位素测量在伦敦帝国理工学院的 Qatar 稳定同位素实验室进行。用牙钻把样品磨成粉末。为了去除烃类和其他有机物，在 3% 过氧化氢溶液（H_2O_2）和 0.9% 六偏磷酸钠的冷清洗溶液中对粉末进行 4~8 次洗涤。如果这种处理不够充分，则在伦敦大学学院伦敦纳米技术中心用 TePla 400 氧等离子体灰化仪处理样品粉末。将粉末置于培养皿中，约 40℃ 下在氧等离子体中加热 5min。该方法处理 5min 后，所有有机物在真空下完全燃烧。在较短的处理时间内，氧等离子体灰化仪的温度仅达到约 40℃，远低于启动封闭系统键重排序的温度阈值。此外，该方法在卡拉拉大理岩（Carrara Marble）标准上进行了测试，未发现对二元同位素系统学有任何影响。对于二元同位素分析，5~6mg 样品粉末在真空下与 104% 磷酸在 90℃ 下反应 20min。反应过程中产生的水与产生的二氧化碳分离，首先将其捕获在液氮中，然后将液氮换成保持在约 -90℃ 的乙醇—液氮混合物。当二氧化碳通过保持在 -35℃ 的 Poropak Q 色谱捕集器时，水保持冻结状态。有关净化程序的详细信息请参考 Dale 等（2014）的文章。

　　纯化后的二氧化碳（CO_2）在两台 Thermo Fisher MAT 253 同位素比值质谱仪（Pinta 和 Nina，见补充材料）中的一台以双入口模式测量，测量时间约为 2.5h。测量了质量数为 44~49 的二氧化碳（CO_2），其中 48 和 49 用于测试潜在污染，因为相对于质量数为 47 的二氧化碳，这些二氧化碳的分子质量极为罕见（Eiler，2007）。仅接受 δ_{48} 值和 Δ_{48} 值在加热气体管线（Δ_{48} 偏移）2‰ 的范围内且质量数为 49 的参数小于 0.2 的样品（Dale 等，2014）。基于 Huntington 等（2009）描述的方法对质谱仪进行了非线性校正。使用加热气体的 30d 移动平均值，因为这提供了适当数量的加热气体和碳酸盐标准来校正。所有报告的 Δ_{47} 值都在二氧化碳平衡标度（CDES）中（Dennis 等，2011），并使用基于卡拉拉大理岩的二次传递函数，（ETH-3）[外部验证的碳酸盐标准（Meckler 等，2014）] 以及加热气体。修正绝对参照系后，Guo 等（2009）计算的酸分馏系数经验值（0.069‰）和 Wacker 等（2013）的实验结果添加到 Δ_{47} 值中，将数据放入校准所用的 25℃ 标度中。该酸分馏系数与伦敦帝国理工学院的内部实验室测试及其校准所用的值一致（Kluge 等，2015）。卡拉拉大理岩标准给出了两台质谱仪的线性和酸校正平均值 Δ_{47} 为 0.382‰±0.020‰，而 ETH-3 值为 0.700‰±0.016‰；这些与公布分别为 0.395‰（Dennis 等，2011）和 0.705‰（Meckler 等，2014）的值进行了良好的对比。所有标准和样品数据均在补充材料中给出。对于 $\delta^{18}O_{白云石}$，采用 Rosenbaum 和 Sheppard（1986）的酸分馏系数。Kluge 等（2015）的校准用于将 Δ_{47} 转换为温度，因为这是唯一一个延伸至 25~250℃ 范围的实验校准，并且它是使用与本研究相同的方法和仪器得出的。$\delta^{18}O_{孔隙水}$ 用 Land（1980）的碳酸盐—水平衡分馏系数计算。计算出的 $\delta^{18}O_{孔隙水}$ 在维也纳标准平均海水（VSMOW）标准中报告，而测量得到的 $\delta^{18}O$ 和 $\delta^{13}C$ 值在 Vienna Pee Dee 组箭石（VPDB）标准中报告。

8.3 结果

选取 6 口不同井的 7 个白云岩体样品进行了二元同位素分析。样本取自海底以下 2055~3705 m 的深度。它们通常是单峰平面半自形晶（Sibley 和 Gregg，1987）白云石（图 8.3a）；一个样品含有非常少量的方解石（图 8.3b），大多数具有孤立的石英颗粒（图 8.3a）。晶体尺寸范围为 50~500 μm，形态为他形到自形。在鲕粒溶解后，发现最小的、大多数的自形白云石菱形体衬在铸模孔中（图 8.3c），这是一种通常保存的结构（图 8.3b）。偶见白云石化的贝壳状碎片（图 8.3d）。

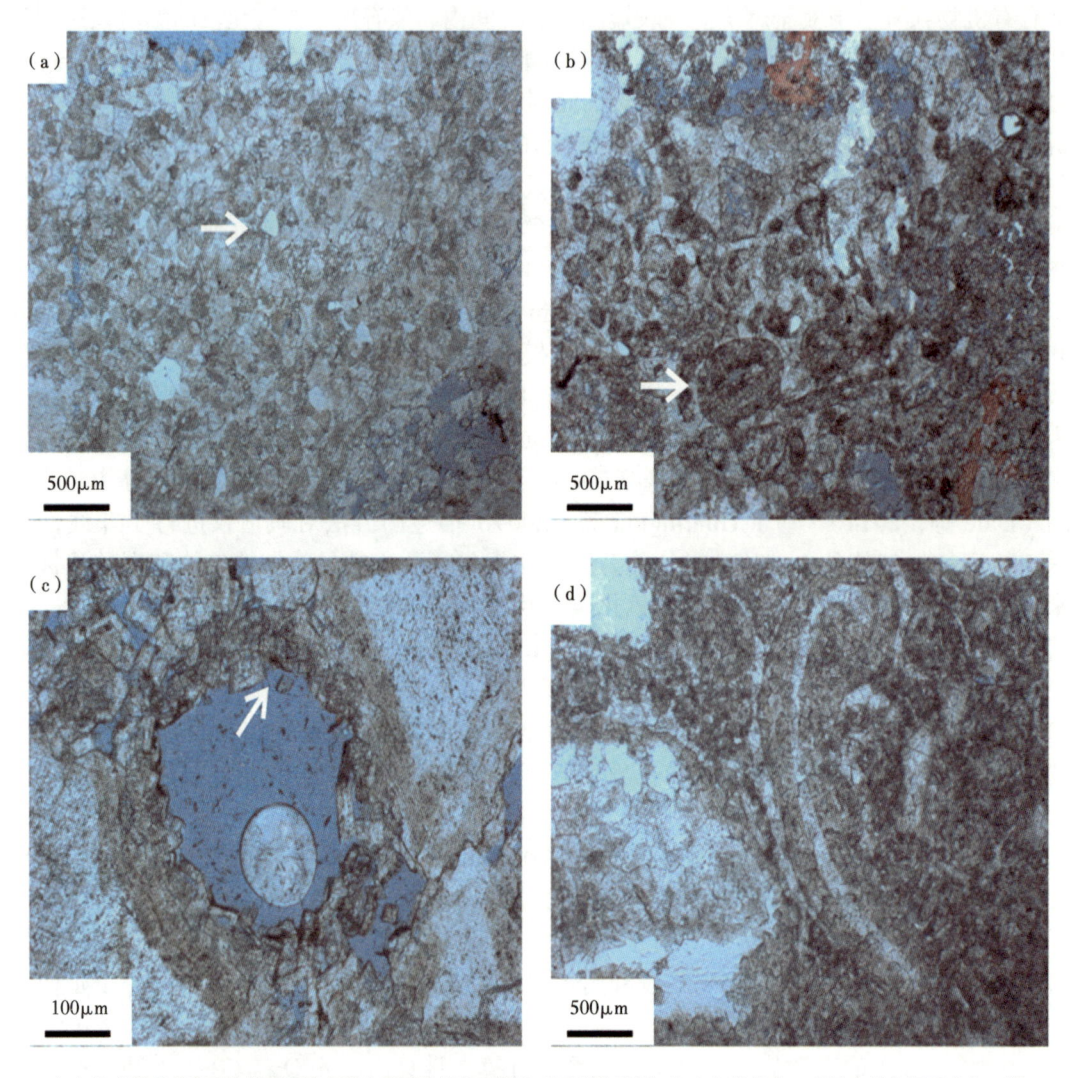

(a) 许多样品的典型块状平面半自形白云石化结构，箭头表示砂粒示例；(b) 红色染色，表示少量方解石成分；箭头表示许多样品中典型的保存完好的鲕粒组构的例子；(c) 鲕粒形成后的铸模孔，内衬有小的自形白云石菱形体；(d) 一个罕见的保存的壳体组构

图 8.3 Pinda 组样品的典型岩相学结构（平面偏振光显微照片）

7个样品的 $\delta^{13}C$ 值均在 3‰~3.5‰ 的范围内，与深度无关（图 8.4a，表 8.1）。$\delta^{18}O$ 值在 -7‰~-3.5‰ 的范围内（图 8.4b，表 8.1），与深度或 $\delta^{13}C$ 无关，尽管最浅的样品具有最小的 $\delta^{18}O$ 损耗值。Δ_{47} 值在 0.495‰~0.592‰ 的范围内，换算成 65~122℃ 的温度，温度误差在 ±1℃ 至 ±7℃。两个较浅样品的温度随着埋深的增加而升高，然后在 5 个较深样品中聚集在 100~120℃（图 8.4c，表 8.1）。最浅样品（JM2055）的母流体 $\delta^{18}O$ 计算值为 1.7‰，在下一个最深样品（JM2740）中上升至 2.7‰（图 8.4d，表 8.1）。5 个较深样品记录的二元同位素温度为 100~120℃（平均值为111℃），显示计算流体的 $\delta^{18}O$ 值为 3.7‰~6.5‰（平均值 =4.9‰），没有深度趋势。这 5 个样品投影在 $\delta^{18}O$ 值约为 5‰ 的现代孔隙水（Walgenwitz，1989）范围内或附近。

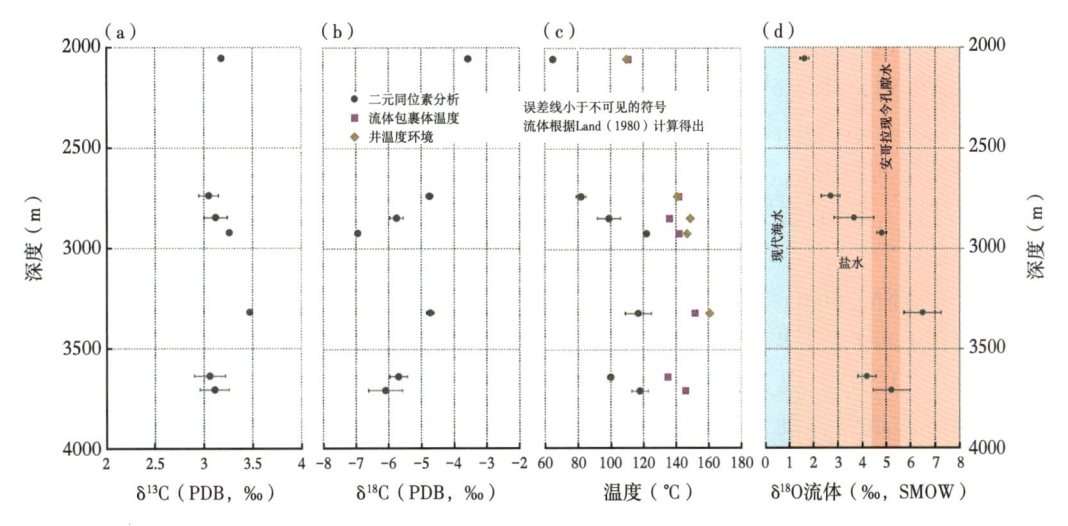

（a）$\delta^{13}C$；（b）$\delta^{18}O$；（c）二元同位素、流体包裹体和井温度环境；（d）母流体 $\delta^{18}O$，阴影区域代表典型的源流体值

图 8.4 二元同位素与样品深度投影图（根据 Pinda 组 7 个样品的同位素数据和 Δ_{47} 获得的温度）

8.4 讨论

流体包裹体均一温度的解释很复杂，因为它们有很长的误差条，并记录了温度在 110~170℃ 之间的扩散，这可能反映了流体包裹体捕获后埋藏期间的热再平衡。众所周知，并不是所有的流体包裹体都会受到热重置的同样影响，有些流体包裹体的抵抗力取决于它们的大小和形状（Goldstein，2001）。流体包裹体中记录的最低均一温度值约为 110℃（图 8.2），因此代表任何埋藏白云石化事件的最保守温度。Eichenseer 等（1999）没有解释任何这样的晚期埋藏白云石化作用。Pinda 组流体包裹体记录的均一温度高达 170℃，反映了随后环境温度的升高和无白云石重结晶作用的流体包裹体的热重置。如果环境温度可用（7 个样品中的 5 个），则均一温度在当前环境温度的 10℃ 范围内（图 8.4c，表 8.1）。

然而，二元同位素温度远低于目前的井周围的温度和所有调查深度的平均流体包裹体温度（20~60℃）（表8.1，图8.4c）。五个较深样品记录的二元同位素温度为100~120℃，这与约1000m深度范围内（海底以下2800~3700km：图8.4c）是一致的，并且接近流体包裹体均T_h值范围的下限（约为110℃：图8.2）。这充分表明这五个样品中的二元同位素记录了一个开放系统的再结晶事件，解释为代表了一个深埋藏再结晶事件，该事件造成了研究样品中观察到的块状平面半自形结构。这些样品计算出的流体$\delta^{18}O$值（3.5‰~6.5‰）集中分布在现代孔隙水组成（6.5‰）附近，表明盐水$\delta^{18}O$值与埋藏成岩作用时间一致。现今流体和古流体成分之间的相似性暗示了开放系统重结晶作用（溶解—再沉淀作用）。在开放系统重结晶过程中，碳酸盐岩的$\delta^{18}O$值将反映环境温度和使重结晶作用发生的流体的$\delta^{18}O$值。因此，如果这两个参数（环境温度或流体$\delta^{18}O$）中的任何一个在开放再结晶过程中发生变化，那么矿物$\delta^{18}O$值也应在单个地层/盆地的深度范围内变化。这是本次研究所调查的5个较深的Pinda组样品的情况，它们经历了完全埋藏重结晶作用，其总$\delta^{18}O$值的范围为2‰，反映的温度变化约为20℃，流体$\delta^{18}O$值的变化约为2.8‰。Eichenseer等（1999）解释了这些沉积物的总$\delta^{18}O$值，以记录早期海底白云石埋藏期间的同位素重置。实际上，Eichenseer等（1999）报告了矿物$\delta^{18}O$值，在我们的研究中，比白垩纪的典型海洋碳酸盐值更亏损（Veizer等，1999），不能反映早期的海底状况。

在阿尔布阶，Pinda组沉积厚度为1~1.5km，直到渐新世，几乎没有或没有埋藏（图8.1b），直到Pinda组沉积物被埋藏在渐新世和中新世厚层沉积物序列之下，并且一直持续至今。Pinda组的基底埋于渐新世开始时约1.4km至渐新世结束时约2.7km处，根据目前40~45℃/km的地温梯度，Pinda组达到了约100℃的埋藏温度（Walgenwitz等，1990）。据Walgenwitz等（1990）研究，在渐新世沉降末期约25Ma发生了一次重要的成岩事件。因此，在100~120℃和约25Ma的一次主要成岩事件中（图8.1b），全岩和二元同位素记录白云石的埋藏重结晶作用似乎是非常合理的。

两个最浅样品（海底以下2055~2739m）的二元同位素温度分别为65℃和82℃，略低于较深的样品。这些较浅深度的现今井温（分别为111℃和141℃）也低于较深样品的井温（147~161℃），并且接近后期埋藏白云石化事件（约120℃）的温度较高的一端。因此，这些样品的二元同位素温度最好解释为反映了两代白云石的不完全重结晶和物理混合，即早期浅层白云石（约35℃）和埋藏白云石（100~120℃）。

在所有的样品中，流体包裹体被重置到接近现今的温度，而二元同位素则没有，而是被解释为记录了开放系统重结晶作用。这与以往对地下碳酸盐岩的研究一致，该研究表明重结晶温度记在二元同位素系统学中。John（2015）发现，二元同位素记录了来自阿曼的一组白垩纪牡蛎的沉积和再结晶作用。一个保存完好的牡蛎记录了一次初次沉淀温度为（37℃±4℃）和流体$\delta^{18}O$值，这是在一个受限台地盆地中白垩纪海水微蒸发的典型值。然而，该套牡蛎中其他牡蛎记录的二元同位素温度为60~70℃，表明至少部分经历过埋藏重结晶作用。Ferry等（2011）在Latemar地台计算的二元同位素温度为40~80℃，他们将其归因于初始白云石化作用，而Sena等（2014）在阿曼的特提斯碳酸盐岩台地的浅埋藏环境中使用二元同位素表明，通过从原始白云石到含60~70℃流体的有序白云石的新生变形作用，早期白云石重新平衡。

然而，重要的是要解决封闭系统发生键重新排序的可能性（Passey和Henkes，

2012；Henkes 等，2014；Stolper 和 Eiler，2015）。假设是开放系统行为，Δ_{47} 值应反映再结晶过程中的环境温度。然而，最近的研究表明，在高温下二元同位素系统可能发生封闭系统重置，从而重置沉积早期或开放系统再结晶后记录的 Δ_{47} 值。如果方解石暴露在高于约 100℃ 的温度下数千万年至数亿年，则可能发生这种键的重新排序（Dennis 和 Schrag，2010；Passey 和 Henkes，2012；Henkes 等，2014）。重新排序过程被解释为一个两阶段的过程，初始快速同位素扩散导致在环境温度为 75~120℃ 的情况下，1~40℃ 的变化持续了约 100Ma。在此之后，相邻碳酸盐岩群之间在大于约 150℃ 下的缓慢同位素交换反应持续了大于约 100Ma，这可将二元同位素温度带到环境温度（Henkes 等，2014；Stolper 和 Eiler，2015）。方解石中的这种键重新排序在天然样品中有记录。Dennis 和 Schra（2010）假设，在岩石缓慢冷却过程中，一定会发生某种形式的封闭系统重新排序，因为他们发现没有岩石或地球化学证据证明成岩作用的碳酸盐岩记录的二元同位素温度远低于预期的碳酸盐岩结晶温度。这项研究导致了键重排序假说的初步发展，表明当这些矿物在超过 200℃ 的温度下暴露数周时，方解石和磷酸盐的二元同位素组成在实验室实验中确实发生了变化（Passey 和 Henkes，2012；Henkes 等，2014；Stolper 和 Eiler，2015）。Shenton 等（2015）通过天然样品进一步证实，委内瑞拉 Palmarito 组和美国内华达州 Bird Springs 组方解石灰岩的不同组分（如腕足类、海百合类）在埋藏过程（4~5km，150~175℃）和剥露过程中都受到键重新排序的影响。

白云石中键重排序动力学的唯一可用约束来自 Bonifacie 等（2013）出版的会议摘要，表明白云石可抵抗高达约 300℃ 的固态键的再排序。因此，在这些实验的全部结果公布之前，在白云石中模拟封闭系统键重新排序所需的参数，无法确定键重新排序对 Pinda 组白云岩的确切影响。我们注意到，300℃ 明显高于安哥拉近海的（样品来源）井温，但是我们假设白云石具有与方解石相似的 Arrhenius 参数，那么 Pinda 组白云石将如何表现？在没有白云石特定的建模参数的情况下，使用 Passey 和 Henkes（2012）文献中方解石的键重新排序模型来研究 Pinda 组白云岩中键重新排序的"最坏情况"。这是使用光学方解石 MGB-CC-1（Passey 和 Henkes，2012）的输入参数使用其方程（13）（一阶动力学）进行的，并以 Shenton 等（2015）的热历史重排序模型（THRMs）的形式模拟了 Δ_{47} 随时间的演化。

模拟了四种情况。其中三个使用了"代表性"Pinda 组埋藏曲线，基于图 8.1b 中的虚线，该虚线来自样品 JM2923 的 TOTAL 模型热模拟。这些情况在其成岩史中各不相同：无沉积后再结晶作用（情况 1）；仅浅层白云石化（情况 2）；埋藏温度为 155℃ 时约 25Ma 的浅层白云石化和埋藏重结晶（情况 3）（Walgenwitz 等，1990）。情况 4 特定于 Pinda 组底部（样品 JM3705），使用代表性 Pinda 组曲线外推至现今约 3.7km 的深度，并根据地温梯度推断环境温度为 170℃（图 8.1b 中的虚线）。对于所有四种情况，如适用，假设沉积温度为 25℃，浅层白云石化温度为 35℃，在 25Ma 可以埋藏重结晶（Walgenwitz 等，1990）。对于每一个（重）结晶事件（沉积作用、早期白云石化作用和埋藏期间的重结晶作用），无论之前是否发生过因键重新排序而引起的 Δ_{47} 变化，Δ_{47} 都由相应过程的温度控制。因为每一个（重）结晶事件代表一个开放系统（再）沉淀。建模结果如图 8.5 所示。

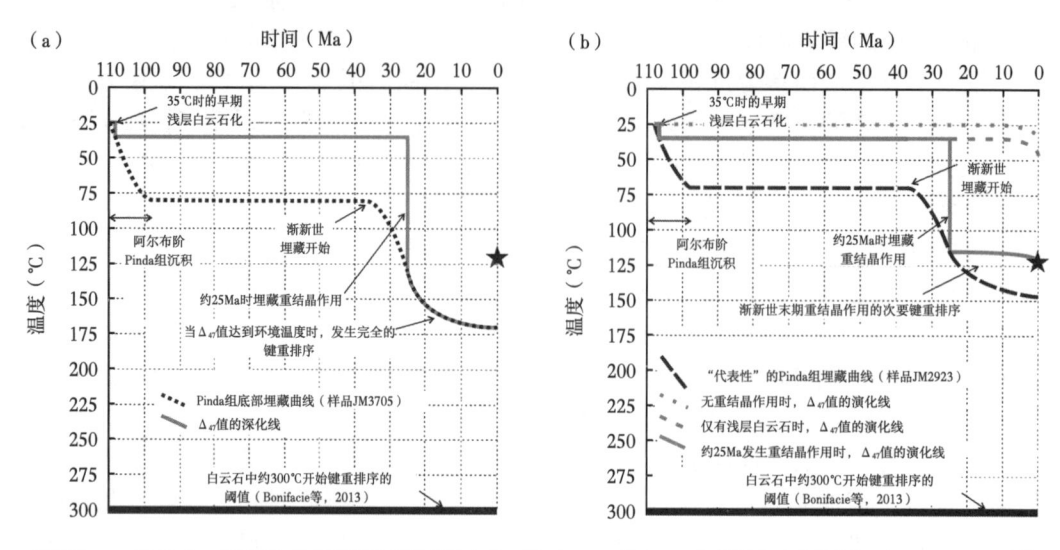

采用 Passey 和 Henkes（2012）的方解石重新排序动力学，以 Shenton 等（2015）的样式对光学方解石 MGB-CC-1 建模；（a）底部 Pinda 组，基于"代表性"Pinda 组 TOTAL 建模埋藏史（b）的推断；★为测量的二元同位素温度

图 8.5 假设样品为方解石而非白云石时 Pinda 组沉积后演化的"最坏情况"下的 Δ_{47} 值

在所有四种情况下，在渐新世埋藏结束之前，尽管在 Pinda 组底部环境温度达到约 130℃，但没有发生封闭系统键重新排序。在情况 4 中（Pinda 组底部），埋藏曲线表明，开放系统埋藏重结晶将发生在约 130℃，即渐新世末期。从重结晶到现今的 25Ma 之间，当环境温度从 130℃ 增加到 170℃ 时，温度将足够高到驱动方解石中的 Δ_{47} 值达到环境温度，从而导致 100% 的键重新排序（图 8.5a）并记录温度为 170℃。根据 Pinda 组的"代表性"埋藏历史（样品 JM2923，情况 3），埋藏曲线表明在渐新世末期开放系统埋藏重结晶将发生在约 115℃（图 8.5b）。从重结晶到现今的 25Ma 之间，随着环境温度从 115℃ 升高到 147℃（样品 JM2923；表 8.1，图 8.4c），模拟结果表明，方解石中 Δ_{47} 值的部分重排序将发生在现今 120℃ 的二元同位素温度。开放系统埋藏重结晶作用 对于促进方解石中重结晶作用后封闭系统的重新排序非常重要，因为在假定没有埋藏重结晶作用的情况（情况 1 和情况 2）下，键的重新排序非常有限。仅在浅层白云石化作用（情况 2）下，键重新排序将使观察到的温度从 35℃ 改变为 47℃；在完全没有沉积后重结晶作用的情况下，键重新排序将使温度从 25℃ 改变为 37℃（图 8.5b）。

尽管样品 JM2923（情况 3）通过部分键重排序产生的温度接近记录的二元同位素温度，但必须强调的是，这些重排序模型是基于方解石的动力学建立的。人们认为白云石的重排序动力学要慢得多（Bonifacie 等，2013）。这一事实强调了利用方解石动力学和 Pinda 组底部埋藏曲线对键重新排序进行模拟，表明样品 JM3705 将在其二元同位素系统中记录的现今环境温度约为 170℃。然而情况并非如此：该样品的二元同位素温度为 118℃，远低于环境温度（表 8.1，图 8.4c），反映了在约 110℃ 下解释的再结晶事件。我们还注意到，在早期白云岩和重结晶的埋藏白云岩中使用了相同的 Arrhenius 参数进行键重排。这种情况不太可能发生，并且由于重结晶的白云石在较高的温度下达到平衡，因此它可能对键的重排更有抵抗力。原生白云石的化学计量度也可能使键重排模型复杂化。虽然白云石重新排序的动力学尚未公开，但我们对 Pinda 组白云石记录了成岩事件的温度，这是毋庸置疑的。如果 Bonifacie 等（2013）的结论是有效的，研究样品中未达到白云石中固态键重新排序所需的温度条件（约300℃）。我们的模拟结果支持这一观点，模拟结果表明所记录的温度与 110℃ 的重结晶作用相一致。因此认为二元同位素正在记录埋藏重结晶的解释是有根据的。

对安哥拉近海 Pinda 组的研究的特殊性在于，样品来自深部岩心，目前处于最大埋深。这使得能够在深埋期间洞察二元同位素系统，而不会像 Shenton 等（2015）所遇到的那样，在缓慢地质剥露期间出现任何潜在的封闭系统重置的复杂情况。我们认为，在 Pinda 组中二元同位素记录了一个开放系统重结晶事件的古温度，该事件导致了一个已含白云质储层的大规模埋藏白云石化作用。因此，当使用二元同位素数据时，计算出合理的流体 $\delta^{18}O$ 值，而当使用流体包裹体均一温度时，其值相当高。这说明，二元同位素分析可以作为研究碳酸盐岩深埋藏储层热史的一个有价值的工具，对于区分早、浅、晚埋藏白云石化过程具有特别重要的意义。在 Pinda 组白云石中，二元同位素记录了 100~120℃ 温度下的开放系统的埋藏重结晶作用。数据进一步表明，在随后的埋藏过程中，成团同位素信号被保存在深约 1600m（约海底以下 3700m 的深度）和约 50℃（高达 161℃）的温度条件下。虽然二元同位素地质温度计还没有空间分辨率来检查单个晶体内的分带或区分多代薄的胶结物层，这项研究确实表明它在全岩样品中的应用能够记录相对均匀的单相白云石的成岩信息。研究表明，Pinda 组中大量的块状平面半自形晶白云石是在 100~120℃ 的晚期埋藏重结晶过程中形成的，这一过程无法从岩石学和 $\delta^{18}O$ 中记录下来（Eichenseer 等，1999）。方法学的进展（Hu 等，2014；Petersen 和 Schrag，2014）将空间分辨率提高到毫米级和亚毫米级，将使二元同位素古温度计在储层表征中得到更广泛的应用。

8.5 结论

本研究探讨了碳酸盐岩二元同位素古测温是否可以用于描述白云石化沉积碳酸盐岩油气藏的热史。这是在安哥拉近海 Pinda 组的 7 个白云石样品上进行的，目前正处于其最大埋深，海底以下 2000~3700m 的深度。二元同位素数据表明，从一项成熟的古测温技术（流体包裹体）获得的温度已重置为当前的环境井温。然而，二元同位素温度记录了与在现今最大埋藏之前发生的开放系统埋藏重结晶作用相对应的较低温度。5 个最深样品的流体 $\delta^{18}O$ 值与现今孔隙水 $\delta^{18}O$ 值重合，矿物 $\delta^{18}O$ 值支持二元同位素记录埋藏重结晶条件的结论。封闭体系同位素键重排对 Pinda 组样品没有影响，因此我们认为，二元同位素分析可以作为表征白云岩油气藏热史的一个有价值的工具。它在帮助区分白云岩形成的早期浅埋与深埋成因方面可能特别有用。

感谢 Annabel Dale、Tobias Kluge 和 Simon Davis 在伦敦帝国理工学院 Qatar 稳定同位素实验室的帮助。道达尔勘探与生产公司向 CJ 提供了两笔资助（No.4200059621 和 No.4300002831），确保了本项研究得以开展。感谢 Ethan Grossman 和一位匿名审稿人的建议和意义，这大大改进了初稿的质量，同时感谢 Mike Lawson 的编辑工作。

参 考 文 献

AFFEK, H.P., BAR-MATTHEWS, M., AYALON, A., MATTHEWS, A. & EILER, J.M. 2008. Glacial/interglacial temperature variations in Soreq cave speleothems as recorded by 'clumped isotope' thermometry. *Geochimica et Cosmochimica Acta*, 72, 5351-5360.

BARKER, C.E. & GOLDSTEIN, R.H. 1990. Fluid-inclusion technique for determining maximum temperature in calcite and its comparison to the vitrinite reflectance geothermometer. *Geology*, 18, 1003-1006.

BONIFACIE, M., CALMELS, D. & EILER, J. 2013. Clumped isotope thermometry of marbles as an indicator of the closure temperatures of calcite and dolomite with respect to solid-state reordering of C-O bonds. *Mineralogical Magazine*, 77, 735.

BREMNER, A.N., LOMANDO, A.J. & MINCK, R.J. 1993. Successful exploration of the Outer Pinda trend of offshore Cabinda, Angola. Presented at the AAPG International Conference and Exhibition, October 17-20, 1993, The Hague, The Netherlands.

CARRAPA, B., HUNTINGTON, K.W., CLEMENTZ, M., QUADE, J., BYWATER-REYES, S., SCHOENBOHM, L.M. & CANAVAN, R.R. 2014. Uplift of the Central Andes of NW Argentina associated with upper crustal shortening, revealed by multiproxy isotopic analyses. *Tectonics*, 33, 1039-1054.

COAJOU, A. & RIBEIRO, A. 1994. Angola Block 3-from wildcat to intensive exploration 22 discoveries - 1 billion BBL recoverable oil. Presented at the 14th World Petroleum Congress, 29 May-1 June 1994, Stavanger, Norway.

DALE, A., JOHN, C.M., MOZLEY, P.S., SMALLEY, P.C. & MUGGERIDGE, A.H. 2014. Time-capsule concretions: unlocking burial diagenetic processes in the Mancos Shale using carbonate clumped isotopes. *Earth and Planetary Science Letters*, 394, 30-37.

DENNIS, K.J. & SCHRAG, D.P. 2010. Clumped isotope thermometry of carbonatites as an indicator of diagenetic alteration. *Geochimica et Cosmochimica Acta*, 74, 4110-4122.

DENNIS, K.J., AFFEK, H.P., PASSEY, B.H., SCHRAG, D.P. & EILER, J.M. 2011. Defining an absolute reference frame for 'clumped' isotope studies of CO_2. *Geochimica et Cosmochimica Acta*, 75, 7117-7131.

EICHENSEER, H.T., WALGENWITZ, F.R. & BIONDI, P.J. 1999. Stratigraphic control on facies and diagenesis of dolomitized oolitic siliciclastic ramp sequences (Pinda group, Albian, offshore Angola). *AAPG Bulletin*, 83, 1729-1758.

EILER, J.M. 2007. 'Clumped-isotope' geochemistry - the study of naturally-occurring, multiply-substituted isotopologues. *Earth and Planetary Science Letters*, 262, 309-327.

EMILIANI, C. 1955. Pleistocene temperatures. *The Journal of Geology*, 63, 538-578.

EPSTEIN, S., BUCHSBAUM, R., LOWENSTAM, H. & UREY, H. 1951. Carbonate-water isotopic temperature scale. *GSA Bulletin*, 62, 417-426.

FERRY, J.M., PASSEY, B.H., VASCONCELOS, C. & EILER, J.M. 2011. Formation of dolomite at 40-80°C in the Latemar carbonate buildup, Dolomites, Italy, from clumped isotope thermometry. *Geology*, 39, 571-

574.

GESKE, A., GOLDSTEIN, R.H. ET AL. 2015. The magnesium isotope (δ^{26}Mg) signature of dolomites. *Geochimica et Cosmochimica Acta*, 149, 131-151.

GHOSH, P., ADKINS, J. ET AL. 2006a. ^{13}C-^{18}O bonds in carbonate minerals: a new kind of paleothermometer. *Geochimica et Cosmochimica Acta*, 70, 1439-1456.

GHOSH, P., GARZIONE, C.N. & EILER, J.M. 2006b. Rapid uplift of the Altiplano revealed through ^{13}C-^{18}O bonds in paleosol carbonates. *Science*, 311, 511-515.

GOLDSTEIN, R.H. 2001. Fluid inclusions in sedimentary and diagenetic systems. *Lithos*, 55, 159-193.

GOLDSTEIN, R.H. & REYNOLDS, T.J. 1994. *Systematics of Fluid Inclusions in Diagenetic Minerals*. Society for Sedimentary Geology (SEPM), Short Course, 31.

GUO, W., MOSENFELDER, J.L., GODDARD, W.A. & EILER, J.M. 2009. Isotopic fractionations associated with phosphoric acid digestion of carbonate minerals: insights from first-principles theoretical modeling and clumped isotope measurements. *Geochimica et Cosmochimica Acta*, 73, 7203-7225.

HENKES, G.A., PASSEY, B.H., GROSSMAN, E.L., SHENTON, B.J., PEREZ-HUERTA, A. & YANCEY, T.E. 2014. Temperature limits for preservation of primary calcite clumped isotope paleotemperatures. *Geochimica et Cosmochimica Acta*, 139, 362-382.

HU, B., RADKE, J., SCHLÜTER, H.-J., HEINE, F.T., ZHOU, L. & BERNASCONI, S.M. 2014. A modified procedure for gas-source isotope ratio mass spectrometry: the long-integration dual-inlet (LIDI) methodology and implications for clumped isotope measurements. *Rapid Communications in Mass Spectrometry*, 28, 1413-1425.

HUNTINGTON, K.W., EILER, J.M. ET AL. 2009. Methods and limitations of 'clumped' CO_2 isotope (Delta47) analysis by gas-source isotope ratio mass spectrometry. *Journal of Mass Spectrometry*, 44, 1318-1329.

HUNTINGTON, K.W., WERNICKE, B.P. & EILER, J.M. 2010. Influence of climate change and uplift on Colorado Plateau paleotemperatures from carbonate clumped isotope thermometry. *Tectonics*, 29, 19.

JOHN, C.M. 2015. Burial estimates constrained by clumped isotope thermometry: example of the Lower Cretaceous Qishn Formation (Haushi-Huqf High, Oman). In: ARMITAGE, P.J., BUTCHER, A.R. ET AL. (eds) *Reservoir Quality of Clastic and Carbonate Rocks: Analysis, Modelling and Prediction*. Geological Society, London, Special Publications, 435. First published online November 18, 2015, https://doi.org/10.1144/SP435.5

KLUGE, T. & JOHN, C.M. 2015. Effects of brine chemistry and polymorphism on clumped isotopes revealed by laboratory precipitation of mono- and multiphase calcium carbonates. *Geochimica et Cosmochimica Acta*, 160, 155-168.

KLUGE, T., JOHN, C.M., JOURDAN, A.L., DAVIS, S. & CRAWSHAW, J. 2015. Laboratory calibration of the calcium carbonate clumped isotope thermometer in the 25-250°C temperature range. *Geochimica et Cosmochimica Acta*, 157, 213-227, https://doi.org/10.1016/j.gca.2015.02.028

KOUTSOUKOS, E.A.M., MELLO, M.R., FILHO, N.C.D., HART, M.B. & MAXWELL, J.R. 1991. The Upper Aptian Albian succession of the Sergipe Basin, Brazil – an integrated paleoenvironmental assessment.

AAPG Bulletin, 75, 479-498.

LAND, L.S. 1980. The isotopic and trace element geochemistry of dolomite: the state of the art. In: ZENGER, D.H., DUNHAM, D.W. & ETHINGTON, R.L. (eds) *Concepts of Models of Dolomitization*. Society of Economic Paleontologists and Mineralogists (SEPM), Special Publications, 28, 87-110.

LECHLER, A.R., NIEMI, N.A., HREN, M.T. & LOHMANN, K.C. 2013. Paleoelevation estimates for the northern and central proto-Basin and Range from carbonate clumped isotope thermometry. *Tectonics*, 32, 295-316.

MACDONALD, J.M., JOHN, C.M. & GIRARD, J.-P. 2013. Application of clumped isotope thermometry to subsurface dolostone samples. *Mineralogical Magazine*, 77, 1662.

MACDONALD, J., JOHN, C. & GIRARD, J.-P. 2015. Dolomitization processes in hydrocarbon reservoirs: insight from geothermometry using clumped isotopes. *Procedia Earth and Planetary Science*, 13, 265-268.

MCCREA, J.M. 1950. On the isotopic chemistry of carbonates and a paleotemperature scale. *The Journal of Chemical Physics*, 18, 849-857.

MCLIMANS, R.K. 1987. The application of fluid inclusions to migration of oil and diagenesis in petroleum reservoirs. *Applied Geochemistry*, 2, 585-603.

MECKLER, A.N., ZIEGLER, M., MILLAN, M.I., BREITENBACH, S.F. & BERNASCONI, S.M. 2014. Long-term performance of the Kiel carbonate device with a new correction scheme for clumped isotope measurements. *Rapid Communications in Mass Spectrometry*, 28, 1705-1715.

NADEAU, P.H. 2011. Earth's energy 'Golden Zone': a synthesis from mineralogical research. *Clay Minerals*, 46, 1-24.

PASSEY, B.H. & HENKES, G.A. 2012. Carbonate clumped isotope bond reordering and geospeedometry. *Earth and Planetary Science Letters*, 351-352, 223-236.

PASSEY, B.H., LEVIN, N.E., CERLING, T.E., BROWN, F.H. & EILER, J.M. 2010. High-temperature environments of human evolution in East Africa based on bond ordering in paleosol carbonates. *Proceedings of the National Academy of Sciences of the United States of America*, 107, 11245-11249.

PETERSEN, S.V. & SCHRAG, D.P. 2014. Clumped isotope measurements of small carbonate samples using a high-efficiency dual-reservoir technique. *Rapid Communications in Mass Spectrometry*, 28, 2371-2381.

REYRE, D. 1984. Caracteres petroliers et evolution geologique d'une marge passive. Le cas du Bassin Bas Congo-Gabon [Petroleum characteristics and geological evolution of a passive margin: a case study of the Congo-Gabon Basin]. *Bulletin du Centre de Recherche Exploration-Production Elf-Aquitaine*, 8, 303-332.

ROSENBAUM, J. & SHEPPARD, S.M.F. 1986. An isotopic study of siderites, dolomites and ankerites at high-temperatures. *Geochimica et Cosmochimica Acta*, 50, 1147-1150.

SCHAUBLE, E.A., GHOSH, P. & EILER, J.M. 2006. Preferential formation of ^{13}C-^{18}O bonds in carbonate minerals, estimated using first-principles lattice dynamics. *Geochimica et Cosmochimica Acta*, 70, 2510-2529.

SENA, C.M., JOHN, C.M., JOURDAN, A.L., VANDEGINSTE, V. & MANNING, C. 2014. Dolomitization of lower cretaceous peritidal carbonates by modified seawater: constraints from clumped isotopic paleothermometry, elemental chemistry, and strontium isotopes. *Journal of Sedimentary Research*, 84,

552-566.

SHACKLETON, N. 1967. Oxygen isotope analyses and pleistocene temperatures re-assessed. *Nature*, 215, 15-17.

SHENTON, B.J., GROSSMAN, E.L. *ET AL*. 2015. Clumped isotope thermometry in deeply buried sedimentary carbonates: the effects of bond reordering and recrystallisation. *GSA Bulletin*, 127, 1036-1051.

SIBLEY, D.F. & GREGG, J.M. 1987. Classification of dolomite rock textures. *Journal of Sedimentary Petrology*, 57, 967-975.

STOLPER, D.A. & EILER, J.M. 2015. The kinetics of solid-state isotope-exchange reactions for clumped isotopes: a study of inorganic calcites and apatites from natural and experimental samples. *American Journal of Science*, 315, 363-411.

STOLPER, D. & EILER, J. 2016. Constraints on the formation and diagenesis of phosphorites using carbonate clumped isotopes. *Geochimica et Cosmochimica Acta*, 181, 238-259.

THIAGARAJAN, N., SUBHAS, A.V., SOUTHON, J.R., EILER, J.M. & ADKINS, J.F. 2014. Abrupt pre-Bølling-Allerød warming and circulation changes in the deep ocean. *Nature*, 511, 75-U409.

UREY, H.C., LOWENSTAM, H.A., EPSTEIN, S. & MCKINNEY, C. R. 1951. Measurement of paleotemperatures and temperatures of the Upper Cretaceous of England, Denmark, and the Southeastern United States. *GSA Bulletin*, 62, 399-416.

VANDEGINSTE, V., JOHN, C.M., COSGROVE, J.W. & MANNING, C. 2014. Dimensions, texture-distribution, and geochemical heterogeneities of fracture- related dolomite geobodies hosted in Ediacaran limestones, northern Oman. *AAPG Bulletin*, 98, 1789-1809.

VEIZER, J., ALA, D. *ET AL*. 1999. Sr-87/Sr-86, delta C-13 and delta O-18 evolution of Phanerozoic seawater. *Chemical Geology*, 161, 59-88.

WACKER, U., FIEBIG, J. & SCHOENE, B.R. 2013. Clumped isotope analysis of carbonates: comparison of two different acid digestion techniques. *Rapid Communications in Mass Spectrometry*, 27, 1631-1642.

WALGENWITZ, F. 1989. *CaCO$_2$ (Angola) Etude de la diagenèse et des inclusions fluides du reservoir Pinda, carottes 1 à 3* [Study of diagenesis and fluid inclusions of the Pinda reservoir]. TOTAL Internal Report, EP/EXP/Lab, Pau 89/2055 RP. TOTAL, Pau, France.

WALGENWITZ, F., PAGEL, M., MEYER, A., MALUSKI, H. & MONIE, P. 1990. Thermochronological approach to reservoir diagenesis in the offshore Angola Basin - a fluid inclusion, ^{40}Ar-^{39}Ar and K-Ar investigation. *AAPG Bulletin*, 74, 547-563.